Lernen und üben

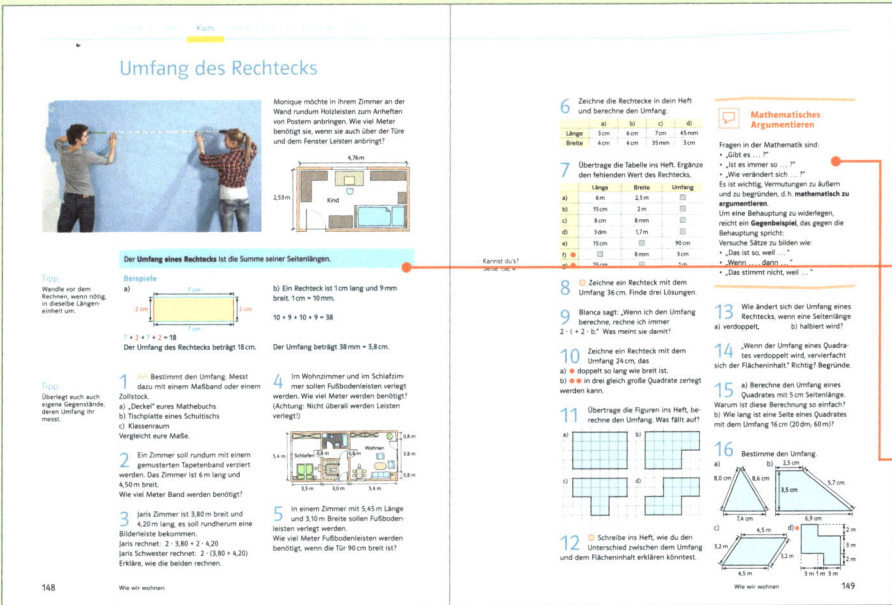

Die **Kurs**-Seiten vermitteln die mathematischen Inhalte. Auf diesen Seiten findest du Verweise zum Check. Dort kannst du überprüfen, was du dazu gelernt hast.

Die blauen Kästen fassen das Wichtigste zusammen und verdeutlichen es an einem Beispiel.

Diese Kästen zeigen dir Methoden oder geben dir Hilfestellung, die das Lösen von Aufgaben vereinfachen.

Bestimmte Aufgaben sind gekennzeichnet, damit du gleich weißt, was dich erwartet:

- ☼ Aufgaben, die viele verschiedene Lösungswege haben
- ● Aufgaben, die nicht ganz einfach sind
- ●● Aufgaben, die dich mehr fordern
- 👥 Arbeite mit einer Partnerin oder einem Partner.
- 👥👥 Arbeite in der Gruppe.
- ✂ Aufgaben, bei denen Material nötig ist.
- 🌐 Hier sollst du etwas recherchieren.
- 🖩 Arbeite mit dem Taschenrechner.
- 💻 Du arbeitest mit dem Computer.
- 🌍 Auf einigen Seiten im Buch findest du mathe live-Codes. Diese führen dich zu weiteren Informationen, Materialien oder Übungen im Internet. Gib den Code in das Suchfeld auf www.klett.de ein.

Die **Kompakt**-Seite zeigt dir das Neugelernte jedes Kapitels im Überblick.

Die **Test**-Seite bietet dir Aufgaben mit drei unterschiedlichen Niveaus. Je nachdem wie sicher du dich fühlst, kannst du von einer Spalte in die andere wechseln.

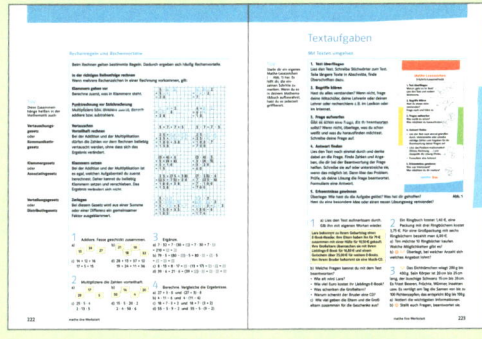

In der mathe live-**Werkstatt** findest du wichtige Grundkenntnisse Schritt für Schritt erklärt. Mit den anschließenden Aufgaben kannst du üben.

Die **Lösungen** mit Hilfestellungen und Tipps zu den Checks und den Tests findest du hinten im Buch.

mathe live 6

Dr. Dorothee Göckel
Daniela Hesse
Sabine Kliemann
Andreas Koepsell
Dr. Regina Puscher
Wolfram Schmidt
Steffen Werner

beratend:
Marianne Richter
Matthias Römer
Nils Theurer
Dr. Dirk Tönnies

Ernst Klett Verlag
Stuttgart · Leipzig

Ausgabe S

1. Auflage   1 5 4 3 2 1 | 19 18 17 16 15

Alle Drucke dieser Auflage sind unverändert und können im Unterricht nebeneinander verwendet werden. Die letzte Zahl bezeichnet das Jahr des Druckes.

Das Werk und seine Teile sind urheberrechtlich geschützt. Jede Nutzung in anderen als den gesetzlich zugelassenen Fällen bedarf der vorherigen schriftlichen Einwilligung des Verlages. Hinweis § 52 a UrhG: Weder das Werk noch seine Teile dürfen ohne eine solche Einwilligung eingescannt und in ein Netzwerk eingestellt werden. Dies gilt auch für Intranets von Schulen und sonstigen Bildungseinrichtungen. Fotomechanische oder andere Wiedergabeverfahren nur mit Genehmigung des Verlages.

Auf verschiedenen Seiten dieses Heftes befinden sich Verweise (Links) auf Internet-Adressen. Haftungshinweis: Trotz sorgfältiger inhaltlicher Kontrolle wird die Haftung für die Inhalte der externen Seiten ausgeschlossen. Für den Inhalt dieser externen Seiten sind ausschließlich die Betreiber verantwortlich. Sollten Sie daher auf kostenpflichtige, illegale oder anstößige Inhalte treffen, so bedauern wir dies ausdrücklich und bitten Sie, uns umgehend per E-Mail davon in Kenntnis zu setzen, damit beim Nachdruck der Verweis gelöscht wird.

© Ernst Klett Verlag GmbH, Stuttgart 2015. Alle Rechte vorbehalten. www.klett.de

Autorinnen und Autoren: Dr. Dorothee Göckel, Großefehn; Daniela Hesse, Mülheim a. d. Ruhr; Sabine Kliemann, Krefeld; Andreas Koepsell, Hannover; Dr. Regina Puscher, Bremen; Marianne Richter, Berlin; Matthias Römer, Saarbrücken; Wolfram Schmidt, Wuppertal; Nils Theurer, Freiburg; Dr. Dirk Tönnies, Hannover; Steffen Werner, Berlin

Redaktion: Celin Fischer, Constance Blocher
Herstellung: Nadine Yeşil

Gestaltung: KOMA AMOK, Stuttgart
Umschlaggestaltung: KOMA AMOK, Stuttgart
Illustrationen: Rudolf Hungreder, Stuttgart; Stefan Dinter, Stuttgart; Uwe Alfer, Waldbreitbach
Satz: Satzkiste GmbH, Stuttgart
Druck: PASSAVIA Druckservice GmbH & Co. KG, Passau

Printed in Germany
ISBN 978-3-12-720720-0

Kompetenzentwicklung im Mathematikunterricht

Eine kurze Erläuterung für interessierte Eltern, Schülerinnen und Schüler

Die Bildungsstandards betonen, dass zu einer mathematischen Grundbildung nicht nur inhaltliche (fachmathematische) Kompetenzen gehören, sondern auch sogenannte prozessbezogene Kompetenzen. Zu diesen prozessbezogenen Kompetenzen zählen zum Beispiel Argumentieren und Kommunizieren auch mit mathematischer Fachsprache oder der Einsatz von Werkzeugen wie Zirkel und Taschenrechner, um eine Aufgabe zu lösen.

Die prozessbezogenen Kompetenzen können nicht losgelöst von den inhaltlichen Kompetenzen behandelt und geübt werden und umgekehrt. Sie entwickeln sich vor allem in der aktiven Auseinandersetzung mit konkreten mathematischen Fragestellungen und Aufgaben. Das geschieht in mathe live vor allem auf den **Aktiv**-Seiten und in Kompetenzkästen. Der Schwerpunkt einer solchen Seite bzw. eines Kompetenzkastens wird durch Symbole deutlich gemacht. mathe live teilt in vier Bereiche ein:

Argumentieren und Kommunizieren	Problemlösen	Modellieren	Werkzeuge
Die Schülerinnen und Schüler …			
wenden die Fachsprache korrekt an, können Behauptungen begründen und Schlussfolgerungen ziehen.	strukturieren inner- und außermathematische Problemsituationen und finden eigene Lösungswege.	nutzen Mathematik um Phänomene der Lebenswelt zu erfassen.	setzen klassische mathematische Werkzeuge und elektronische Medien situationsgerecht ein.
Kap.1: Seite 10, 11, 19, 21	**Kap.1:** Seite 10	**Kap.1:** Seite 21	**Kap.1:** Seite 11, 28
	Kap.2: Seite 34, 35, 44		**Kap.2:** Seite 34, 35, 44
Kap.3: Seite 56, 57, 63, 67	**Kap.3:** Seite 56, 57, 63	**Kap.3:** Seite 67	
Kap.4: Seite 78, 79, 84, 89, 99, 100			**Kap.4:** Seite 78, 79, 81, 84, 89, 91, 99, 100
Kap.5: Seite 106, 107, 110, 111, 118, 119	**Kap.5:** Seite 106, 107, 110	**Kap.5:** Seite 119, 121	**Kap.5:** Seite 111
Kap.6: Seite 134, 135, 140, 141, 149, 150, 154	**Kap.6:** Seite 140, 141, 145, 147, 150	**Kap.6:** Seite 143	**Kap.6:** Seite 134, 135
Kap.7: Seite 183	**Kap.7:** Seite 168, 169, 177, 179		**Kap.7:** Seite 168, 169
Kap.8: Seite 190	**Kap.8:** Seite 190, 194, 195	**Kap.8:** Seite 195, 197	

Inhaltsverzeichnis

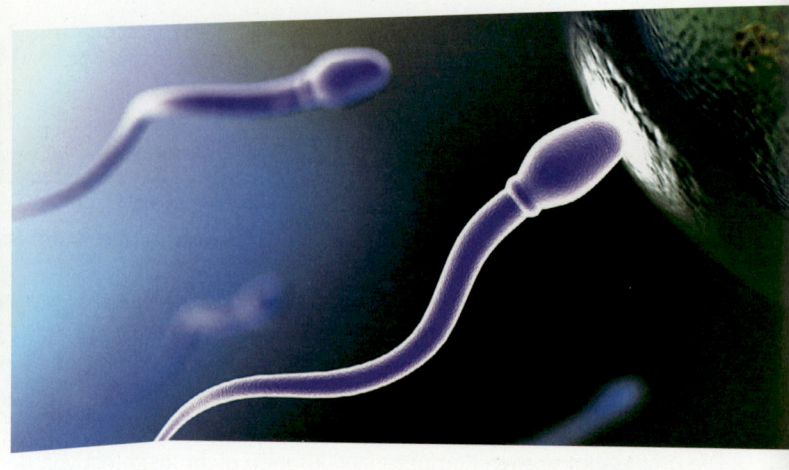

1 Messen – aber genau!?
8 **Check-in**
10 **Aktiv** Alte Längenmaße
12 Dezimalzahlen
21 **Aktiv** Tiefe Temperaturen
22 Negative Zahlen
26 **Check**
28 Der Mensch in Zahlen
29 Kompakt
30 Test

2 Karte und Kompass – Orientierung
32 **Check-in**
34 **Aktiv** Himmelsrichtungen
36 Drehungen und Kompass
38 Winkelarten
40 Winkel messen und zeichnen
44 **Aktiv** Hinweisschild Versorgungsleitung
45 Richtungs-, Entfernungsangaben
48 **Check**
50 Entfernungen im Gelände
51 Kompakt
52 Test

3 Gewinnen und Verlieren
54 **Check-in**
56 **Aktiv** Die Mischung macht's
58 Anteile berechnen
61 Brüche erweitern und kürzen
63 **Aktiv** Beste Gewinnchancen!
64 Brüche addieren und subtrahieren
67 **Aktiv** Zufallsversuche durchführen
68 Chancen und Wahrscheinlichkeiten
70 **Check**
72 Mit Brüchen spielen
73 Kompakt
74 Test

4 Mandalas und andere Kreismuster
76 **Check-in**
78 **Aktiv** Von kleinen und großen Kreisen
80 Kreis
84 **Aktiv** Scherenschnitte und Klecksbilder
85 Achsensymmetrie
86 Kreise spiegeln
89 **Aktiv** Alles dreht sich
90 Punktsymmetrie
91 Punktspiegelung
93 Drehsymmetrie
94 Drehsymmetrische Zeichnungen
96 **Check**
98 Kirchenfenster
101 Kompakt
102 Test

5 Rund um den Sport
104 **Check-in**
106 **Aktiv** Hundertstel entscheiden
108 Dezimalzahlen addieren und subtrahieren

110 **Aktiv** Football und Fußball
111 **Aktiv** Power und Ausdauer
112 Dezimalzahlen multiplizieren
117 Dezimalzahl durch natürliche Zahl dividieren
119 **Aktiv** Olympia der Tiere
120 Dezimalzahl durch Dezimalzahl dividieren
123 Rechnen mit Zehnerpotenzen
125 Quoten, Brüche und Dezimalzahlen
126 **Check**
128 Erkunde Brüche und Dezimalzahlen
129 Kompakt
130 Test

6 Wie wir wohnen
132 **Check-in**
134 **Aktiv** Hier wohnen und arbeiten wir
136 Maßstab
140 **Aktiv** Ein neues Zimmer
142 Flächen vergleichen
144 Flächeninhalt des Rechtecks
148 Umfang des Rechtecks
150 **Aktiv** In welche Kiste passt mehr?
151 Rauminhalt des Quaders
155 Oberflächeninhalt des Quaders
158 **Check**
160 Menschen, Länder, Kontinente
162 Postpakete
163 Kompakt
164 Test

7 Schule und Freizeit
166 **Check-in**
168 **Aktiv** Nachgefragt
170 Kreisdiagramm
172 Kreisdiagramm zeichnen
174 Stängel-Blätter-Diagramm
176 Daten vergleichen
178 Häufigkeiten vergleichen
180 **Check**
182 Tabellenkalkulation
184 Ist deine Schultasche zu schwer?
185 Kompakt
186 Test

8 Essen und Trinken
188 **Check-in**
190 **Aktiv** Befüllen und Belegen
191 Brüche vervielfachen
192 Brüche multiplizieren
193 Einen Bruch dividieren
195 **Aktiv** Waffelverkauf
196 Proportionale Zuordnungen
198 **Check**
200 Unterwegs in Berlin
201 Kompakt
202 Test

9 Mathematische Reisen
204 Von Tangram zum magischen Ei
206 Zündholz-Probleme
208 Pentominos und Somawürfel
210 Schnur- und Seiltricks

10 mathe live – Werkstatt
214 Mathematische Werkstatt
235 Methodische Werkstatt

11 Querbeet – Smartphone
242 Mathematik rund ums Handy

246 **Lösungen**

275 **Stichwortverzeichnis**

1 Messen – aber genau!?

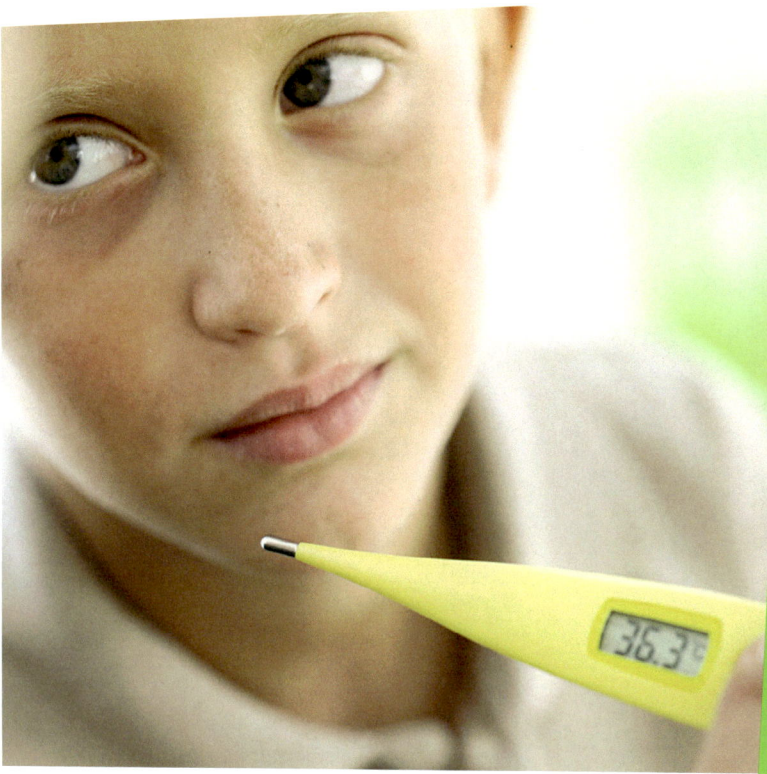

In vielen Situationen wird im Alltag bei uns gemessen und gewogen:
- die Zeiten bei Sportwettkämpfen,
- das Gewicht der Wurst beim Einkauf,
- die Länge einer Lenkradstange in einer Autofabrik,
- die Größe von Kindern beim Arzt,
- Temperaturen an Wetterstationen,
- die Anzahl der Liter Benzin, die getankt werden,
- usw.

In diesem Kapitel lernt ihr,
- was Dezimalzahlen sind und warum sie erfunden wurden,
- wie Skalen eingeteilt und abgelesen werden,
- wie Zeiten, Flüssigkeitsmengen und Temperaturen gemessen werden,
- wie Brüche, Dezimalzahlen und Prozentzahlen zusammenhängen,
- wie Dezimalzahlen gerundet werden,
- was negative Zahlen sind,
- wie das Koordinatensystem erweitert wird.

Check-in   Aktiv   Kurs   Check   Thema   Kompakt   Test

Checkliste

Check-in
83e6t6

#		Das kann ich.	Da bin ich fast sicher.	Da bin ich unsicher.	Das kann ich noch nicht.
1	Ich kann Längen von Gegenständen und Strecken messen. → mathe live-Werkstatt, Seite 228	☐	☐	☐	☐
2	Ich kann Strecken und Flächen in Bruchteile unterteilen. → mathe live-Werkstatt, Seiten 224 und 225	☐	☐	☐	☐
3	Ich kann angeben, welchen Bruchteil ich erhalte, wenn ich Bruchteile noch weiter unterteile. → mathe live-Werkstatt, Seiten 224 und 225	☐	☐	☐	☐
4	Ich kann Zahlen aus einer Stellenwerttafel ablesen und in einer Zahl den Stellenwert einer Ziffer angeben. → mathe live-Werkstatt, Seite 216	☐	☐	☐	☐
5	Ich kann bei Aussagen zu Stellenwerten begründen, warum sie richtig oder falsch sind. → mathe live-Werkstatt, Seite 216	☐	☐	☐	☐
6	Ich kann Zahlen am Zahlenstrahl ablesen und eintragen. → mathe live-Werkstatt, Seite 214	☐	☐	☐	☐
		Ich helfe anderen.	Ich übe weiter.	Ich frage andere.	Ich frage eine Lehrperson.

Messen – aber genau!?

Aufgaben

1 Längen messen
a) Miss die Länge und die Breite deines Mathematikhefts mit dem Lineal.
b) Schätze zunächst und miss dann. Welche Strecke ist länger?

c) Miss nach.
Welcher orange Punkt ist breiter?

2 In Bruchteile unterteilen
a) Zeichne eine Strecke von 15 cm in dein Heft. Unterteile die Strecke in Zehntel.
b) Falte ein Blatt Papier in Viertel. Finde mehrere Möglichkeiten.

3 Bruchteile teilen
a) Welchen Bruchteil erhältst du, wenn du ein Halbes halbierst?
b) Welchen Bruchteil erhältst du, wenn du ein Fünftel viertelst?
c) Welchen Bruchteil erhältst du, wenn du ein Viertel in drei gleiche Teile teilst?
d) Welchen Bruchteil erhältst du, wenn du ein Viertel in zehn gleiche Teile teilst?

4 Stellenwerte
a) Übertrage die Zahlen ins Heft. Markiere die Zehner in Rot und die Tausender in Blau.

| 5713 | 14 504 | 120 546 |

b) Schreibe folgende Angaben als Zahlen.

| 4 H; 9 Z; 3 E | 18 E | 8 T; 3 Z; 5 E |
| 8 T; 1 H; 3 Z | | 6 ZT; 2 T; 3 H; 5 Z |

5 Mathematische Begründungen
Du hast diese vier Ziffernkarten:

| 7 | 3 | 0 | 9 |

Entscheide, ob die folgenden Aussagen richtig oder falsch sind. Begründe deine Entscheidung.
a) „Die größte Zahl, die ich mit diesen Kärtchen bilden kann, hat an der Hunderterstelle eine 7."
b) „Die Null kann ich auch weglassen, denn sie hat ja keinen Wert."
c) „Es gibt nur eine Möglichkeit, bei der ich die Null weglassen kann."
d) „Wenn ich zu der kleinsten Zahl, die ich mit diesen Kärtchen legen kann, die Zahl 1 addiere, ändern sich drei Ziffern."
e) „Für die Zahl 7390 kann ich auch schreiben: 7 T, 39 H."
f) „Für die Zahl 7390 kann ich auch schreiben: 73 H, 9 Z"

6 Zahlen am Zahlenstrahl
a) Schreibe auf, auf welche Zahlen die Pfeile zeigen.

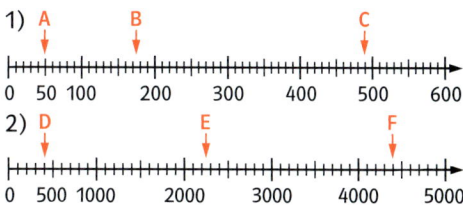

b) Übertrage die abgebildete Zahlengerade vergrößert in dein Heft und markiere mit einem Pfeil die Zahlen: A = 1400; B = 1100; C = 1750 und D = 2210.

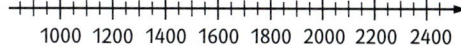

→ Lösungen zum Check-in, Seite 246

Alte Längenmaße

Abb. 1

Abb. 2

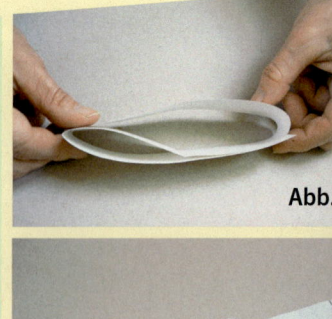
Abb. 3

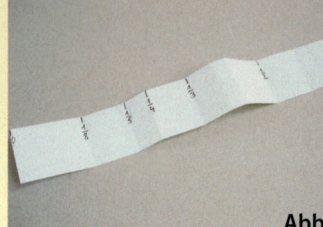
Abb. 4

1 Früher haben die Menschen Dinge teilweise mit anderen Maßen ausgemessen → Abb. 1.
a) Welche alten Maße kennst du?
b) Die Dame, die den Stoff kauft, hat einen Diener mitgebracht, der lange Unterarme hat → Abb. 2. Spielt in einem Rollenspiel nach, wie die Szene weitergehen könnte.
c) Was ist in der Szene, die im Bild oben gezeigt wird, das Problem?
d) Was bedeutet eigentlich „Messen"?

2 Früher haben Leute an unterschiedlichen Orten mit unterschiedlichen Maßen gemessen – in England gibt es noch heute Yards (1 yard = 91,44 cm). Findet heraus, mit welchen Maßen bei euch im Ort gemessen wurde.

Tipp
Einige Beispiele:
Kölner Elle (klein): 57,6 cm
Frankfurter Elle: 57,9 cm
Elle im Königreich Hannover: 58,4 cm
Bremer Elle: 54,7 cm

3 Um besser zu verstehen, wie man heute misst, sollt ihr ein eigenes Maß herstellen und damit messen.
a) Schneide von einem DIN-A3-Blatt an der längeren Seite einen ca. 2 cm breiten Streifen ab. Das ist jetzt dein Längenmaß – eine Klasse-6-Elle. Ihr habt jetzt also keine Zentimeter oder Meter mehr, sondern nur noch eure Papier-Elle zum Messen.
b) Miss mit deiner Papier-Elle möglichst genau aus und schreibe auf:
• die Höhe deines Mathebuchs
• die Länge deines Bleistifts
• die Breite deines Mathebuchs
• die Breite eines Schultisches
c) Vergleicht eure Ergebnisse. Wie sind die unterschiedlichen Messergebnisse zu Stande gekommen?

4 Sarah sagt: „Ich habe mir schon vor dem Messen eine Unterteilung gemacht – erst habe ich die Papier-Elle zur Hälfte gefaltet und dann das Ganze noch mal halbiert."
a) In wie viele Teile hat Sarah ihre Elle unterteilt?
b) → Abb. 3 zeigt, wie du dritteln kannst. Wie kann man die Unterteilung weiter verfeinern?

5 Beschrifte deine Papier-Elle wie einen Zahlenstrahl → Abb. 4. Trage am Anfang 0 und am Ende 1 ein, außerdem $\frac{1}{2}$, alle Viertel, Drittel, $\frac{1}{5}$ und $\frac{1}{8}$. Miss die Gegenstände aus → Aufgabe 3 und einen Gegenstand deiner Wahl noch einmal aus.

→ Informationen suchen, Seite 236

Dem niederländischen Mathematiker *Simon Stevin* (1548 – 1620) verdankt Europa seine dezimalen Nachkommastellen.

Abb. 5

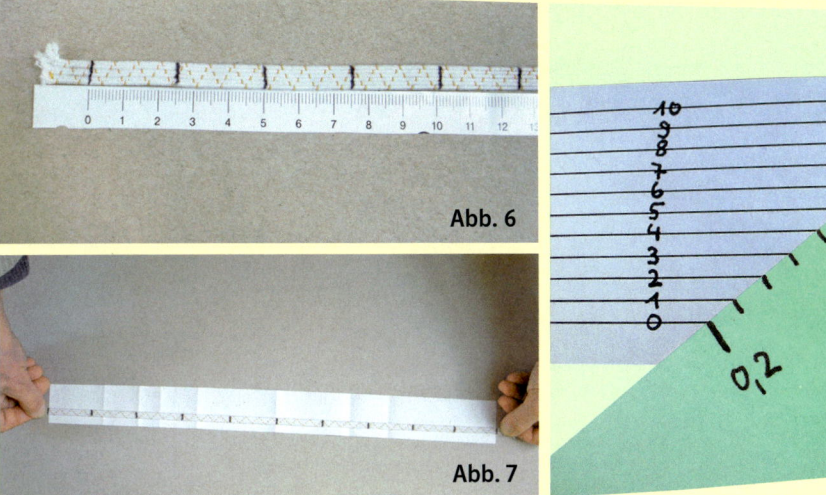

Abb. 6

Abb. 7

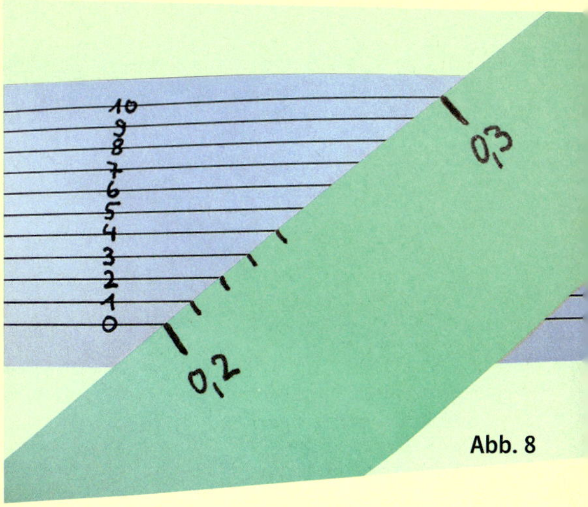

Abb. 8

Der Mathematiker Simon Stevin → Abb. 5 wollte, dass die Menschen mit den Unterteilungen von Maßeinheiten gut rechnen können. Er unterteilte deswegen alle Maßeinheiten in Zehntel. Dazu erfand er eine neue Schreibweise, so dass er mit den Bruchteilen fast wie mit ganzen Zahlen rechnen konnte. Wir machen das heute ganz ähnlich: Statt $\frac{1}{10}, \frac{2}{10}, \ldots$ schreiben wir 0,1 und 0,2 usw. Die Ziffer hinter dem Komma gibt also an, wie viele Zehntel man hat.

6 Übernehmt den Vorschlag von Herrn Stevin für eure Papier-Elle:
a) Nehmt ein ca. 30 cm langes Gummiband. Lasst am Anfang und am Ende Platz zum Anfassen. Unterteilt mit Filzstift das Gummiband in 10 Abschnitte von je 2,5 cm Länge → Abb. 6.
b) Legt die noch nicht beschriftete Seite eurer Papier-Elle nach oben. Zehntelt eure Elle mit dem **Gummimaßband** wie auf der Abbildung gezeigt → Abb. 7.
c) Beschrifte deine Elle mit den Kommazahlen. Achte darauf, dass du den Nullpunkt an derselben Seite wählst wie bei den Bruchbeschriftungen.
d) Miss drei Gegenstände mit deiner neu unterteilten Elle.

7 Miss mit der neuen Einteilung deiner Papier-Elle aus → Aufgabe 6 noch einmal die Höhe deines Mathebuchs aus. Gib das Ergebnis möglichst genau an. Schreibe auf, auf welche Schwierigkeit du gestoßen bist und wie du sie gelöst hast.

8 a) Erkläre, was auf dem Bild gemacht wird → Abb. 8. Nutze das Bild, um ein Zehntel deiner Elle weiter zu unterteilen.
b) Wie viele kleine Abschnitte erhält man, wenn alle Zehntel der Papier-Elle so unterteilt sind? Wie heißt eines dieser kleinen Teile?

9 a) Du kannst wie bei ganzen Zahlen auch für Kommazahlen eine Stellenwerttafel benutzen. Man teilt sie dann z. B. so ein:
Wie heißt die Zahl, die im Bild oben am 4. Teilstrich nach 0,2 steht? Trage sie in die Stellenwerttafel ein.

Ganze Ellen	,	Zehntel Ellen	Hundertstel Ellen
	,		

b) Markiere an deiner Papier-Elle 0,16 und 0,04. Trage sie in die Stellenwerttafel ein.
c) ● Wie geht es wohl weiter, wenn man noch genauer unterteilen will? Ergänze die Stellenwerttafel von → Teilaufgabe a) nach rechts.
d) ● Nenne Zahlen, die zwischen 0,12 und 0,13 liegen.

Messen – aber genau!?

Dezimalzahlen

Erkläre die Bilderfolge.

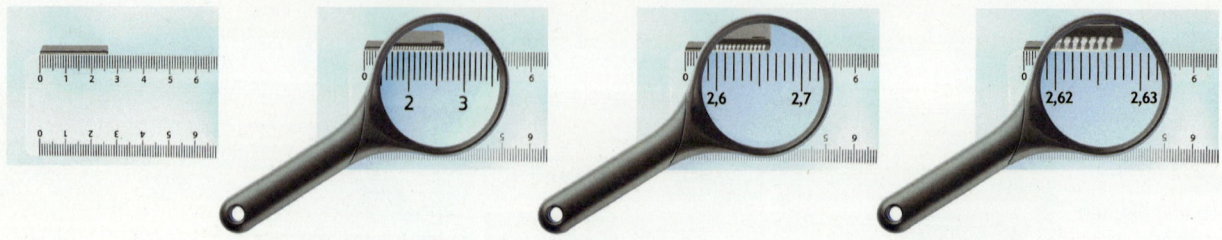

Tipp
Du kennst die Vorsilbe **dezi** z. B. von Dezimeter. Ein Dezimeter ist ein Zehntel eines Meters.
1 dm = 0,1 m

1 Zehntel = 0,1
1 Hundertstel = 0,01
1 Tausendstel = 0,001

Eine Zahl, die zwischen zwei natürlichen Zahlen liegt, kannst du als **Kommazahl** schreiben. Weil die Zwischenräume immer wieder in **10** gleiche Teile unterteilt werden, nennt man diese Zahlen **Dezimalzahlen** (dezi bedeutet Zehntel).

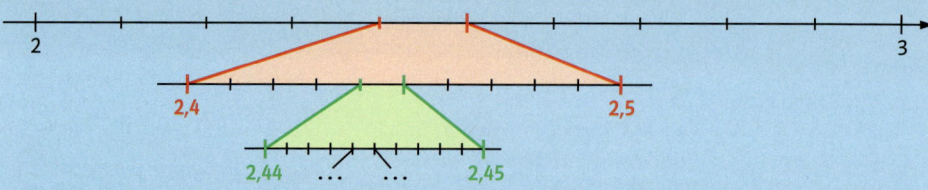

Das Komma steht zwischen den Einern und den Zehnteln. Hinter den Zehnteln folgen die Hundertstel, Tausendstel, Zehntausendstel, usw.
Die Ziffern hinter dem Komma werden einzeln gelesen, z. B. 45,368 heißt „fünfundvierzig Komma drei sechs acht".

Beispiel
Schreibe die Angaben als Dezimalzahlen und trage sie am Zahlenstrahl ein.
a) 5 Zehntel = 0,5 　　　　　　　　　　　b) 5 Hundertstel = 0,05

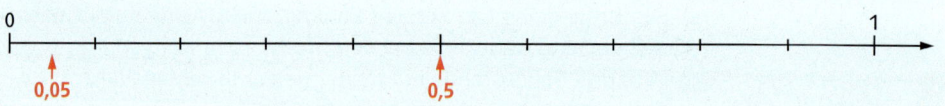

1 Übertrage die Skalen in dein Heft. Beschrifte alle Teilstriche.

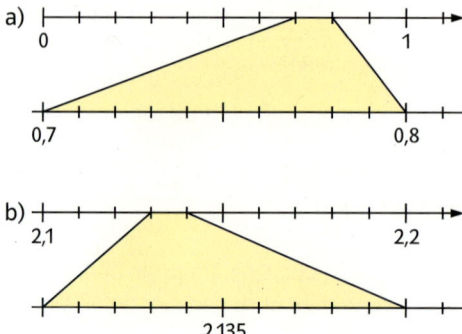

2 Spinne und Lineal wurden vergrößert. Wie lang ist der Körper der Spinne? Wie lang sind ihre Beine ungefähr?

Messen – aber genau!?

3 👥 Lest die folgenden Zahlen in der Klasse vor.
a) 1,325 b) 0,0046 c) 46,72 d) 22,98

4 Welche Zahlen müssen an den roten Teilstrichen stehen?

a)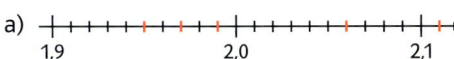
1,9   2,0   2,1

b)
4,03   4,04   4,05

c)
2,99   3,00   3,01

5 a) Wo landest du nach drei weiteren gleich großen Sprüngen?

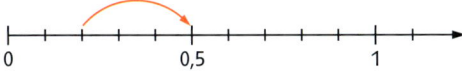
0   0,5   1

b) Setze jeweils die Sprünge fort, bis du 1,5 erreichst oder überschreitest.
1) 0,1; 0,3; 0,5; …   2) 0,23; 0,46; …
c) Springe von 5,5 aus in 5 Schritten mit der Länge 0,3 rückwärts.
d) ● Setze 3 Sprünge fort: 1,7; 1,36; 1,02; …

6 Hier hat jemand beim Ablesen der Zahlen nicht aufgepasst.

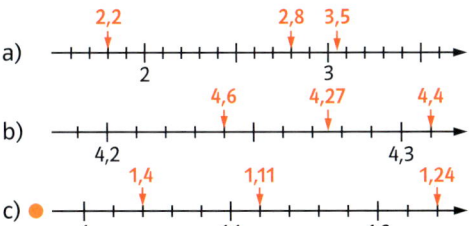

d) ● Welche Denkfehler wurden gemacht? Erkläre das an zwei Fehlern.

Brüche und Dezimalzahlen

7 👥 Legt die Streifen vom mathe live-Code oder eure Papier-Ellen untereinander – d.h. die Bruchskala unter die Dezimalskala. Ergänzt durch Vergleichen.

a) $\frac{1}{2}$ = ☐   b) $\frac{1}{5}$ = ☐   c) ☐ = 0,25
d) $\frac{7}{10}$ = ☐   e) 0,75 = ☐   f) $\frac{1}{8}$ = ☐

8 a) Stellt eine große Dezimalskala für den Klassenraum her. Benutzt Din-A4-Blätter in zwei unterschiedlichen Farben.

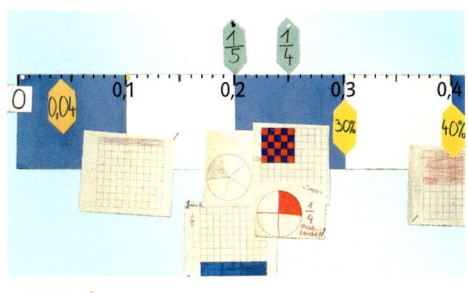

- 👥✂ Nehmt ein Blatt Papier. Teilt eine der längeren Kanten in 10 Abschnitte mit 2,5 cm Abstand. Nehmt zur Markierung der Abschnitte einen Filzstift. Der erste, sechste und elfte Teilstrich sollte etwas länger sein.
- Klebt die Blätter zusammen und beschriftet die Skala.

b) Schreibt die folgenden Zahlen auf einen Zettel und heftet sie an die richtige Stelle.

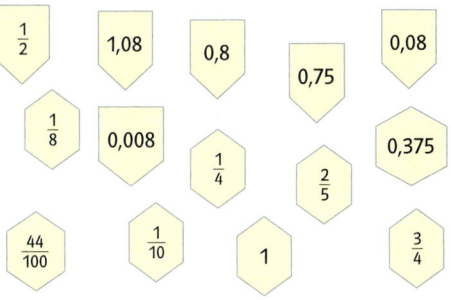

9 a) Gib als Dezimalzahl an:
$\frac{1}{10}$; $\frac{3}{10}$; $\frac{6}{10}$; $\frac{2}{4}$; $\frac{2}{5}$; $\frac{3}{5}$; $\frac{10}{100}$; $\frac{17}{100}$.
b) ● Zweimal gibt es in → Teilaufgabe a) dasselbe Ergebnis. Wieso ist das so?
c) Gib als Bruchzahl an:
0,5; 0,7; 0,8; 0,15; 0,75; 0,125.

10 Zeichne ins Heft und ergänze die Zahlen an den Teilstrichen.

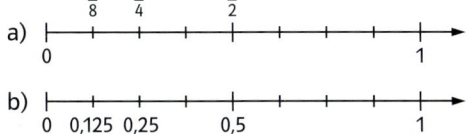

→ Kannst du's?
Seite 26, 1 und 4

 Papier-Elle
h5e8xz

Tipp
Hier benötigt ihr eure selbsthergestellten Papier-Ellen von
→ Seite 10, Aufgabe 5
   Seite 11, Aufgabe 6

Stellenwert-tafel
p43j7m

Dezimalzahlen kann man auch in eine **Stellenwerttafel** eintragen. Das Komma trennt die Einer von den Zehnteln.

Hunderter H	Zehner Z	Einer E	,	Zehntel z	Hundertstel h	Tausendstel t	Dezimalzahl
	4	5	,	3	6	8	45,368
		0	,	0	5	6	0,056
		9	,	8	0	9	9,809

11 a) Welche Zahl ist dargestellt?

T	H	Z	E	,	z	h	t
	•••		•			••	

b) Bildet mit sechs Plättchen verschiedene Dezimalzahlen und lest sie euch gegenseitig vor.

12 Trage die folgenden Dezimalzahlen in eine Stellenwerttafel ein.
a) 56,24   b) 0,976   c) 321,08
d) 0,07   e) 1,010   f) 20,2022

13 Schreibe die Zahlen in der Dezimalschreibweise auf.

	ZT	T	H	Z	E	,	z	h	t	zt
a)			5	7	1	,	5			
b)			3	3	4	,	0	9		
c)						,	4	1	6	
d)		7	7	0	7	,	7	0	7	7

14 Stellt die abgebildeten Kärtchen her.

| 0 | , | 1 | 8 | 5 | 3 | 9 |

Elif hat aus den Karten zwei Zahlen gelegt, die beide 3 Hundertstel haben: 1,83059 und 985,031. Lege wie Elif zwei Zahlen, die
a) 5 h   b) 3 E 8 z 5 t   c) 1 z
d) 8 z 3 E 9 h   e) ● 13 z   f) ● 90 h
haben, und schreibe sie auf.

15 Wie viele
a) Zehntel sind ein Ganzes,
b) Tausendstel sind 3 Hundertstel,
c) ● Tausendstel sind ein Zehntel?

16 Tobias sagt: „Null Komma fünfzehn ist größer als Null Komma sieben." Was sagst du dazu?
Warum ist die Sprechweise von Tobias problematisch?

17 Trage in eine Stellenwerttafel ein und schreibe als Dezimalzahl.
a) 1 E 6 z   b) 3 Z 4 E 5 z 2 h
c) 0 E 8 z 3 h 6 t   d) 2 z 7 h 9 t
e) ● 17 h   f) ● 3 z 12 h
g) Erfindet selbst schwierige Aufgaben und stellt sie euch gegenseitig.

18 ● Korrigiere die Fehler.

E	,	z	h	t	Dezimalzahl
0	,	28	0	0	0,28
0	,	0	62	0	0,0620
0	,	0	0	125	0,00125

19 ● Du erinnerst dich sicher noch: **Prozent** bedeutet „von Hundert".

Beispiel 1 % = 1 Hundertstel = 0,01

Schreibe die folgenden Prozentzahlen erst als Hundertstel und dann als Dezimalzahl.
a) 5 %   b) 50 %   c) 46 %   d) 112 %
e) Stellt euch gegenseitig fünf solche Aufgaben und heftet einige Prozentzahlen an eure Klassenskala (siehe auch → Seite 13, Aufgabe 8).

20 ● Schreibe als Prozentzahl.
a) 0,63   b) 0,79   c) 0,4
d) 0,06   e) 0,6   f) ●● 0,006

→ Kannst du's? Seite 26, 2 und 4

Die Geburt des Meters
Bis zum 19. Jahrhundert gab es überall in Europa ganz unterschiedliche Maße, z. B. *Fuß* und *Elle*, *yard*, *Aunes* usw. und von Ort zu Ort waren gleiche Maße unterschiedlich lang, z. B. in Köln anders als in Mainz, in Paris oder in Berlin. Für Händler war das sehr unpraktisch. Daher wurde in der französischen Revolution ein einheitliches Längenmaß festgelegt. Nach vielen Vermessungen wurde 1799 das **Urmeter** angefertigt – ein Platinstab, der bei exakt 7 °C genau 1 m lang ist.

Längen messen

21 Kopfhaare wachsen etwa 0,35 mm pro Tag.
a) In wie vielen Tagen wachsen sie 1 mm?
b) Wie viel wachsen sie in einer Woche?

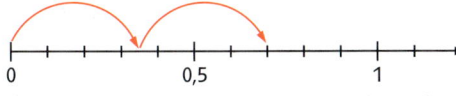

c) Wie viel wachsen sie in einem Monat?

22 Die Tabelle zeigt den mittleren Wert (den Zentralwert) der Körpergrößen von Jungen und Mädchen in einem bestimmten Alter. Ärzte benutzen solche Werte, um die Größenentwicklung von Kindern zu verfolgen.

Tipp
Wenn du nicht mehr weißt, was ein Zentralwert ist, schau in der Mathematischen Werkstatt → S. 183 nach.

	Jungen	Mädchen
8 Jahre	1,31 m	1,31 m
10 Jahre	1,42 m	1,44 m
12 Jahre	1,53 m	1,54 m
14 Jahre	1,65 m	1,63 m
16 Jahre	1,75 m	1,67 m

a) Um wie viel steigt der Wert der Jungen jeweils in den 2-Jahres-Abschnitten, um wie viel wächst der Wert der Mädchen?
b) Wer wächst wann am stärksten?

23 a) Ergänze in der Stellenwerttafel die fehlenden Längeneinheiten.

			m		cm	

b) Rechne mithilfe der Stellenwerttafel um.
2,357 m = ☐ cm   616 mm = ☐ cm
0,53 m = ☐ mm   23 400 cm = ☐ km
2,1 dm = ☐ m   83 mm = ☐ dm

24 a) Fingernägel wachsen 0,086 mm pro Tag. Lena schätzt: „Das sind ja ungefähr 0,6 mm pro Woche." Hat sie Recht?
b) Wie viel wachsen deine Fingernägel in einem Monat ungefähr?
c) Der Daumennagel wächst 9 Tausendstel Millimeter pro Tag mehr als die anderen Fingernägel.

25 Die Zwerggrundel ist einer der kleinsten Fische der Welt. Eine männliche Zwerggrundel ist nur 9 mm lang. In welchem Maßstab wurde die Zwerggrundel auf diesem Bild vergrößert?

26 Schnecken gelten als Symbol für Langsamkeit. Aber sie sind unterschiedlich schnell. Manche Landschnecken kriechen gerade einmal 2 cm pro Minute. Die Weinbergschnecke legt dagegen 7,2 cm pro Minute zurück.
Stell dir vor, es wäre ein Schneckenrennen: Wie viel Vorsprung hat eine Weinbergschnecke nach 3 Minuten vor einer Landschnecke?

→ Kannst du's?
Seite 26, 2 und 5

→ **Aufgabe 27**

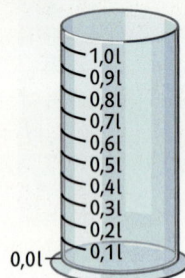

Tipp

→ **Aufgaben 28 und 29**
Ein **Milliliter** (ml) ist ein Tausendstel Liter.
Ein **Centiliter** (cl) ist ein Hundertstel Liter.
Ein **Deziliter** (dl) ist ein Zehntel Liter.
1 **Hektoliter** (hl) sind hundert Liter.

→ Kannst du's?
Seite 26, 2 und 5

Flüssigkeiten messen

27 Der Messzylinder hat eine Skala. Zeichne so eine Skala (10 cm lang) in dein Heft und markiere mit Pfeilen:

0,4 l; $\frac{1}{4}$ l; 0,30 l; 0,03 l; 0,3 l; 0,75 l; $\frac{1}{2}$ l; $\frac{1}{5}$ l

28 Benutze eine Stellenwerttafel und schreibe die Angaben als Dezimalzahlen in Liter.

Ganze Liter	Zehntel (Deziliter)	Hundertstel (Centiliter)	Tausendstel (Milliliter)

a) Im Kochrezept steht 3 dl Milch.
b) In ein Schnapsglas passen 2 cl.
c) Max muss 15 ml Medizin einnehmen.

29 a) Ergänze in der Stellenwerttafel die fehlenden Einheiten für Flüssigkeiten.

hl			l			ml

b) Benutze die Stellenwerttafel, um folgende Angaben umzurechnen.
0,64 dl = ☐ ml 515 ml = ☐ cl
1,35 l = ☐ ml 8123 cl = ☐ l
71,3 l = ☐ hl 96 ml = ☐ dl

30 *Pint* ist ein englisches Maß für Flüssigkeiten.

a) Lies ab: Wie viel Liter sind ein pint etwa?
b) 🌐 Schau im Lexikon oder im Internet nach, wie viel ein pint genau ist.

31 a) In einer Cola-Dose sind 0,33 l. Wie viele dl (cl, ml) sind das?
b) Wandle 0,75 l Saft in dl (cl; ml) um.

32 ● Schreibe als Dezimalzahl in Liter.
a) ein Deziliter b) 74 Deziliter
c) 7 Centiliter d) 563 Milliliter
e) 32 Milliliter f) 931 Centiliter

33 Schreibe als Dezimalzahl (in Liter) und entscheide, was mehr ist.
a) 6 cl; 600 ml b) 2 dl; 22 cl
c) 75 ml; 7 dl d) 2 cl; 20 ml

34 a) Auf welche Werte zeigen die Pfeile an den Messzylindern?

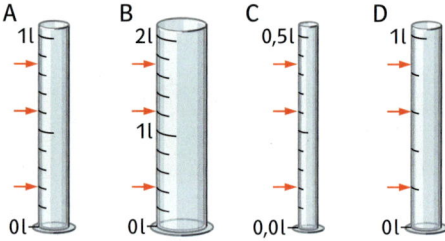

b) Welcher Flüssigkeitsmenge entspricht ein Skalenabschnitt?
c) Zähle zu den Werten von Messzylinder A je 0,2 Liter dazu.

35 Carla hat einen Messbecher gezeichnet. Was hat sie nicht beachtet?

36 1 Liter *Orangensaft* besteht aus 1 l Fruchtsaft. Aber 1 l *Orangennektar* muss nur 0,5 l Fruchtsaft enthalten, der Rest kann aus Mineralwasser, Aroma und gelöstem Zucker bestehen. 1 l *Orangensaftgetränk* muss nur 0,06 l Fruchtsaft, 1 l *Orangenlimonade* nur 3 cl Fruchtsaft enthalten. Wie viel Liter Wasser mit Zucker können in einem Liter Orangennektar, Orangensaftgetränk und Orangenlimonade enthalten sein?

Zeiten messen

37 Bei vielen Rennen wird mit elektronischen Stoppuhren gemessen.
a) 🌐 Informiert euch, wie das geht.
b) ✂ 👥 Wenn ihr beim Sportfest eure Laufzeiten messt, verwendet ihr eine Handstoppuhr. Wie genau könnt ihr damit messen? Macht selbst einige Versuche: Drei Leute messen die Zeit für denselben Läufer oder dieselbe Läuferin. Was stellt ihr fest?

Die Stoppuhr

Wenn die Uhr auf die Stoppfunktion eingestellt ist, stehen die Minuten an erster Stelle, die Sekunden an zweiter Stelle, danach folgen die Hundertstel oder Tausendstel Sekunden.

Beispiel: 1 min 38,728 s

38 ● Als ein Skirennen einmal mit nur einer Hundertstel Sekunde Vorsprung gewonnen wurde, fragte ein Reporter des österreichischen Senders Ö3 Leute auf der Straße: „Aus wie viel Hundertstel Sekunden besteht eine Sekunde?"
Hier sind drei der Antworten:

„Tausend, glaube ich, oder?"

„Sechzig."

„Normalerweise ist das so: Eine Minute hat sechzig Sekunden, aber beim Rennen, glaube ich, sind es hundert. Hundertstel Sekunden ist dann das Zehnfache."

a) Wie viele Hundertstel Sekunden hat denn jetzt eine Sekunde?
b) 💡 Was haben die Leute gedacht? Was hat sie bei ihren Antworten wohl verwirrt?

39 Marcel ist beim 50-m-Lauf 8,92 s gelaufen, Ali war 16 Hundertstel schneller. Welche Zeit ist Ali gelaufen?

40 Beim Schwimmen auf der 50-m-Bahn wurden folgende Zeiten gestoppt: Steffi 32,94 s; Jana 32,86 s und Gülay 33,02 s.
a) In welcher Reihenfolge sind die Schwimmerinnen angekommen?
b) Wie viel Vorsprung hatte die Siegerin vor der zweiten und der dritten Schwimmerin?

41 a) Felix hat 2 Minuten und 30 Sekunden so geschrieben 2,30 Minuten? Ist das richtig? Wenn nicht, wie müsste es richtig heißen?
b) Wie werden 2 Minuten, 15 Sekunden in Dezimalschreibweise angegeben?

42 Drei Läufer vergleichen ihre Zeiten.
• Levin: 1 min, 3 Zehntel s
• Ben: 1 min, 30 Hundertstel s
• Max: 1 min, 285 Tausendstel s
Wer von den dreien ist der Schnellste, wer der Langsamste?

43 ● Wie schnell waren die Läufer? Gib ihre Zeiten an.

Sport-News!
Bei den Nachwuchs-Meisterschaften in Bad Laufen sicherte sich Aaron mit zwei Hundertstel Sekunden Vorsprung vor Ben den Titel. Dritter wurde Carlos mit 3 Zehntel Sekunden Rückstand auf den Sieger und der Zeit von 1 Minute, 24,53 Sekunden. Der Favorit David verpasste mit 4 Hundertstel Rückstand auf Carlos knapp die Medaillenränge.

→ Kannst du's?
Seite 26, 3 und 5

Dezimalzahlen anders dargestellt

44 a) Hier ist ein Fünftel markiert. Gib den Anteil als Dezimalzahl an.

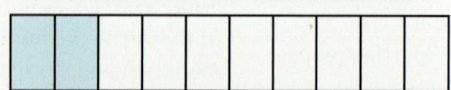

b) Zeichne ebenso: 0,3; 0,7; 0,25; 0,42.

45 Im Hunderterfeld ist $\frac{1}{10}$ = 0,1 = 10 % gelb markiert.
a) Lies ab, welcher Anteil rot markiert ist.
b) ☀ Zeichne im Heft unterschiedliche Möglichkeiten, wie man 0,25 im Hunderterfeld darstellen kann. $\frac{\square}{\square}$ = 0,25 = ☐ %
c) ☀ Heftet unterschiedliche Anteile an eure Klassenskala (Seite 13, → Aufgabe 8).

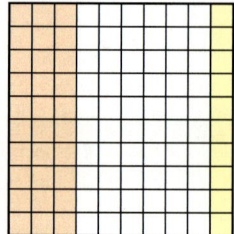

46 ● Zeichne vier Quadrate mit 10 × 10 Kästchen in dein Heft.
a) Benutze verschiedene Farben und zeichne je zwei Angaben in ein Quadrat.
$\frac{1}{2}$; 25 %; 0,4; $\frac{1}{20}$; 7 %; 0,75; 12,5 %; $\frac{1}{3}$
b) Schreibe alle Anteile aus → Teilaufgabe a) als Bruch-, Dezimal- und Prozentzahl auf. Vergleicht eure Ergebnisse.

Dezimalzahlen vergleichen

47 Ordne die folgenden Zahlen der Größe nach. Beginne mit der kleinsten Zahl.
a) 0,8; 1,2; 0,5
b) 4,253; 4,64; 4,3
c) 0,7; 0,3; 0,05
d) 0,15; 1; 0,4
e) ☀ Erkläre, wie du entscheidest, welche die kleinere von zwei Dezimalzahlen ist.
f) Vergleicht eure Entscheidungsregeln. Schreibt euch eine Regel auf.

48 ☀ a) Welche Dezimalzahlen könnt ihr mit den vier Kärtchen darstellen? Wie viele habt ihr gefunden? Ordnet sie der Größe nach.

[0] [1] [2] [,]

b) ● Wie viele weitere Zahlen erhaltet ihr, wenn ihr noch ein Kärtchen mit dazunehmt?

49 Schreibe, wenn möglich, zwei Zahlen auf, die zwischen den beiden angegebenen Dezimalzahlen liegen.
a) 2,5 < ☐ < 2,8   b) 0,4 < ☐ < 0,5
c) 5,13 < ☐ < 5,9   d) ● 1,9 < ☐ < 1,10
e) 3,4 < ☐ < 3,40   f) 1 < ☐ < 1,1
g) 0,6 < ☐ < 0,12
h) Warum findet man nicht überall eine Lösung?

50 **Wer ist am nächsten dran?**
Ein Spiel für 3 bis 4 Personen.
Alle schreiben verdeckt eine Dezimalzahl zwischen 0 und 3 auf. Dann zeigt die Startspielerin ihre oder der Startspieler seine Zahl. Die anderen vergleichen, wie weit sie von der Zahl entfernt sind. Wer am nächsten dran ist, hat gewonnen und bekommt einen Punkt. In der nächsten Runde beginnt eine andere Person.

51 a) ☀ Schreibe vier Zahlen zwischen 3,6 und 3,7 auf.
b) Welche Ziffern könntest du für den Platzhalter einsetzen?
3,62 < 3,6 ☐ 8
Mache mehrere Vorschläge.
c) ●● Wie viele Zahlen zwischen 3,6 und 3,7 gibt es?

52 a) Starte auf dem Zahlenstrahl bei 0,8. Halbiere 0,8. Halbiere das Ergebnis wieder. Wiederhole das noch weitere viermal.
b) ●● Kommst du irgendwann bei Null an, wenn du immer weiter halbierst?

Tipp
Hast du ein eigenes Mathe-Lexikon? Dann notiere deine Regel dort.

> Dezimalzahlen vergleicht man, indem man ...

→ Kannst du's? Seite 26, 3

Messen – aber genau!?

53 ☼ Welche Aussagen sind richtig, welche falsch? Erkläre drei deiner Entscheidungen.

54 Francis erklärt: „Meine Mutter hat gesagt, dass man hinter dem Komma Nullen anhängen kann. Also ist 0,1 und 0,01 dasselbe." Was meinst du dazu?

55 ☼ Erkläre warum 0,8 größer als 0,11 ist.

56 ☼ Welche der folgenden Aussagen ist richtig, welche falsch? Begründe deine Entscheidung.
a) Von 0,436 und 0,52 ist 0,436 die größere Zahl, weil 436 größer als 52 ist.
b) 85 Hundertstel = 0,85
c) Bei 0,32⑦3 sind die Hundertstel eingekreist. Die Zahl Hundert hat 3 Stellen, also stehen auch bei Dezimalzahlen Hundertstel an der 3. Stelle nach dem Komma.
d) 0,7 + 0,3 = 0,10; denn 7 + 3 = 10

e)
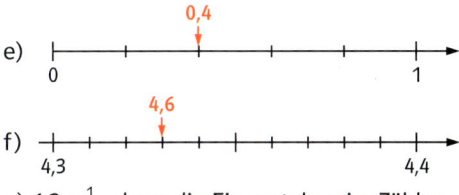

f)

g) $1,3 = \frac{1}{3}$, denn die Einer stehen im Zähler, die Zehntel im Nenner.

57 ●☼ Tim: „Die Zahl mit der kleinsten Ziffer genau hinter dem Komma ist die kleinere."
Anna: „Ich vergleiche erst die Ziffern vor dem Komma. Sind diese gleich, ist die Zahl mit den meisten Stellen hinter dem Komma die kleinere, denn die hat den kleinsten Stellenwert."
Was sagst du zu Tims und Annas Regeln?

Runden

58 In unterschiedlichen Berufen wird unterschiedlich genau gemessen. Zum Beispiel werden Maße in Metallberufen auf Hundertstel Millimeter genau gemessen, bei Zimmerleuten auf Zentimeter genau. Was notiert ein Zimmermann bei der Messung im Bild unten?

 Mathematisch Argumentieren beim Vergleichen von Dezimalzahlen

Wenn du erklären willst, welche von zwei Dezimalzahlen größer ist oder wie Nullen bei Dezimalzahlen berücksichtigt werden, kannst du
- eine Stellenwerttafel benutzen,
- die Zahlen als Anteile bildlich darstellen,
- einen Zahlenstrahl zeichnen und daran die Aussage verdeutlichen.

Achte darauf, dass zwischen zwei aufeinanderfolgenden Zahlen mit dem selben Stellenwert der Strahl immer wieder in 10 Teile unterteilt wird.

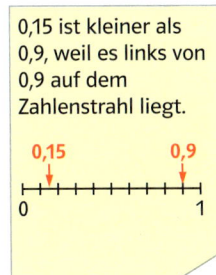  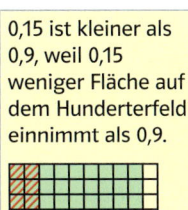

Wenn du Behauptungen widerlegen willst, reicht es, ein Gegenbeispiel anzugeben.

Bei Dezimalzahlen gelten für das **Runden** dieselben Regeln wie bei natürlichen Zahlen: Von 0 bis 4 in der nächsten Stelle wird abgerundet, von 5 bis 9 wird aufgerundet.

Beispiel 1,849 runden
- auf Zehntel: 1,849 ≈ 1,8 (abrunden)
- auf Hundertstel: 1,849 ≈ 1,85 (aufrunden)

59 Runde die folgenden Zahlen.
a) auf Einer: 8,2; 43,7; 12,82; 26,581
b) auf Zehntel: 1,37; 16,73; 7,762; 19,415
c) auf Hundertstel: 5,762; 19,415; 3,1234
d) auf Tausendstel: 3,1234; 0,555 54; 0,9999

60 Eine Längenangabe wurde auf Zentimeter genau angegeben. Wie lang kann sie auf Millimeter genau gewesen sein? Gib drei Möglichkeiten an.
a) 8,27 m   b) 0,65 m   c) 0,40 m
d) 7 cm   e) 18 cm   f) 6,3 dm

61 Beim Kinderarzt gibt eine elektronische Waage das Körpergewicht von Lisa so an: 39,43 kg.
Was sollte die Arzthelferin eintragen?

62 ● Beim 50-m-Lauf in der Schule wird mit der Stoppuhr per Hand gestoppt. Die Stoppuhr zeigt bei Laura 8,03 Sekunden. Welche Genauigkeit ist sinnvoll?

63 Sind die Aussagen sinnvoll oder nicht sinnvoll angegeben?
a) Von Hamburg bis Dortmund sind es 342,345 km.
b) Laura ist 1,42 m groß.
c) Ein Elefantenbaby wiegt 82,46 kg.
d) Zum Backen braucht man 251,6 g Butter.
e) Ein Liter Benzin kostet 1,489 €.
f) ● ☼ Nenne eine Situation, in der es sinnvoll ist, auf Zehntel zu runden.

64 Lies die Höhe des Kinderbuchs
a) auf cm   b) auf mm   genau ab.

→ Kannst du's? Seite 26, 6

 Sinnvolle Genauigkeit?

Wenn du etwas misst, musst du überlegen, wie genau deine Messergebnisse sein müssen. Auch bei Mathe-Aufgaben musst du auf sinnvolle Genauigkeit beim Ergebnis achten.

Beispiel Angaben zur Höhe eines Regals

1,5 m	Ist zu ungenau, weil es nur auf 10 cm genau ist.
1,50 m	Ist angemessen, weil es auf cm genau gemessen wurde.
1,500 m	Ist zu genau, du brauchst bei der Regalhöhe keine mm-Angaben und kannst sie so genau auch nicht messen.

Messen – aber genau!?

Tiefe Temperaturen

A

Ein Wintertag Mitte Januar in Europa

1. a) Wo war es am wärmsten, wo am kältesten?
b) Bei welchen Orten kannst du die auf dem Thermometer gezeigte Temperatur ablesen?
c) Zeichne eine Thermometerskala in dein Heft und trage die Temperaturen von München, Paris, London und Madrid ein.

2. a) Wie viel Grad beträgt der Temperaturunterschied zwischen
   - London und Rom
   - München und Oslo
   - Hamburg und Barcelona?
b) Wie groß ist der größte Temperaturunterschied?
c) 👥 Bestimme weitere Temperaturunterschiede und lasse deinen Partner oder deine Partnerin die dazu gehörigen Städte suchen.

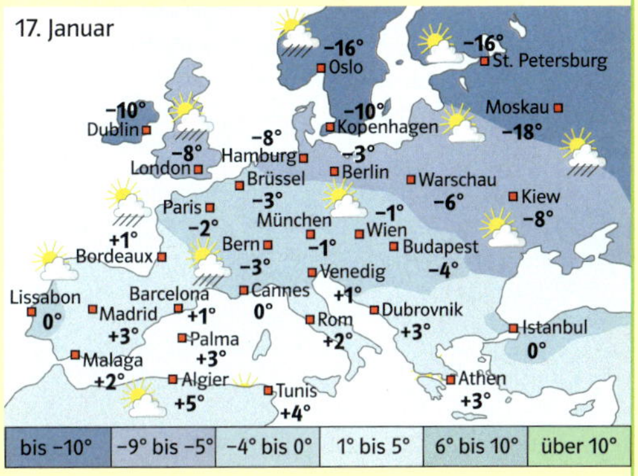

B

Wasser-Eis-Experiment

Für das Experiment braucht ihr:
- ein Becherglas
- ein Thermometer
- einige zerkleinerte Eiswürfel
- 1 Esslöffel Salz

Notiert bei jeder der Messungen (1) bis (3) die Ergebnisse.

a) Zeichnet eine Thermometerskala ins Heft, tragt eure Messergebnisse ein.
b) Wie groß sind die Temperaturunterschiede?

(1) Füllt den Becher mit Leitungswasser und messt die Temperatur. Gießt das Wasser wieder aus.
(2) Füllt zerkleinerte Eiswürfel in den Becher und messt die Temperatur. Achtet darauf, dass die Thermometerspitze ganz im Eis eingetaucht ist.
(3) Nehmt das Thermometer aus dem Becher, gebt einen Esslöffel Salz auf das Eis und rührt die Mischung kurz um. Steckt das Thermometer wieder in das Becherglas und beobachtet. Notiert die Temperatur, die sich nach einigen Minuten einstellt.

Messen – aber genau!?

Negative Zahlen

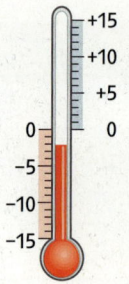

Wie viel Grad zeigt das Thermometer an?
Wie viel Grad Celsius beträgt die Temperatur, wenn das Thermometer abends um 4 °C fällt?
Wie viel Grad liest man ab, wenn das Thermometer nachts noch einmal um 1,6 °C fällt?

Tipp
Der Betrag einer Zahl gibt an, wie weit sie von der Zahl 0 entfernt ist.
Für den Betrag schreiben wir
$|+2| = |-2| = 2$.
Lies: „Betrag von +2",
„Betrag von −2".

Negative Zahlen findet man in vielen Bereichen unseres Alltags. Du erkennst sie an dem **Minuszeichen** vor der Zahl.

Mit den negativen Zahlen kann man den Zahlenstrahl von der Null aus nach links verlängern. So erhältst du eine Zahlengerade.

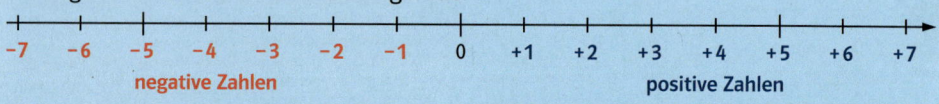

Negative Zahlen stehen links von 0.
Sie haben das Vorzeichen −.

Positive Zahlen stehen rechts von 0.
Sie haben das Vorzeichen +.

Beispiel

WETTERBERICHT:
Die Tageshöchsttemperatur beträgt 4 °C, über Nacht wird das Thermometer auf −6 °C fallen.

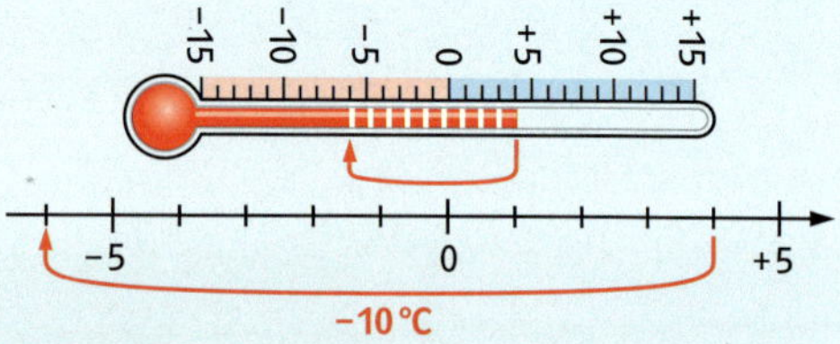

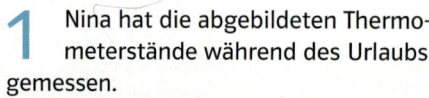

Die Temperaturveränderung beträgt −10 °C.
Vom Thermometer her verbinden wir mit Temperaturen oft senkrechte Skalen (siehe links oben), aber wir könnten negative Zahlen genauso gut auf einer waagerechten Skala darstellen. Bei beiden Skalen können die Werte 4 und −6 markiert werden. Die Temperaturveränderung beträgt −10 °C.

1 Nina hat die abgebildeten Thermometerstände während des Urlaubs gemessen.
a) Lies die Tagestemperaturen an den Skalen ab.
b) Zu welchen Tageszeiten könnte Nina gemessen haben?
c) 🌐 In welcher Jahreszeit und wo könnte Nina Urlaub gemacht haben?

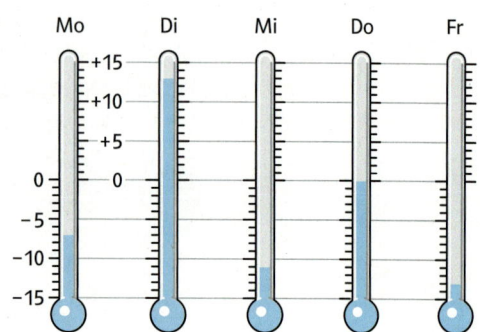

22 Messen – aber genau!?

Die Celsius-Skala

Wir geben Temperaturen in **Grad Celsius (°C)** an. Diese Bezeichnung geht auf den schwedischen Astronomen *Anders Celsius* (1701–1744) zurück. Celsius markierte an einer Quecksilbersäule eine Null für den Schmelzpunkt von Eis und eine Hundert für den Siedepunkt von Wasser. Dazwischen teilte er die Skala gleichmäßig ein.
Er benutzte ein Glasröhrchen mit Quecksilber, weil Quecksilber bei hohen und tiefen Temperaturen flüssig ist und sich mit zunehmender Temperatur ausdehnt.
Heute benutzt man gefärbten Alkohol, weil Quecksilber giftig ist.

2 a) Das Schaubild zeigt die Temperaturen im Verlauf eines Wintertages. Beschreibe die Temperaturänderungen.

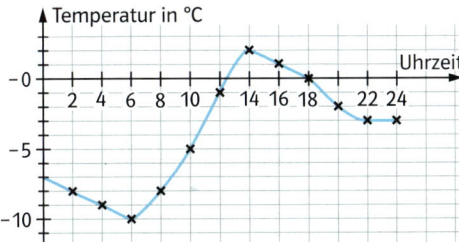

b) Sind die folgenden Aussagen richtig?
- Um 8 Uhr betrug die Temperatur –3 °C.
- Zwischen 10 und 12 Uhr stieg die Temperatur um +4 °C.
- Um Mitternacht war es am kältesten.
- Die Temperaturveränderung von 14 Uhr bis 18 Uhr betrug –4 °C.

c) Denke dir selbst richtige Aussagen zum Schaubild aus.

3 a) In welchem der vier Jahre war es in Frankfurt am kältesten?

Datum	Nacht	Tag
29.1.14	–1,7 °C	3,7 °C
29.1.05	–3,8 °C	–2,0 °C
29.1.04	–2,8 °C	4,4 °C
29.1.95	–10,7 °C	–2,2 °C

b) Zeichne die Temperaturen an einer Zahlengeraden (15 cm Länge) ein.
c) Um wie viel Grad ist die Temperatur zwischen Nacht und Tag jeweils gestiegen?

4 🌐 Informiere dich über Temperaturskalen und über ihre Erfinder.

5 Temperaturen werden unterschiedlich empfunden. Das Kälteempfinden wird vom Wind vergrößert, denn je stärker der Wind weht, desto mehr Wärme wird dem Körper entzogen. Bei einer Temperatur von 2 °C und etwa 30 km/h Windgeschwindigkeit ist die gefühlte Temperatur ca. 2,4 °C weniger. Zeichne eine Temperaturskala ins Heft und markiere die gemessene und die gefühlte Temperatur.
Wie kalt ist es gefühlt?

6 ● Die Lufttemperatur nimmt bei einem Anstieg von 200 m durchschnittlich um 1 °C ab. Eine Skifahrerin startet mit ihrer Skitour in Gaschurn. Das Thermometer zeigt dort 2,5 °C an.
a) Mit welcher Temperatur muss die Skifahrerin am Schwarzköpfle rechnen?
b) Lies auf der Karte verschiedene Orte der Skiregion ab, an denen voraussichtlich die Null-Grad-Grenze erreicht wird.

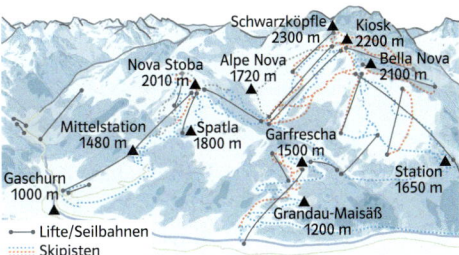

7 👥 Wo sind euch die negative Zahlen außer bei Temperaturen schon einmal begegnet?
Tauscht euch untereinander aus.

Messen – aber genau!?   23

Klima

8 Auf welche Zahlen zeigen die Pfeile?

a) Zahlengerade von −20 bis +20 mit Pfeilen A, B, C, D, E, F

b) Zahlengerade von −20 bis +20 mit Pfeilen A, B, C, D, E, F

c) Gib den Betrag der Zahlen aus → Teilaufgabe a) und b) an. Welche Zahlen haben den gleichen Betrag?

9 Zeichne den Ausschnitt einer Zahlengerade von −20 bis +10.
Markiere die folgenden Zahlen:
A −19   B −12   C +5
D −3   E 0   F 3
G alle Zahlen mit dem Betrag 9

10 Hier siehst du ein Klimadiagramm von Neustadt im Schwarzwald. Für jeden Monat ist dargestellt, wie hoch die höchste Temperatur am Tag und wie tief die tiefste Temperatur im Durchschnitt war.

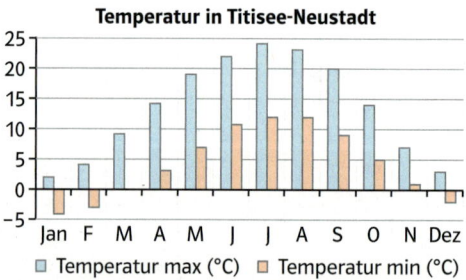

a) In welchem Monat wurden die höchsten Temperaturen, in welchem Monat wurden die niedrigsten Temperaturen erreicht?
b) Alex sagt: „Im November und im Januar sind die Unterschiede zwischen dem Maximum und dem Minimum der Tagestemperaturen gleich." Stimmt das?
c) In welchem Monat ist der größte Unterschied, in welchem der kleinste Unterschied zwischen maximaler und minimaler Temperatur?

→ Kannst du's? Seite 26, 7

11 In der Antarktis ist es das ganze Jahr über kalt. Die Klimatabelle zeigt die Durchschnittstemperatur bei der Forschungsstation Mc Murdo:
(Angaben in °C)

Jan.	Feb.	Mär.	Apr.	Mai	Juni
−2,9	−9,6	−16,2	−20,7	−22,9	−22,9

Juli	Aug.	Sep.	Okt.	Nov.	Dez.
−22,5	−26,5	−24,8	−18,9	−9,7	−3,9

a) Wann ist in der Antarktis Sommer? Wie warm wird es dann?
b) Wie groß ist der Temperaturunterschied zwischen wärmstem und kältestem Monat?
c) Zeichne ein Klimadiagramm zu den Temperaturen ähnlich wie in → Aufgabe 10.

12 **Temperaturrekorde**
Denkt euch zu den folgenden Temperaturangaben selbst Aufgaben aus. Löst eure eigenen Aufgaben und tauscht dann mit einer anderen Gruppe.

Höchster gemessener Temperaturwert weltweit: 58,8 °C (13. 9. 1923, Al' Aziziyah, Libyen)

Tiefster gemessener Temperaturwert weltweit: −89,2 °C (21. 7. 1983, russische Forschungsstation Wostok, Antarktis)

Höchster gemessener Temperaturwert in Deutschland: 40,3 °C (27. 7. 1983, bei Amberg)

Tiefster gemessener Temperaturwert in Deutschland: −45,9 °C (24. 12. 2001, Funtensee-Alsm, Bayern)

Größter Temperaturanstieg weltweit: innerhalb von 2 Minuten von −20 °C auf +7 °C (Spearfish, South Dakota, USA)

Größter Temperatursturz weltweit: abends 6,7 °C, morgens −48,9 °C (23./24. 1. 1916, Browning, Montana, USA)

Auch Punkte mit negativen Koordinaten können in ein **Koordinatensystem** eingetragen werden. Dazu setzt man in einem Koordinatensystem vom Ursprung aus die x-Achse nach links und die y-Achse nach unten fort. Versieht man die verlängerten Achsen mit negativen Zahlen, so kann man die Lage aller Punkte auf einem Zeichenblatt durch Zahlenpaare beschreiben.

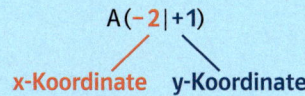

A(−2|+1)

x-Koordinate   y-Koordinate

A(−2|+1) bedeutet:
Gehe vom Ursprung (0|0) **2 nach links** und **1 nach oben**.

C(+2|−1) bedeutet:
Gehe vom Ursprung **2 nach rechts** und **1 nach unten**.

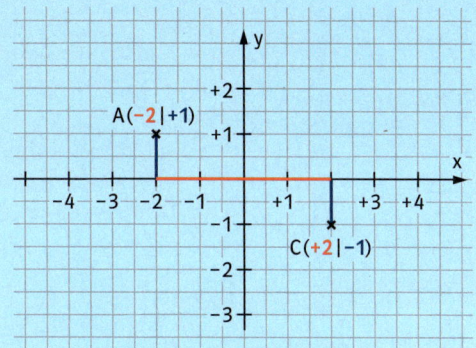

13 Lies in den Figuren die Koordinaten der eingezeichneten Punkte ab.

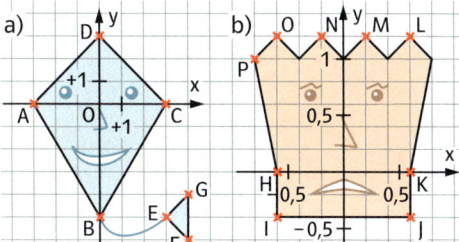

14 🧑‍🤝‍🧑 **Schätze finden**
Du kennst sicher das Spiel *Schiffe versenken*. Dieses Spiel *Schätze finden* läuft nach ähnlichen Regeln.
Zeichne zwei Koordinatensysteme (Achseneinteilung: −5 bis 5) in dein Heft und markiere geheim waagerecht oder senkrecht fünf verschiedene Schätze. Sie sollen eine, zwei, drei, vier und fünf Einheit(en) lang sein. Das zweite Koordinatensystem benutzt du, um zu markieren, was du schon erfragt hast. Abwechselnd nennt ihr Koordinatenpunkte, um die Schätze eures Mitspielers oder eurer Mitspielerin zu erraten. Ihr seid so lange an der Reihe, bis ihr falsch geraten habt. Gewonnen hat, wer zuerst alle Schätze gefunden hat.

15 a) Zeichne die Punkte A(0|+4), B(+3|0), C(+3|−4), D(0|−4), E(0|−2), F(+1|−2), G(+1|−4) in ein Koordinatensystem und verbinde sie. Spiegle die Figur an der y-Achse. Lies die Koordinaten der Spiegelpunkte ab.
b) ☀️🧑‍🤝‍🧑 Erfinde selbst eine solche Aufgabe, stelle sie deinem Nachbarn oder deiner Nachbarin.

16 a) Zeichne die Punkte A(+1|0), B(0|+1), C(−1|0), D(+1|−2), E(+3|0), F(0|+3) in ein Koordinatensystem und verbinde sie alphabetisch. Setze die Figur fort und gib die Koordinaten der neuen Eckpunkte an.
b) ☀️ Entwirf ein eigenes Muster.

17 ●●🌐 Auch auf dem Globus findet man so etwas wie ein Koordinatensystem. Finde heraus, wie man die Lage von Orten auf dem Globus oder einer Landkarte angibt. Was entspricht der x-Achse und was der y-Achse? Was entspricht den positiven und den negativen Werten?

18 ☀️ Mareike sagt: „Die negativen Zahlen sind wie Spiegelzahlen." Was meint sie wohl damit?

→ Aufgabe 14

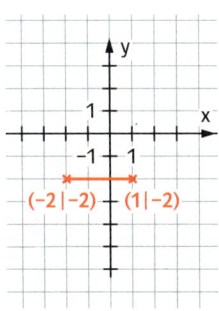

Hier ist ein Dreier-Schatz.

→ Kannst du's?
Seite 26, 8

Messen – aber genau!? 25

Kann ich's?

Check
2ha8y8

		Das kann ich.	Da bin ich fast sicher.	Da bin ich unsicher.	Das kann ich noch nicht.
Dezimalskalen und Stellenwerte					
1	Ich kann Dezimalzahlen an einer Skala ablesen und eintragen. → Seiten 12 und 13	☐	☐	☐	☐
2	Ich kann bei einer Dezimalzahl sagen, welche Ziffer welchen Stellenwert hat. → Seiten 14 bis 16	☐	☐	☐	☐
3	Ich kann Dezimalzahlen vergleichen und erklären, wie ich das mache. → Seiten 17 und 18	☐	☐	☐	☐
4	Ich kann Dezimalzahlen in einfache Brüche und Prozentzahlen umwandeln und umgekehrt. → Seiten 13, 14 und 17	☐	☐	☐	☐
Dezimalzahlen im Alltag					
5	Ich kann Angaben zu Längen, Zeiten und Flüssigkeiten als Dezimalzahlen schreiben. → Seiten 15 bis 17	☐	☐	☐	☐
6	Ich kann Dezimalzahlen sinnvoll runden. → Seiten 19 und 20	☐	☐	☐	☐
Negative Zahlen					
7	Ich kann bei Temperaturen mit negativen Zahlen umgehen. → Seiten 21 bis 23	☐	☐	☐	☐
8	Ich kann Punkte im erweiterten Koordinatensystem ablesen und eintragen. → Seite 25	☐	☐	☐	☐
		Ich helfe anderen.	Ich übe weiter.	Ich frage andere.	Ich frage eine Lehrperson.

Aufgaben

1 Dezimalzahlen ablesen, eintragen
a) Lies die Zahlen an den markierten Stellen ab:

1)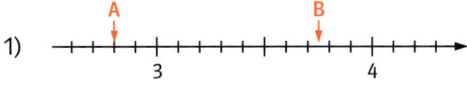

2)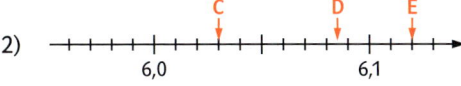

3)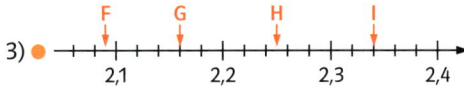

b) Zeichne einen Zahlenstrahl ins Heft (mindestens 12 cm lang). Markiere die 0 am Anfang und die 1 nach 10 cm.
Unterteile den Zahlenstrahl sinnvoll und markiere folgende Zahlen:
0,1; 0,4; 0,04; 0,75; 0,99; 1,11

2 Stellenwert einer Ziffer
a) Gib die Ziffer an, die für die Hundertstel bei 230,589 steht.
b) Emma sagt: „Die Stellenwerttafel ist einfach: Die Zehner stehen 2 Stellen vor dem Komma und die Zehntel 2 dahinter. Die Hunderter 3 Stellen vor dem Komma, die Hundertstel 3 dahinter." Was macht Emma falsch?
c) Schreibe als Dezimalzahl. Nutze dazu eine Stellenwerttafel, wenn du willst.

| 5E, 2z, 3h, 4t; | 2z, 6h | 2Z, 8h |

3 Dezimalzahlen vergleichen
a) Ordne die Zahlen der Größe nach.
0,7; 0,65; 0,53; 0,530; 0,4862; 0,32
b) Erkläre, wie du dabei vorgegangen bist.

4 Dezimalzahl, Bruch, Prozent
a) Schreibe die Zahl als Bruch und als Prozentzahl: 0,25; 0,5; 0,2; 0,86
b) Schreibe als Dezimalzahl:
$\frac{3}{4}$; $\frac{2}{5}$; 30%; 12,5%

→ Lösungen zum Check, Seite 246

5 Dezimalzahlen und Größen
Nutze für die folgenden Aufgaben eine Stellenwerttafel, wenn du möchtest.
a) Gib in m an: 46 cm; 5321 mm; 12 dm
b) Gib in l an: 7 ml; 20 ml; 33 cl
c) Schreibe als Dezimalzahl: 3 Hundertstel Sekunden; 6 Tausendstel Sekunden; 12 Zehntel Sekunden; 30 Sekunden;

6 Dezimalzahlen sinnvoll runden
Runde sinnvoll: Zum Nähen eines Kissenbezugs sollen 0,918 m Stoff von einem Stoffballen abgeschnitten werden.

7 Negative Zahlen bei Temperaturen
a) Zeichne eine Temperaturskala und markiere folgende Werte: 1°; – 6°; –1,5°
b) In Hannover hatte im Januar 2013 der 25. Januar die tiefste Temperatur: –12 °C. Am Tag davor war sie 3 °C höher. Am 4. und 5. Januar lag die tiefste Temperatur sogar um 18 °C höher als am 25. Januar. Gib die Tiefsttemperaturen für den 5. und 24. Januar in Grad Celsius an.

8 Punkte im Koordinatensystem
a) Gib die Koordinaten der Punkte A bis G an:

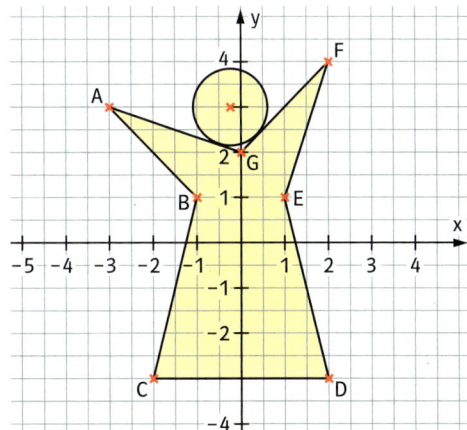

b) Trage die Punkte in ein Koordinatensystem ein, ergänze zu einem Rechteck:
A(–2|–1); B(2|–3); C(□|□); D(–1|1).

Messen – aber genau!?

Der Mensch in Zahlen

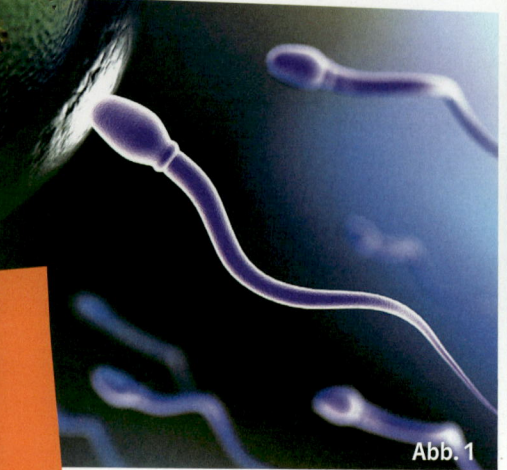
Abb. 1

Abb. 2

Abb. 3

Unser Körper ist ein Wunderwerk. Er besteht aus vielen Milliarden winziger Zellen, die aus der Verschmelzung von nur zwei Zellen entstanden sind (→ Abb. 1). Obwohl jeder Mensch einzigartig ist, sind die Entwicklung und der Aufbau jedes menschlichen Körpers in der Regel gleich.

1 **Mit der Geburt fängt alles an.**
Stellt euch gegenseitig Aufgaben zu folgenden Aussagen.
a) Bei der Geburt wiegt ein Baby zwischen 2,5 kg und 4,25 kg. Nach 5 Monaten hat sich das Gewicht verdoppelt, nach einem Jahr ist es ungefähr dreimal so schwer wie bei der Geburt.
b) Die Größe eines Neugeborenen beträgt normalerweise 46 cm bis 56 cm. Nach einem Jahr ist das Baby bereits 25 cm bis 30 cm gewachsen (→ Abb. 2).

2 a) Mit jedem Atemzug nimmt der Mensch etwa 0,5 l Luft in seine Lunge auf. In einer Minute macht er ca. 16 Atemzüge. Wie viel Liter Luft atmet der Mensch in einer Minute (Stunde)?
b) Bei diesen Tätigkeiten atmet der Mensch pro Minute die folgende Menge Luft ein und aus:
• beim Schlafen 5 l, • beim Spazierengehen 14 l, • beim Radfahren 40 l,
• beim Schwimmen 43 l, • beim Rudern 140 l und • beim Sprinten 170 l.
Zeichne ein Schaubild.

3 Ein gesunder Körper braucht viel Flüssigkeit. Ein Erwachsener verliert täglich Flüssigkeit:
• ca. 450 ml über die Haut (Schweiß), • ca. 550 ml über die Atemluft, • ca. 150 ml durch den Stuhl,
• ca. 350 ml durch den Stoffwechsel, • ca. 1,5 l durch den Urin.
a) Wie viel Flüssigkeit verliert ein Erwachsener ungefähr am Tag?
b) Über die Nahrung nimmt der Mensch täglich ca. 1 l Flüssigkeit auf. Wie viel Flüssigkeit sollte täglich über Getränke aufgenommen werden, damit der Flüssigkeitsbedarf ausgeglichen ist?

4 Der Mensch hat ungefähr 300 000 bis 500 000 Haare. Davon sind ca. $\frac{1}{4}$ Kopfhaare, die jeden Tag rund 0,35 mm wachsen. Ein Kopfhaar kann bis zu 80 cm lang werden, bevor es ausfällt.
a) Richtig oder falsch? • Der Mensch hat rund 85 000 bis 125 000 Haare auf dem Kopf.
• Ein Kopfhaar wächst durchschnittlich 15 cm im Jahr.
• Die Lebensdauer eines Haares beträgt bis zu 10 Jahren.
b) Die längsten Haare der Welt hat eine Amerikanerin (→ Abb. 3). 2013 waren sie 16,8 m lang und 19 kg schwer. Die damals 47-Jährige sagte, dass sie ihre Haare seit 25 Jahren nicht mehr geschnitten hat. Stellt euch gegenseitig Aufgaben zum Text und beantwortet sie.

→ Informationen suchen, Seite 236

Dezimalzahl

Eine Zahl, die zwischen zwei natürlichen Zahlen liegt, kann man als **Kommazahl** schreiben. Weil man die Zwischenräume immer wieder in **10** gleiche Teile unterteilt, nennt man diese Zahlen **Dezimalzahlen**. Das Komma steht zwischen den Einern und den Zehnteln.

Dezimalzahlen können an einem **Zahlenstrahl**, in einer **Stellenwerttafel** oder in einem **Hunderterfeld** gut dargestellt werden.

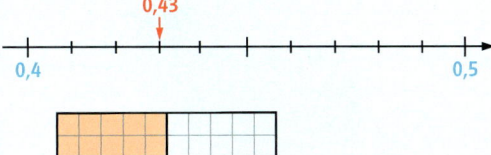

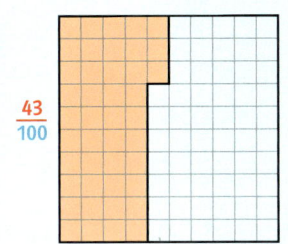

Dezimalzahlen vergleichen

Dezimalzahlen **vergleicht** man stellenweise von links nach rechts.

24,7**3**6 < 24,75 da **3** < **5**

Prozentzahlen und Dezimalzahlen

Ein **Prozent** ist ein Hundertstel.
Mit dieser Überlegung können Dezimalzahlen als Prozentzahlen und umgekehrt Prozentzahlen als Dezimalzahlen geschrieben werden. Bei einer Prozentzahl ist das Komma im Vergleich zur Dezimalzahl immer um zwei Stellen nach rechts verschoben.

$0{,}95 = \frac{95}{100} = 95\%$

$22{,}6\% = 0{,}226$

$1{,}345 = 134{,}5\%$

Negative Zahlen

Negative Zahlen erkennt man an dem Minuszeichen vor der Zahl.
Mit den negativen Zahlen wird der Zahlenstrahl nach links von der Null zur Zahlengeraden verlängert. Jede positive Zahl hat so eine Gegenzahl, die gleich weit von der Null entfernt ist.

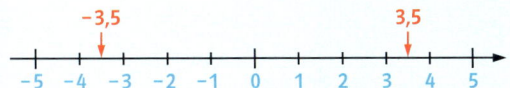

Erweitertes Koordinatensystem

Punkte können nicht nur positive, sondern auch negative Koordinaten haben. Sie können in einem Koordinatensystem eingetragen werden, bei dem die waagerechte x-Achse nach links und die senkrechte y-Achse nach unten verlängert wird.

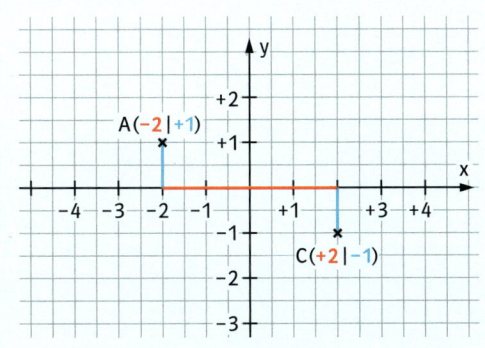

Messen – aber genau!?

einfach

1 Welche Zahlen markieren die Pfeile?

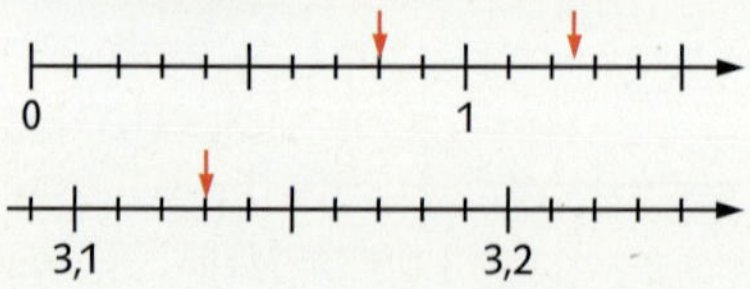

2 Zeichne 0,7 auf einem Zahlenstrahl ein. Unterteile dazu den Zahlenstrahl geeignet.

3 a) Schreibe als Dezimalzahl: 1 E 2 z 1 t.
b) Wie viele Zehntel Sekunden haben 2 Sekunden?

4 Gib an, welches die größte und welches die kleinste dieser Angaben ist: 0,9 l; 0,28 l; 0,473 l. Begründe deine Entscheidung.

5 Schreibe als Bruch-, Dezimal- und als Prozentzahl.

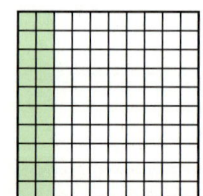

6 Runde sinnvoll. „Ein Uhu wiegt 3,243 kg, während ein Waldkauz nur 0,4937 kg schwer ist."

7 Wetterbericht: „Die Temperaturen am Tag betragen bis 3 °C, in der Nacht werden sie um 6 °C darunter liegen."
Wie kalt wird es in der Nacht? Zeichne beide Werte auf einer Zahlengeraden ein.

mittel

1 Welche Zahlen markieren die Pfeile?

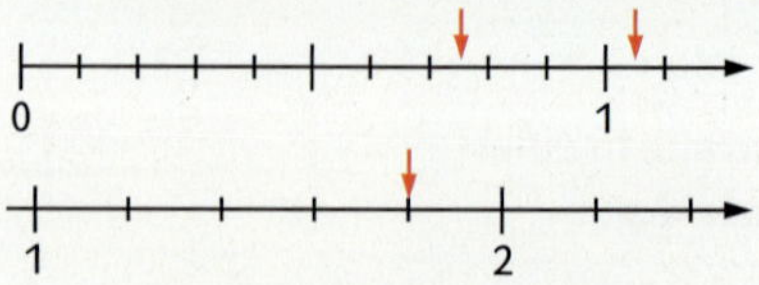

2 Zeichne einen geeigneten Ausschnitt aus dem Zahlenstrahl und trage 1,36 ein.

3 a) Schreibe 18 z als Dezimalzahl.
b) Bestimme die Siegerzeit: „ … Fabian verpasste mit 53,6 Sekunden den Sieg um 13 Hundertstel Sekunden."

4 Ordne die folgenden Angaben der Größe nach: 0,6 l; 0,085 l; 0,74 l; 0,238 l; $\frac{1}{4}$ l.
Begründe deine Entscheidung.

5 Schreibe als Dezimalzahl und zeichne in einem Hunderterfeld $\frac{2}{5}$ und 36 % ein.

6 Erkläre, warum diese beiden Angaben nicht dasselbe bedeuten.
• Das Handy wiegt ca. 0,1 kg.
• Das Handy wiegt ca. 0,10 kg.

7 Die niedrigste Temperatur, die eine Pflanze überlebt, nennt man Frosthärte. Die Frosthärte der Alpenrose beträgt im Januar −29 °C, im Juni ist sie 25 °C höher. Welche Temperaturen übersteht die Pflanze im Juni ohne Schädigung?

schwieriger

1 Welche Zahlen markieren die Pfeile?

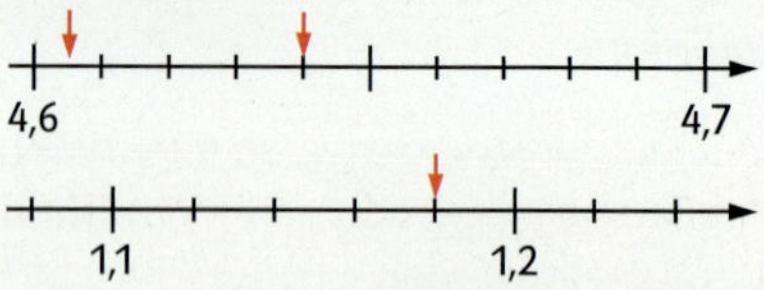

2 Zeichne einen geeigneten Ausschnitt aus dem Zahlenstrahl und trage 3,107 ein.

3 a) Schreibe als Dezimalzahl: 1 E 22 z 16 t.
b) Wie viele Tausendstel Sekunden haben 3 Zehntel Sekunden?

4 Schreibe als Dezimalzahl und entscheide, was mehr ist.
a) 33 dl oder 40 ml oder 0,4 l
b) $\frac{3}{5}$ l oder 0,68 l
Begründe deine Entscheidung.

5 a) Schreibe als Dezimal- und als Prozentzahl: $\frac{4}{20}$ und $\frac{1}{8}$.
b) Nenne einen Grund, warum Dezimalzahlen eine sinnvolle „Erfindung" sind.

6 Beschreibe eine Situation, in der es sinnvoll ist, auf Hundertstel zu runden.

7 Der größte Temperaturunterschied innerhalb eines Jahres wurde in Russland in *Werchojansk* gemessen: 100,6 °C. Die höchste Temperatur lag bei 30,6 °C.
Wie kalt wurde es im Winter?

→ Lösungen zum Test, Seiten 247 bis 249

2 Karte und Kompass – Orientierung

GPS-Geräte, Apps auf Handys und Navigationsgeräte in Autos helfen uns heute im Gelände den richtigen Weg zu finden. Doch wisst ihr auch
- wie ihr euch ohne diese Hilfsmittel im Gelände orientiert,
- wie ihr eine Himmelsrichtung bestimmt,
- wie ihr mit einem Kompass die genaue Richtung bestimmt,
- welche Hinweise auf Entfernungen ihr im Freien finden könnt?

In diesem Kapitel lernt ihr,
- wie Himmelsrichtungen mit Hilfe des Kompasses bestimmt werden,
- wie ihr Drehungen durch Winkel angeben könnt,
- welche Winkelarten es gibt und wie sie benannt werden,
- wie Winkel mithilfe des Geodreiecks gemessen und gezeichnet werden,
- wie mit Koordinaten die Richtung und die Entfernung von Punkten, auch im Gelände, bestimmt werden kann.

Checkliste

Check-in
id78ap

	Das kann ich.	Da bin ich fast sicher.	Da bin ich unsicher.	Das kann ich noch nicht.
1 Ich kann Kreise in Bruchteile unterteilen und diese benennen. → mathe live-Werkstatt, Seite 224	☐	☐	☐	☐
2 Ich kann parallele und senkrechte Strecken zeichnen und unterscheiden. → mathe live-Werkstatt, Seite 229	☐	☐	☐	☐
3 Ich kann fehlende Summanden in Summen ergänzen. → mathe live-Werkstatt, Seiten 218 und 219	☐	☐	☐	☐
4 Ich kann die Koordinaten von Punkten in Koordinatensystemen bestimmen und einzeichnen. → mathe live-Werkstatt, Seite 217	☐	☐	☐	☐
5 Ich kann mit dem Geodreieck arbeiten. → mathe live-Werkstatt, Seite 229	☐	☐	☐	☐
	Ich helfe anderen.	Ich übe weiter.	Ich frage andere.	Ich frage eine Lehrperson.

Aufgaben

1 Kreise unterteilen
a) Gib an, welche Bruchteile der Kreise jeweils eingefärbt sind.

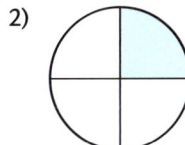
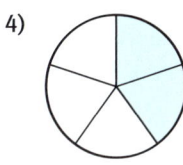

b) Zeichne drei Kreise ins Heft und färbe jeweils $\frac{2}{3}$, $\frac{3}{8}$ und $\frac{3}{6}$ des Kreises ein.

2 Parallel und senkrecht
a) Welche Geraden sind parallel zueinander, welche sind senkrecht zueinander?

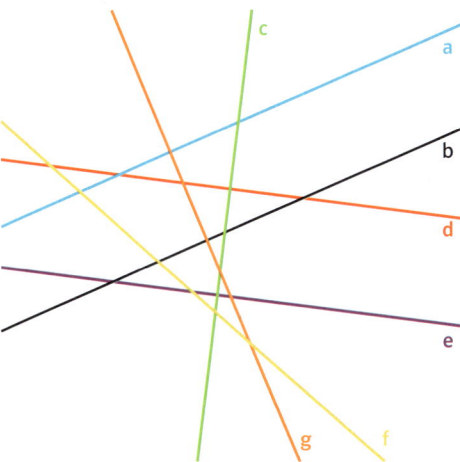

b) Zeichne eine 4 cm lange Strecke, auf der eine 3 cm lange Strecke senkrecht steht, in dein Heft.

3 Summanden ergänzen
Ergänze den fehlenden Summanden.
a) $60 + 30 + \square = 145$
b) $\square + 17 + 81 = 215$
c) $24 + \square + 53 + 12 = 111$

4 Punkte im Koordinatensystem
a) Gib die Koordinaten der Eckpunkte dieser Figur an.

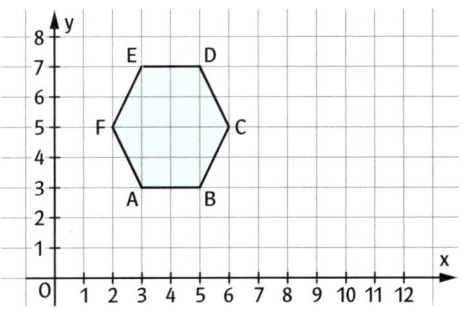

b) Trage die Punkte in ein Koordinatensystem ein und verbinde sie miteinander.
A(2|2), B(8|2) und C(5|6)

5 Geodreieck nutzen
a) Übertrage die vier Parallelen mit Hilfe deines Geodreiecks in dein Heft.

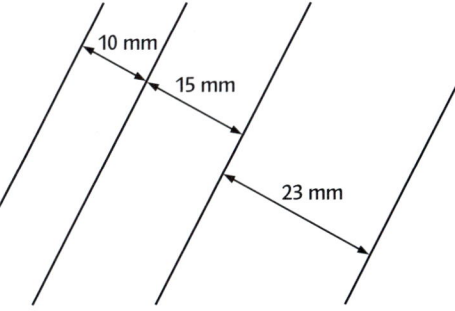

b) Beschreibe, wie du mit deinem Geodreieck
(1) eine 12 cm lange Strecke zeichnest,
(2) zwei zueinander senkrechte Strecken zeichnest.

→ Lösungen zum Check-in, Seite 249

Check-in **Aktiv** Kurs Check Thema Kompakt Test

Himmelsrichtungen

Wenn ihr auf eurem nächsten Wandertag durch freies Gelände lauft, könnt ihr gut in der Natur die Himmelsrichtung bestimmen.

→ Informationen suchen, Seite 236

A

Richtungsweisende Bäume

1 In vielen Gegenden Deutschlands wehen häufig Westwinde. Die Bäume auf den Fotos werden wegen ihrer Form *Windflüchter* genannt. Gibt es bei euch auch solche auffälligen Bäume oder Sträucher? In welche Himmelsrichtung zeigen sie?

2 Frei stehende Bäume haben oft eine Wetterseite, die meistens mit Moos bewachsen ist.
In welche Richtung zeigt diese Seite?

3 a) Was bedeutet *Westwind*, woher kommt er, in welche Richtung weht er? Erkläre auch den *Nordwind*.
b) Achte bei den Wetternachrichten auf die Windpfeile. Schreibe eine Woche lang auf, aus welchen Himmelsrichtungen der Wind kommt.

B

Himmelsrichtungen bestimmen

Tipp
Achtet auf Sommerzeit oder Winterzeit.

1 a) 👥✂ Stellt euch um 12 Uhr mittags auf den Schulhof, bei Sommerzeit um 13 Uhr. Markiert mit Kreide die Sonnenrichtung, die um diese Zeit genau im Süden liegt.
b) Bestimmt auch die drei anderen Himmelsrichtungen. Norden ist die Gegenrichtung von Süden. Wo liegen Osten und Westen?

Tipp
Schau dir im Internet auf Wetterdiensten Wetternachrichten an.

2 👥✂ Auch zu anderen Tageszeiten könnt ihr mithilfe der Sonne und einer Armbanduhr die Südrichtung genau bestimmen.
Am Vormittag: Haltet die Armbanduhr so, dass der Stundenzeiger auf die Sonne zeigt. Dann liegt die Südrichtung genau in der Mitte zwischen Stundenzeiger und der 12. Bei Sommerzeit ist das zwischen Stundenzeiger und der 1 so.
a) Probiert es selbst aus!
b) Wie kann man wohl am Nachmittag die Südrichtung bestimmen?

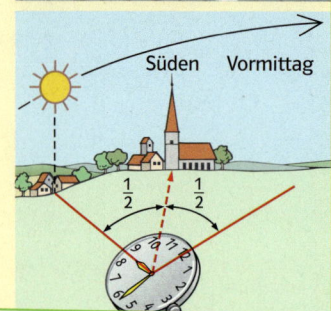

Karte und Kompass – Orientierung

C

Himmelsrichtungen zeigen

1 Die Kinder wollen die Nordrichtung anzeigen. Welche Gruppe macht es richtig? Was macht die andere Gruppe falsch?

2 a) 👥 Zeige nach Norden. Lege auf deinem Tisch einen Stift so hin, dass die Spitze nach Norden zeigt. Vergleiche mit den Stiften auf den anderen Tischen. Lege ebenso die drei anderen Himmelsrichtungen.
b) Nenne die Namen von Kindern, die von dir aus in Richtung Norden, Süden, Westen oder Osten sitzen.

D

Himmelsrichtungen auf dem Kompass

→ **Aufgabe 1**
Öffne eine Kompass-App auf deinem Handy.

1 🌐✂ Am schnellsten und genauesten kannst du Himmelsrichtungen mit dem Kompass bestimmen.
a) Finde heraus, wie der Kompass funktioniert.
b) Welche Unterteilungen gibt es zwischen den vier Himmelsrichtungen? Was bedeuten sie?
c) Bestimme aus dem Klassenzimmer mit dem Kompass die Himmelsrichtung, in der
- der Schulhof,
- der Haupteingang der Schule,
- die Turnhalle,
- die nächste Bushaltestelle

liegt.

2 Die Abbildung zeigt eine Kompass-Windrose mit unvollständigen Angaben zu den „Zwischen"himmelsrichtungen.
a) Ergänze die fehlenden Richtungsangaben auf der Kompass-Windrose im Heft.
b) Welche Drehung hat der Wind gemacht,
- wenn er statt aus Norden von Süden weht,
- wenn er statt aus Südwest von Nordwest weht?

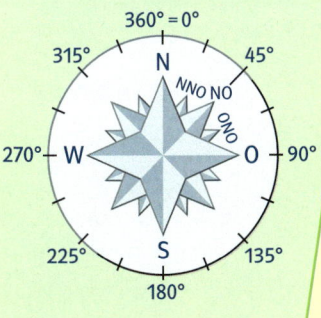

Karte und Kompass – Orientierung

Drehungen und Kompass

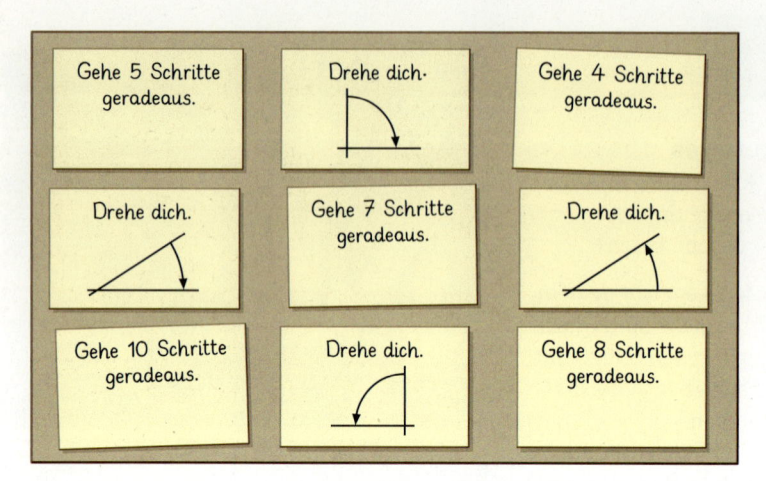

Bildet Dreiergruppen. Stellt Kärtchen mit den abgebildeten Bewegungsanweisungen für **Schritte** und **Drehungen** her und nehmt die Kärtchen mit raus auf den Schulhof.
- Dem ersten Schüler werden die Augen verbunden.
- Der zweite Schüler gibt Bewegungsanweisungen in beliebiger Reihenfolge.
- Der erste läuft nach diesen Anweisungen über den Hof.
- Der dritte Schüler zeichnet mit Kreide die Bewegungen des zweiten Schülers auf.

Probiert das aus und berichtet, wie ihr die Drehbewegungen beschrieben habt.

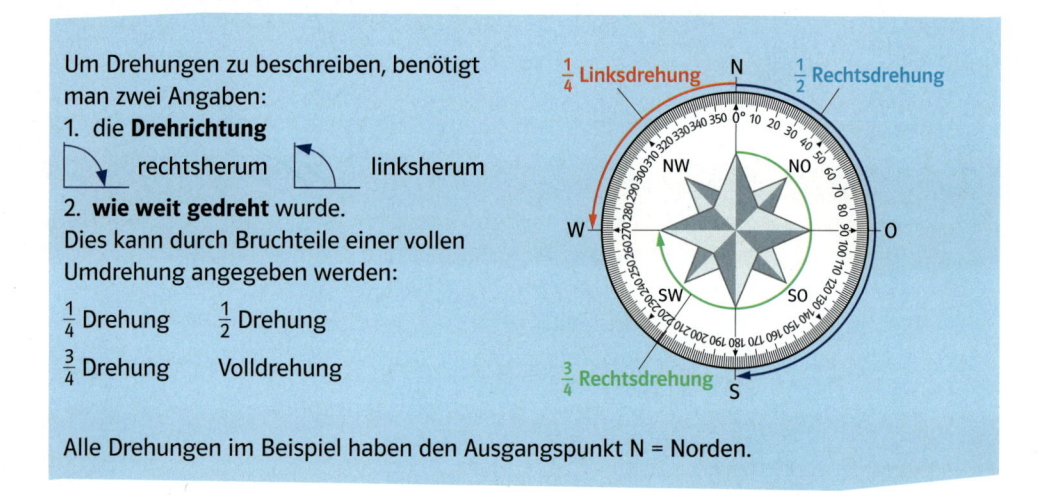

Um Drehungen zu beschreiben, benötigt man zwei Angaben:
1. die **Drehrichtung**
   rechtsherum   linksherum
2. **wie weit gedreht** wurde.
Dies kann durch Bruchteile einer vollen Umdrehung angegeben werden:

$\frac{1}{4}$ Drehung $\frac{1}{2}$ Drehung

$\frac{3}{4}$ Drehung   Volldrehung

Alle Drehungen im Beispiel haben den Ausgangspunkt N = Norden.

1 Übertrage die Tabelle ins Heft und vervollständige sie mithilfe der oben abgebildeten Windrose.

	du siehst nach	du drehst dich um	nach	gezeichnet	du siehst jetzt nach
Beispiel:	Norden	$\frac{1}{4}$ Drehung	rechts		Osten
a)	Norden	$\frac{1}{2}$ Drehung	links		
b)	Süden	$\frac{1}{8}$ Drehung	rechts		
c)	Osten		rechts		
d)	Westen		links		SW
e)		$\frac{1}{4}$ Drehung	links		O
f)	Osten	$\frac{3}{4}$ Drehung	links		
g)					NO

Karte und Kompass – Orientierung

2 Gib die Drehrichtung und die Drehungen als Bruchteile einer vollen Drehung an.
a) b) c) d)

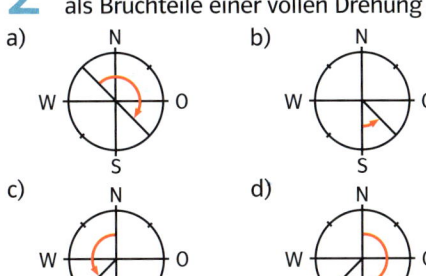

3 Der Wind dreht von
a) NO nach SO, b) NW nach S,
c) S nach SW,   d) NW nach ONO.
Gib die Drehbewegungen als Bruchteil einer Volldrehung mit Drehrichtung an. Nimm dabei die Windrose zu Hilfe.

4 Schreibe selbst Drehbewegungen an der Windrose auf. Lass sie von deiner Partnerin oder deinem Partner als Bruchteil einer vollen Drehung angeben.

Tipp
Die Fahrtrichtung eines Schiffes oder die Richtung, in die ein Wanderer läuft, wird auch **Kurs** genannt.
0° sprich „null Grad".

Zur genaueren Angabe von Drehrichtungen hat der Kompass eine **Kreisskala mit einer Gradeinteilung**. 1 Grad (kurz 1°) ist der 360-ste Teil einer vollen Kreisskala mit 360°.

$\frac{1}{4}$ Drehung = 90° $\frac{1}{2}$ Drehung = 180°
$\frac{3}{4}$ Drehung = 270°   Volldrehung = 360°

Richtungs- und **Kursangaben** werden als **Rechtsdrehung** angegeben, die bei N = 0° beginnt.

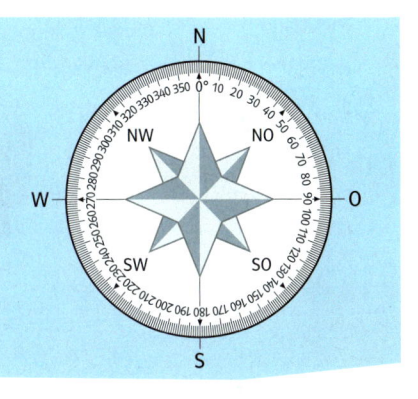

5 Lies die folgenden Drehbewegungen an der Kreisskala mit Gradzahl ab.
a) von Nord nach Ost
b) von Nord nach Südwest
c) von Nord nach Süd
d) von Nord nach Nordwest

6 Welche Richtung zeigen die folgenden Rechtsdrehungen an? Startpunkt ist immer bei 0° (gleich Norden).
a) Drehung um 45°   b) Drehung um 270°
c) Drehung um 135°   d) Drehung um 360°

7 a) Gib an, um wie viel Grad du dich jeweils gedreht hast, wenn du dich
• von Südost nach Westen,
• von Süden nach Nordosten,
• von Westen nach Nordosten,
• von Osten nach Nordwesten drehst.
b) Welche Drehbewegungen aus → Teilaufgabe a) sind gleich groß?

8 In Ausgangslage zeigt die Kompassnadel immer nach Norden (N = 0°). Welchen Kurs zeigt die Kompassnadel an, wenn du dich zur Pfeilspitze drehst?

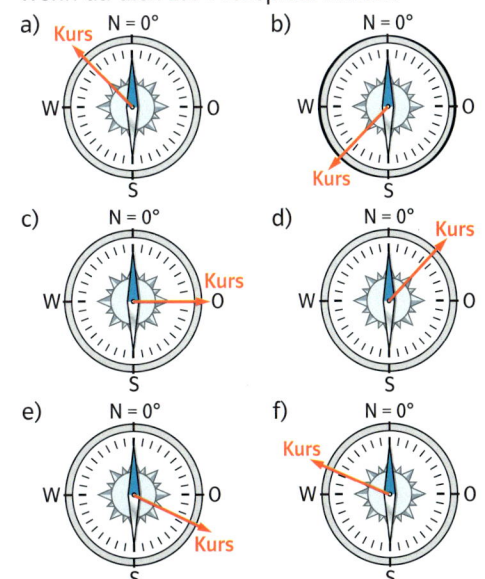

→ Kannst du's? Seite 48, 1

Karte und Kompass – Orientierung

Winkelarten

Weißt du, wie man den Winkel nennt, in dem ein Flugzeug beim Start aufsteigt? Winkel tauchen im Alltag in vielen Situationen auf. Schlage nach oder schreibe auf, wo dir Winkel begegnen.

Was bedeutet wohl
- Blickwinkel,
- Aufprallwinkel,
- Neigungswinkel,
- Abstoßwinkel?

Ein Winkel wird von zwei Schenkeln mit gemeinsamen Anfangspunkt S begrenzt. Dieser Punkt heißt **Scheitel**. Der Winkel wird durch einen Bogen markiert und mit kleinen griechischen Buchstaben bezeichnet.

α	β	γ	δ	ε
Alpha	Beta	Gamma	Delta	Epsilon

Die Größe eines Winkels hängt weder von der Lage noch von der Länge der Schenkel ab.

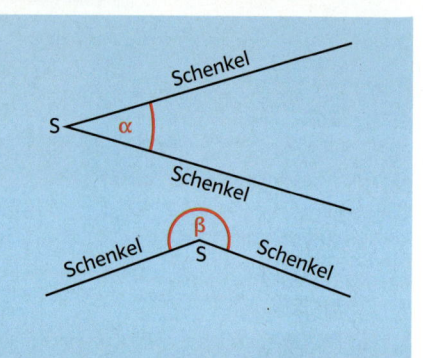

Beispiele

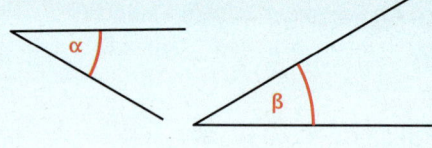

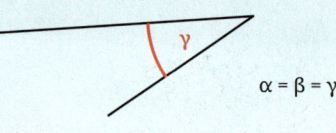

$\alpha = \beta = \gamma$

Winkel im Stern
n87mp9

1 Übertrage die Winkel ins Heft, zeichne Winkelbögen ein. Gibt es mehrere Möglichkeiten? Benenne die Winkel.

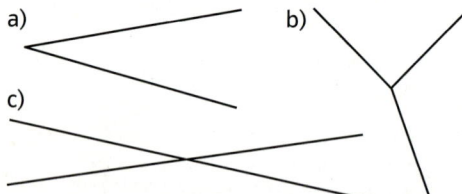

a) b) c)

2 Ordne die Winkel nach ihrer Größe.

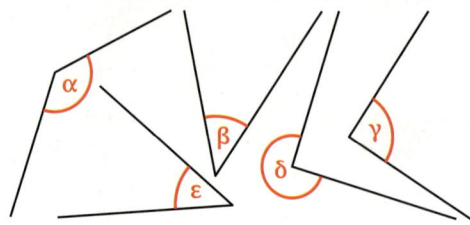

3 Wo findest du auf diesen Bildern Winkel? Übertrage ein Bild auf Transparentpapier und zeichne einige Winkel ein.

Karte und Kompass – Orientierung

Winkel werden nach ihrer Größe eingeteilt und haben einen Namen.

Winkelgröße	kleiner als 90°	90°	zwischen 90° und 180°	180°	zwischen 180° und 360°	360°
Winkelart	spitzer Winkel	rechter Winkel	stumpfer Winkel	gestreckter Winkel	überstumpfer Winkel	voller Winkel

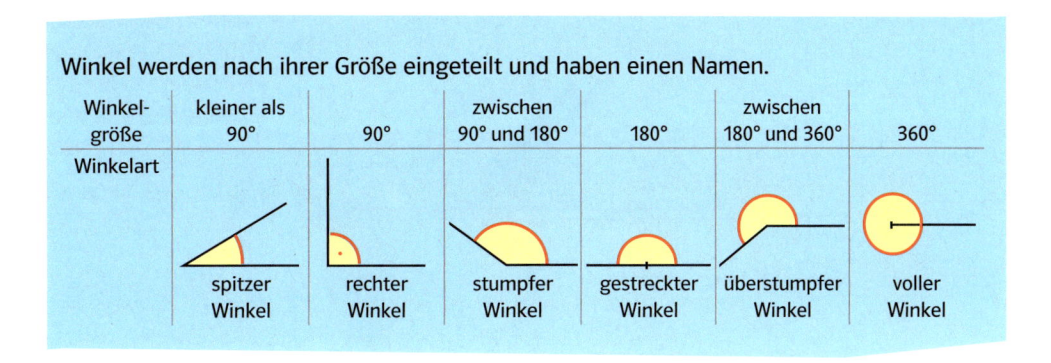

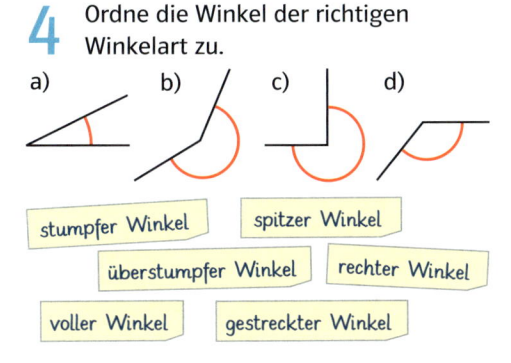

Bastelvorlage für die Winkelscheiben
f42t42

4 Ordne die Winkel der richtigen Winkelart zu.
a) b) c) d)

stumpfer Winkel spitzer Winkel
überstumpfer Winkel rechter Winkel
voller Winkel gestreckter Winkel

Tipp
→ **Aufgabe 5**
Dreiecke werden nach der größten vorkommenden Winkelart benannt:
– spitzwinkliges Dreieck: 1)
– rechtwinkliges Dreieck: 4)
– stumpfwinkliges Dreieck: 2) und 3)

5 Welche Winkelarten
a) kommen in den Dreiecken vor,
b) kommen in den Dreiecken sogar mehrmals vor,
c) ● kommen gar nicht vor?
Versuche das zu erklären.

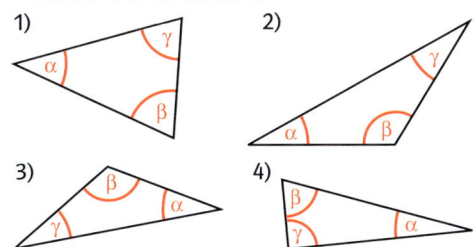

1) 2) 3) 4)

6 Zu welcher Winkelart gehören die folgenden Winkel?
a) 99° b) 1°
c) 70° d) 320°
e) 90° f) 359°
g) 180° h) 210°

→ Kannst du's?
Seite 48, 2

7 a) Stelle mithilfe der Bastelvorlage eine Winkelscheibe her.

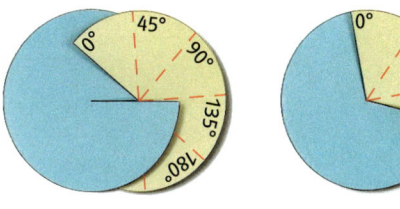

b) Stellt beliebige Winkel an eurer Winkelscheibe ein und lasst die Größe von eurer Partnerin oder eurem Partner abschätzen. Haltet dabei die Winkelskala verdeckt. Lest danach die ungefähre Größe an der Skala ab.
c) Stelle auf der Winkelscheibe zunächst nach Augenmaß folgende Winkel ein: 10°; 30°; 45°; 60°; 80°; 110°; 150°; 190°; 220°. Prüfe dann mit dem Geodreieck nach.

8 ● Lisa und Nora schauen sich das Foto an.

Lisa behauptet: „Das Küchenregal bildet einen rechten Winkel".
Nora sagt: „Das ist ein stumpfer Winkel".
Wer von den beiden hat recht?

Karte und Kompass – Orientierung

Winkel messen und zeichnen

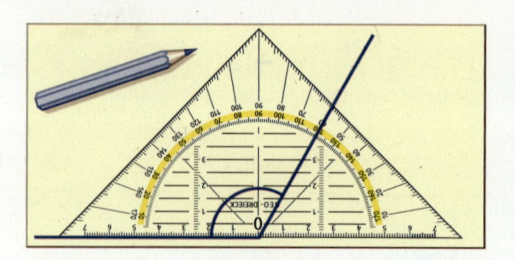

Zwei Schüler lesen auf dem Geodreieck die Größe des Winkels ab. Der eine liest 60° ab, der andere liest 120° ab.
Erkläre, wer von den beiden Recht hat.

Messen eines Winkels:

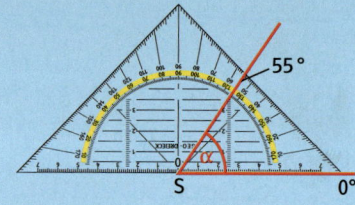

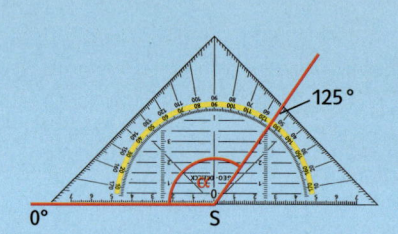

Geodreiecke haben zwei Skalen mit Gradeinteilung. Du musst die Skala benutzen, deren Nullpunkt auf dem angelegten Schenkel liegt.

1 Miss die Winkel mit dem Geodreieck.

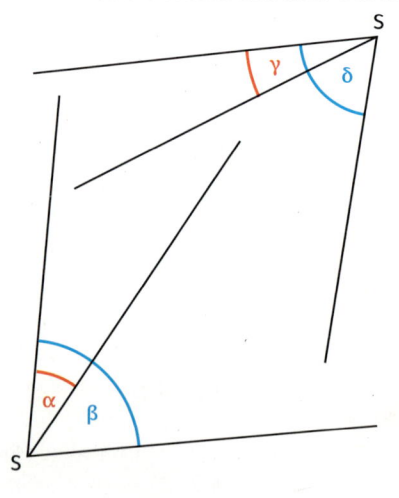

2 Zeichne in dein Heft ein Koordinatensystem (1 Einheit = 2 Kästchen). Trage die Punkte ein, verbinde sie in alphabetischer Reihenfolge und miss den Winkel < 180, der dabei entsteht.
a) A(7|1); B(1|1); C(4|7)
b) D(3|2); E(9|2); F(10|6)
c) G(4|3); H(8|3); I(8|8)

3 Lilo, Thill und Leon lesen Winkel ab.
a) Lilo: „Der Winkel ist 40° groß."
b) Thill: „Der Winkel ist 140° groß."
c) Leon: „Der Winkel ist 20° groß."
Beschreibe, was die drei falsch gemacht haben und gib die richtige Winkelgröße an.

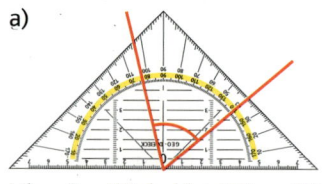

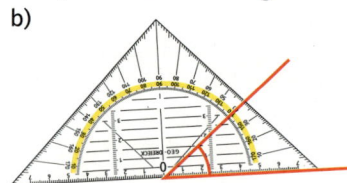

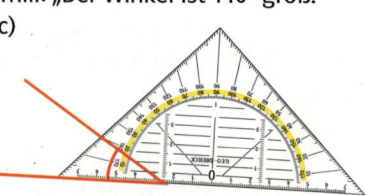

→ Kannst du's?
Seite 48, 2

Check-in Aktiv **Kurs** Check Thema Kompakt Test

Zeichnen von Winkeln

Du sollst einen 60°-Winkel zeichnen. Achte darauf, dass die Null immer auf dem Scheitelpunkt liegt. Mit dem Geodreieck hast du dafür zwei Möglichkeiten:

1. Möglichkeit Zeichnen des 1. Schenkels — Geodreieck bei 60° ausrichten und zeichnen des 2. Schenkels

2. Möglichkeit Zeichnen des 1. Schenkels — Markieren bei 60° — Zeichnen des 2. Schenkels

4 Zeichne die Winkel in dein Heft.
a) $\alpha = 30°$; $\beta = 55°$; $\gamma = 84°$
b) $\alpha = 105°$; $\beta = 148°$; $\gamma = 163°$
c) $\alpha = 215°$; $\beta = 274°$; $\gamma = 310°$

5 a) Zeichne die Figur in dein Heft. Die Geraden g und h liegen parallel.

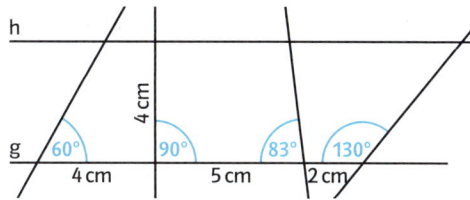

(Figur: h parallel g; Winkel 60°, 90°, 83°, 130°; Strecken 4 cm, 4 cm, 5 cm, 2 cm)

b) Gib die Größen der restlichen Winkel an. Musst du dafür alle Winkel messen?

6 a) Zeichne in eine leere Kreisscheibe eine Gradeinteilung in 5°-Schritten. Drehe nun die Scheibe um.

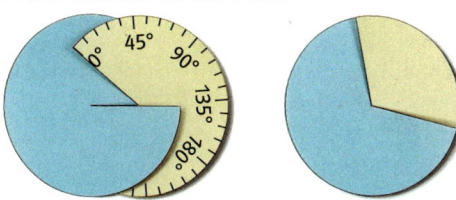

b) Stecke eine zweiten Scheibe auf. Stelle verschiedene Winkel ein. Messe ihre Größe.
c) Überprüfe die Messung mit der Gradskala.

7 Die Abbildung zeigt, wie du ein Dreieck mit Grundseite c und Winkeln $\alpha = 50°$ und $\beta = 30°$ zeichnen kannst.

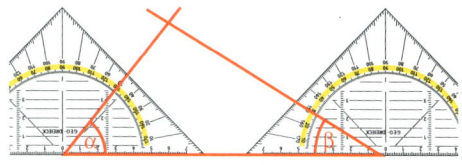

Grundseite c

a) Zeichne ebenso Dreiecke mit c = 8 cm und den angegebenen Winkeln.

	1	2	3	4	5
α	40°	70°	90°	60°	60°
β	30°	70°	45°	60°	30°

b) Miss in jedem Dreieck den dritten Winkel.
c) Bilde in jedem Dreieck die Summe aus allen drei Winkeln. Was stellst du fest?

8 a) Übertrage die beiden Vierecke in doppelter Größe in dein Heft.

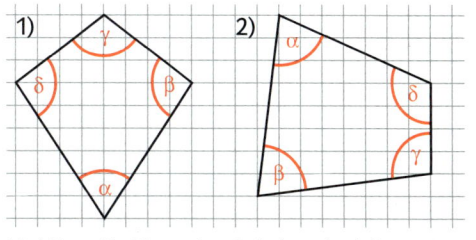

1) (Viereck mit Winkeln γ, δ, β, α)
2) (Viereck mit Winkeln α, δ, β, γ)

b) Miss alle Viereckswinkel und addiere sie.
c) ● Beschreibe, was du dabei feststellst.

→ Kannst du's? Seite 48, 3

Karte und Kompass – Orientierung

Check-in Aktiv **Kurs** Check Thema Kompakt Test

> Wenn zwei Winkel zusammen einen gestreckten Winkel von 180° ergeben, kannst du den unbekannten Winkel α immer mithilfe des bekannten **Nebenwinkels** berechnen. 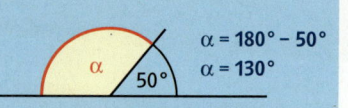
>
> α = 180° − 50°
> α = 130°

9 Berechne den Winkel α ohne zu messen.

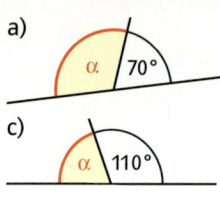

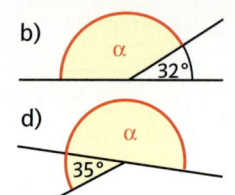

a) α, 70°
b) α, 32°
c) α, 110°
d) α, 35°

11 Der Stunden- und Minutenzeiger einer Uhr bilden um 9:00 Uhr einen rechten Winkel.
a) In welcher Zeit überstreicht der Stundenzeiger (Minutenzeiger) einen rechten Winkel? 
b) Welche Winkel überstreicht der Minutenzeiger in 5 min; 10 min; 20 min oder 30 min?

Tipp
Die Winkel in einem Dreieck ergeben zusammen immer 180°.

10 ● Die fehlenden Winkelangaben in den abgebildeten Figuren kannst du alle – ohne auszumessen – berechnen.

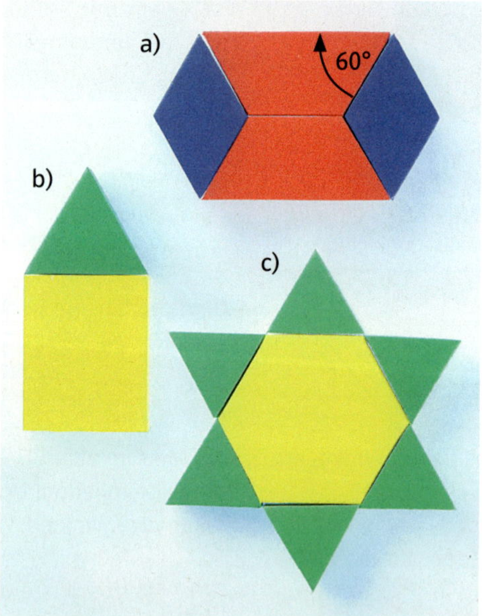

a) 60°
b)
c)

a) Skizziere die Figuren in deinem Heft und trage alle Winkelgrößen ein.
b) 👥 Erkläre deinem Nachbarn oder deiner Nachbarin für eine der Figuren, wie du die Winkel berechnet hast.
c) ☀ Stelle selbst aus buntem Tonkarton Dreiecke mit gleich langen Seiten, Vierecke und Sechsecke her. Lege sie zu neuen Figuren zusammen. Welche Winkel entstehen dabei? Bestimme sie ohne zu messen.

12 a) Zeichne zwei Geraden, die sich im Winkel α = 150° schneiden. Wie groß sind die Winkel β, γ und δ?

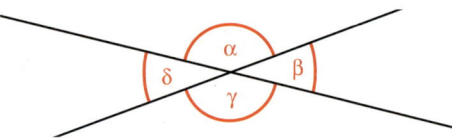

b) Zeichne zwei Geraden, die sich in einem anderen Winkel schneiden. Was stellst du fest?

13 ● Hier findest du 20 Winkel.
a) Welche Winkel sind gleich groß?
Beispiel 1. Winkel = 4. Winkel

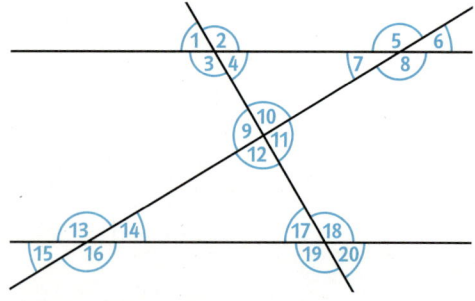

b) Wie viele verschieden große Winkel gibt es?

14 ☀ Zeichne mehrmals drei Geraden.
a) Wie oft schneiden sie sich?
b) 👥 Wie viele verschiedene Winkelarten entstehen? Vergleich mit deinem Nachbarn.
c) 👥 ● Findet möglichst viele Variationen.

→ Kannst du's?
Seite 48, 4

Karte und Kompass – Orientierung

15 a) 🌐 Hier siehst du die Gesichtsfelder einiger Lebewesen. Finde heraus, was *Gesichtsfeld* bedeutet.

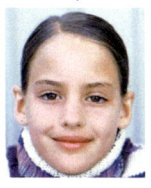

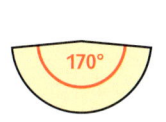

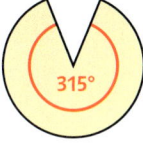

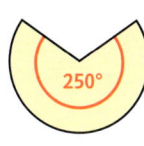

170°   315°   250°

b) ☀️ 👥 Versucht mithilfe von gespannten Fäden und dem großen Tafelgeodreieck euer eigenes Gesichtsfeld zu bestimmen.
c) Zeichnet die Gesichtsfelder folgender Tiere.
1) Schleiereule 160° 2) Scholle 360°
3) Krokodil 295° 4) Frosch 340°

16 Jeder Winkel lässt sich mit dem Zirkel durch eine Gerade in zwei gleiche Teile zerlegen. Diese Gerade wird **Winkelhalbierende** genannt.
a) Links ist die Konstruktion einer Winkelhalbierenden dargestellt. Beschreibe die Konstruktionsschritte.
b) ☀️ Konstruiere zu drei verschiedenen Winkeln die Winkelhalbierende. Überprüfe die halben Winkel mit einem Geodreieck.
c) Zeichne eine Winkelhalbierende auch mit dem Geodreieck.

17 Der unten abgebildete Baum wirft einen 60 m langen Schatten, wenn die Sonne 35° (Höhenwinkel) hoch steht.

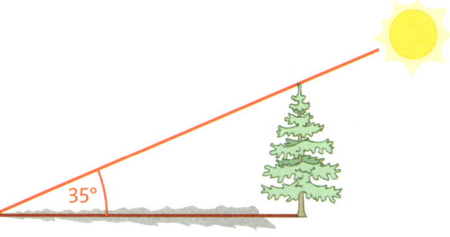

a) Zeichne das Dreieck (10 m ≙ 1 cm) und miss die Höhe das Baumes.
b) 🔴 Wie lang ist der Schatten des Baumes, wenn die Sonne 60° hoch steht?

→ Aufgabe 16
(1)
(2)
(3)
(4)

18 a) Von einem Aussichtspunkt bei Hückeswagen sind die umliegenden Orte unter den angegebenen Winkeln zu sehen. Übertrage die Lage der Orte in dein Heft (1 km entspricht 1 cm).
b) 🔴 Wie überprüfst du deine Zeichnung?

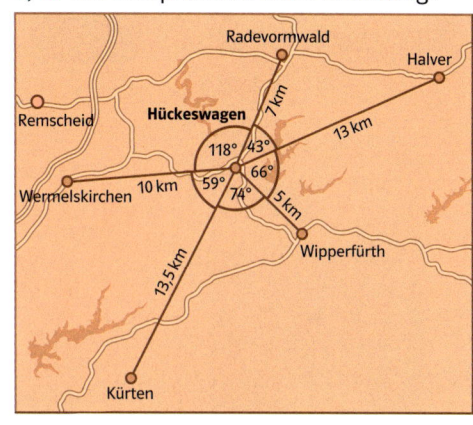

19 ✂️ Aus einem DIN-A4-Tonkarton kannst du ein Messgerät für Steigungswinkel herstellen. Zeichne zuerst einen Halbkreis mit Gradeinteilung auf den Karton. Im Mittelpunkt des Halbkreises ist ein Faden mit einem Gewichtsstück (z. B. eine Schraube) befestigt.
a) ☀️ Miss mit dem Messgerät verschiedene Steigungen, z. B. Treppen, Geländer usw.

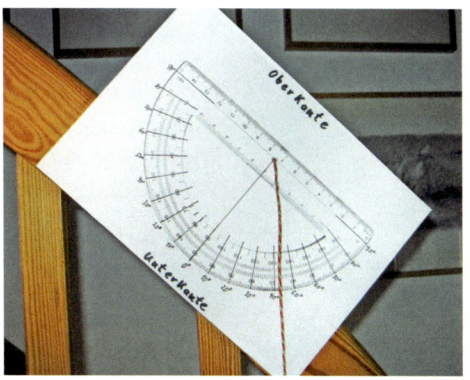

b) ☀️ 👥 Über die Oberkante eures Messgerätes könnt ihr auch den Höhenwinkel, unter dem ihr verschiedene Gegenstände seht, bestimmen. Geht dafür auf den Schulhof und messt den Winkel, unter dem ihr verschiedene „Spitzen" von Fahnenmasten, Kirchtürmen, Bäumen usw. seht.

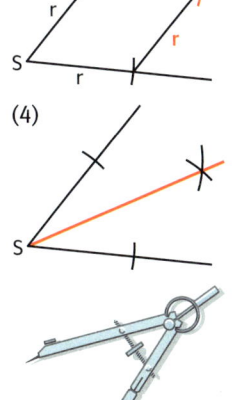

Karte und Kompass – Orientierung   43

Check-in Aktiv Kurs Check Thema Kompakt Test

Hinweisschild Versorgungsleitung

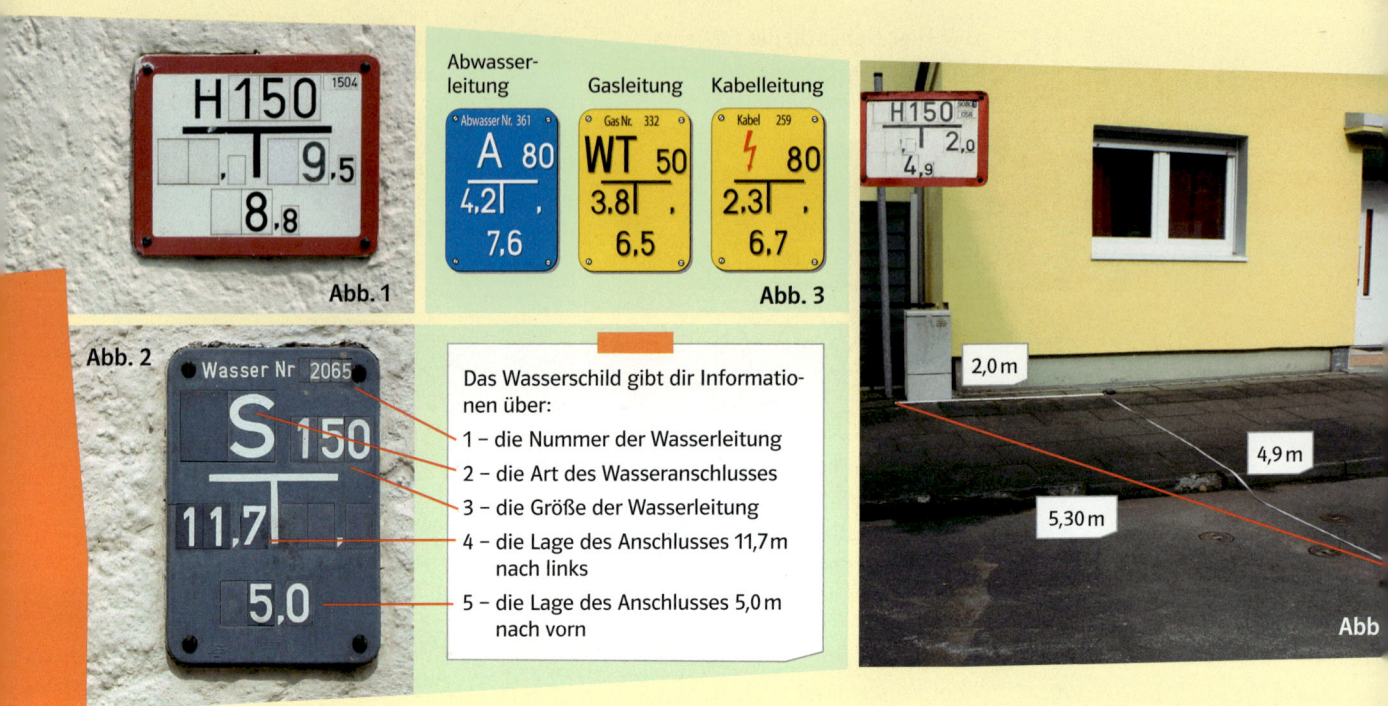

Abb. 1

Abb. 2

Abwasserleitung | Gasleitung | Kabelleitung

Abb. 3

Das Wasserschild gibt dir Informationen über:
1 – die Nummer der Wasserleitung
2 – die Art des Wasseranschlusses
3 – die Größe der Wasserleitung
4 – die Lage des Anschlusses 11,7 m nach links
5 – die Lage des Anschlusses 5,0 m nach vorn

Abb. 4

In einem Wohnhaus brennt es! Schnell muss die Feuerwehr einen Wasseranschluss (Hydranten) auf der Straße finden. Mithilfe der Hinweisschilder für Versorgungsleitungen ist dies möglich. Finde heraus, was die Zahlen 9,5 und 8,8 auf dem Hinweisschild → Abb. 1 bedeuten.

1 Geht in Gruppen in die Nachbarstraßen eurer Schule.
a) Sucht Hinweisschilder auf Versorgungsleitungen.
b) Versucht, mithilfe der Entfernungsangaben unter dem ┬ die Versorgungsanschlüsse zu finden (Kanaldeckel, Metalldeckel, Kabelschränke u. Ä.) → Abb. 1 bis Abb. 3.
c) Schätzt mit diesen Entfernungsangaben die Breite der Straßen, der Häuser und der Bürgersteige.
d) Überprüft die Angaben mit eurem Schrittmaß, mit Schnüren oder mit Bandmaßen. Achtet auf den Straßenverkehr! Betretet keine Privatgrundstücke!

2 Versuche herauszufinden, was die Angaben auf den Hinweisschildern bedeuten. Bei den Stadtwerken kannst du Auskünfte über den Einsatz und Nutzen solcher Schilder erhalten.

3 Sucht auf eurem Schulgelände Hinweisschilder für Hydranten → Abb. 1.
a) Zeichnet die Lage der Hydranten möglichst genau in eine Karte von eurem Schulgrundstück ein.
b) Erkundigt euch an eurer Schule über die Sicherheitsvorschriften im Brandfall (Freihalten von Fluchtwegen, Zufahrtswege für die Feuerwehr, Parkverbote über Hydranten u. Ä.).

4 Suche ein Hinweisschild, wie auf dieser Seite abgebildet → Abb. 1 bis Abb. 3, in der Nähe deiner Wohnung. Notiere dir die Entfernungsangaben. Zeichne auf Karopapier.
a) Miss wie im Bild → Abb. 4 die direkte Entfernung (rot) zum Versorgungsanschluss.
b) Warum wird die direkte Entfernungsangabe nicht auf den Hinweisschildern benutzt?

→ Informationen suchen, Seite 236

Richtungs-, Entfernungsangaben

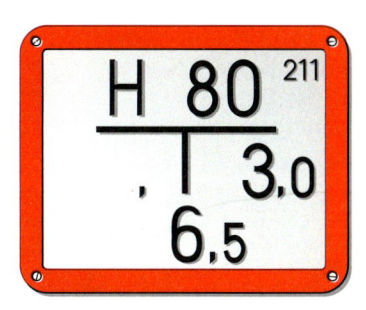

Dieses Schild weist darauf hin, dass vom Schild aus (d.h. mit dem Schild im Rücken) in einer Entfernung von 3,0 m nach links und 6,5 m nach vorn ein Hydrant zu finden ist. Zeichne ein Koordinatensystem mit der Achseneinteilung 1 m ≙ 1 cm. Miss aus, wie weit der Hydrant vom Ausgangspunkt (= Schild) entfernt ist, und zeichne diese Strecke ein.

Die Lage von Punkten im Gelände, auf Karten oder im Koordinatensystem lässt sich auf verschiedene Arten beschreiben.

1. Durch **Koordinaten**, z.B. vom Ursprung A(0|0) 5 cm nach Osten und 3 cm nach Norden zu Punkt B(5|3) oder
2. durch direkte **Entfernungs- und Richtungsangaben**, z.B.: B ist von A 5,8 cm in Kursrichtung 59° entfernt (N ≙ 0°).

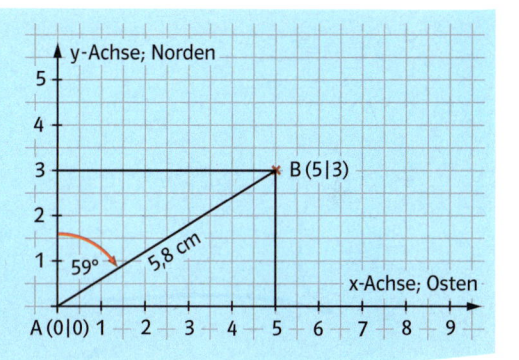

1 Übertrage das Koordinatensystem mit den Punkten in dein Heft.
a) Gib die Koordinaten der einzelnen Punkte an.
b) Miss die Entfernungen der einzelnen Punkte vom Nullpunkt A(0|0) und gib die Kursrichtung an.

Beispiel S(1|5),
Strecke $\overline{AS}$ = 5,1 cm
Kurs 11°

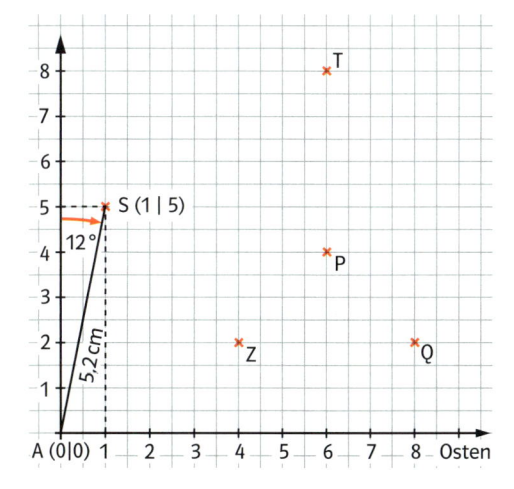

2 Zeichne in ein Koordinatensystem (Achseneinteilung: 1 cm) die Punkte B(2|3), C(1|5), D(5|4) und E(7|4) ein. Zeichne vom Nullpunkt A aus jeweils eine direkte Verbindungslinie zu den Punkten. Miss die Länge und Kursrichtung und trage die Messwerte in die Zeichnung ein.

3 Die Karte zeigt eine Wanderstrecke durch ein Waldgelände. Gib für alle Streckenabschnitte den Wanderkurs in Grad (°) und die Himmelsrichtung an.

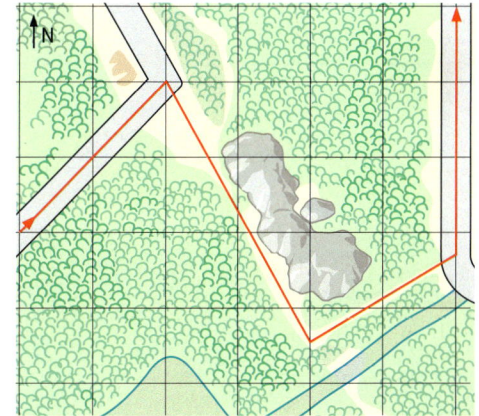

→ Kannst du's?
Seite 48, 5

Karte und Kompass – Orientierung

4 Auf einem Radarschirm hat sich ein Flugzeug vom Punkt P(2|1) zum Punkt S(5|4) bewegt. Übertrage das Gitter in dein Heft und miss aus, wie weit und welchen Kurs das Flugzeug geflogen ist. (1 cm ≙ 1 km)

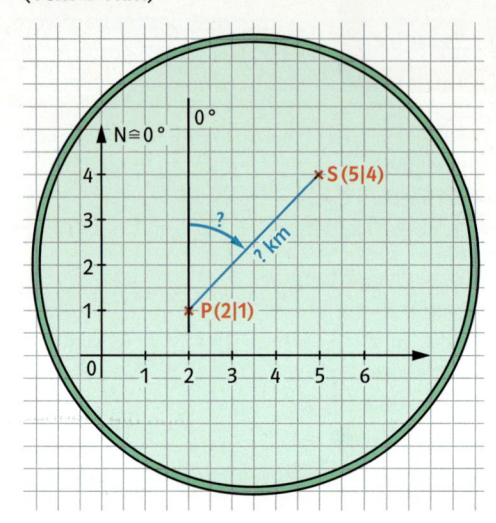

5 Ingo (Punkt A) will seinen Freund Klaus (Punkt B) besuchen.
a) Welche Wege kann er nehmen? Wie lang sind sie jeweils?
b) Beschreibe den einfachsten Weg.
c) In welcher Richtung liegen von Ingos Wohnung aus gesehen die nächste Kirche und die Wohnung von Klaus?
d) Wie weit ist die andere Kirche Luftlinie von Klaus' Wohnung entfernt?

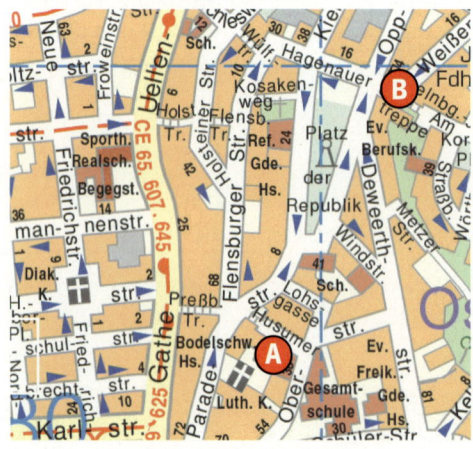

6 Eine Pilotin will mit ihrem Flugzeug von Düsseldorf nach Hamburg fliegen.
a) Wie weit und mit welchem Kurs muss sie fliegen?
b) Welchen Kurs müsste sie auf dem Rückweg nehmen?
c) ● Bestimme ebenso die Länge der Flugstrecke und den Kurs (hin und zurück) von Bremen nach Hannover, von Hamburg nach Dortmund, von Düsseldorf nach Hannover, von Hannover nach …
d) ☼♁♁♁ Überlegt euch ähnliche Aufgaben zur Karte und stellt sie euch gegenseitig.

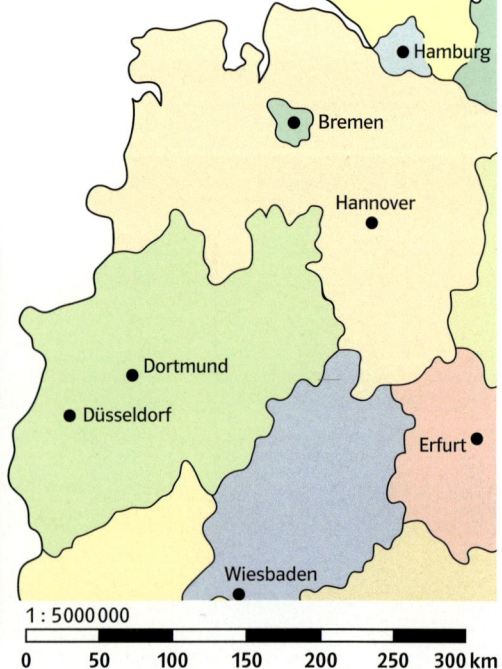

1 : 10 000
0   100   200 m
Maßstab zum Stadtplanausschnitt

1 : 5 000 000
0   50   100   150   200   250   300 km

46   Karte und Kompass – Orientierung

Schatzsuche im Gelände

- Startet die Suche am Baumstumpf an der Kreuzung zum See und geht 200 m in Richtung NO.
- Dort dreht ihr euch um 90° nach SO und lauft bis zum Wegweiser ca. 125 m weit.
- Dort müsst ihr um 90° nach links abbiegen, um zwischen den beiden Teichen
- bis zum Kreuzdenkmal zu kommen,
- dort müsst ihr ...

Abb. 1

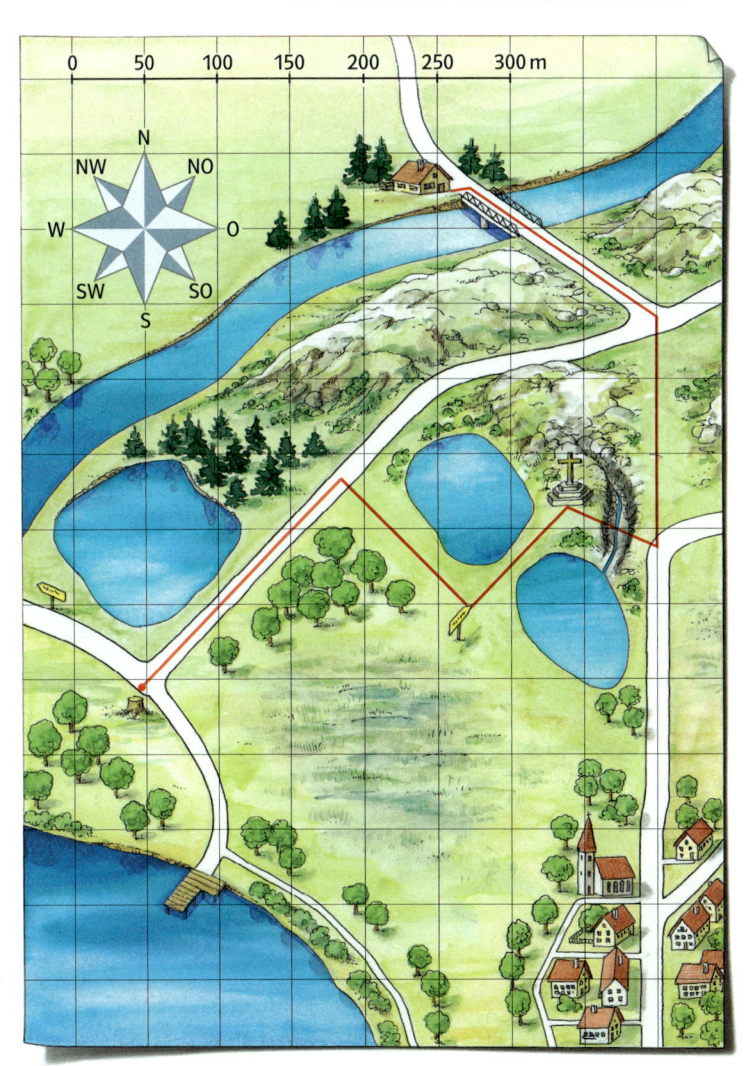

7 Die Schülerinnen und Schüler der Klasse 6d planen mit ihrer Lehrerin eine Schatzsuche im Gelände. Zehra, Jan und Nicole gehören zur Vorbereitungsgruppe. Gut ausgerüstet ziehen sie los.
In die Wanderkarte haben sie schon einen geeigneten Startpunkt eingezeichnet. Mithilfe von Karte und Kompass beginnen sie im Gelände zu messen, um eine möglichst genaue **Wegbeschreibung zur Schatzsuche** für ihre Klassenkameraden anfertigen zu können.
Ihre Notizen findest du auf → Abb. 1.

a) Am Kreuzdenkmal fing es stark an zu regnen, sodass die Gruppe für den Rest des Weges bis zur Hütte nur noch das Wichtigste in die Karte eintrug. Erst zu Hause wollten sie dann die Wegbeschreibung beenden. Führe die Wegbeschreibung → Abb. 1 bis zur Hütte, in der der Schatz liegt, fort. Benutze dazu Geodreieck und Kompass.

b) Wie viel Meter wäre der Weg zur Hütte kürzer gewesen, wenn die Gruppe am Teich den Weg durch die Felsen geradeaus gegangen wäre?

c) Notiere die Wegbeschreibung für den Rückweg von der Hütte zum Baumstumpf am See. Überlege, ob du die Richtungen auch ohne zu messen angeben kannst.

8 Besorgt euch von eurem Schulgelände, der Umgebung der Schule, einem nahegelegenen Park oder Waldstück möglichst genaue Karten.
a) Plant selbst eine Schatzsuche oder einen Orientierungslauf.
b) Lasst eure Mitschülerinnen und Mitschüler nur mit der Karte, einem Kompass und eurer Wegbeschreibung die Route entdecken.

Karte und Kompass – Orientierung

Check-in Aktiv Kurs **Check** Thema Kompakt Test

Kann ich's?

Check i6728r

		Das kann ich.	Da bin ich fast sicher.	Da bin ich unsicher.	Das kann ich noch nicht.
Drehungen und Winkel					
1	Ich kann den Zusammenhang zwischen Drehungen und Winkeln erkennen und darstellen. → Seiten 36 und 37	☐	☐	☐	☐
Winkel					
2	Ich kann Winkel messen und ihre Winkelart angeben. → Seiten 39 und 40	☐	☐	☐	☐
3	Ich kann Winkel zeichnen. → Seite 41	☐	☐	☐	☐
4	Ich kann die Größe eines Winkels berechnen. → Seiten 41 und 42	☐	☐	☐	☐
Richtungs- und Entfernungsangaben					
5	Ich kann in Koordinatensystemen die Lagen und die Abstände von Punkten angeben. → Seite 45	☐	☐	☐	☐
		Ich helfe anderen.	Ich übe weiter.	Ich frage andere.	Ich frage eine Lehrperson.

Karte und Kompass – Orientierung

Aufgaben

1 Drehungen und Winkel

a) Gib die Drehungen als Bruchteile mit passender Gradzahl und Drehrichtung an.

1) 2)

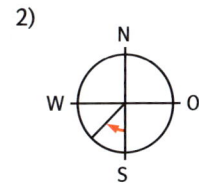

b) Stelle die folgenden Drehungen zeichnerisch dar und gib dazu die Gradzahl an.

- $\frac{1}{8}$ Drehung nach rechts
- $\frac{3}{4}$ Drehung nach links

2 Winkel messen und benennen

Miss die folgenden Winkel und gib an, zu welcher Winkelart sie gehören.

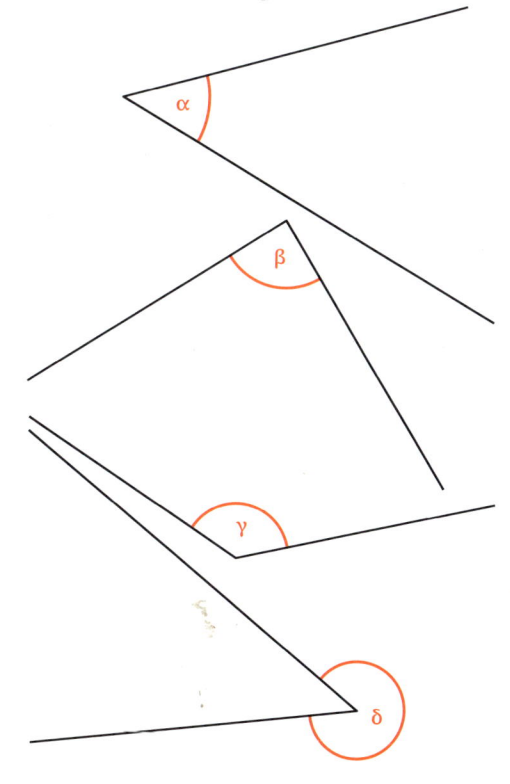

3 Winkel zeichnen

Zeichne die Winkel.

a) $\alpha = 35°$ b) $\beta = 116°$ c) $\gamma = 205°$

4 Winkelgröße berechnen

a) Berechne den Winkel α ohne zu messen.

1) 2)

mit $66°$ und $38°$

b) In der Abbildung schneiden sich die beiden Geraden in einem Winkel $\alpha = 135°$. Wie groß sind die anderen Winkel?

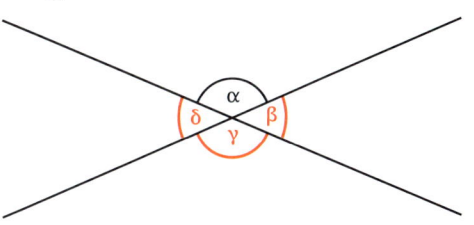

5 Punkte im Koordinatensystem

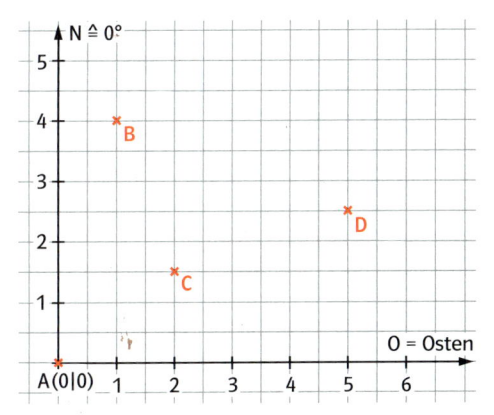

a) Gib die Koordinaten der Punkte B, C und D an.

b) Gib die Entfernungen der Punkte B, C und D zum Punkt A und die Kursrichtungen an.

→ Lösungen zum Check, Seite 250

Karte und Kompass – Orientierung

Entfernungen im Gelände

Abb. 1 Leitpfosten an Landstraßen

Abb. 2 Seitenbaken an Bahnübergängen

Entfernungen schätzen

Für Entfernungsbestimmungen im Gelände gibt es bis 20 m Länge Bandmaße – darüber hinaus wird es schwierig. Für Fachleute ist das heute mit moderner Elektronik kein Problem mehr, aber auch ihr kennt schon einige Hilfen zur Entfernungsmessung, z. B.:
- euer Schrittmaß
- Messschnur und Bandmaß
- Fahrradtacho

Auch mit unseren bloßen Augen können wir bei Normallicht Entfernungen abschätzen und uns damit im Gelände orientieren, dazu bedarf es aber einiger Übung.

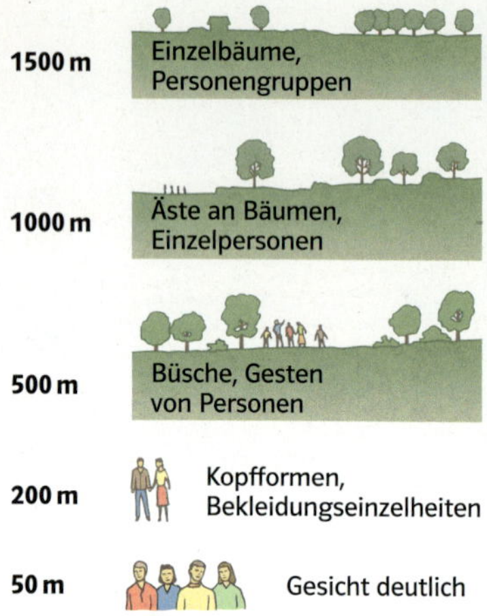

Entfernung	Erkennbar
1500 m	Einzelbäume, Personengruppen
1000 m	Äste an Bäumen, Einzelpersonen
500 m	Büsche, Gesten von Personen
200 m	Kopfformen, Bekleidungseinzelheiten
50 m	Gesicht deutlich

Abb. 3

1 Oft enthalten Verkehrszeichen Entfernungsangaben oder sind in bestimmten Abständen so aufgestellt, dass man mit ihrer Hilfe Entfernungen im Gelände bestimmen kann.
a) An Landstraßen lassen sich mithilfe der Leitpfosten am Straßenrand leicht Entfernungen bestimmen → Abb. 1.
Wie kannst du auf einer Landstraße eine Entfernung von 100 m, 500 m oder 1 km ermitteln?
b) Seitenbaken stehen seitlich vor Bahnübergängen → Abb. 2. In welchen Abständen stehen sie? Wie viel Meter sind es von der ersten Bake bis zum Bahnübergang?

2 👥 Sucht selbst im Umfeld eurer Schule oder auf dem Weg nach Hause nach Verkehrszeichen, die euch bei der Schätzung von Entfernungen oder Abständen helfen können. Notiert eure Entdeckungen.

3 💡👥 Übungen zum Schätzen → Abb. 3.
Stellt euch auf eurem Schulhof in zwei Gruppen möglichst weit voneinander entfernt auf.
a) Notiert, wie genau ihr auf diese Entfernung Gesichtszüge, Kopfformen und Bekleidungseinzelheiten erkennen könnt und schätzt die Entfernung. Dabei hilft euch die → Abb. 3.
b) Messt dann nach, wie weit die andere Gruppe entfernt war und vergleicht eure Schätzungen und Messungen.
c) Stellt euch nun in 200 m, 300 m und 500 m Entfernung auf und notiert, was ihr noch voneinander erkennen könnt.

→ Informationen suchen, Seite 236

Drehungen lassen sich durch ihre **Drehrichtung** (links, rechts) und ihren Anteil an **einer vollen Umdrehung** beschreiben.
Gewöhnlich misst man die Drehung mit einer Kreisskala mit 360°-Einteilung.

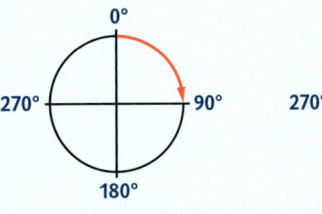

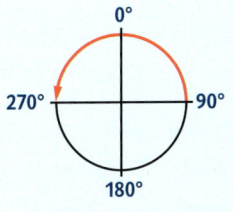

$\frac{1}{4}$ Drehung nach rechts: 90° $\frac{1}{2}$ Drehung nach links: 180°

Ein **Winkel** wird von zwei Schenkeln begrenzt, die einen gemeinsamen Anfangspunkt, den **Scheitel**, haben.
Der Winkel wird durch einen Bogen markiert und mit kleinen griechischen Buchstaben bezeichnet.

Winkel können mithilfe des **Geodreiecks** gemessen und gezeichnet werden.

Messen   Zeichnen

55°   60°

Winkel werden nach ihrer Größe in verschiedene Arten eingeteilt und benannt.

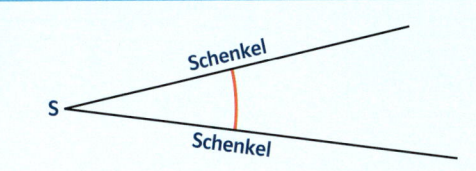

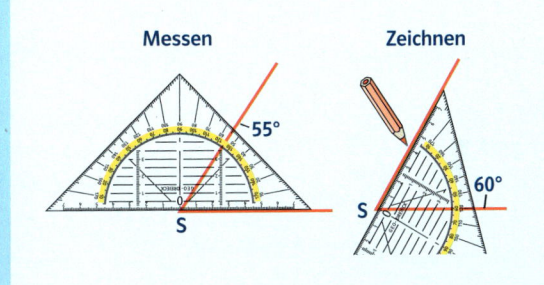

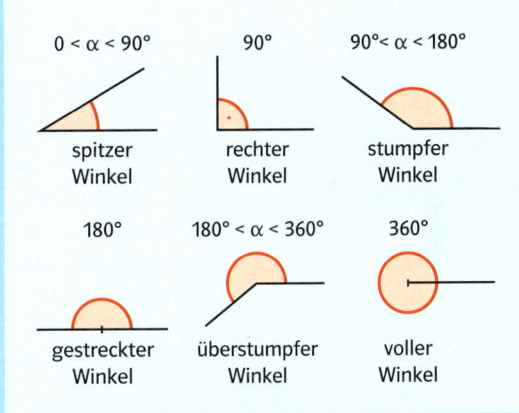

$0 < \alpha < 90°$ 90° $90° < \alpha < 180°$
spitzer Winkel   rechter Winkel   stumpfer Winkel

180° $180° < \alpha < 360°$ 360°
gestreckter Winkel   überstumpfer Winkel   voller Winkel

Die **Lage von Punkten** im Koordinatensystem lässt sich durch **Koordinaten** oder durch **Richtungs- und Entfernungsangaben** beschreiben.

Punkt B ist von Punkt A etwa 5,3 cm in Kursrichtung 50° entfernt (N ≙ 0°).

B(4|3,5)
5,3 cm
50°
A(0|0)

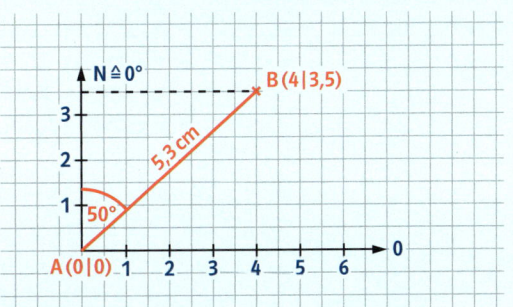

Karte und Kompass – Orientierung   51

Check-in Aktiv Kurs Check Thema Kompakt **Test**

einfach

1 Welche Drehungen wurden hier durchgeführt?
a)   b)

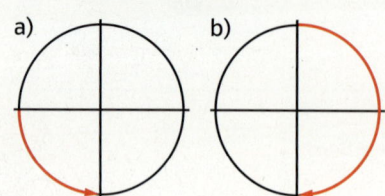

2 Zeichne folgende Winkel: $\alpha = 25°$, $\beta = 80°$, $\gamma = 15°$ und $\delta = 72°$.
Welche Winkelarten sind das?

3 Übertrage die Figur doppelt so groß in dein Heft und miss die Größe aller Winkel.

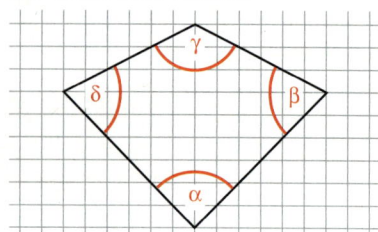

4 Zeichne die Punkte A(2|3), B(3|4) und C(4|5) in ein Koordinatensystem (Achseneinteilung 1 cm). Liegen die Punkte alle auf einer Geraden?

5 Übertrage ins Heft. Wie weit ist der Punkt B von A entfernt und in welcher Richtung liegt er?

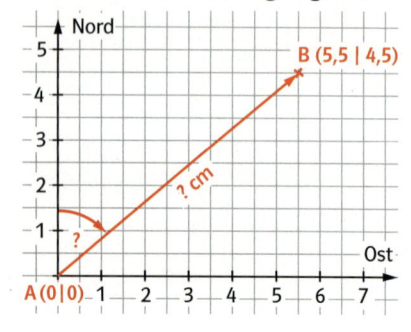

mittel

1 Welche Drehungen wurden hier durchgeführt?
a)   b)

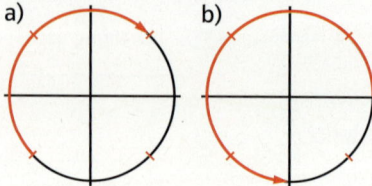

2 Zeichne folgende Winkel: $\alpha = 15°$, $\beta = 98°$, $\gamma = 155°$ und $\delta = 178°$.
Welche Winkelarten sind das?

3 Übertrage die Figur doppelt so groß in dein Heft und miss die Größe aller Winkel.

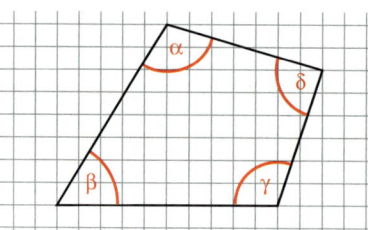

4 Zeichne die Punkte A(1|2), B(5|2) und C(3|6) in ein Koordinatensystem.
Verbinde die Punkte miteinander und miss die Winkel in dem entstandenen Dreieck.

5 Zeichne in ein Koordinatensystem die Punkte A(1|2) und B(5|4). Wie weit sind sie voneinander entfernt?
In welcher Richtung liegt Punkt B von Punkt A aus gesehen?

schwieriger

1 Vervollständige die Tabelle.

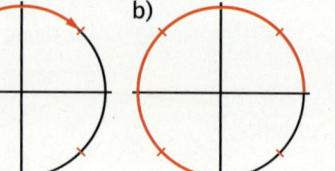

	von	drehe dich um	nach	das sind in Grad
a)	Osten	$\frac{1}{4}$ Drehung	links	
b)	Süden		rechts	270°
c)	Norden		links	135°

2 Zeichne folgende Winkel: $\alpha = 5°$, $\beta = 111°$, $\gamma = 183°$ und $\delta = 299°$.
Welche Winkelarten sind das?

3 Zeichne die Brücke vergrößert in dein Heft ab und miss die Winkel α, β, γ, δ und ϵ.

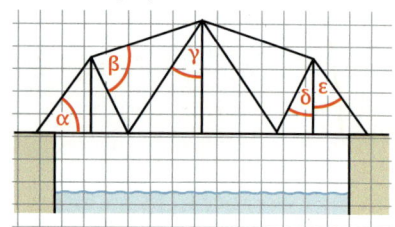

4 Zeichne die Punkte A(1|5), B(1|2) und C(4|2) in ein Koordinatensystem. Ergänze sie zu einem Rechteck ABCD. Welche Koordinaten hat der Eckpunkt D? D „wandert" auf der Diagonalen $\overline{BD}$. Wie verändert sich der Winkel am Eckpunkt D?

5 In einem Koordinatensystem liegt ein Punkt A im Nullpunkt, der Punkt B ist 7,8 cm in 50° Richtung von A entfernt und Punkt C ist 4 cm in 120° Richtung von B entfernt.
Wie weit und in welcher Richtung liegt Punkt C von Punkt A entfernt?

→ Lösungen zum Test, Seiten 250 bis 252

3 Gewinnen und Verlieren

Auf jedem Jahrmarkt gibt es Stände, an denen man Lose kaufen und riesige Kuscheltiere gewinnen kann. Die Losverkäufer stehen mit Körben voller Lose davor und sprechen von tollen Gewinnchancen. Trotz aller Versprechungen zieht man oft eine Niete oder bekommt nur einen Trostpreis.
Was ist eigentlich eine Gewinnchance? Was bedeutet: „Jedes 2. Los gewinnt?" Solche Fragen mit Brüchen zu beantworten hat viele Vorteile.

In diesem Kapitel lernt ihr,

- wie Gewinnchancen angegeben werden und was sie aussagen,
- wie Anteile berechnet werden,
- dass verschiedene Brüche den gleichen Wert haben können,
- welche Methoden es gibt um Brüche zu vergleichen,
- wie Brüche erweitert und gekürzt werden,
- wie Brüche addiert und subtrahiert werden,
- was Wahrscheinlichkeit bedeutet und wie man sie berechnet.

Check-in Aktiv Kurs Check Thema Kompakt Test

Checkliste

Check-in
ks3wj7

	Das kann ich.	Da bin ich fast sicher.	Da bin ich unsicher.	Das kann ich noch nicht.
1 Ich kann Aufgaben zu den Grundrechenarten im Kopf berechnen. → mathe live-Werkstatt, Seite 222	☐	☐	☐	☐
2 Ich kann Einheiten von Längen, Gewichten und Zeiten umrechnen. → mathe live-Werkstatt, Seite 231	☐	☐	☐	☐
3 Ich kann Brüche erkennen und benennen. → mathe live-Werkstatt, Seite 224	☐	☐	☐	☐
4 Ich kann Brüche darstellen. → mathe live-Werkstatt, Seite 225	☐	☐	☐	☐
5 Ich kann eine Prozentangabe als Bruch schreiben. → mathe live-Werkstatt, Seite 226	☐	☐	☐	☐
6 Ich kann Brüche mit unterschiedlichen Verfahren vergleichen. → mathe live-Werkstatt, Seite 227	☐	☐	☐	☐
	Ich helfe anderen.	Ich übe weiter.	Ich frage andere.	Ich frage eine Lehrperson.

Gewinnen und Verlieren

Aufgaben

1 Kopfrechnen
Berechne im Kopf.
a) 5 · 7; 9 · 8; 4 · 12; 5 · 16
b) 42 : 7; 54 : 6; 48 : 4; 360 : 90
c) 45 + 12; 87 + 30; 79 + 56
d) 82 − 9; 135 − 70; 156 − 62

2 Einheiten umrechnen
Verwandle in die angegebene Einheit.
a) 2,5 m = ☐ cm; 45 cm = ☐ m
3,2 km = ☐ m; 750 m = ☐ km
340 mm = ☐ cm; 7,5 cm = ☐ mm
b) 1200 g = ☐ kg; 2,5 kg = ☐ g
4,8 t = ☐ kg; 800 kg = ☐ t
c) 3 h = ☐ min; 180 min = ☐ h
30 min = ☐ h; 1,5 min = ☐ s
3 Tage = ☐ h; 1,5 Tage = ☐ h

3 Brüche benennen
Welche Brüche sind gefärbt?
a) b) 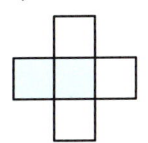 c) 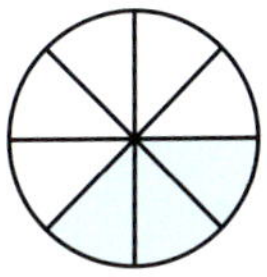 d) 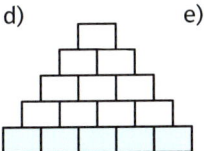 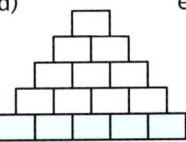 e) 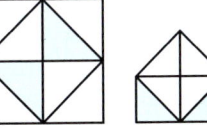 f) g) h) 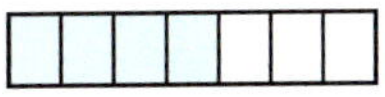 i) 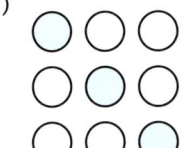 j)

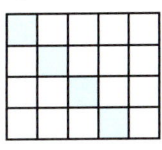

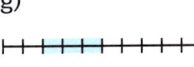

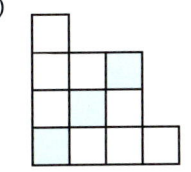

4 Brüche darstellen
Stelle die Brüche in deinem Heft auf verschiedene Weisen dar. Benutze Kreise, Rechtecke oder Streifen.

a) $\frac{1}{2}$ b) $\frac{3}{8}$ c) $\frac{3}{4}$ d) $\frac{7}{12}$
e) $\frac{9}{24}$ f) $\frac{3}{15}$ g) $\frac{4}{7}$ h) $\frac{5}{3}$

5 Prozente und Brüche
a) Zeichne ein Quadrat mit 100 Kästchen. Färbe $\frac{1}{4}$ rot; $\frac{3}{10}$ grün und $\frac{13}{100}$ gelb.
b) Wandle die Brüche aus → der Teilaufgabe a) in Prozente um.
c) Übertrage die Tabelle in dein Heft und fülle sie aus.

Prozentangabe	25%	☐	75%	10%	20%	☐
Bruch	☐	$\frac{1}{2}$	☐	☐	☐	$\frac{29}{100}$

6 Brüche vergleichen
a) Vergleiche die beiden Brüche, indem du sie in dein Heft zeichnest. Kennzeichne den größeren Bruch.

$\frac{7}{10}$ und $\frac{4}{5}$; $\frac{2}{3}$ und $\frac{5}{6}$

b) Setze die Zeichen <, > und = richtig ein.

$\frac{1}{6}$ ☐ $\frac{1}{7}$; $\frac{2}{3}$ ☐ $\frac{3}{4}$; $\frac{3}{5}$ ☐ $\frac{3}{6}$
$\frac{2}{5}$ ☐ $\frac{3}{5}$; $\frac{2}{7}$ ☐ $\frac{6}{14}$; $\frac{3}{10}$ ☐ $\frac{3}{9}$

c) Beschreibe, wie man zwei Brüche
• mit gleichem Zähler,
• mit gleichem Nenner
vergleichen kann.

→ Lösungen zum Check-in, Seite 252

Check-in **Aktiv** Kurs Check Thema Kompakt Test

Die Mischung macht's

Bildvorlage: Jahrmarkt mit Losbuden

- Linse: 60 Lose, 20 Gewinne, 40 Nieten — "Jedes 2. Los gewinnt."
- Kranz: "Von 20 Losen gewinnen 10." — "Bei uns ist die Gewinnchance fifty–fifty."
- Dürr: "20 Gewinne bei 50 Losen" — "Auf 5 Lose gibt es 2 Gewinne"
- Hamm: "Von 55 Losen gewinnen 30." — "Bei mir ist die Gewinnchance höher als 50%."
- Paula: "Wer macht hier denn gerade Pause?"

Abb. 1

Ein kleiner Jahrmarkt mit vielen Losbuden: Die Lose kosten überall dasselbe, aber die Mischung aus Gewinnlosen und Nieten sind verschieden.

1
a) Betrachtet → Abb. 1 oben. Beantwortet Paulas Frage.
b) Finde heraus, zu welcher Bude die Verkäufer gehören.
c) Bei welcher Losbude würdest du deine Lose kaufen? Begründe.
d) Denkt euch neue Losmischungen für jede Losbude aus. Schreibt sie in die leere Bildvorlage, siehe auch mathe live-Code. Findet passende Sätze für die Sprechblasen der Losverkäufer und tragt sie ein.
e) Tauscht eure Bildvorlagen mit einer anderen Gruppe. Beantwortet Paulas Frage.

→ Auf dem Jahrmarkt
yx6p4r

2 Herr Dürr hat sich zum Verteilen von Nieten und Gewinnen einen **Loskasten** mit fünf Fächern gebaut → Abb. 3 auf Seite 57.
a) Wie verteilt Herr Dürr die 50 Lose auf die Fächer? Erklärt euch das gegenseitig.
b) Herr Dürr will 150 Lose mischen. Wie verteilt er jetzt die Nieten und Gewinne auf die Fächer des Loskastens?
c) Kann man den Loskasten von Herrn Dürr auch für andere Losbuden von → Abb. 1 verwenden? Für welche Losbude geht dies nicht? Begründe.
d) ● Franziska versteht das nicht. Sie ist davon überzeugt, dass der Loskasten von Herrn Dürr sieben Fächer haben müsste. Erkläre, was sie falsch macht.

→ Informationen suchen, Seite 236

Abb. 2

Abb. 3

Abb. 4

3 Herr Hamm hat für seine Berechnungen ein **Losfeld** gezeichnet → Abb. 4.
„Das ist viel weniger Aufwand und geht fast genauso gut." sagt Herr Hamm.
a) Erkläre, wie Herr Hamm sein Losfeld benutzt.
b) Herr Hamm will 165 Lose mischen. Wie viele Gewinne und wie viele Nieten braucht er? Zeichne ein Losfeld und löse die Aufgabe.
c) Am Nachmittag sind alle Lose verkauft. Herr Hamm will nur noch eine geringere Anzahl von Losen mischen. Welche Möglichkeiten hat er?

4 Die Losverkäuferin Frau Leitner hat ihren Stand neu aufgebaut. Ihre Gewinnchance beträgt *5 von 12*.
a) Frau Leitner möchte 60 Lose mischen. Wie viele Nieten und Gewinne sind das?
b) Übertrage die **Tabelle** → Abb. 5 in dein Heft. Finde weitere Möglichkeiten wie Frau Leitner für die Gewinnchance *5 von 12* mischen kann.
c) Frau Leitner hat noch 20 Lose in ihrem Loseimer. Schnell mischt sie zusätzliche 60 Lose und schüttet diese zu ihren 20. Kannst du berechnen, wie viele Gewinne und wie viele Nieten jetzt im Loseimer sind? Begründe.

Nieten	Gewinne	Lose
		60

Abb. 5

Gewinnen und Verlieren

Check-in Aktiv **Kurs** Check Thema Kompakt Test

Anteile berechnen

Bei einer Tombola ist die Gewinnchance *2 von 7*. Insgesamt werden 210 Lose gemischt.
Wie viele Gewinne und wie viele Nieten sind darin enthalten?

Tipp
Ein Rechteck mit Unterteilungen, in das Lose verteilt werden, wird auch **Losfeld** genannt.

Anteile lassen sich mit Hilfe von Losfeldern oder durch Rechnung bestimmen.

Beispiel Gewinnchance 3 von 5. Anzahl der Lose 4000.

Zeichnung:
In einem Losfeld mit 5 Feldern werden 3 Gewinnfelder markiert. Die Lose werden gleichmäßig auf die 5 Felder verteilt.

| 800 | 800 | 800 | 800 | 800 |

Auf 3 Gewinnfeldern liegen 2400 Lose.

Rechnung:
Ein Anteil wird berechnet. Die Zahl der Lose wird in 5 Teile geteilt.
4000 : 5 = 800 $\frac{1}{5}$ von 4000 = 800
Drei Teile werden berechnet:
800 · 3 = 2400 $\frac{3}{5}$ von 4000 = 2400
Es gibt 2400 Gewinne.

1 Erst zeichnen, dann rechnen.
a) Zeichne ein Losfeld für die Gewinnchance *4 von 9* und verteile darauf 1800 Lose.
b) Bestimme die Anzahl der Gewinne und der Nieten.
c) Ermittle das Ergebnis mit Hilfe einer Rechnung.

2 Wie viele Gewinne und wie viele Nieten gibt es?
a) Anzahl der Lose 2100

| Gewinne | | | | | | |

b) Anzahl der Lose 1200

| Gewinne | | | |

c) Anzahl der Nieten 700

| Gewinne | | | | | | |

3 Bestimme die Anzahl der Gewinnlose und der Nieten. Die Gewinnchance ist *7 von 10*. Die Gesamtzahl der Lose beträgt:
a) 2000,   b) 1500,   c) 800,
d) 3000,   e) 1000,   f) 700.

4 Gibt es in Losbude A oder B mehr Gewinnlose?

		Gewinnchance	Lose
a)	A	4 von 7	4900
	B	5 von 8	4800
b)	A	4 von 12	2400
	B	1 von 3	4800
c)	A	8 von 12	6000
	B	2 von 3	6000

5 Berechne.
a) $\frac{3}{4}$ von 100   b) $\frac{5}{8}$ von 1000
c) $\frac{7}{10}$ von 4000   d) $\frac{11}{15}$ von 30

Gewinnen und Verlieren

6 Bestimme die Anzahl der Lose für
a) 120 Gewinne, Gewinnchance *4 von 9*,
b) 60 Gewinne, Gewinnchance *3 von 7*,
c) 120 Nieten, Gewinnchance *4 von 7*,
d) 45 Nieten, Gewinnchance *3 von 8*.

7 Sortiere die abgebildeten Karten so, dass die Gewinnchance zur Anzahl der Lose, der Nieten und der Gewinne passt.

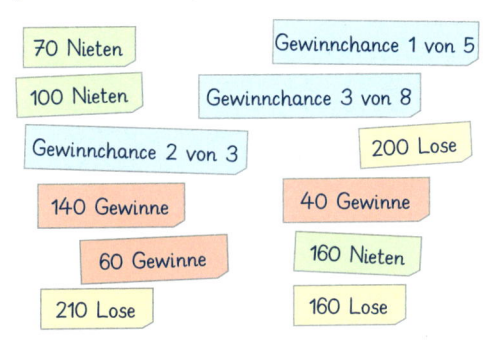

70 Nieten
100 Nieten
Gewinnchance 1 von 5
Gewinnchance 3 von 8
Gewinnchance 2 von 3
200 Lose
140 Gewinne
40 Gewinne
60 Gewinne
160 Nieten
210 Lose
160 Lose

8 ● Eine Klasse will mit Hilfe einer Tombola die Klassenkasse aufbessern. Gemeinsam haben alle Kinder 24 Gewinne gesammelt. Wie sollen Gewinne und Nieten verteilt werden, wenn
a) die Gewinnchance 20 % betragen soll,
b) die Kinder 48 Nieten herstellen,
c) die Kinder insgesamt 120 Lose herstellen,
d) die Gewinnchance *1 von 5* sein soll?

9 ● Ein Glücksrad ist in 18 Felder aufgeteilt. Welche der folgenden Gewinnchancen lassen sich damit herstellen? Begründe.
a) *2 von 9*   b) *1 von 4*   c) *1 von 6*
d) $\frac{2}{3}$ e) $\frac{5}{18}$ f) $\frac{1}{2}$

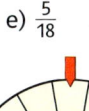

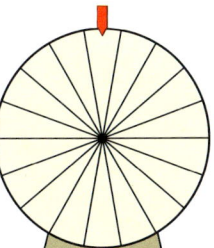

10 a) Ein Losverkäufer will mit einem Glücksrad arbeiten. Die Gewinnchance soll 25 % betragen. Zeichne ein Glücksrad für diese Gewinnchance. Zeichne danach verschiedene Möglichkeiten.
b) ☼ Zeichne ein Glücksrad, das in acht Felder eingeteilt ist, und verteile sinnvoll Gewinne und Nieten. Bestimme die entstandene Gewinnchance.

11 Handys zeigen an, wie voll ihr Akku geladen ist.

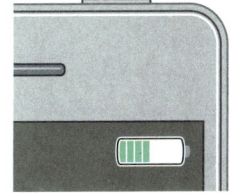

a) Gib den Ladezustand des Handy-Akkus (rechts) als Bruch und in Prozent an.
b) Toms Akku hält, wenn er vollständig geladen ist, zwei Tage. Nach wie vielen Stunden muss sein Handy (rechts) ans Ladegerät?
c) ● Nach 18 Stunden zeigt die Ladekontrolle von Mias Handy das gleiche Bild (rechts). Wie lange reicht ihr Akku noch?
d) 🙎‍♂️🙎‍♀️🙎 Wie sind eure Erfahrungen: Kann man sich auf die Anzeige des Handys verlassen?
Gibt es Möglichkeiten das Handy so zu benutzen, dass der Akku möglichst lange hält?
Skizziere, welche Möglichkeiten du kennst, den Ladezustand eines Handys darzustellen?

Gewinnen und Verlieren

→ Kannst du's?
Seite 70, 1

🌐 **Uhren-Vorlage**
→ **Aufgabe 13**
j7vt8a

Tipp
→ **Aufgaben 13 und 14**
h steht für Stunde, min für Minute und s für Sekunde.
$1\,h = \frac{4}{4}h$
$\frac{8}{4}\,min = \frac{2}{1}\,min$
$= 2\,min$

12 Julius bekommt 25 € Taschengeld pro Monat.
a) Julius gibt 12 € monatlich für Handy-Kosten aus. Bestimme diesen Anteil von seinem Taschengeld.
b) Ein Handy-Vertrag, mit der Möglichkeit in alle deutschen Netze zu telefonieren, kostet monatlich 20 €. Welcher Anteil vom Taschengeld ist das?

13 a) Für diese Aufgabe kannst du den mathe live-Code mit der Uhren-Vorlage nutzen. Zeichne die Zeitspannen in verschiedenen Farben in die Uhr ein.
$\frac{1}{4}h;\ \frac{1}{6}h;\ \frac{5}{12}h;\ \frac{3}{60}h$
b) Schreibe in Minuten.
$\frac{1}{2}h;\ \frac{1}{4}h;\ \frac{3}{4}h;\ 1\frac{1}{4}h$
c) Schreibe in Sekunden.
$\frac{15}{60}min;\ \frac{50}{60}min;\ \frac{9}{4}min$

14 Schreibe ohne Bruch in einer kleineren Einheit.
Beispiel $\frac{1}{2}m = 50\,cm$
a) $\frac{3}{4}km;\ \frac{3}{4}m;\ \frac{3}{4}kg$ b) $\frac{3}{20}m;\ \frac{4}{20}cm$
   $\frac{1}{4}km;\ \frac{1}{4}t$ $\frac{5}{20}t;\ \frac{6}{20}g$
   $\frac{1}{4}h;\ \frac{3}{4}min$ $\frac{10}{20}h;\ \frac{11}{20}min$

15 Schreibe als Bruch in einer größeren Einheit.
Beispiel $250\,g = \frac{1}{4}kg$
a) 500 g; 750 g   b) 30 s; 45 min
c) 750 m; 90 cm   d) 50 mm; 80 cm

16 Bei Kleidungsstücken findet man diese Bezeichnung.

$\frac{1}{2}$ Arm $\frac{7}{8}$ Hose $\frac{3}{4}$ Arm

Erkläre!

17 Berechne.
a) $\frac{3}{5}$ von 3 kg (von 3 m; 7 dm; 5 h)
b) $\frac{4}{7}$ von 21 kg (von 49 kg; 140 kg; 42 kg)
c) ● $\frac{7}{10}$ von 63 m (von 22 kg; 4 min; 75 g)

18 ● Berechne das Ganze.
a) $\frac{3}{4}$ einer Schokolade ist 75 g.
b) $\frac{2}{3}$ einer Strecke ist 800 m.
c) $\frac{4}{5}$ der Gesamtkosten sind 4800 €.
d) $\frac{2}{7}$ der Lose sind 190 Lose.
e) $\frac{4}{9}$ des Betrages sind 2480 €.

19 ● Ein Fruchtcocktail besteht zu $\frac{3}{8}$ aus Orangensaft, zu $\frac{1}{4}$ aus Grapefruitsaft und zu $\frac{1}{8}$ aus Ananassaft. Der Rest ist schwarzer, kalter Tee. Welche Mengen von allen Zutaten werden für 5 l Fruchtcocktail benötigt?

20 👥 Vier Kolleginnen spielen gemeinsam Lotto. Sie bezahlen zusammen 48 €. Der Einsatz der vier Kolleginnen ist unterschiedlich: 10 €, 10 €, 12 € und 16 €. Sie haben 128 000 € gewonnen. Überlegt, wie dieser Gewinn auf die vier Kolleginnen verteilt werden soll. Begründet euren Vorschlag.

Brüche erweitern und kürzen

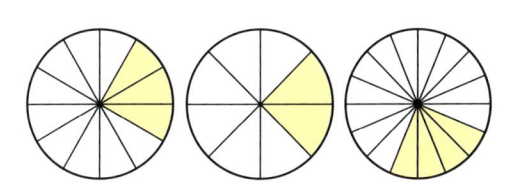

Gelb gewinnt!
Erkläre, warum die Gewinnchancen bei den drei Glücksrädern gleich sind.

Gleichwertige Brüche entstehen, wenn man Brüche feiner unterteilt (Erweitern) oder Unterteilungen weglässt (Kürzen).
Erweitern: Zähler und Nenner werden mit der gleichen Zahl multipliziert.
Kürzen: Zähler und Nenner werden durch die gleiche Zahl dividiert.

Beispiel a) Erweitern   b) Kürzen

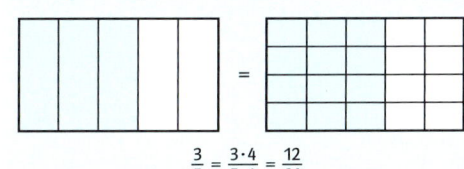

$$\frac{3}{5} = \frac{3\cdot 4}{5\cdot 4} = \frac{12}{20}$$

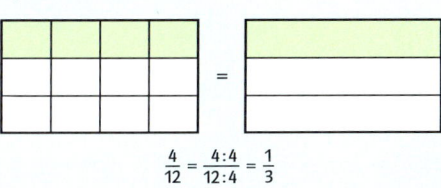

$$\frac{4}{12} = \frac{4:4}{12:4} = \frac{1}{3}$$

1 Welche Brüche sind hier dargestellt? Welche Brüche sind gleichwertig?

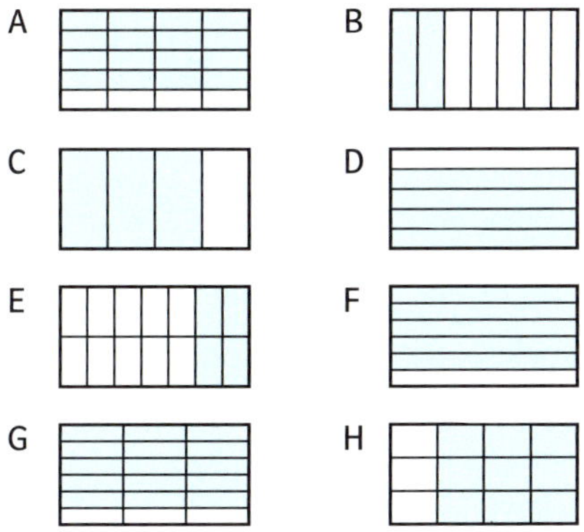

A B C D E F G H

3 Bei diesen Glücksrädern gewinnt man auf den gelben Feldern. Bei welchen der Glücksräder sind die Gewinnchancen gleich?

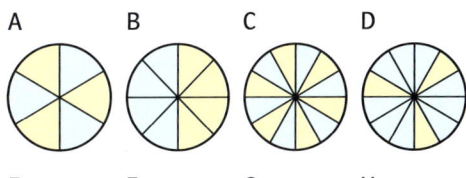

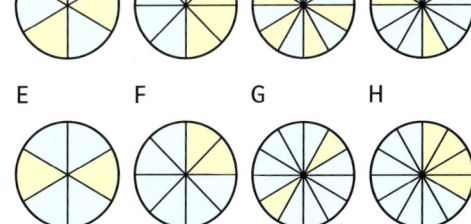

A B C D
E F G H

2 Mit welcher Zahl wurde erweitert?
a)
b)

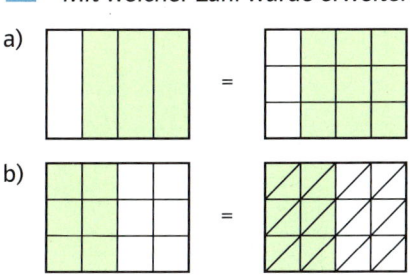

4 Mit welcher Zahl wurde gekürzt?
a)
b)

Gewinnen und Verlieren   61

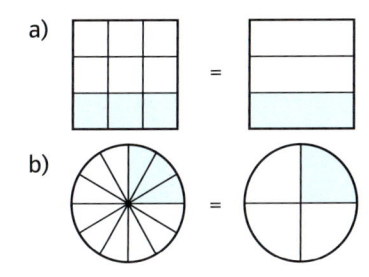

5 Erkenne gleichwertige Brüche.

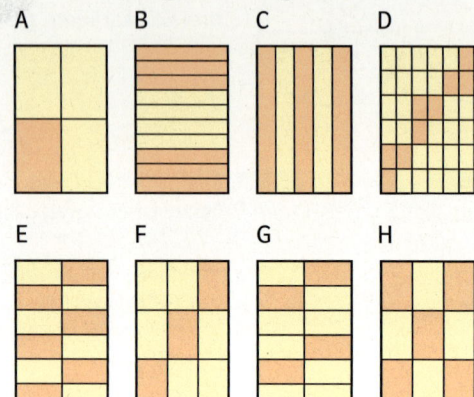

A B C D

E F G H

6 Erweitere den Bruch.

$\frac{1}{2}$ mit 3; $\frac{2}{3}$ mit 4; $\frac{3}{4}$ mit 3

$\frac{5}{6}$ mit 4; $\frac{5}{9}$ mit 3; $\frac{7}{12}$ mit 4

7 Kürze den Bruch.

$\frac{3}{15}$ mit 3; $\frac{16}{24}$ mit 4; $\frac{7}{35}$ mit 7

$\frac{42}{18}$ mit 6; $\frac{66}{77}$ mit 11; $\frac{36}{120}$ mit 12

8 Mit welcher Zahl kannst du kürzen? Nenne jeweils alle Möglichkeiten.

a) $\frac{18}{24}$ b) $\frac{35}{40}$ c) $\frac{13}{39}$ d) $\frac{80}{50}$ e) $\frac{8}{28}$

f) $\frac{92}{78}$ g) $\frac{39}{51}$ h) $\frac{11}{19}$ i) $\frac{14}{56}$ j) $\frac{21}{49}$

9 Übertrage die Tabelle in dein Heft und fülle die Lücken so aus, dass die Gewinnchance immer gleich bleibt.

a)
Gewinne	7		35	
Lose	10	30		100

b)
Gewinne	10		100	5
Lose	80	400		

c)
Gewinne	10		25	
Lose	25	100		150

10 Fülle die Platzhalter aus.

a) $\frac{\square}{18} = \frac{1}{2}$ b) $\frac{\square}{36} = \frac{5}{6}$ c) $\frac{8}{15} = \frac{\square}{45}$

d) $\frac{\square}{3} = \frac{4}{12}$ e) $\frac{16}{64} = \frac{\square}{8}$ f) $\frac{3}{8} = \frac{27}{\square}$

g) $\frac{30}{\square} = \frac{6}{5}$ h) $\frac{9}{\square} = \frac{27}{45}$ i) $\frac{12}{52} = \frac{3}{\square}$

11 Übertrage ins Heft. Erweitere die Brüche so, dass sie den gleichen Nenner haben. Vergleiche sie.

a)
Zähler	3			Zähler	1		
Nenner	8			Nenner	3		

b)
Zähler	2			Zähler	3		
Nenner	9			Nenner	10		

12 Erweitere die Brüche so, dass sie den gleichen Nenner haben.

a) $\frac{2}{3}$ und $\frac{5}{9}$; b) $\frac{5}{7}$ und $\frac{2}{3}$;

c) $\frac{3}{10}$ und $\frac{5}{8}$; d) $\frac{1}{6}$ und $\frac{4}{9}$.

Brüche kann man mit unterschiedlichen Methoden vergleichen. Eine Methode ist, Brüche gleichnamig zu machen. **Gleichnamig** nennt man Brüche mit gleichem Nenner.

Beispiel $\frac{7}{10}$ und $\frac{5}{8}$ $\frac{7 \cdot 4}{10 \cdot 4} = \frac{28}{40}$ und $\frac{5 \cdot 5}{8 \cdot 5} = \frac{25}{40}$ $\frac{28}{40} > \frac{25}{40}$

---

13 Vergleiche die Brüche.

a) $\frac{3}{8} \square \frac{5}{8}$ b) $\frac{4}{5} \square \frac{15}{20}$ c) $\frac{10}{12} \square \frac{15}{18}$

$\frac{13}{5} \square \frac{13}{7}$ $\frac{11}{27} \square \frac{4}{9}$ $\frac{6}{24} \square \frac{5}{15}$

$\frac{7}{23} \square \frac{13}{25}$ $\frac{8}{15} \square \frac{21}{45}$ $\frac{12}{50} \square \frac{4}{20}$

14 Sortiere die Brüche nach der Größe.

$\frac{15}{120}$ $\frac{5}{24}$ $\frac{1}{2}$ $\frac{3}{10}$ $\frac{5}{6}$

→ Kannst du's?
Seite 70, 2, 3 und 5

Beste Gewinnchancen!

Abb. 1

Abb. 2

1 Herr Niklausen hat bei seiner Losbude Hauptgewinne, Kleingewinne und Trostpreise.
  a) Zeichnet ein Losfeld. Die Gewinnchancen sind:
   - 1 von 12 Losen sind Hauptgewinne
   - 1 von 4 Losen sind Kleingewinne
   - 1 von 3 Losen sind Trostpreise
  b) Lars behauptet: „Es ist wahrscheinlicher etwas bei der Losbude von Herrn Niklausen zu gewinnen als dort eine Niete zu ziehen." Hat er Recht? Begründe.
  c) Wie groß ist der Anteil der Nieten?
  d) Wie groß ist die Chance, überhaupt einen Gewinn zu ziehen?
  e) Wie viele Hauptgewinne, Kleingewinne und Trostpreise gibt es, wenn Herr Niklausen 600 Lose mischt?
  f) Paul hat diese Aufgabe aufgeschrieben: $\frac{1}{12} + \frac{1}{4} + \frac{1}{3} = ?$
    Erkläre, was sich Paul hierbei gedacht hat.

2 Frau Scheffler besitzt die zweite Losbude. Sie hat ein Losfeld gezeichnet.
  a) Übertrage das Losfeld in dein Heft.
  b) Sonja meint: „So wie Frau Scheffler das Losfeld gezeichnet hat, ist es nicht sinnvoll." Was meinst du?
  c) Bestimme die Gewinnchancen für einen Hauptgewinn, einen Kleingewinn und einen Trostpreis.
  d) Wie groß ist die Chance eine Niete zu ziehen?

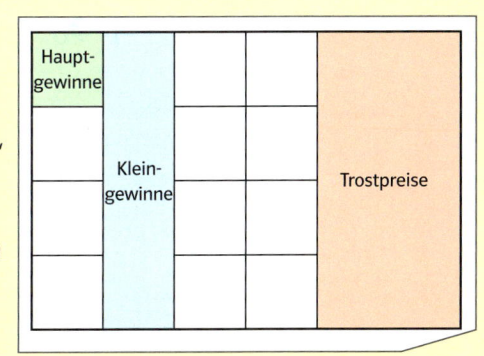

3 Vergleiche die Gewinnchancen der Losbuden von Herrn Niklausen → Aufgabe 1 und Frau Scheffler → Aufgabe 2.

Gewinnen und Verlieren

Brüche addieren und subtrahieren

Ein Fünftel aller Lose sind Kleingewinne und ein Sechstel aller Lose sind Hauptgewinne. Bestimme die Gewinnchance für einen Gewinn.

Wie Brüche mit unterschiedlichen Nennern addiert werden, kannst du anschaulich mit Hilfe von unterteilten Rechtecken sehen. Dazu musst du eine gemeinsame Unterteilung für das Rechteck finden, in das du die Brüche eintragen kannst.

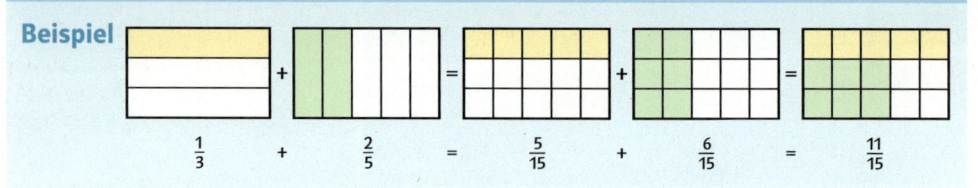

Beispiel

$$\frac{1}{3} + \frac{2}{5} = \frac{5}{15} + \frac{6}{15} = \frac{11}{15}$$

1 Welche Aufgaben sind dargestellt? Zeichne die Addition in ein gemeinsames Rechteck und bestimme das Ergebnis.

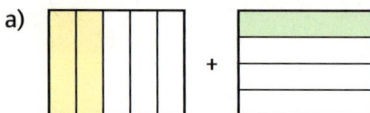

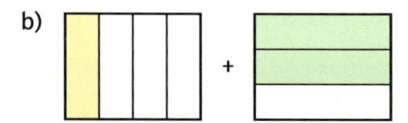

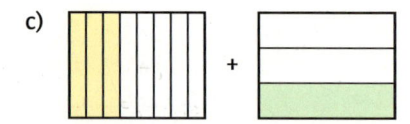

a)
b)
c)

2 Nieten sind in Gelb dargestellt, Gewinne in Grün. Skizziere ein Rechteck und trage Gewinne und Nieten ein.

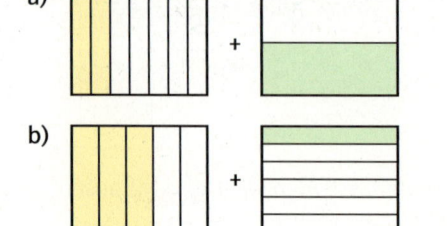

a)
b)

3 Stelle die Gewinne in einem gemeinsamen Rechteck dar und addiere sie. Notiere Additionsaufgaben mit Brüchen.

a) $\frac{1}{8}$ Hauptgewinne; $\frac{1}{3}$ Trostpreise

b) $\frac{3}{10}$ Hauptgewinne; $\frac{1}{2}$ Trostpreise

c) ● $\frac{1}{6}$ Hauptgewinne; $\frac{1}{3}$ Kleingewinne; $\frac{1}{4}$ Trostpreise

4 Was wurde in der Aufgabe falsch gemacht? Notiere das richtige Ergebnis und beschreibe den Fehler.

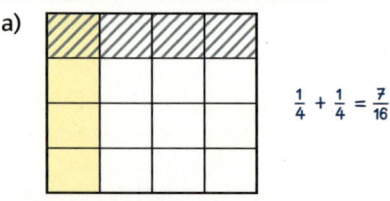

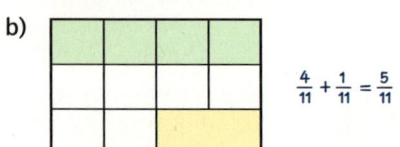

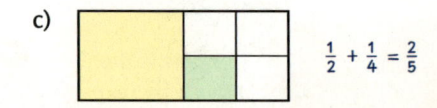

a) $\frac{1}{4} + \frac{1}{4} = \frac{7}{16}$

b) $\frac{4}{11} + \frac{1}{11} = \frac{5}{11}$

c) $\frac{1}{2} + \frac{1}{4} = \frac{2}{5}$

Gewinnen und Verlieren

5 Zeichne Rechtecke ins Heft, trage die Brüche ein und bestimme das Ergebnis.

a) $\frac{3}{4} + \frac{1}{5}$ 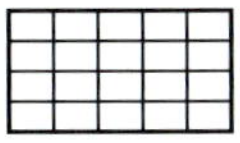 b) $\frac{1}{2} + \frac{3}{7}$

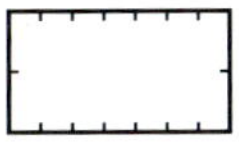

c) $\frac{5}{9} + \frac{1}{4}$  d) $\frac{1}{3} + \frac{3}{8}$

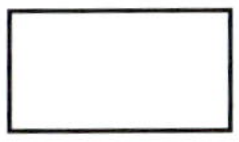

6 ● Welche Bruchaddition wird hier dargestellt? Schreibe die Aufgabe auf und löse sie.

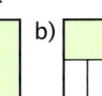

a) 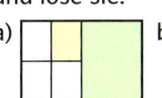 b) c)

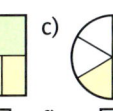

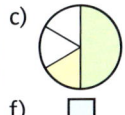

d) 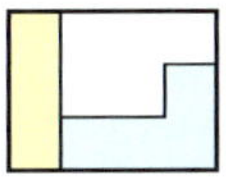 e) 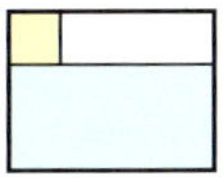 f)

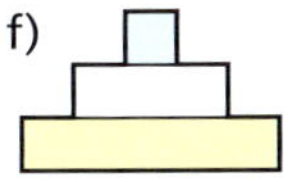

7 Stelle folgende Addition mit Brüchen in einem Rechteck dar. Zeichne das Rechteck ins Heft und löse die Addition.

a) $\frac{1}{3} + \frac{3}{7}$ b) $\frac{1}{2} + \frac{2}{9}$

c) $\frac{3}{5} + \frac{1}{8}$ d) $\frac{2}{3} + \frac{4}{9}$

e) ● $\frac{5}{4} + \frac{2}{5}$ f) ● $\frac{2}{3} + \frac{5}{8}$

8 Wie könnt ihr mit Hilfe von Rechtecken eine Subtraktion von Brüchen darstellen und sie lösen?

a) $\frac{3}{4} - \frac{2}{5}$ b) $\frac{5}{6} - \frac{3}{4}$

Benutzt die → Teilaufgaben a) und b) und erarbeitet eine Methode. Präsentiert eure Lösungen.

→ Präsentation, Seite 239

Brüche addieren und subtrahieren

Brüche werden durch Erweitern und Kürzen gleichnamig gemacht. Dann werden die Zähler addiert bzw. subtrahiert. Die Nenner bleiben gleich.

Beispiel

a) $\frac{3}{8} + \frac{5}{12} = \frac{9}{24} + \frac{10}{24} = \frac{19}{24}$

b) $\frac{3}{4} - \frac{1}{5} = \frac{15}{20} - \frac{4}{20} = \frac{11}{20}$

---

9 Berechne ohne zu zeichnen.

a) $\frac{2}{9} + \frac{5}{9}$; $\frac{7}{13} + \frac{6}{13}$; $\frac{7}{10} + \frac{9}{10}$

b) $\frac{1}{3} + \frac{1}{6}$; $\frac{3}{4} + \frac{1}{8}$; $\frac{3}{14} + \frac{2}{7}$

c) $\frac{1}{6} + \frac{1}{8}$; $\frac{1}{6} + \frac{1}{4}$; $\frac{1}{9} + \frac{1}{12}$

10 Berechne.

a) $\frac{3}{4} - \frac{2}{5}$ b) $\frac{1}{2} - \frac{3}{10}$ c) $\frac{2}{5} - \frac{3}{10}$ d) $\frac{5}{9} - \frac{2}{7}$

11 Berechne. Suche einen möglichst kleinen gemeinsamen Nenner.

a) $\frac{1}{6} + \frac{2}{3}$; $\frac{5}{12} - \frac{1}{6}$; $\frac{2}{9} + \frac{2}{3}$

b) $\frac{3}{4} - \frac{1}{6}$; $\frac{5}{6} - \frac{1}{9}$; $\frac{4}{9} - \frac{5}{12}$

c) $\frac{1}{3} + \frac{1}{2}$; $\frac{1}{3} + \frac{3}{4}$; $\frac{1}{3} + \frac{4}{5}$

d) ● $\frac{7}{30} + \frac{5}{12}$; $\frac{7}{33} + \frac{5}{6}$; $\frac{7}{12} - \frac{5}{18}$

12 ● Korrigiere die Fehler.

a) $\frac{1}{4} + \frac{2}{3} = \frac{3}{7}$

b) $\frac{3}{10} + \frac{3}{5} = \frac{3}{10} + \frac{15}{10} = \frac{18}{10}$

c) $\frac{1}{3} - \frac{1}{4} = \frac{4}{12} - \frac{3}{12} = \frac{7}{12}$

d) $\frac{5}{6} - \frac{2}{3} = \frac{3}{3}$

e) $\frac{12}{7} - 6 = \frac{6}{7}$

f) $5 - \frac{2}{7} = \frac{3}{7}$

13 ● Berechnet.

a) $3\frac{2}{5} + 2\frac{1}{3}$ b) $4\frac{5}{6} + 2\frac{3}{4}$

c) $2\frac{1}{7} - 1\frac{5}{7}$ d) $4\frac{1}{3} - 2\frac{1}{6}$

Diskutiert eure Lösungswege.

Tipp
→ Aufgabe 13
$3 = \frac{3}{1} = \frac{15}{5}$

→ Kannst du's?
Seite 70, 4

14 Ergänze die Platzhalter.

a) $\frac{1}{12} + \frac{\square}{30} = \frac{\square}{60} + \frac{14}{60} = \frac{19}{60}$

b) ● $\frac{7}{\square} + \frac{\square}{18} = \frac{14}{90} + \frac{25}{90} = \frac{39}{\square}$

c) ● $\frac{\square}{12} - \frac{1}{\square} = \frac{\square}{60} - \frac{2}{60} = \frac{8}{60}$

d) ●● $\frac{5}{\square} - \frac{\square}{8} = \frac{1}{24}$

15 Suche die Fehler, beschreibe sie und korrigiere sie.

a) $\frac{5}{7} + \frac{2}{5} = \frac{7}{12}$

b) $\frac{5}{7} + \frac{2}{5} = \frac{10}{14} + \frac{10}{25} = \frac{10}{39}$

c) $\frac{5}{7} + \frac{2}{5} = \frac{7}{35}$

d) $\frac{5}{7} + \frac{2}{5} = \frac{25}{35} + \frac{14}{35} = \frac{39}{35}$

16 ● Übertrage die magischen Quadrate ins Heft und fülle sie aus. Die magische Zahl ist bei beiden Quadraten jeweils gleich.

a)

$\frac{4}{15}$		$\frac{2}{15}$
	$\frac{1}{3}$	
$\frac{8}{15}$		$\frac{2}{5}$

b)

$\frac{1}{18}$	$\frac{5}{9}$	
	$\frac{1}{3}$	

17 Vervollständige die Zahlenmauer.

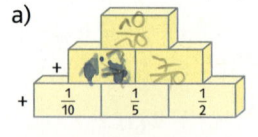

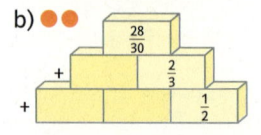

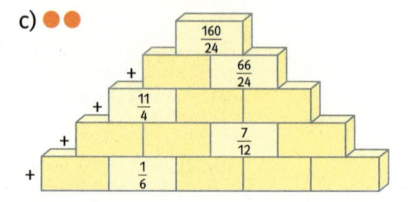

a) Grundreihe: $\frac{1}{10}$, $\frac{1}{5}$, $\frac{1}{2}$

b) ●● obere: $\frac{28}{30}$; mittlere rechts: $\frac{2}{3}$; untere rechts: $\frac{1}{2}$

c) ●● Spitze: $\frac{160}{24}$; zweite Reihe rechts: $\frac{66}{24}$; dritte Reihe links: $\frac{11}{4}$; vierte Reihe: $\frac{7}{12}$; Grundreihe: $\frac{1}{6}$

18 👥 Die Aula braucht eine neue Beleuchtungsanlage. Die Gemeinde zahlt $\frac{2}{3}$ der Kosten, der Förderverein kann 20 % übernehmen.

a) Durch Theateraufführungen in der Aula soll der Rest finanziert werden. Wie groß ist dieser Anteil?

b) Die Beleuchtungsanlage kostet 11 250 €. Der schulische Anteil soll durch fünf Theateraufführungen eingespielt werden. In die Aula passen 300 Personen.

19 ●👥☼ Susanne nimmt an einer Fahrradrallye teil. Es müssen alle Stationen A bis F angefahren werden. Die Fahrzeiten für Fahrräder sind in der Karte angegeben. Ermittelt den schnellsten Weg und berechnet die gefahrene Strecke bei einer Geschwindigkeit von 15 km/h.

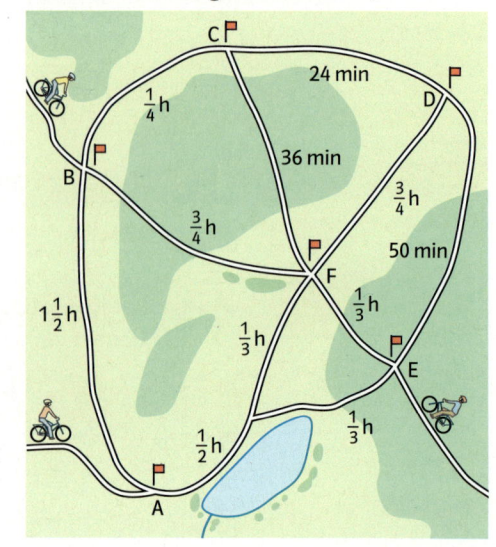

66 Gewinnen und Verlieren

Zufallsversuche durchführen

A

1 Flaschendeckel

Mit Flaschendeckeln kann man würfeln. Sie können in drei Lagen liegen bleiben: Rücken (R), Front (F) und Seite (S). Welche Lage kommt beim „Würfeln" am häufigsten vor? Was vermutest du?

a) Teste deine Vermutung indem du in deiner Gruppe 50-mal würfelst. Alle Würfe werden in einer Tabelle festgehalten. Zum Schluss wertet die Tabelle aus und überprüft eure Vermutung. Vorsicht: Vergleichen kann man nur die Deckel gleicher Hersteller.

b) Ihr könnt eure Ergebnisse mit anderen Gruppen vergleichen und eine gemeinsame Auswertungsliste anlegen, wenn ihr gleiche Flaschendeckel verwendet habt.

c) Marieke meint: „Mit dem abgebildeten Glücksrad erhalte ich die gleichen Ergebnisse, wie mit den Flaschendeckeln." Stimmt das? Begründe.

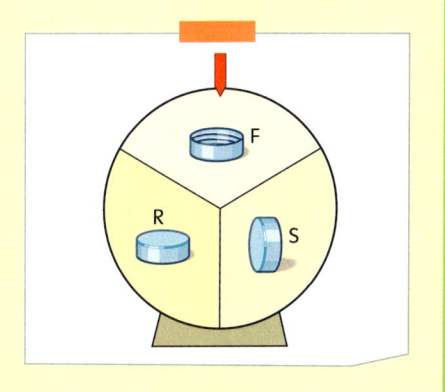

B

Das Glückshaus
as927w

1 Das Glückshaus – ein Mittelalter-Spiel

Mit dem mathe live-Code kannst du die Spielanleitung und einen Spielplan herunterladen. Zum Spiel benötigst du zusätzlich zwei verschieden farbige Würfel und pro Spieler etwa 15 Spielsteine.

a) Spielt das Spiel „Glückshaus".

b) Beantwortet anschließend die folgenden Fragen:
- Gibt es Zahlen die besonders häufig gewürfelt wurden?
- Gibt es Zahlen, die besonders selten vorkamen?
- Kann man bei diesem Spiel mit einer Strategie leichter gewinnen oder ist es nur vom Glück abhängig?

c) Versucht gemeinsam alle möglichen Würfelergebnisse übersichtlich aufzuschreiben.
- Wie viele Würfelergebnisse gibt es?
- Wie viele Würfelergebnisse gibt es für die Augensumme 7, 2 oder 12?

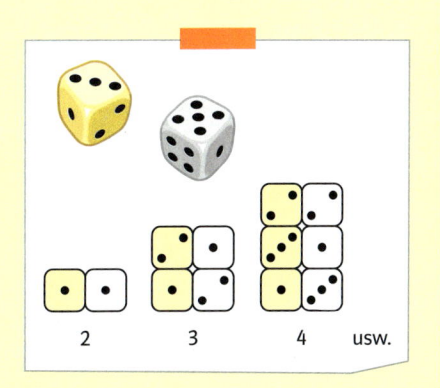

Gewinnen und Verlieren

Chancen und Wahrscheinlichkeiten

Es gibt ganz unterschiedliche „Würfel". Mit welchem Würfel ist die Chance eine 6 zu würfeln am größten?

Haben alle Ergebnisse eines Zufallsversuchs die gleiche Chance, so spricht man von einem **Laplace Versuch**. Wahrscheinlichkeit = $\frac{\text{Anzahl der günstigen Ereignisse}}{\text{Anzahl der möglichen Ereignisse}}$

Beispiel Zufallsversuche lassen sich durch Diagramme anschaulich darstellen.
Wie groß ist die Wahrscheinlichkeit eine
a) Sechs zu würfeln, 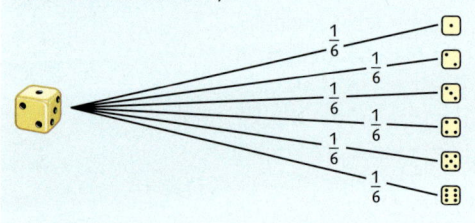
b) ungerade Zahl (1, 3 oder 5) zu würfeln?

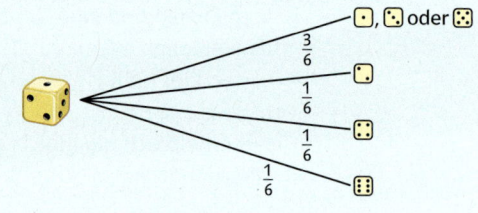

Der Franzose **Pierre Simon Laplace** (*28.03.1749, †05.03.1827) beschäftigte sich als einer der ersten Mathematiker mit der Wahrscheinlichkeitsrechnung

→ Kannst du's?
Seite 70, 6

1 Welche Würfel sind für einen Laplace-Versuch geeignet?

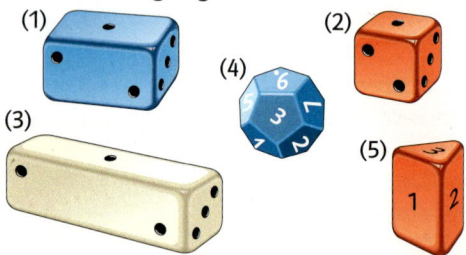

2 Ein normaler Würfel wird geworfen. Wie groß ist die Wahrscheinlichkeit eine
a) 2 zu werfen,
b) gerade Zahl zu werfen,
c) 4 oder 6 zu werfen,
d) ungerade Zahl zu würfeln?

→ Aufgabe 3

3 Der „Würfel" besitzt die Zahlen von 1 bis 5 auf je zwei Seiten. Wie groß ist die Wahrscheinlichkeit eine
a) 5 zu werfen,
b) 2 oder 3 zu werfen,
c) eine 6 zu werfen?

4 Ein Gummibärchen wird mit verbundenen Augen aus einem Glas gezogen.

Wie groß ist die Wahrscheinlichkeit aus
a) dem rechten Glas ein gelbes Gummibärchen zu ziehen,
b) dem linken Glas ein gelbes zu ziehen?
c) Karl zeichnet ein Diagramm für eines der beiden Gummibärchen-Gläser. Zu welchem Glas passt es? Begründe.

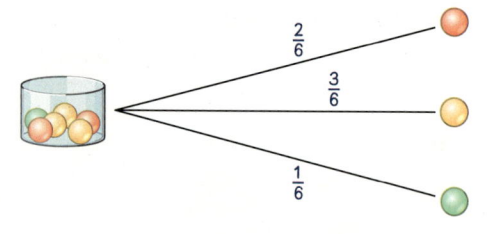

Gewinnen und Verlieren

→ Aufgabe 5

Unter einer „Urne" versteht man in der Mathematik einen Behälter, aus dem man per Zufall Kugeln zieht.

5 Aus der links abgebildeten Urne wird eine Kugel gezogen.
a) Zeichne zu der Urne ein Diagramm mit den Wahrscheinlichkeiten.
b) Zeichne ein Glücksrad mit den drei Farben rot, blau und grün. Die Farben sollen die gleiche Wahrscheinlichkeiten besitzen wie die Farben beim Ziehen aus der Urne in → Teilaufgabe a).
d) Melissa hat ein einfaches Diagramm zu → Teilaufgabe b) gezeichnet.

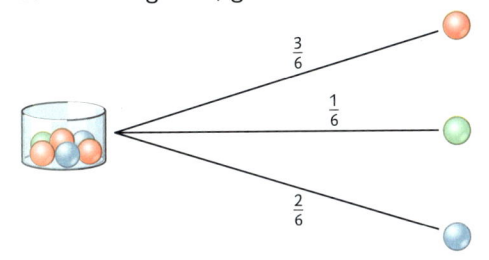

Erkläre Melissas Diagramm.

6 In einem Glas befinden sich zwölf Gummibärchen: drei rote, drei gelbe, zwei orange und vier grüne.
a) Wie groß ist die Wahrscheinlichkeit ein grünes (gelbes, rotes) Gummibärchen zu ziehen?
b) ● Wie groß ist die Wahrscheinlichkeit ein rotes oder gelbes Gummibärchen zu ziehen?
c) Wie müssten die Farben der Gummibärchen sein, wenn alle Farben mit unterschiedlichen Wahrscheinlichkeiten auftreten sollen?

7 Unter drei Geschwistern wird ein Riesen-Gummibärchen verlost. Klara schlägt vor mit Flaschendeckeln zu würfeln. Klara möchte gewinnen, wenn die Rückenlage gewürfelt wird. Was meinst du zu diesem Verfahren? Begründe deine Meinung.

8 Aus einer Urne werden Kugeln mit den Farben Rot, Gelb, Grün und Blau gezogen. Nach jedem Ziehen wird die Kugel wieder in die Urne zurückgelegt. Es liegen 12 Kugeln in der Urne.
a) Wie viele Kugeln einer Farbe sind in der Urne, wenn alle Farben die gleiche Wahrscheinlichkeit besitzen?
b) Zeichne ein Glücksrad mit dem man die vier Farben aus → Teilaufgabe a) mit der gleichen Wahrscheinlichkeit erhalten kann.
c) ● Die Farbe Rot soll mit einer Wahrscheinlichkeit von $\frac{1}{2}$, die Farbe Grün mit $\frac{1}{3}$, und die Farbe Gelb und Blau jeweils mit der Wahrscheinlichkeit von $\frac{1}{12}$ gezogen werden. Wie viele Kugeln jeder Farbe können in der Urne sein?
d) ● In einer Urne sind drei grüne Kugeln, zwei gelbe und vier blaue Kugeln. Der Rest ist $\frac{1}{4}$ und rot. Bestimme die Wahrscheinlichkeiten für jede Farbe.

9 Diese Karten bilden ein Skatblatt:

a) Wie viele Spielkarten gibt es bei einem Skatblatt?
b) Wie groß ist die Wahrscheinlichkeit ein Ass zu ziehen?
c) Wie groß ist die Wahrscheinlichkeit eine Bildkarte zu ziehen?
d) Wie groß ist die Wahrscheinlichkeit einen Kreuz-Buben zu ziehen?
e) ●● Im Skat liegen zwei Karten verdeckt. Wie groß ist die Wahrscheinlichkeit, dass im Skat ein Bube liegt?

→ Kannst du's?
Seite 70, 7

Gewinnen und Verlieren

Check-in　Aktiv　Kurs　**Check**　Thema　Kompakt　Test

Kann ich's?

Check
28s5m2

	Das kann ich.	Da bin ich fast sicher.	Da bin ich unsicher.	Das kann ich noch nicht.
Bruchrechnung				
1 Ich kann Anteile von Größen berechnen. → Seiten 58 bis 60	☐	☐	☐	☐
2 Ich kann Brüche erweitern und kürzen. → Seiten 61 und 62	☐	☐	☐	☐
3 Ich kann Brüche vergleichen. → Seite 62	☐	☐	☐	☐
4 Ich kann Brüche addieren und subtrahieren. → Seiten 64 bis 66	☐	☐	☐	☐
5 Ich kann mithilfe von Tabellen oder Zeichnungen begründen, welcher Bruch größer ist. → mathe live-Werkstatt, Seite 227 und Seite 62	☐	☐	☐	☐
Wahrscheinlichkeitsrechnung				
6 Ich kann Laplace-Versuche erkennen. → Seite 68	☐	☐	☐	☐
7 Ich kann Wahrscheinlichkeiten bestimmen. → Seite 69	☐	☐	☐	☐
	Ich helfe anderen.	Ich übe weiter.	Ich frage andere.	Ich frage eine Lehrperson.

Gewinnen und Verlieren

Aufgaben

1 Anteile von Größen berechnen

a) Wie viele Minuten sind vergangen, wenn sich der Minutenzeiger um den folgenden Anteil einer Stunde gedreht hat?

$\frac{1}{2}$; $\frac{1}{4}$; $\frac{1}{3}$; $\frac{1}{6}$; $\frac{3}{4}$; $\frac{5}{6}$; $\frac{1}{12}$; $\frac{7}{60}$

b) Ein Drittel der 240 Lose sind Gewinne. Wie viele Gewinnlose sind das?

2 Brüche erweitern und kürzen

a) Erweitere die Brüche mit 3.

$\frac{3}{5}$; $\frac{2}{7}$; $\frac{5}{6}$; $\frac{3}{4}$

Erweitere die Brüche mit 4.

b) Kürze so weit wie möglich.

$\frac{12}{15}$; $\frac{9}{30}$; $\frac{4}{18}$; $\frac{24}{40}$; $\frac{12}{72}$

3 Brüche vergleichen

a) Sortiere nach der Größe.

$\frac{1}{2}$; $\frac{1}{3}$; $\frac{2}{3}$; $\frac{3}{4}$; $\frac{1}{6}$; $\frac{5}{6}$; $\frac{7}{12}$

b) Setze die Zeichen < oder > ein.

$\frac{1}{2} \square \frac{2}{3}$; $\frac{1}{4} \square \frac{3}{5}$; $\frac{3}{4} \square \frac{3}{5}$; $\frac{2}{7} \square \frac{2}{5}$; $\frac{3}{10} \square \frac{4}{5}$

4 Brüche addieren und subtrahieren

a) Berechne.

$\frac{3}{4} - \frac{1}{4}$; $\frac{3}{10} + \frac{5}{10}$

b) Zeichne die Rechtecke ins Heft und trage die Brüche ein. Ermittle das Ergebnis.

$\frac{1}{2} + \frac{1}{3} = \square$

$\frac{2}{5} + \frac{1}{4} = \square$

c) Suche einen gemeinsamen Nenner und berechne.

$\frac{3}{4} + \frac{1}{6}$; $\frac{4}{7} - \frac{1}{5}$; $\frac{3}{4} + \frac{1}{8}$

→ Lösungen zum Check, Seite 253

5 Begründen

a) Charlotte glaubt, dass $\frac{3}{4}$ größer als $\frac{4}{5}$ ist. Zeichne die Brüche und begründe, warum Charlottes Meinung falsch ist.

b) Herr Lose hat eine Tabelle für Nieten und Gewinne erstellt.

Gewinne	8	16	32	40
Nieten	20	40	80	100

Wie groß ist die Gewinnchance?
Herr Lose glaubt bei gleicher Gewinnchance auch 90 Gewinne mit 240 Nieten mischen zu können. Überprüfe, ob dies die gleiche Gewinnchance ergibt.

6 Laplace-Versuch, ja oder nein?

a) Begründe, welcher Würfel kein Laplace-Zufallsgerät ist.

b) Färbe das Netz eines Farbwürfels. Die Farbe Rot soll mit einer Wahrscheinlichkeit $\frac{1}{3}$ auftreten.

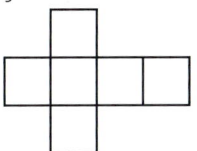

7 Wahrscheinlichkeiten bestimmen

Mit dem 12-seitigen Würfel wird geworfen. Als Ergebnis sind die Ziffern von 1 bis 12 möglich.

a) Wie groß ist die Wahrscheinlichkeit eine Sechs zu würfeln?
b) Wie groß ist die Wahrscheinlichkeit eine zweistellige Zahl zu würfeln?
c) Wie groß ist die Wahrscheinlichkeit eine ungerade Zahl zu würfeln?

Gewinnen und Verlieren

Check-in   Aktiv   Kurs   Check   **Thema**   Kompakt   Test

Mit Brüchen spielen

Nenner, auf den erweitert oder gekürzt werden soll.

- ▢/24
- ▢/12
- ▢/8

2/8	5/12	6/8	2/6	2/4	10/12
6/12	3/6	1/2	4/12	1/8	1/6
4/6	1/4	5/8	30/48	2/2	7/8
9/12	3/8	3/12	5/6	10/48	8/12
12/48	12/12	3/4	2/12	7/6	1/12
4/4	4/8	3/2	7/12	2/48	11/12

Abb. 1

Vorgabe: Das Ergebnis soll möglichst _____ sein.

(1) ▢/▢ + ▢/▢ =

Vorgabe: Das Ergebnis soll möglichst _____ sein.

(2) ▢/▢ + ▢/▢ + ▢/▢ =

Abb. 2

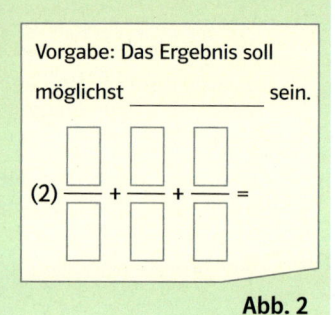

Abb. 3

🌐 **Spielplan – Mit Brüchen spielen**
9k77ug

1 Vier gewinnt – Ein Spiel für 2 Personen

Was braucht ihr? Einen Spielplan (→ Abb. 1), 2-mal 15 Spielsteine (z. B Münzen oder farbige Plättchen)

Worum geht es? Wer auf dem Spielplan als erstes vier Felder in einer Reihe (senkrecht, waagerecht oder diagonal) besetzt hat, hat das Spiel gewonnen.

Wie wird gespielt? Gespielt wird abwechselnd. Wer dran ist, besetzt ein freies Feld mit einem Spielstein. Aber: Ein Feld darf erst dann besetzt werden, wenn zuvor der Bruch in diesem Feld auf einen Nenner gekürzt oder erweitert wurde, den ihr neben dem Spielfeld ausgewählt habt. Die Mitspielerin oder der Mitspieler kontrolliert die Rechnung oder ihr verwendet Kärtchen mit Lösungen.

2 Brüche würfeln – Ein Spiel für 2–4 Personen

Was braucht ihr? Zwei 12-seitige Würfel (→ Abb. 3); eine der beiden Vorlagen zum Eintragen der Ergebnisse (→ Abb. 2).

Worum geht es? Gespielt werden mehrere Runden.
1. Runde: Wer das größte Ergebnis erreicht, gewinnt.
2. Runde: Wer das kleinste Ergebnis erreicht, gewinnt.
3. Runde: Wer das Ergebnis erreicht, das am nächsten an der Zahl 2 liegt, gewinnt.

Wie wird gespielt? Es wird reihum mit beiden Würfeln gewürfelt. Wer an der Reihe ist, trägt die Würfelergebnisse in zwei Felder eine der beiden Vorlagen (→ Abb. 2) ein. Wenn alle Felder ausgefüllt sind, werden die drei Brüche addiert, um zu sehen, wer in dieser Runde gewonnen hat. Zeichnet für jede Runde eine neue Vorlage.

Varianten: Ihr könnt euch selber Gewinn-Bedingungen ausdenken.
Ihr könnt einen Bruch addieren, den anderen subtrahieren.

→ Informationen suchen, Seite 236

Gewinnen und Verlieren

Anteile berechnen
Anteile von Brüchen lassen sich mit Losfeldern oder durch Rechnung bestimmen.

Gewinnchance 2 von 7
Gewinne   Nieten

500	500	500	500	500	500	500

Anzahl der Lose: 3500
3500 : 7 = 500   ein Teil
500 · 2 = 100   mehrere Teile

Erweitern von Brüchen
Zähler und Nenner werden mit der gleichen Zahl multipliziert.

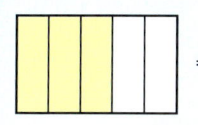

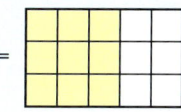

Erweitern $\frac{3}{5} = \frac{3 \cdot 3}{5 \cdot 3} = \frac{9}{15}$

Kürzen von Brüchen
Zähler und Nenner werden durch die gleiche Zahl dividiert.

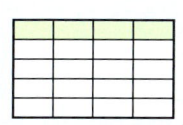

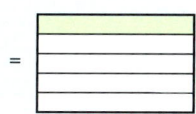

Kürzen $\frac{4}{20} = \frac{4:4}{20:4} = \frac{1}{5}$

Gleichnamige Brüche
Brüche sind gleichnamig, wenn sie den gleichen Nenner haben.

$\frac{1}{2}$; $\frac{1}{3}$ und $\frac{2}{3}$. $\frac{1}{3}$ und $\frac{2}{3}$ sind gleichnamig.

Brüche vergleichen
Es gibt verschiedene Methoden, um Brüche zu vergleichen.
Brüche können verglichen werden, indem man sie durch Erweitern oder Kürzen auf den gleichen Nenner bringt.

$\frac{7}{10}$ und $\frac{5}{8}$

$\frac{7 \cdot 4}{10 \cdot 4} = \frac{28}{40}$ und $\frac{5 \cdot 5}{8 \cdot 5} = \frac{25}{40}$

$\frac{28}{40} > \frac{25}{40}$

Brüche addieren und subtrahieren
Die Brüche werden gleichnamig gemacht. Dann werden die Zähler addiert bzw. subtrahiert. Der Nenner bleibt gleich.

$\frac{3}{8} + \frac{5}{12} = \frac{9}{24} + \frac{10}{24} = \frac{19}{24}$

$\frac{3}{4} - \frac{1}{5} = \frac{15}{20} - \frac{4}{20} = \frac{11}{20}$

Laplace-Versuch
Haben alle Ergebnisse eines Zufallsversuchs die gleiche Wahrscheinlichkeit, so spricht man von einem Laplace-Versuch.

Wahrscheinlichkeiten bestimmen
Wahrscheinlichkeiten können als Bruch dargestellt werden.

Wahrscheinlichkeit = $\frac{\text{Anzahl der günstigen Ereignisse}}{\text{Anzahl der möglichen Ereignisse}}$

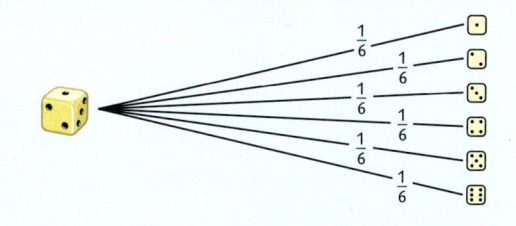

Gewinnen und Verlieren

Check-in Aktiv Kurs Check Thema Kompakt **Test**

einfach

1 Berechne.
a) $\frac{1}{4}$ von 600 €.
b) $\frac{2}{5}$ von 200 €.
c) $\frac{1}{3}$ von 120 €.

2 a) Erweitere mit 4.
$\frac{3}{5}$; $\frac{2}{9}$; $\frac{7}{8}$; $\frac{4}{3}$
b) Kürze. $\frac{9}{12}$; $\frac{3}{15}$; $\frac{6}{10}$; $\frac{14}{20}$

3 Zeichne die Brüche in ein gemeinsames, sinnvoll unterteiltes Rechteck.
a) $\frac{3}{4}$ und $\frac{1}{5}$
b) $\frac{2}{3}$ und $\frac{1}{6}$

4 Berechne.
a) $\frac{7}{10} + \frac{1}{2}$ b) $\frac{5}{8} - \frac{1}{3}$
c) $\frac{5}{6} - \frac{5}{8}$ d) $\frac{3}{4} + \frac{1}{7}$

5 Ein Glücksrad besteht aus 24 gleich großen Feldern. Wie groß ist die Wahrscheinlichkeit, dass der Zeiger auf Rot stehen bleibt, wenn
a) 3 Felder rot gefärbt sind,
b) 8 Felder rot gefärbt sind?

mittel

1 Berechne.
a) $\frac{3}{7}$ von 231 km.
b) $\frac{3}{8}$ von 368 kg.
c) $\frac{5}{6}$ von 288 km.

2 Fülle aus.
$\frac{3}{4} = \frac{\square}{20}$; $\frac{4}{7} = \frac{12}{\square}$; $\frac{4}{20} = \frac{\square}{5}$;
$\frac{5}{25} = \frac{\square}{5}$; $\frac{2}{\square} = \frac{8}{12}$; $\frac{\square}{8} = \frac{9}{24}$

3 a) Zeichne die Brüche in ein gemeinsames Rechteck und bestimme den größeren Bruch.
$\frac{3}{8}$ und $\frac{1}{3}$
b) Welcher Bruch ist größer?
$\frac{3}{10}$ oder $\frac{4}{9}$? Begründe.

4 Berechne.
a) $\frac{9}{10} + \frac{4}{5}$ b) $\frac{3}{8} + \frac{3}{20}$
c) $\frac{7}{6} - \frac{7}{15}$ d) $\frac{5}{12} + \frac{1}{9}$

5 Wie groß ist die Chance für Rot im nächsten Zug
a) den gelben Spielstein zu werfen,
b) ins Haus zu kommen?

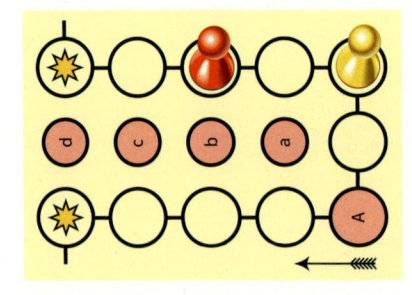

schwieriger

1 Ein Losbudenbesitzer mischt 320 Lose, davon sind $\frac{1}{2}$ Nieten, $\frac{1}{16}$ Hauptgewinne und $\frac{7}{16}$ Kleingewinne. Wie viele Hauptgewinne, Nieten und Kleingewinne gibt es? Nenne die Ergebnisse als Bruch.

2 Korrigiere die Fehler.
a) $\frac{3}{4} = \frac{12}{20}$ b) $\frac{4}{5} = \frac{18}{25}$
c) $\frac{7}{10} = \frac{72}{80}$ d) $\frac{56}{40} = \frac{5}{8}$

3 a) Welcher Bruch ist größer?
$\frac{4}{9}$ oder $\frac{10}{21}$
b) „$\frac{3}{5}$ ist größer als $\frac{5}{8}$." behauptet Julia. Überprüfe die Behauptung. Begründe deine Entscheidung.

4 Berechne.
a) $4 - \frac{3}{7}$ b) $\frac{1}{2} + \frac{5}{9}$
c) $\frac{5}{6} - \frac{1}{8} - \frac{1}{3}$ d) $\frac{3}{5} + \frac{2}{8} + \frac{3}{10}$

5 Auf einem Glücksrad sind 12 gleich große Felder mit den Zahlen von 1 bis 12 nummeriert. Wie groß ist die Wahrscheinlichkeit eine gerade oder eine durch 3 teilbare Zahl zu erhalten?

→ Lösungen zum Test, Seiten 254 und 255

4 Mandalas und andere Kreismuster

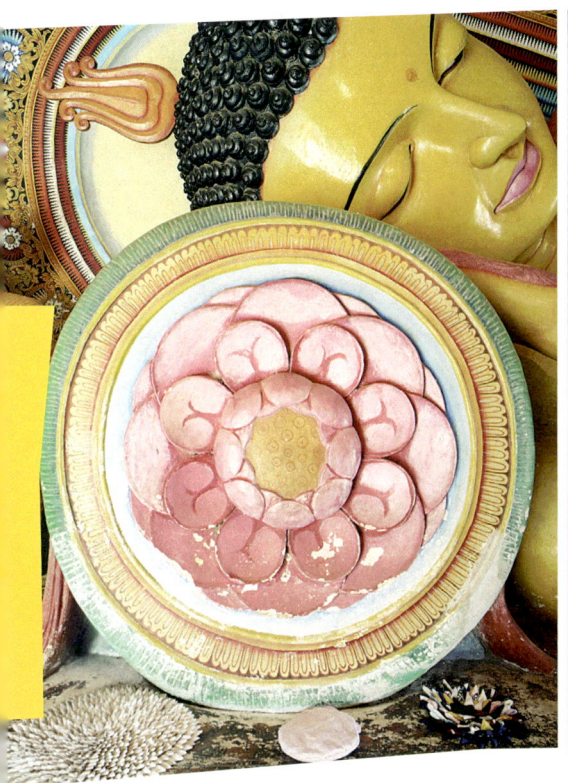

In diesem Kapitel lernt ihr,

- verschiedene Arten von Mandalas und anderen Kreismustern kennen,
- wie Kreismuster aufgebaut sein können,
- wie ihr selbst Kreismuster mit Zirkel und Lineal oder Geodreieck zeichnen könnt.

Kennt ihr Mandalas?
Der Begriff Mandala kommt aus dem Altindischen und bedeutet Kreis. Mandalas sind besondere Kreisbilder: Ihre Kreisform symbolisiert unsere Welt, die gleichmäßigen Muster darauf sind Zeichen für ein friedliches und glückliches Leben.
Ursprünglich verwendeten die Inder Mandalas zur Meditation. Beim Betrachten von Mandalas konnten sie sich besonders gut konzentrieren und entspannen. Später entdeckten auch andere Völker, dass es interessant und entspannend sein kann, Mandalas zu malen und damit zu meditieren.

Check-in Aktiv Kurs Check Thema Kompakt Test

Checkliste

Check-in
s7w2zd

		Das kann ich.	Da bin ich fast sicher.	Da bin ich unsicher.	Das kann ich noch nicht.
1	**Ich kann gerade Linien sauber und genau zeichnen.** → mathe live-Werkstatt, Seite 228	☐	☐	☐	☐
2	**Ich kann Zeichnungen im Kästchengitter in mein Heft übertragen.** → mathe live-Werkstatt, Seite 230	☐	☐	☐	☐
3	**Ich kann Punkte im Koordinatensystem ablesen und einzeichnen.** → mathe live-Werkstatt, Seite 217	☐	☐	☐	☐
		Ich helfe anderen.	Ich übe weiter.	Ich frage andere.	Ich frage eine Lehrperson.

Mandalas und andere Kreismuster

Aufgaben

1 Linien genau zeichnen

a) Zeichne mit Lineal und Bleistift eine gerade Linie von 4,5 cm Länge in dein Heft.
b) Eine 3 cm lange Linie sollte gezeichnet werden. Wer hat sauber und genau gezeichnet? Welche Tipps gibst du den anderen?

Gina

Maxi

Lara   Ben   Tom

2 Zeichnungen übertragen

a) Zeichne die Figuren in dein Heft.

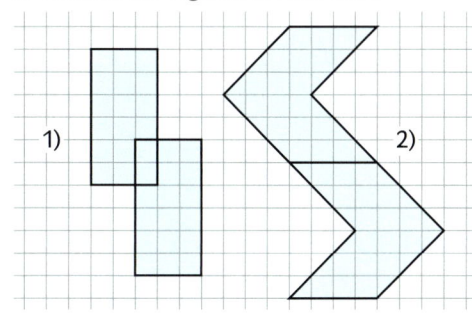

1)   2)

b) Hier sind beim Abzeichnen der Figuren aus → Teilaufgabe a) Fehler passiert, erkläre sie.

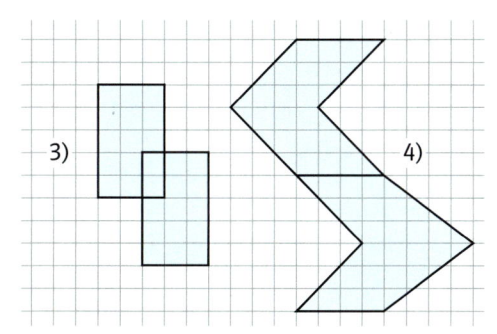

3)   4)

3 Punkte im Koordinatensystem

a) Gib die Koordinaten der Punkte A, B, C, D und E an.

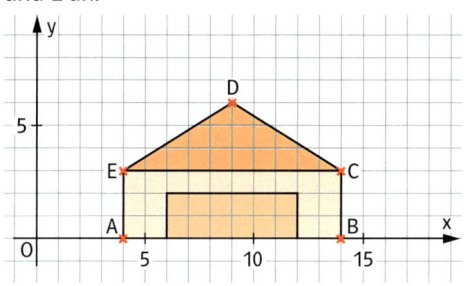

b) Zeichne die Punkte in ein Koordinatensystem und verbinde sie in alphabetischer Reihenfolge.
A(2|3); B(4|3); C(6|5); D(2|7); E(4|5).

c) Nur in einem Koordinatensystem ist alles richtig. Finde die Fehler und erkläre, was falsch gemacht wurde.

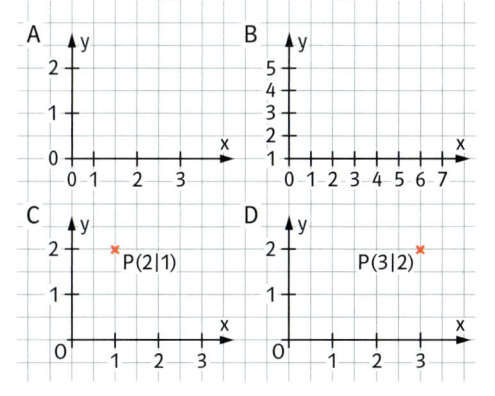

A   B

C P(2|1)   D P(3|2)

→ Lösungen zum Check-in, Seite 255

Mandalas und andere Kreismuster

Check-in **Aktiv** Kurs Check Thema Kompakt Test

Von kleinen und großen Kreisen

A

Kleine Kreise

1 Zeichne Bilder mit Kreisen in dein Heft oder auf ein Zeichenpapier. Welche Möglichkeiten findest du, um Kreise zu zeichnen?

2 Stelle auch andere Kreisbilder her, z. B. mit Hilfe von Münzen, mit einer Schere, … Finde verschiedene Möglichkeiten. Beschreibe, wie du vorgehst.

B

Große Kreise

1 Versucht, auf dem Schulhof große Kreise mit Kreide zu zeichnen. Wie geht ihr dabei vor?

2 Zeichnet auf dem Schulhof eine große Zielscheibe mit Kreide. Rollt oder werft abwechselnd mit einem Softball. Gewertet wird die Punktzahl des Feldes, auf dem der Ball liegen bleibt. Gewonnen hat, wer zum Schluss die meisten Punkte sammeln konnte. Denkt euch eigene Schulhofspiele mit Kreisen aus. Viel Spaß dabei!

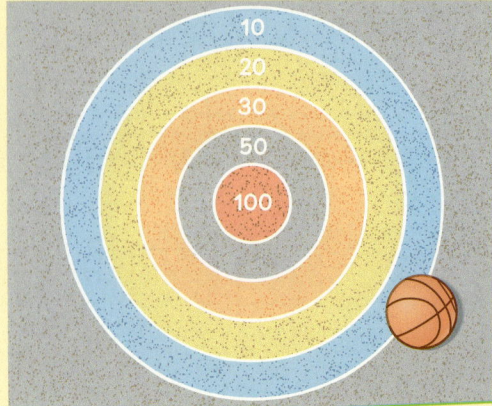

Mandalas und andere Kreismuster

C

Kreise überall

1 Wo findest du überall Kreise? Entdecke Kreise in deiner Umgebung: zu Hause, in der Schule, auf deinem Schulweg …

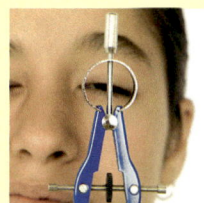

2 Bei welchen Sportarten kannst du Kreise entdecken? Denke z. B. an die Leichtathletik oder an Ballsportarten. Warum werden dort Kreise und keine Rechtecke verwendet?

3 a) ⊕ Viele Firmensymbole sind aus Kreismustern aufgebaut. Sammle Abbildungen oder fertige Zeichnungen an.
b) ☼ Erfinde ein eigenes Symbol mit Kreisen.

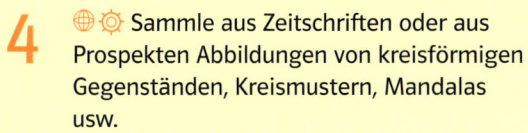

4 ⊕☼ Sammle aus Zeitschriften oder aus Prospekten Abbildungen von kreisförmigen Gegenständen, Kreismustern, Mandalas usw.
Untersuche:
a) Wie sind die unterschiedlichen Kreismuster aufgebaut?
b) Welche Symmetrien entdeckst du? Beschreibe die Symmetrieeigenschaften.

Tipp
Stellt eure Kreisbilder in eurer Schule aus. Vielleicht erfindet ihr auch ein paar Bilder, die zum Schmunzeln einladen. Zu eurer Ausstellung könnt ihr den Bildern passende Geschichten, Gedichte oder eigene Texte zuordnen.

→ Informationen suchen, Seite 236

Mandalas und andere Kreismuster

Kreis

Das Kreisbild erinnert an einen Tropfen, der auf die Wasseroberfläche fällt. Zeichne das Kreisbild mithilfe deines Zirkels in dein Heft. Worauf musst du beim Zeichnen achten?

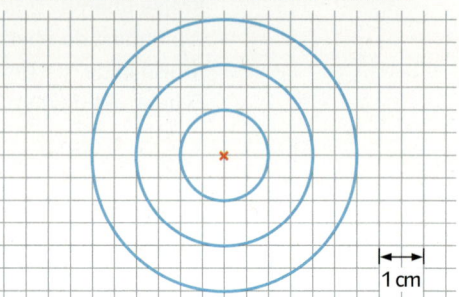

Tipp
Der **Radius** gibt den Abstand vom Kreismittelpunkt zur Kreislinie an. Der **Durchmesser** ist doppelt so lang wie der Radius.

Kreis

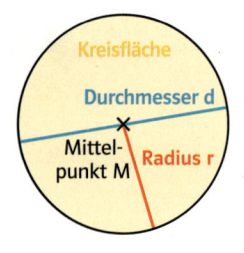

Einen Kreis zeichnest du mit dem Zirkel, indem du
– den **Mittelpunkt M** markierst,
– die Länge des **Radius r** auf den Zirkel überträgst,
– mit dem Zirkel einen **Kreis** um den Mittelpunkt M zeichnest.

Beispiel
Zeichne einen Kreis mit Radius 3,6 cm.

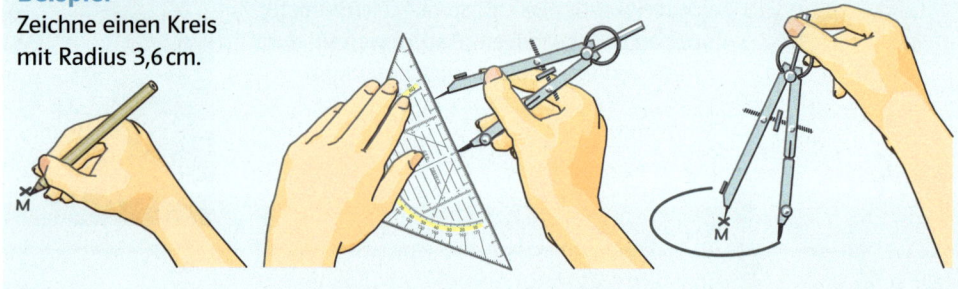

1 Zeichne folgende Kreise in dein Heft.
a) Radius $r = 4$ cm
b) Radius $r = 1,5$ cm
c) Durchmesser $d = 5$ cm

2 Zeichne die Kreise in dein Heft.
a) $r = 2$ cm b) $r = 2,5$ cm
c) $r = 3,7$ cm d) $d = 6$ cm
e) $d = 3$ cm f) $d = 8,4$ cm

3 ● Zeichne zwei Kreise mit den Radien $r_1 = 2$ cm und $r_2 = 3,5$ cm. In welcher Lage zueinander können sich die Kreise befinden?

4 Zeichne mit einem runden Gegenstand einen Kreis auf ein Blatt Papier und schneide ihn aus. Bestimme Durchmesser, Radius und Mittelpunkt. Beschreibe, wie du vorgegangen bist.

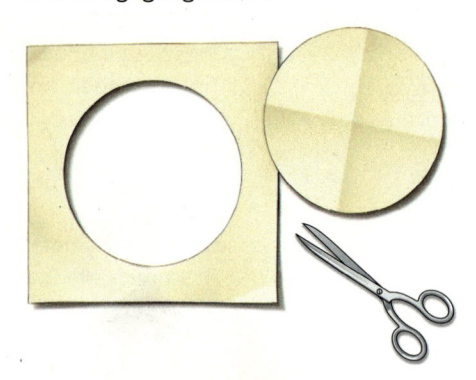

Tipp
Die Mehrzahl von **Radius** heißt **Radien**.

Mandalas und andere Kreismuster

5 Zeichne eine Zielscheibe (vgl. → Schülerbuch Seite 78) ins Heft, die aus Kreisen mit den Radien 2 cm, 3 cm, 4 cm, 5 cm und 6 cm und einem gemeinsamem Mittelpunkt besteht.

6 Zeichne Kreise in ein Koordinatensystem mit den Mittelpunkten:
a) $M_1(5|6)$ und dem Radius 2 cm;
b) $M_2(9|8)$ und dem Radius 1,5 cm;
c) $M_3(12|6)$ und dem Radius 1 cm.

7 Zeichne die Wellenlinie ins Heft und setze sie um einen Halbkreis fort.

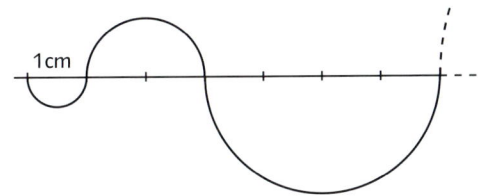

1 cm

8 Übertrage das Kreismuster in dein Heft und male es aus.

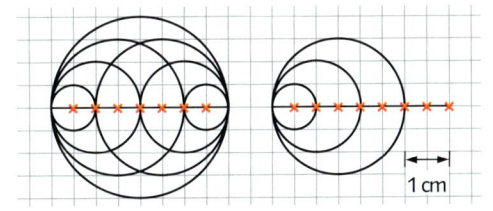

1 cm

9 a) Zeichne die Kreismuster in dein Heft. Ein Kästchen im Buch entspricht 2 Kästchen im Heft.

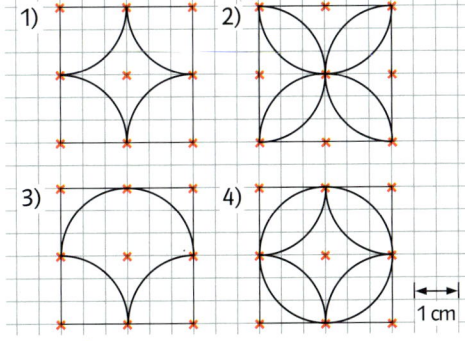

1) 2) 3) 4)

1 cm

b) 👥☼ Erfindet eigene Kreisbilder und erstellt eine genaue Konstruktionsbeschreibung. Lasst eure Partner danach zeichnen.

→ Kannst du's?
Seite 96, 1

Richtiger Umgang mit dem Zirkel

Der Zirkel ist ein Werkzeug, mit dessen Hilfe du exakte Kreise zeichnen kannst. Beachte dabei:

1. Überprüfe vor dem Zeichnen, ob die **Zirkelmine** richtig eingespannt ist.

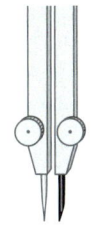

2. Wenn du den Zirkel drehst, achte darauf, dass du ihn **am Griff hältst**, damit sich der eingestellte Radius nicht verändert.

10 Zeichne verschieden große Kreise in dein Heft. Probiere aus, was passiert, wenn du die Zirkelmine falsch einspannst oder du den Zirkel falsch hältst.

11 a) Zeichne ein Quadrat mit 4 cm Seitenlänge in dein Heft. Jeder Eckpunkt soll der Mittelpunkt eines Kreises mit dem Radius 2 cm sein.
b) 👥☼ Denke dir ein eigenes Muster mit Kreisen aus. Deine Tischpartnerin oder dein Tischpartner soll nun das Muster nach deiner Beschreibung zeichnen, ohne deine Vorlage zu sehen.
Vergleicht eure Zeichnungen.

Mandalas und andere Kreismuster

12 a) Übertrage die Kreisbilder mit dem Zirkel in dein Heft und male sie farbig aus.

(1) **Das Quadrat** – das Mandala der Wirklichkeit und der Materie

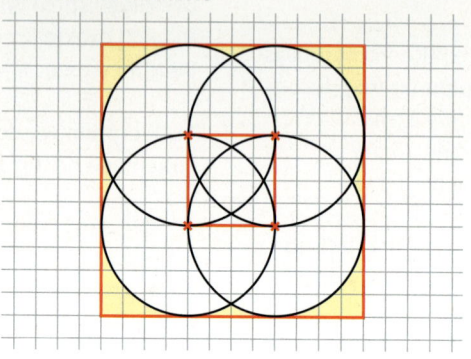

(2) ● **Die Blume** – das Mandala für die Erneuerung, die Schönheit und die Vergänglichkeit

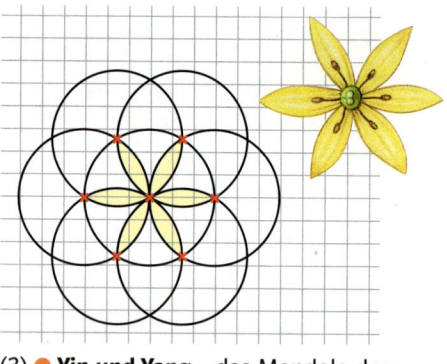

(3) ● **Yin und Yang** – das Mandala der Gegensätze: weiß und schwarz, glücklich und traurig, Leben und Tod, …

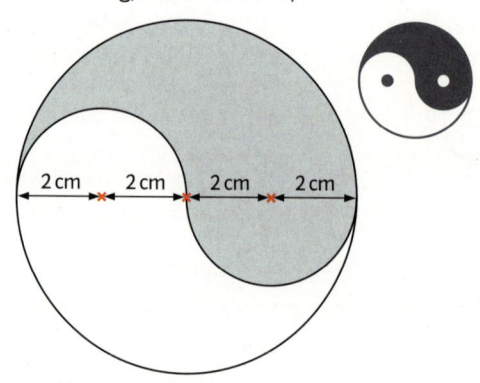

(4) **Das Kreuz** – das Mandala der Gegensätze: Himmel und Erde, Geist und Materie, …

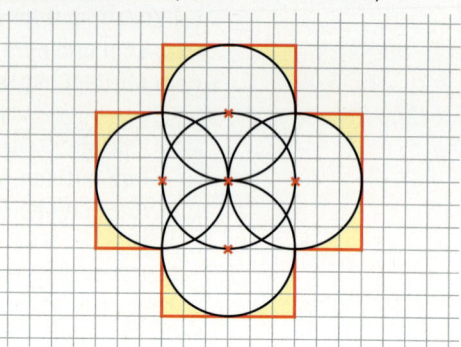

(5) ●● **Der Baum** – ein Mandala als Symbol für das Leben

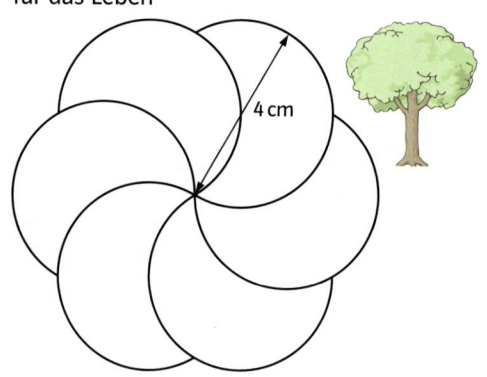

(6) ●● **Das Auge** – das Mandala als Vermittler zwischen dem Inneren des Menschen, der Seele und der Außenwelt

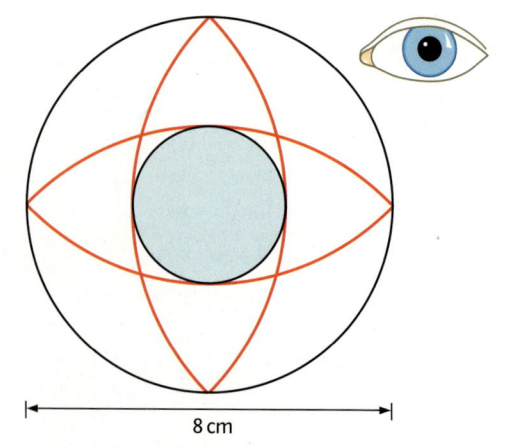

b) Suche dir zwei Zeichnungen aus und beschreibe, wie sie entstanden sind.

Tipp
→ **Der Baum**
Sieh dir für die Zeichnung des Baumes die Zeichnung der Blume an.

Tipp
→ **Das Auge**
Sieh dir für die Zeichnung des Auges die Zeichnung des Quadrats an.

13 ● Schülerinnen und Schüler haben zum Verschönen ihres Klassenzimmers die folgenden Kreisbilder erfunden.
a) Zeichne die Kreisbilder in dein Heft.

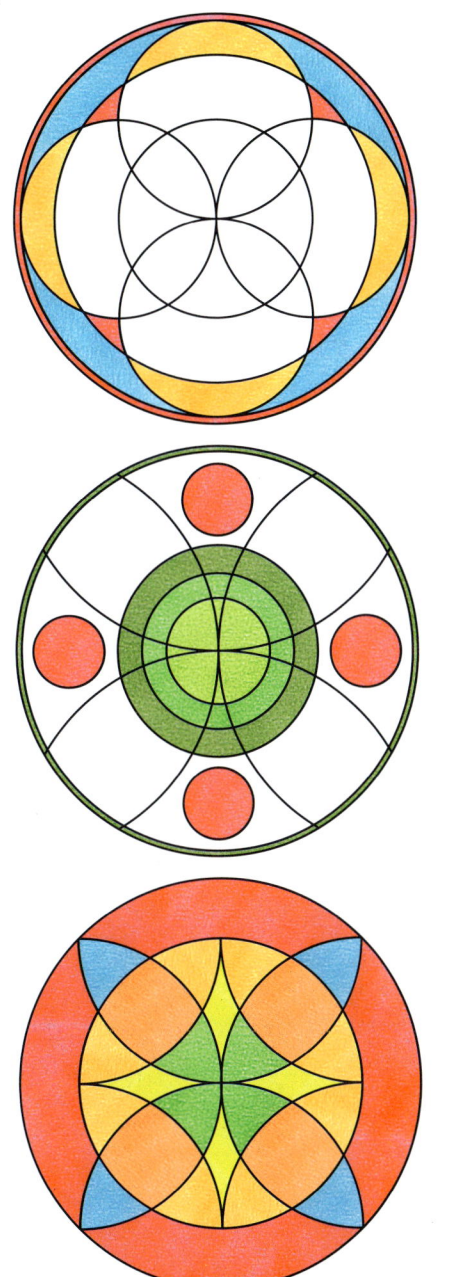

b) 👥☀ Erfindet eigene Kreisbilder und stellt sie in eurem Klassenraum aus.

14 a) ● Zeichne das Bandornament mithilfe deines Zirkels in dein Heft und setze es fort.

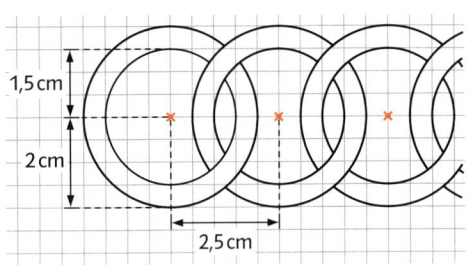

b) ● Übertrage das Spiralmandala mithilfe deines Zirkels in dein Heft. Beschreibe, wie du zeichnest.

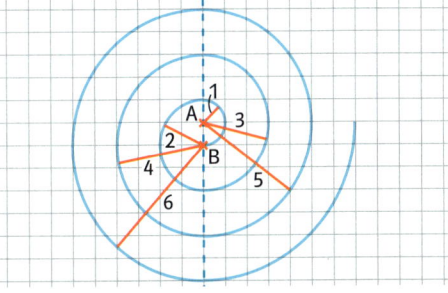

c) ● Auch den folgenden Spiralen liegen Zahlenfolgen zu Grunde. Beschreibe, wie sie entstanden sind, übertrage sie ins Heft und zeichne sie weiter.

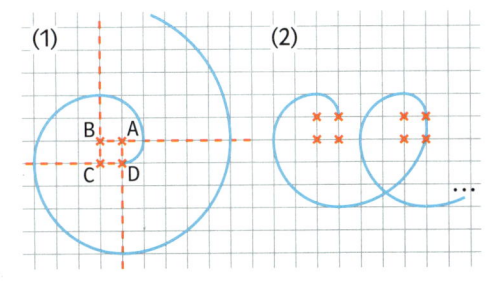

(1)   (2)

d) ●● Dieser Spirale liegt die Zahlenfolge 2; 1; 3; 2; 4; 3; 5; 4; 6; … zu Grunde. Übertrage sie in dein Heft.

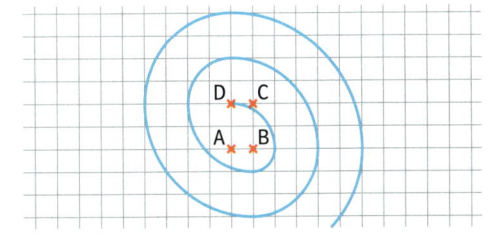

Mandalas und andere Kreismuster

Scherenschnitte und Klecksbilder

A

Scherenschnitte

1. ✂ ☼ Schneide aus einem Blatt Papier einen Kreis aus. Falte den Kreis mehrfach symmetrisch über die Mitte und stelle ein Scherenschnitt-Mandala her.
Mithilfe des Falt-Tricks kannst du Mandala-Fensterbilder oder Klappkarten anfertigen.

> Zur besseren Orientierung beim Schneiden oder Zeichnen kannst du mit der Zirkelspitze kleine Löcher einstechen.

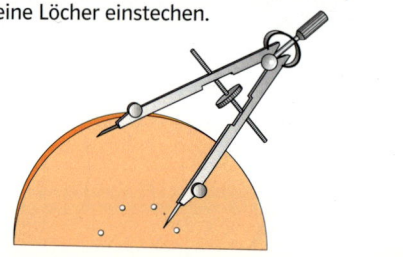

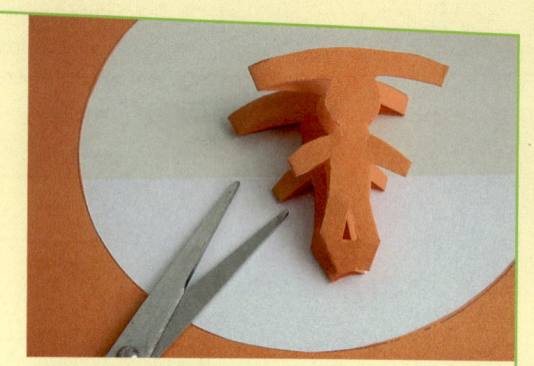

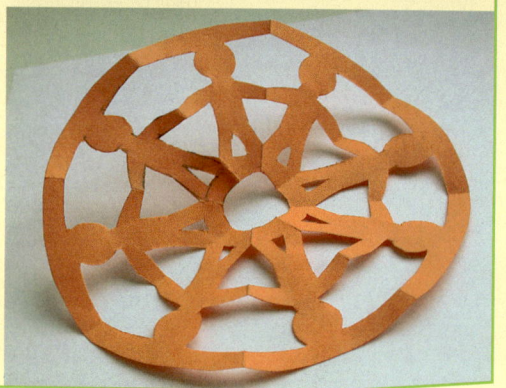

B

Klecksbilder

1. ✂ ☼ Schneide aus einem Blatt Papier einen Kreis aus. Durch Auftragen von Wasserfarben und durch Falten kannst du symmetrische Mandalas herstellen. Probiere es aus.

2. ✂ ☼ Finde weitere Möglichkeiten für das Herstellen symmetrischer Mandalas. Probiere diese aus und beschreibe, wie du dabei vorgehst.

Mandalas und andere Kreismuster

Achsensymmetrie

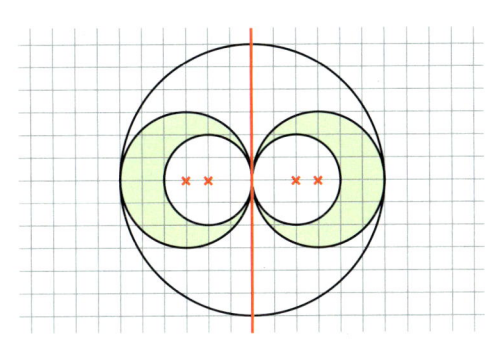

Betrachte das Kreisbild.
Erkläre, was die rote Linie zu bedeuten hat.

> Kreisbilder sind **achsensymmetrisch**, wenn sie mindestens eine **Symmetrieachse** haben.

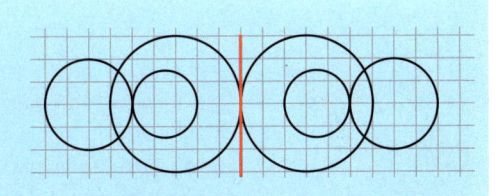

1 Welche der Kreisbilder sind achsensymmetrisch? Begründe.

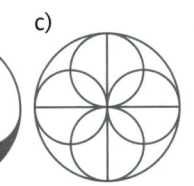

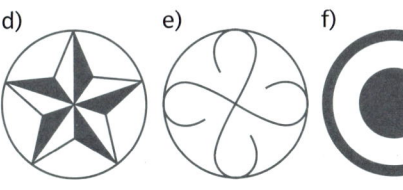

a) b) c)
d) e) f)

2 Wie viele Symmetrieachsen haben die Kreisbilder? Probiere mit einem Spiegel oder dem Geodreieck aus.

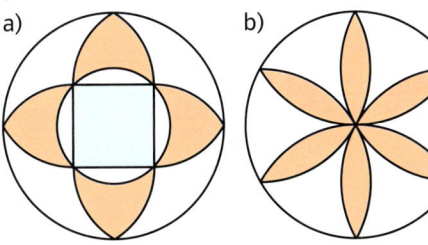

a) b)

3 Sammelt weitere Kreisbilder mit Achsensymmetrien. Ordnet sie nach der Zahl ihrer Symmetrieachsen.

4 Übertrage die Kreisbilder ins Heft. Zeichne die Symmetrieachsen farbig ein.

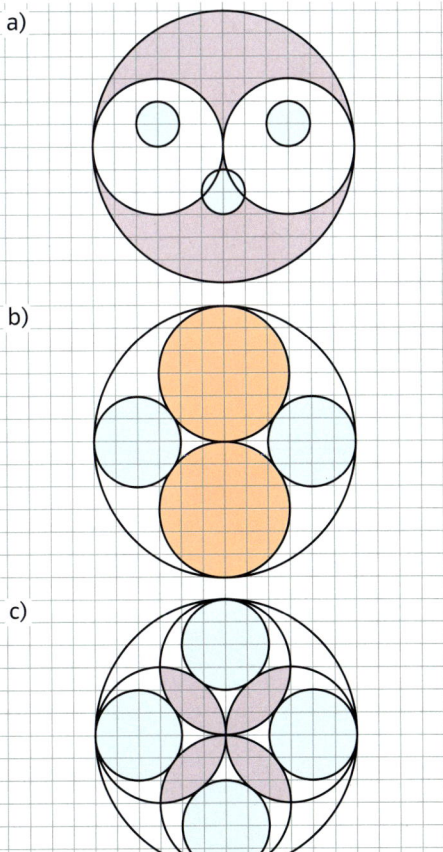

a)
b)
c)

→ Kannst du's?
Seite 96, 2

Mandalas und andere Kreismuster

Kreise spiegeln

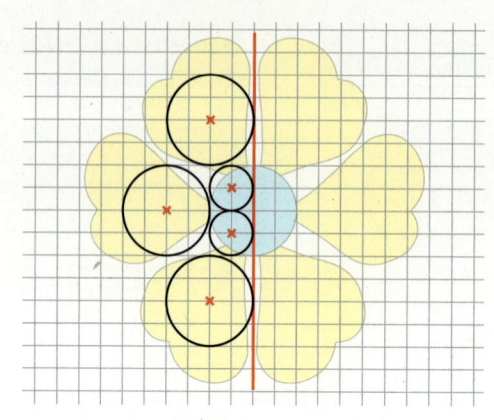

Übertrage die Figur in dein Heft und ergänze sie zu einem achsensymmetrischen Kreisbild. Erkläre, wie du zeichnest. Du kannst die Kreise auch farbig ausmalen.

Das **Spiegelbild eines Kreises mit dem Radius r** zeichnest du, indem du
– den Abstand des **Mittelpunktes M** zur Spiegelachse auf die andere Seite der Spiegelachse überträgst und den **gespiegelten Punkt M'** einzeichnest.
– um den gespiegelten Mittelpunkt M' einen **Kreis mit dem Radius r** zeichnest.

Punkt M und Bildpunkt M' haben denselben Abstand zur Spiegelachse und liegen auf einer Senkrechten zu ihr. Kreis und gespiegelter Kreis sind gleich groß.

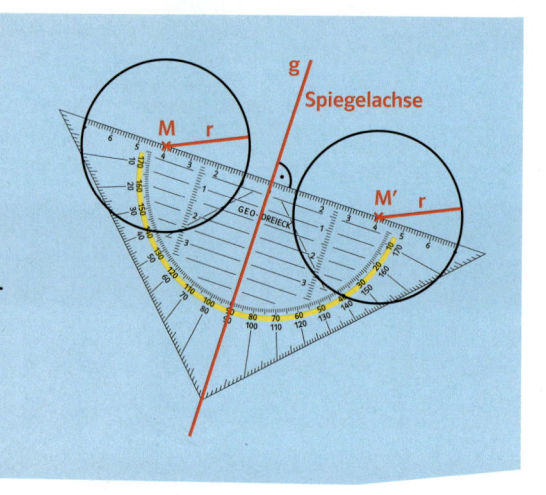

---

1 Übertrage den Kreis und die Symmetrieachse in dein Heft. Zeichne dann das Spiegelbild.

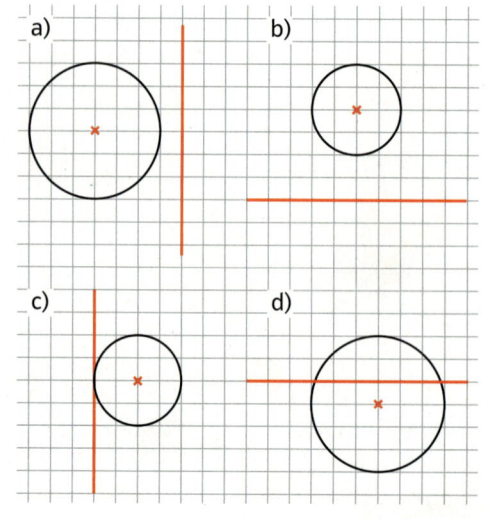

a) b) c) d)

2 Übertrage den Kreis und die Symmetrieachse in dein Heft. Zeichne dann das Spiegelbild.

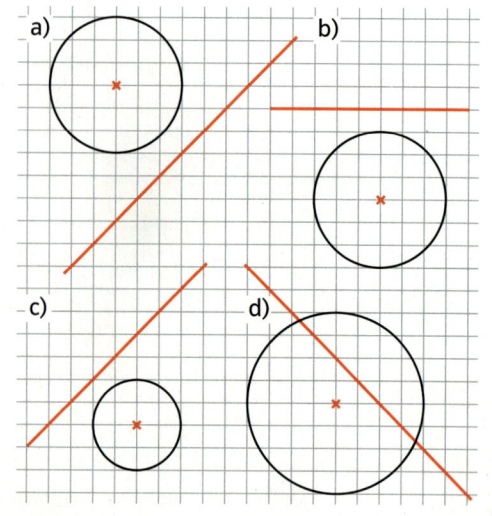

a) b) c) d)

Mandalas und andere Kreismuster

3 ☼ Zeichne auf Blankopapier ähnliche Figuren wie in → Aufgabe 2. Führe dann die Spiegelungen mit Geodreieck und Zirkel durch.

4 a) Zeichne Kreise in ein Koordinatensystem:
- mit dem Mittelpunkt $M_1(4|4)$ und dem Radius 1,5 cm;
- mit dem Mittelpunkt $M_2(7|13)$ und dem Radius 1 cm;
- mit dem Mittelpunkt $M_3(14|7)$ und dem Radius 2 cm.

b) Zeichne die Symmetrieachse, die durch die Punkte $P(1|13)$ und $R(18|2)$ verläuft, und spiegele die Kreise.

5 ☼ Setzt euch Rücken an Rücken. Der erste zeichnet eine Kreisfigur, die an einer Symmetrieachse gespiegelt wird. Dabei beschreibt er möglichst genau, wie er dabei vorgeht. Nun zeichnet der Partner/die Partnerin die Figur ohne die Vorlage zu sehen. Vergleicht eure Zeichnungen. Woran könnte es liegen, wenn Abweichungen vorliegen?

6 Übertrage die Figuren in dein Heft und ergänze durch Spiegeln an der rot eingezeichneten Achse zu spiegelsymmetrischen Kreisbildern.

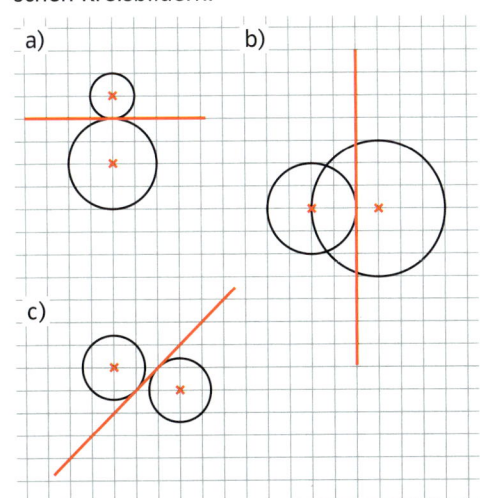

a) b) c)

7 a) Übertrage die Figuren in dein Heft und ergänze sie zu achsensymmetrischen Kreisbildern.

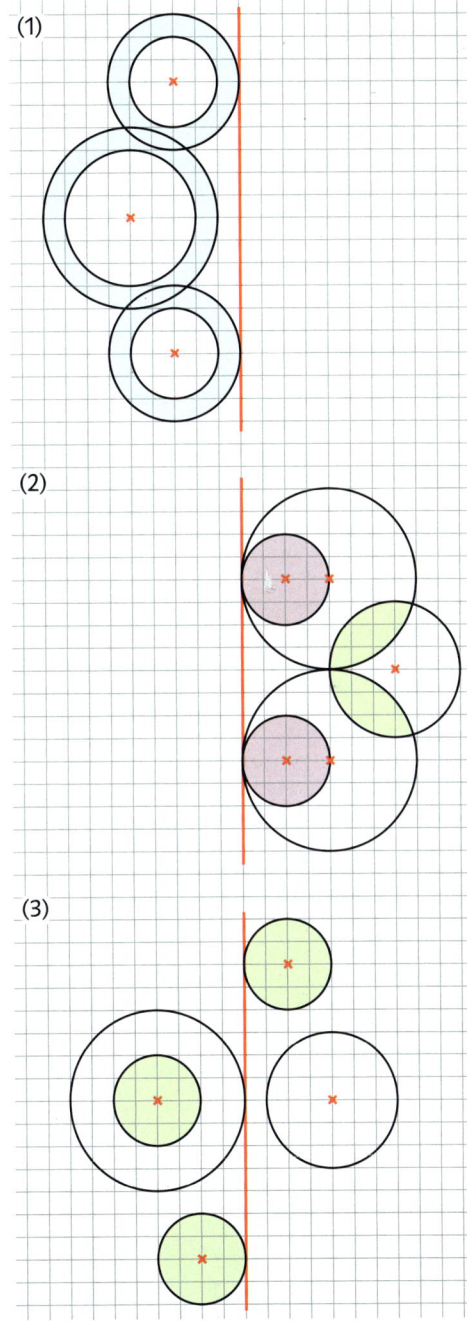

(1)

(2)

(3)

b) Wie viele Symmetrieachsen kannst du in der fertig gezeichneten Figur noch entdecken? Zeichne alle ein.

Mandalas und andere Kreismuster

8 a) Ergänze in deinem Heft zum achsensymmetrischen Kreisbild.

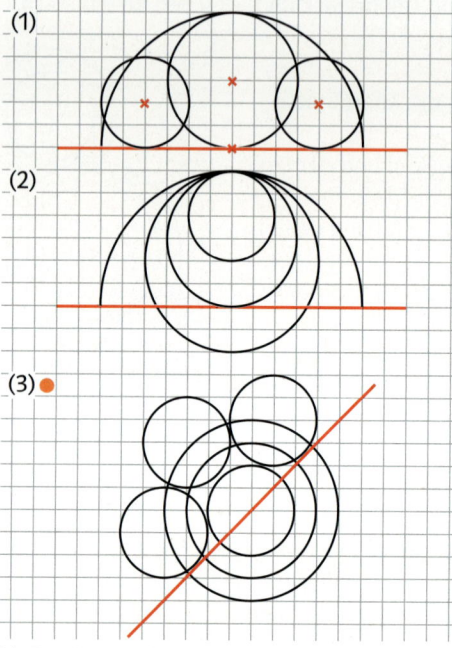

(1)

(2)

(3) ●

b) Bestimme die Lage und die Anzahl aller Symmetrieachsen.

→ Kannst du's? Seite 96, 3

9 ● Übertrage die Figur in dein Heft und ergänze sie zu einem achsensymmetrischen Kreisbild.

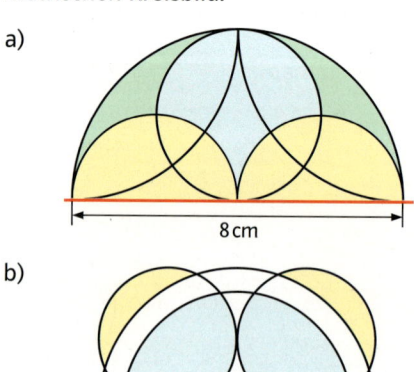

a) 8 cm

b) 2 cm / 10 cm / 12 cm

10 ● Ergänze die Figur im Heft zu einer achsensymmetrischen Figur.

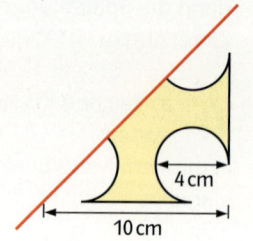

4 cm / 10 cm

11 ● Übertrage die Figur ins Heft. Zeichne durch mehrfaches Spiegeln ein Kreisbild.

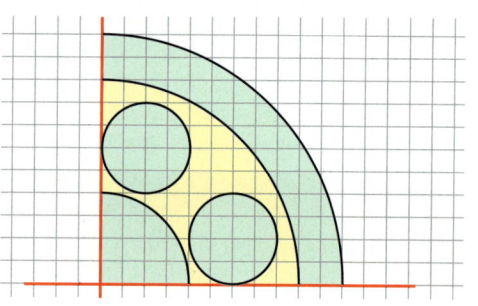

12 Überlege und erkläre: Wie viele Symmetrieachsen hat ein Kreis?

13 ● ☼ Zeichne achsensymmetrische Kreisbilder aus zwei (drei, sechs, neun) Kreisen. Was musst du bei geraden bzw. ungeraden Kreiszahlen beachten?

14 Übertrage das Muster in dein Heft und suche achsensymmetrische Teilfiguren. Zeichne die Symmetrieachsen ein. Wie viele kannst du finden?

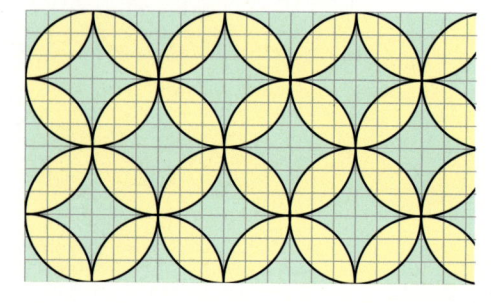

Mandalas und andere Kreismuster

Alles dreht sich

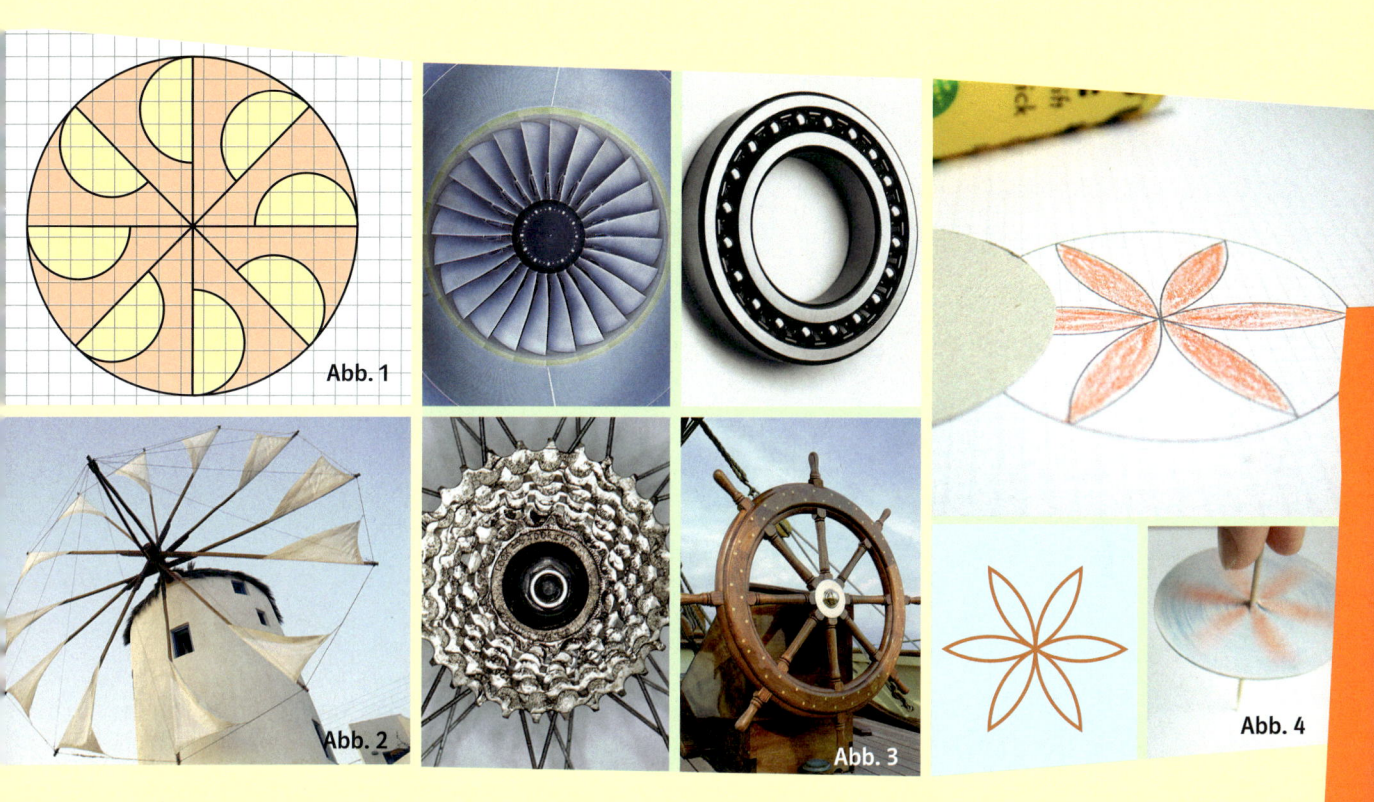

Abb. 1

Abb. 2

Abb. 3

Abb. 4

1 Was hat dieses Mandala (→ Abb. 1) mit einer Windmühle (→ Abb. 2) gemeinsam?

2 Viele Gegenstände des Alltags (→ Abb. 3), wie eine Windmühle oder ein Kugellager, können sich aufgrund ihres besonderen Aufbaus drehen.
a) Sammelt Gegenstände oder Fotos solcher Gegenstände.
b) Vergleicht eure Gegenstände aus → Teilaufgabe a).
- Was ist unterschiedlich?
- Und was ist bei allen gleich oder ähnlich?
- Beschreibt die Symmetrieeigenschaften eurer Gegenstände.

→ Informationen suchen, Seite 236

Tipp
→ **Aufgabe 3** Stelle eine Schablone als Zeichenhilfe her.

3 Mandalas, die sich drehen (→ Abb. 4).
a) Stelle Kreisel her. Schneide dazu aus Pappe Kreise aus. Zeichne gleichmäßige Muster, ähnlich wie bei der Windmühle, auf die Pappscheiben. Zum Schluss stecke einen Zahnstocher in die Mitte.
b) Beschreibe, wie sich die Farben und Formen beim Drehen der Kreisel ändern.

Mandalas und andere Kreismuster

Punktsymmetrie

Das chinesische Symbol Yin und Yang drückt das Gleichgewicht der Kräfte aus. Yang steht für das Männliche, aber ohne das weibliche Yin wäre kein Leben möglich.

Beschreibe, wie das Pferdebild und wie das Kreisbild aufgebaut ist.

> Ein Kreisbild ist **punktsymmetrisch**, wenn es durch eine halbe Drehung in sich selbst überführt werden kann.
>
> Der Punkt Z, um den die Figur gedreht wird, heißt **Symmetriepunkt**.

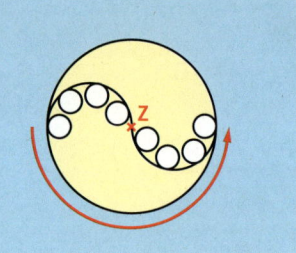

1 Welche der Kreisbilder sind punktsymmetrisch?

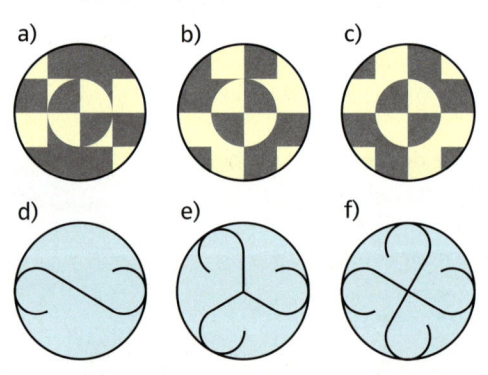

a) b) c) d) e) f)

2 Zeichne das Kreisbild ins Heft und male es farbig so aus, dass es nur punktsymmetrisch, aber nicht achsensymmetrisch ist.

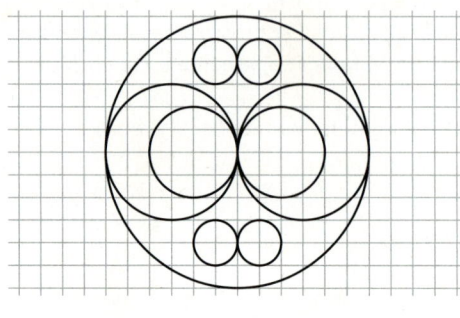

3 Die Logos von Firmen enthalten oft Symmetrien. Welche der abgebildeten Logos sind punktsymmetrisch?

4 👥🌐☀ Sammelt Kreisbilder und untersucht sie auf verschiedene Symmetrien.

→ Kannst du's? Seite 96, 4

Punktspiegelung

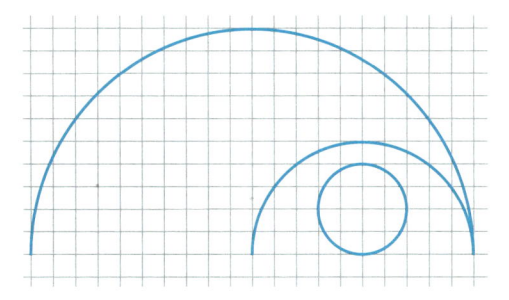

Ergänze die Figur in deinem Heft zu einem punktsymmetrischen Kreisbild.

Das Zeichnen einer punktsymmetrischen Figur erfolgt durch eine Halbdrehung (Drehung um 180°). Man nennt die Halbdrehung auch **Punktspiegelung**.

Bei der Punktspiegelung liegt jeder Punkt P mit seinem Bildpunkt P′ und dem Symmetriepunkt Z auf einer Geraden. Punkt und Bildpunkt sind vom Symmetriepunkt gleich weit entfernt.

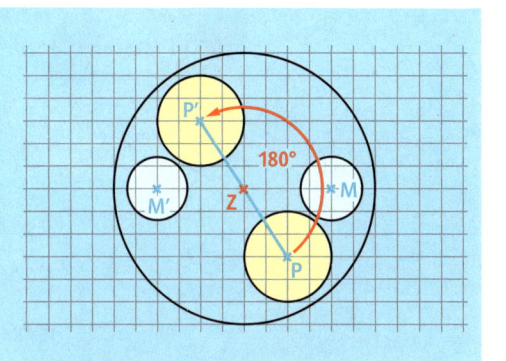

1 Übertrage die Figuren in dein Heft und ergänze sie durch Punktspiegelung zu punktsymmetrischen Kreisbildern.

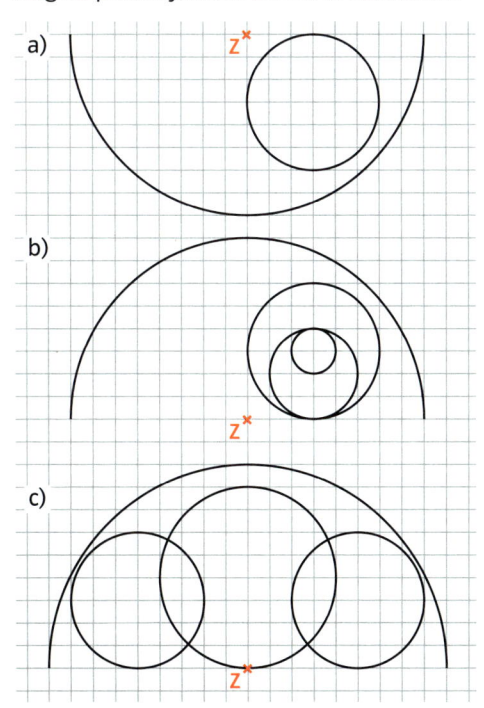

a)

b)

c)

Punktsymmetrische Kreisbilder zeichnen

Mithilfe des Geodreiecks kannst du leicht punktsymmetrische Kreisbilder zeichnen.

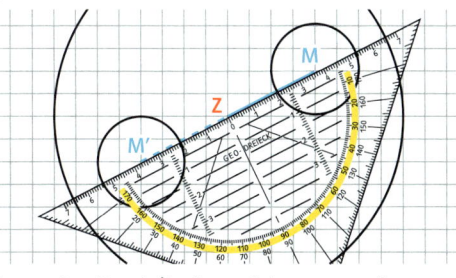

Lege das Geodreieck zunächst so an, dass du den Abstand vom Symmetriepunkt Z zu einem der Kreismittelpunkte M der Figur messen kannst. Übertrage den Abstand auf die andere Seite und zeichne den Punkt M′. Danach zeichne einen Kreis um M′ mit dem gleichen Radius wie um M. Gehe so bei allen Punkten vor.

Mandalas und andere Kreismuster

2 Ergänze die Figur durch Punktspiegelung im Heft zum punktsymmetrischen Kreisbild. Überlege jeweils zuerst, wo die gespiegelten Mittelpunkte liegen.

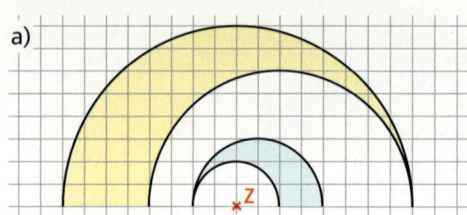

a)

b) Nun probiere es ohne Karopapier.

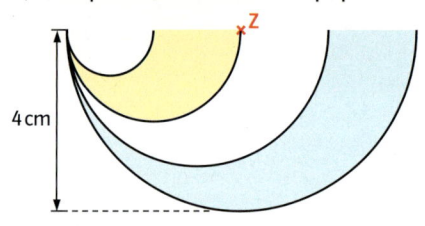

4 cm

3 Übertrage die Figuren in dein Heft und ergänze sie durch Punktspiegelung zum punktsymmetrischen Kreisbild.

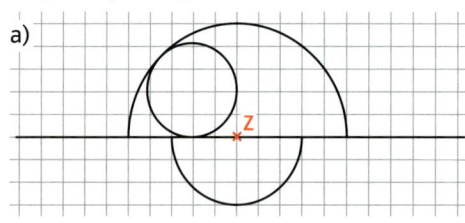

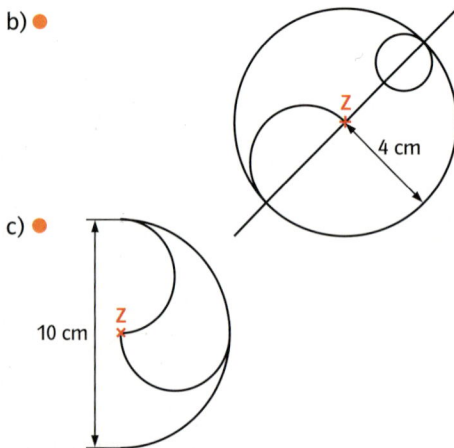

a)

b) ●

4 cm

c) ●

10 cm

d) Erfindet punktsymmetrische Kreisbilder.

→ Kannst du's?
Seite 96, 5

⊕ Bau eines Spirographen
→ **Aufgabe 4**
wu86cj

Kreise, die auf Kreisen kreisen oder das Weltbild des Ptolemäus

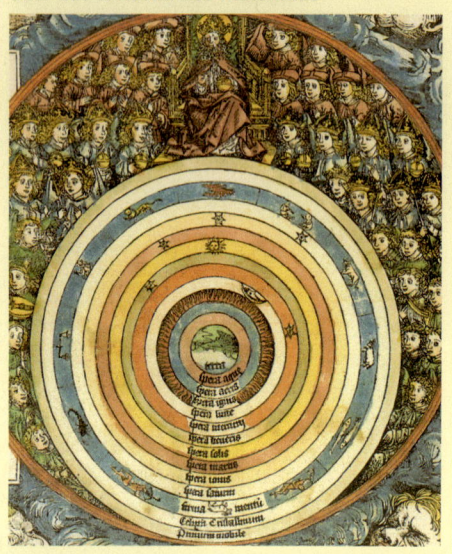

Der Astronom und Mathematiker *Claudius Ptolemäus* (ca. 100 – 160 n. Chr.) deutete zu seiner Zeit unser Planetensystem. Er glaubte, dass die Erde der Mittelpunkt des Universums sei und dass sich die Planeten, die Sonne und der Mond auf kleinen Kreisbahnen bewegten, deren Mittelpunkte wiederum auf größeren Bahnen um die Erde kreisten.

4 Mit einem **Spirographen** lassen sich diese kreisförmigen Bewegungen innerhalb eines Kreises nachvollziehen. Auf dem Foto könnt ihr einen selbst gebauten Spirographen sehen.

a) ⊕ ✂ Informiert euch, baut selbst einen Spirographen und zeichnet damit.
b) Überlegt, wie die sonderbaren Muster entstehen.

Mandalas und andere Kreismuster

Drehsymmetrie

Betrachte das Kreisbild.
Erkläre, wie es aufgebaut ist.

Ein Kreisbild ist **drehsymmetrisch**, wenn es durch eine Drehung wieder auf sich selbst abgebildet wird.

Der Punkt Z, um den die Figur gedreht wird, heißt **Symmetriepunkt**.

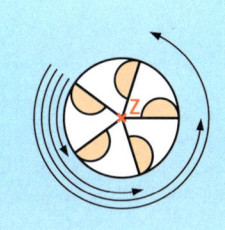

1 Welche der Kreisbilder sind drehsymmetrisch? Begründe.
a) b) c)
d) e) f)

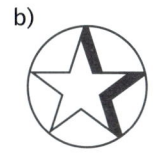

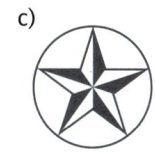

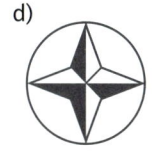

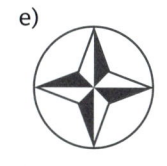

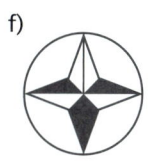

2 a) Sind die Bilder drehsymmetrisch?

b) Finde drehsymmetrische Gegenstände in deiner Umgebung.

→ Kannst du's?
Seite 96, 6

3 Richtig oder falsch? Begründe.
a) Jede punktsymmetrische Figur ist auch drehsymmetrisch.
b) Jede drehsymmetrische Figur ist auch punktsymmetrisch.

4 Übertrage die Figur auf Kästchenpapier. Schneide die Teile aus.
a) Versuche die drehsymmetrische Figur ohne die Vorlage nachzulegen.

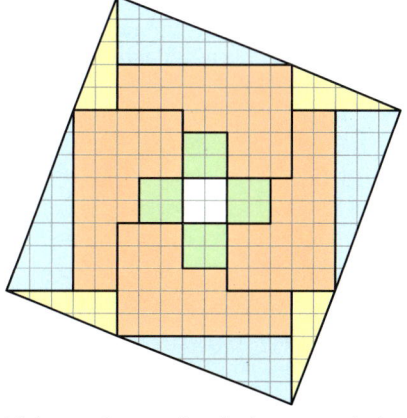

b) Lege eine zweite drehsymmetrische Figur mit quadratischer Grundfläche ohne das kleine weiße Quadrat aus der Mitte.

Mandalas und andere Kreismuster

Drehsymmetrische Zeichnungen

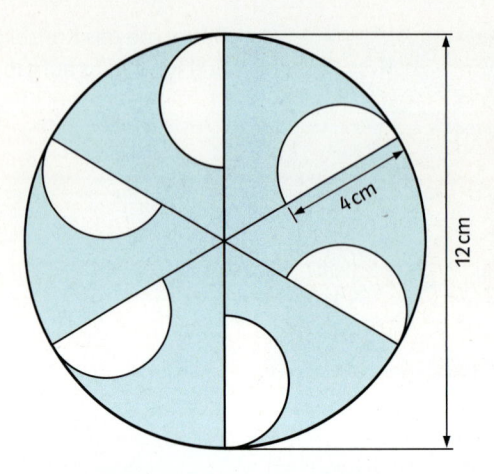

Die Anzahl der Kreisausschnitte eines Mandalas wählt der Zeichner oft ganz bewusst, um etwas Besonderes auszudrücken. Einige Beispiele dafür findest du auf dem gelben Zettel, auf dieser Seite unten.

Zeichne das Mandala in dein Heft. Bestimme dazu den Drehwinkel.

Das abgebildete Mandala steht für Ausgeglichenheit und Zufriedenheit.

Tipp
Ein Vollkreis hat 360°.

Die **Drehung** eines Punktes M um den Drehwinkel α einer Figur kannst du durchführen, indem du
- eine Hilfslinie vom Drehpunkt Z durch M zeichnest.
- den Winkel α in Z an der Hilfslinie anträgst und einzeichnest.
- um Z einen Kreis durch M zeichnest. Der entstandene Schnittpunkt von der Kreislinie und dem Schenkel des Winkels α ist der gedrehte Punkt M'.

1 Zeichne einen Kreis mit dem Radius r = 5 cm und teile ihn in
a) drei, b) neun, c) acht
gleich große Kreisausschnitte.
Bestimme vor dem Zeichnen den jeweiligen Drehwinkel.

2 Bestimme die Drehwinkel der Kreismuster, die du auf dem gelben Zettel unten siehst.

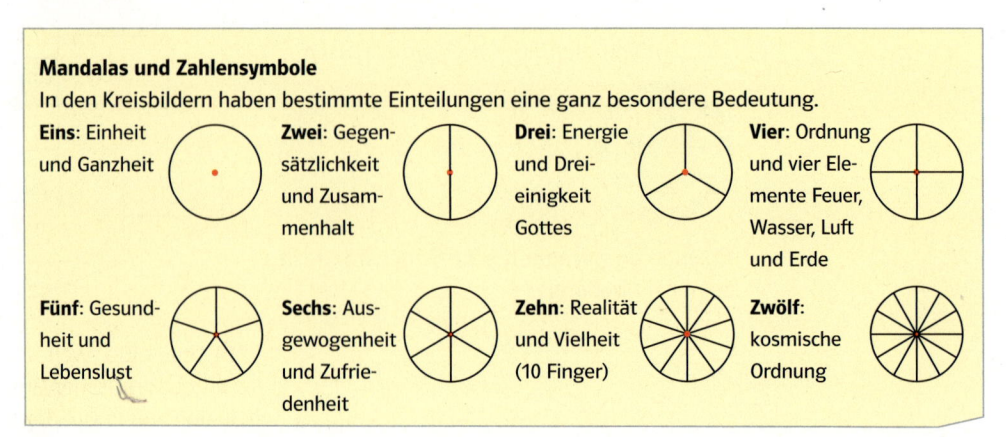

Mandalas und Zahlensymbole
In den Kreisbildern haben bestimmte Einteilungen eine ganz besondere Bedeutung.

Eins: Einheit und Ganzheit

Zwei: Gegensätzlichkeit und Zusammenhalt

Drei: Energie und Dreieinigkeit Gottes

Vier: Ordnung und vier Elemente Feuer, Wasser, Luft und Erde

Fünf: Gesundheit und Lebenslust

Sechs: Ausgewogenheit und Zufriedenheit

Zehn: Realität und Vielheit (10 Finger)

Zwölf: kosmische Ordnung

Mandalas und andere Kreismuster

3 Zeichne einen Kreisausschnitt mit dem Radius r = 4 cm und dem Winkel α = 72° (36°).
Zeichne daran anliegend den gleichen Kreisausschnitt usw., bis du einen ganzen Kreis erhältst. Überlege dir vorher, wie viele Kreisausschnitte du zeichnen musst.

4 Zeichne die Kreisbilder mit dem Radius r = 4 cm in dein Heft.

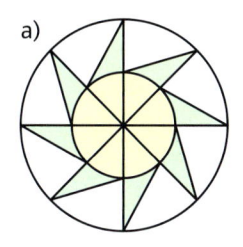

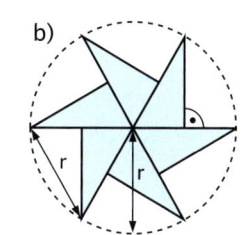

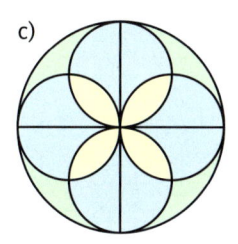

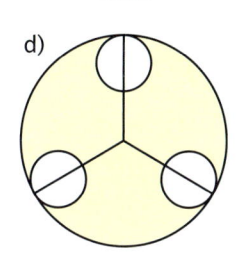

a) b) c) d)

5 Übertrage die Figur in dein Heft und ergänze sie mithilfe des Geodreiecks und des Zirkels zu einem drehsymmetrischen Kreisbild.

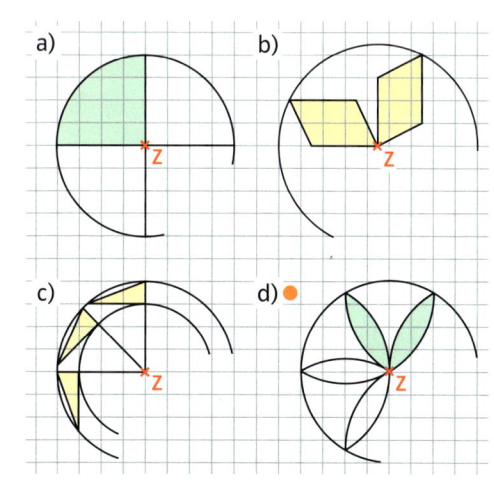

a) b) c) d)

6 ● Zeichne das drehsymmetrische Kreisbild in dein Heft.

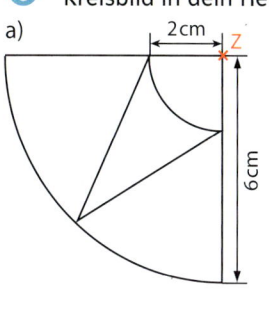

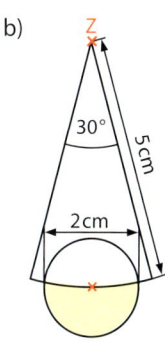

a) b)

7 Ergänze im Heft zu einem drehsymmetrischen Kreisbild. Miss dazu die Drehwinkel.

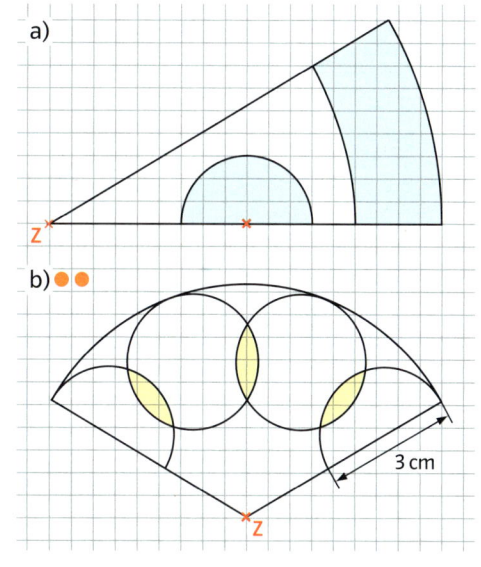

a)

b) ●●

8 ● Zeichne das Kreisbild viermal in dein Heft. Färbe es so, dass es durch a) sechs, b) vier, c) drei, d) zwei Drehungen wieder in sich selbst überführt werden kann.

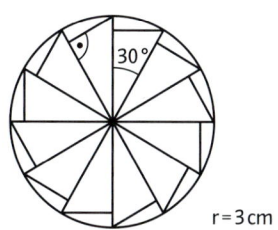

Kreisbilder
→ **Aufgabe 8**
fg6855

→ Kannst du's?
Seite 96, 7

Mandalas und andere Kreismuster

Check-in   Aktiv   Kurs   **Check**   Thema   Kompakt   Test

Kann ich's?

Check
s4f9pk

		Das kann ich.	Da bin ich fast sicher.	Da bin ich unsicher.	Das kann ich noch nicht.
	Kreis				
1	Ich kann mit dem Zirkel Kreise zeichnen und Zeichnungen mit Kreisen herstellen. → Seiten 80 bis 83	☐	☐	☐	☐
	Achsensymmetrie				
2	Ich kann erkennen, ob eine Kreisbild achsensymmetrisch ist. → Seite 85	☐	☐	☐	☐
3	Ich kann achsensymmetrische Figuren mit Kreisen zeichnen. → Seiten 86 bis 88	☐	☐	☐	☐
	Punktsymmetrie				
4	Ich kann erkennen, ob eine Kreisbild punktsymmetrisch ist. → Seite 90	☐	☐	☐	☐
5	Ich kann punktsymmetrische Figuren mit Kreisen zeichnen. → Seiten 91 und 92	☐	☐	☐	☐
	Drehsymmetrie				
6	Ich kann erkennen, ob eine Zeichnung drehsymmetrisch ist. → Seite 93	☐	☐	☐	☐
7	Ich kann drehsymmetrische Figuren mit Kreisen zeichnen. → Seiten 94 und 95	☐	☐	☐	☐
		Ich helfe anderen.	Ich übe weiter.	Ich frage andere.	Ich frage eine Lehrperson.

Mandalas und andere Kreismuster

Aufgaben

1 Kreise zeichnen
a) Zeichne Kreise mit dem Radius 3 cm und dem Durchmesser 5 cm.
b) Übertrage das Muster in dein Heft.

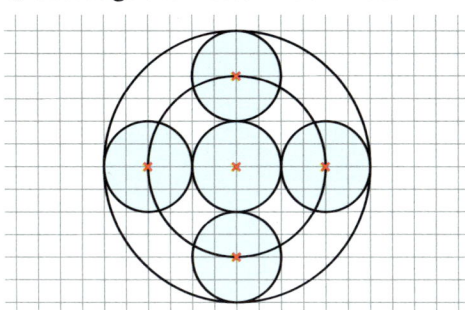

2 Achsensymmetrie erkennen
Welche Figuren sind achsensymmetrisch? Wie viele Symmetrieachsen haben sie?
a)   b)   c)   d)

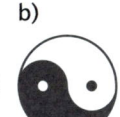

3 Achsensymmetrische Zeichnungen
Übertrage die Figur ins Heft und spiegele sie an der roten Achse.
a)   b)
c)

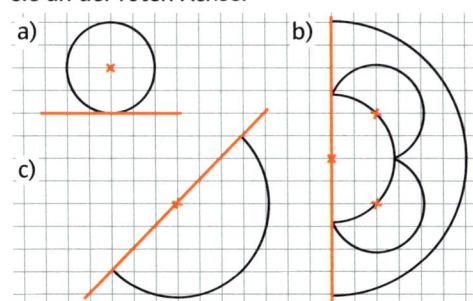

4 Punktsymmetrie erkennen
Welche Figuren sind punktsymmetrisch?
a)   b)   c)   d)

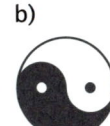

5 Punktsymmetrische Zeichnungen
a) Übertrage die Figur in dein Heft und führe eine punktsymmetrische Drehung um den Punkt Z durch.

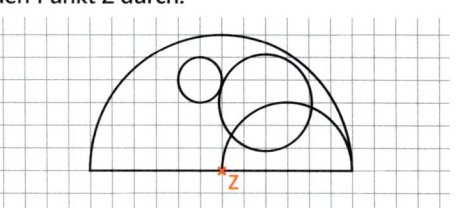

b) Die linke Hälfte der Figur war vorgegeben. Beim punktsymmetrischen Zeichnen wurden Fehler gemacht. Erkläre und zeichne richtig.

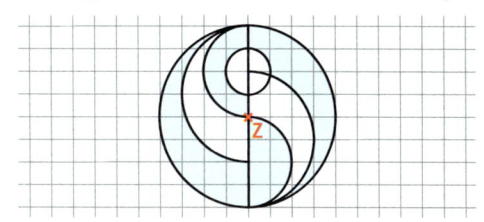

6 Drehsymmetrie erkennen
Welche Figuren sind drehsymmetrisch?
a)   b)   c)   d)

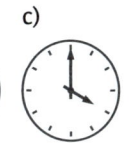

7 Drehsymmetrische Zeichnungen
a) Gib den kleinsten Drehwinkel an, unter dem die Figur auf sich selbst abgebildet wird.
(1)   (2)   (3)   (4)

b) Ergänze die Figur im Heft zu einem drehsymmetrischen Kreisbild.
(1)   (2)

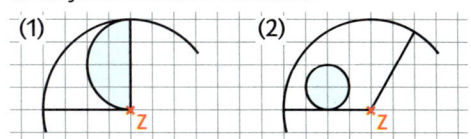

→ Lösungen zum Check, Seite 256

Mandalas und andere Kreismuster

Kirchenfenster

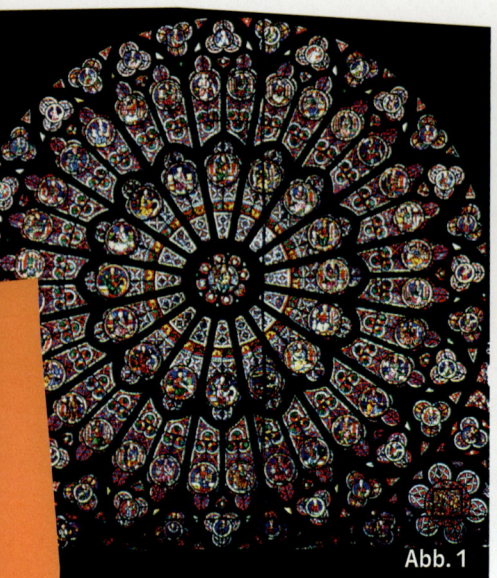

Abb. 1

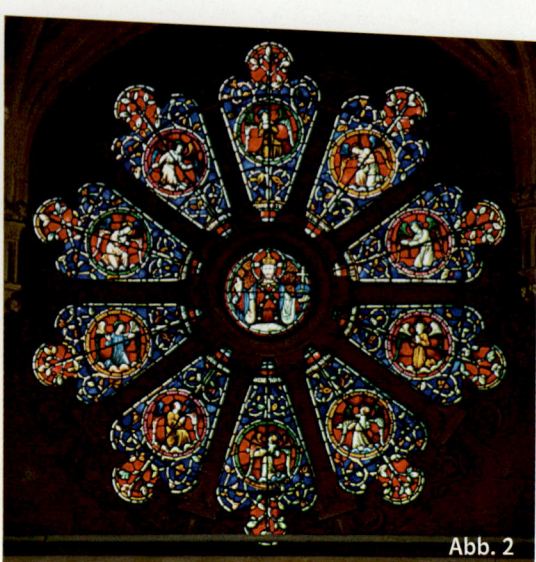

Abb. 2

Abb. 3

1 👥 Habt ihr schon einmal die farbig leuchtenden Fenster alter gotischer Kirchen bewundert (→ Abb. 1 bis → Abb. 3)? Sammelt Abbildungen und Fotografien oder seht euch eine solche Kirche direkt aus der Nähe an. Untersucht die Fenster auf Symmetrien.

2 Versuche selbst, Zeichnungen von schönen Fenstern anzufertigen.

3 Einige Fensterformen sind hier abgebildet. Zeichne die Fensterbögen mit Zirkel und Lineal ins Heft.
a) Rundbogen 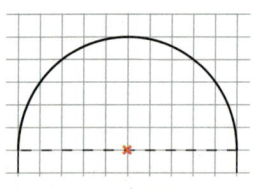
b) Spitzbogen 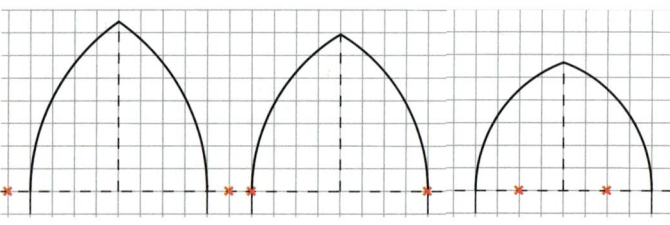
c) Kleeblattbogen

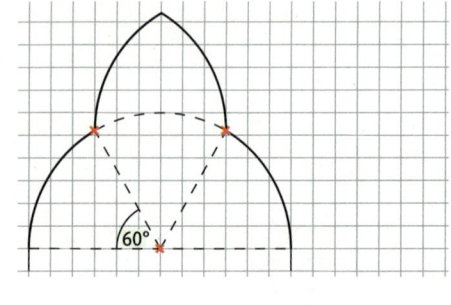

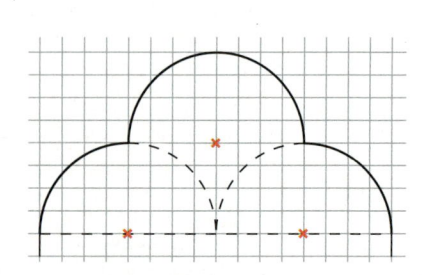

→ Informationen suchen, Seite 236

Abb. 4

Abb. 5

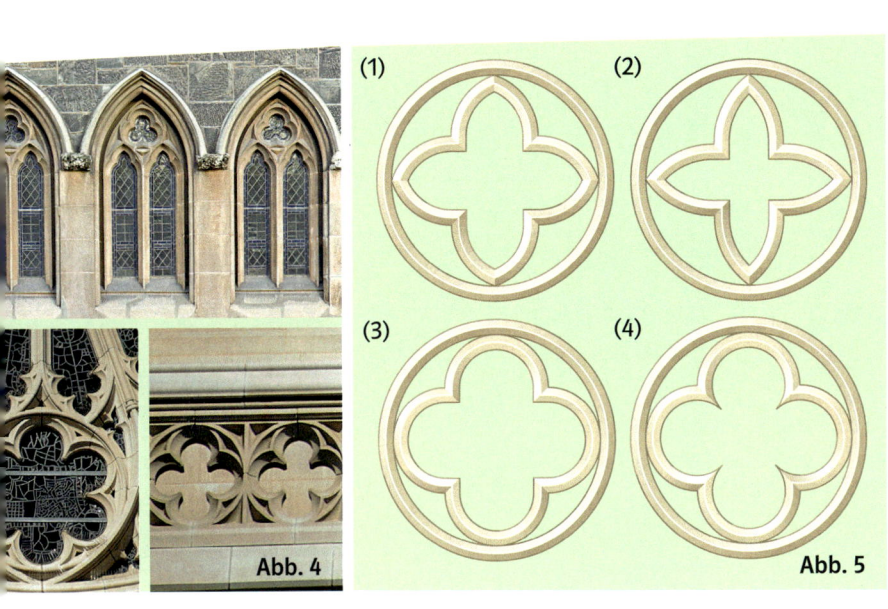

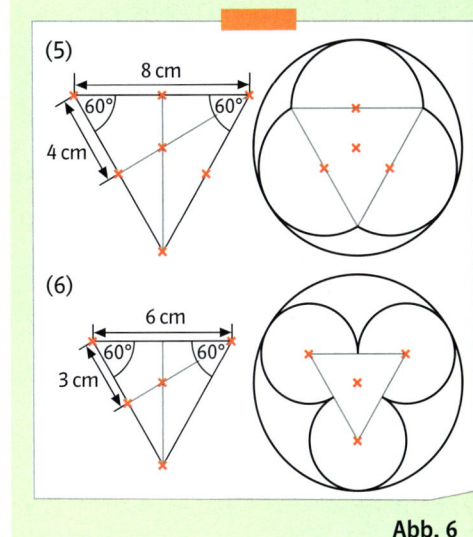

Abb. 6

Übrigens

Da die steinernen Verzierungen der Fenster mit Zirkel und Lineal in genauen Maßen sorgfältig entworfen wurden, nennt man sie **Maßwerk**.

4 Ergänze die Grundmuster der achsensymmetrischen Maßwerke im Heft.
a) Vierpass
b) Sechspass

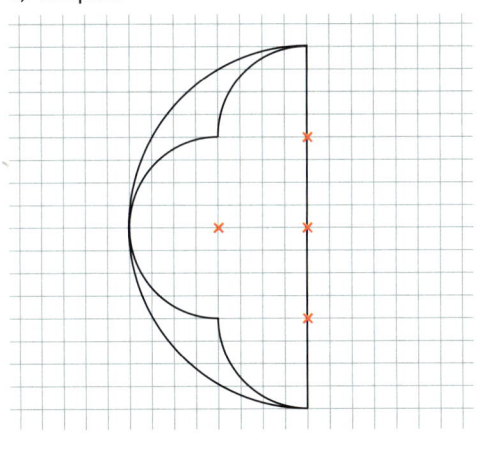

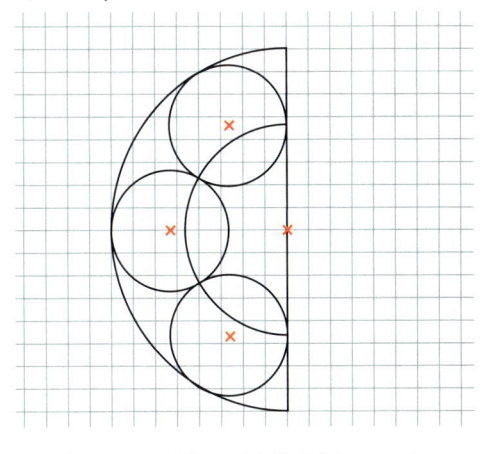

5 a) Es gibt verschiedene Arten von Vierpass-Fenstern (→ Abb. 5 (3) und (4)). Erkläre, woher der Name Vierpass kommt.
b) Welches Fenster gefällt dir besser? Worin besteht der Unterschied zwischen den Fenstern (1) und (2)?

6 ● Wenn die Bögen am Ende spitz werden, heißen die Fenster Vierblatt-Fenster (→ Abb. 5 (1) und (2)). Was musst du ändern, um unterschiedlich spitze Bögen zu erhalten? Es gibt verschiedene Möglichkeiten.

7 a) 👥 Für den Dreipass gibt es unterschiedliche Konstruktionen. Seht euch die Zeichnungen (→ Abb. 6) an und erklärt sie euch gegenseitig.
b) ● Suche dir ein Dreipass-Fenster von → Abb. 6 aus und zeichne es.

Mandalas und andere Kreismuster

Check-in   Aktiv   Kurs   Check   **Thema**   Kompakt   Test

Abb. 7

Abb. 8

Abb. 9   Abb. 10

Abb

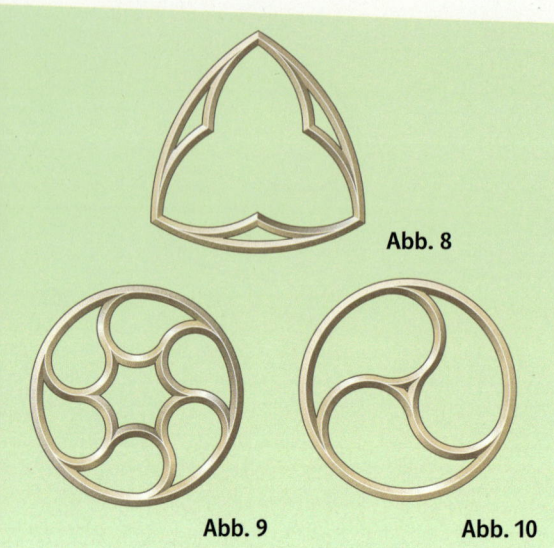

8 ●● Wenn die Bögen am Ende spitz werden, heißen die Fenster Dreiblatt-Fenster (→ Abb. 7, 8). Wie musst du zeichnen, um spitze Bögen zu erhalten? Es gibt verschiedene Möglichkeiten.

9 Fischblasen sind an einem Ende abgerundete und am anderen Ende spitze Fensterformen (→ Abb. 9). Mehrere Fischblasen ergänzen sich zu einem Kreis.
a) Welche Symmetrie entdeckst du bei den verschiedenen Fischblasen-Fenstern?
b) Zeichne das Fischblasen-Fenster (1) mit einem Durchmesser von 10 cm.
Überlege, welche Radien du mit deinem Zirkel einstellen musst, um das Muster zu zeichnen.
c) ● Zeichne auch eines der anderen Fischblasen-Fenster (2) und (3).
d) ● Formuliere eine Anleitung zum Zeichnen, so dass jemand anderes das Fischblasen-Fenster nachzeichnen kann.

Tipp
Das Yin und Yangzeichen hat die Form einer „Fischblase".

(1)   (2) 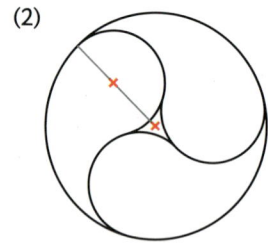   (3)

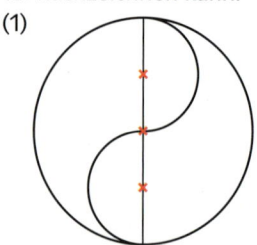

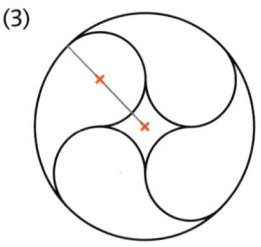

10 ●● Zeichne das sechsteilige Fischblasenfenster → Abb. 10. Überlege, wo die Kreismittelpunkte liegen. Diese Skizzen helfen dir dabei:

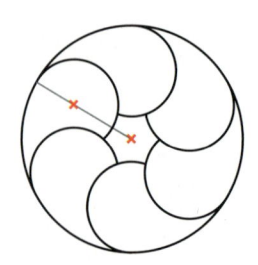

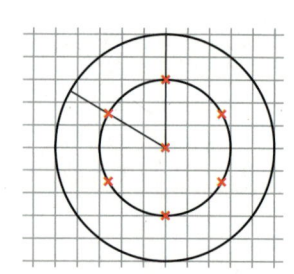

→ Informationen suchen, Seite 236

11 ☼ Zeichne nun auch solche Kirchenfenster, die sich aus mehreren Fenstern zusammensetzen. Nimm Fotos von echten Kirchen als Vorlage (→ Abb. 11). Denke dir schöne Fenster aus.

Mandalas und andere Kreismuster

Kreis

Im Kreis haben alle Punkte der **Kreislinie** denselben Abstand zum **Mittelpunkt M**. Diesen Abstand nennt man **Radius r** des Kreises.
Der **Durchmesser d** ist genau doppelt so lang wie der Radius r und er verläuft immer durch den Mittelpunkt M.

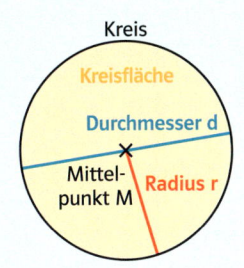

Achsensymmetrie

Eine Figur, die aus zwei Hälften besteht, die beim Falten aufeinander passen, heißt **achsensymmetrisch**.
Die Faltgerade heißt **Symmetrieachse**. Manche Figuren besitzen auch mehr als eine Symmetrieachse.

Ein Kreis besitzt unendlich viele Symmetrieachsen.

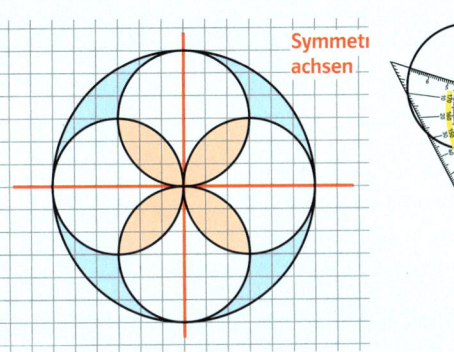

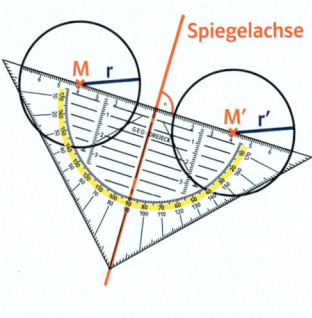

Drehsymmetrie

Eine Figur ist **drehsymmetrisch**, wenn sie durch eine Drehung wieder auf sich selbst abgebildet werden kann.
Der Punkt Z, um den die Figur gedreht wird, heißt **Symmetriepunkt**.

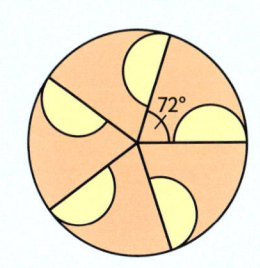

Punktsymmetrie

Eine Figur heißt **punktsymmetrisch**, wenn sie durch eine halbe Drehung wieder auf sich selbst überführt werden kann.

Die Halbdrehung wird auch **Punktspiegelung** genannt. Jeder Punkt liegt mit seinem gespiegelten Bildpunkt und dem Symmetriepunkt Z auf einer Linie.

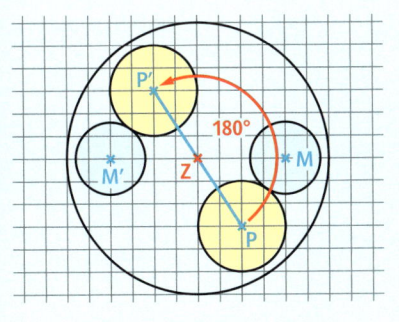

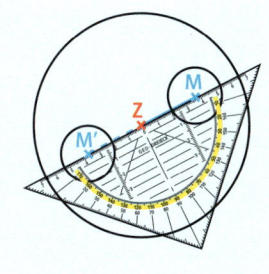

Mandalas und andere Kreismuster

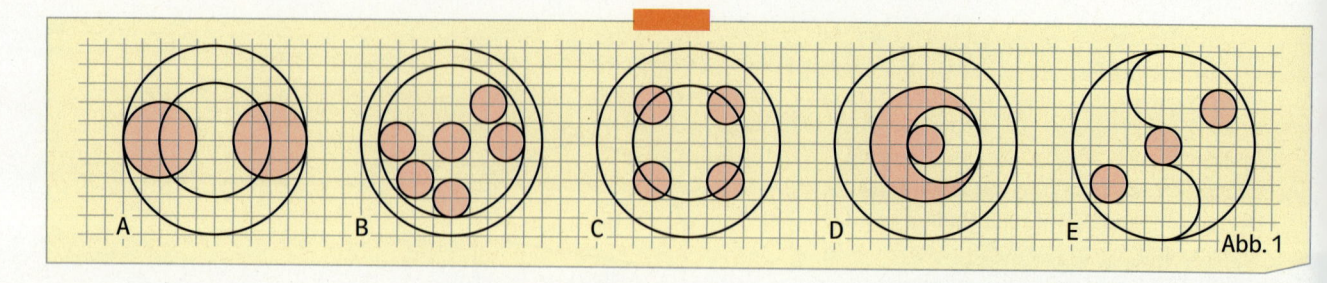

Check-in   Aktiv   Kurs   Check   Thema   Kompakt   **Test**

A   B   C   D   E   Abb. 1

einfach

1 Übertrage die Zielscheibe mithilfe des Zirkels in dein Heft.

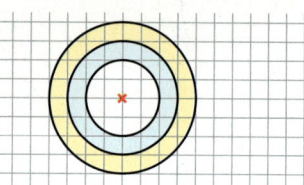

2 Ergänze durch Achsenspiegelung zu einem Kreisbild.

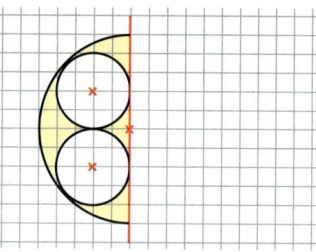

3 Übertrage die Figur ins Heft. Ergänze sie durch Punktspiegelung zu einem punktsymmetrischen Kreisbild.

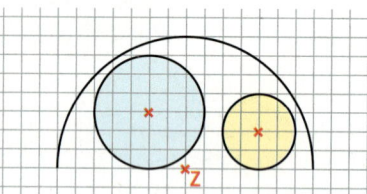

4 Welche der Figuren aus → Abb. 1 sind
a) achsensymmetrisch,
b) punktsymmetrisch?

→ Lösungen zum Test, Seiten 257 und 258

mittel

1 Übertrage den Regenschirm mit einem Zirkel ins Heft.

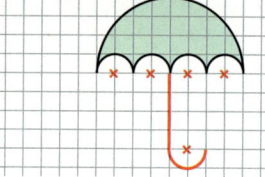

2 Ergänze im Heft zu einer achsensymmetrischen Figur.

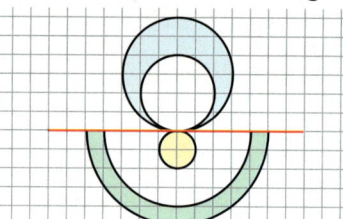

3 Übertrage die Figur ins Heft. Ergänze sie durch Punktspiegelung zu einem punktsymmetrischen Kreisbild.

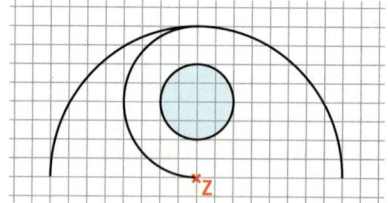

4 a) Welche der Figuren aus → Abb. 1 sind achsensymmetrisch? Wie viele Symmetrieachsen haben sie?
b) Welche der Figuren sind drehsymmetrisch?

schwieriger

1 Übertrage die Brezel in dein Heft.

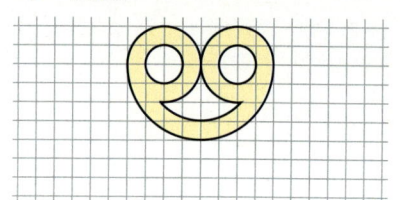

2 Ergänze durch mehrfaches Spiegeln im Heft zu einem achsensymmetrischen Kreisbild.

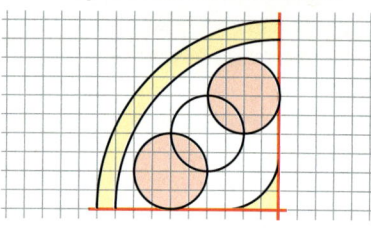

3 Übertrage die Figur ins Heft, mache eine Punktspiegelung.

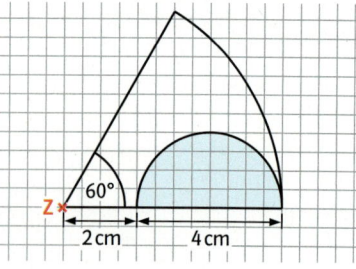

4 a) Welche Figuren aus → Abb. 1 sind achsensymmetrisch und auch punktsymmetrisch?
b) Zeichne die anderen Figuren aus → Abb. 1 ins Heft. Ergänze sie so, dass sie sowohl achsen- als auch punktsymmetrisch sind.

Mandalas und andere Kreismuster

5 Rund um den Sport

Weißt du,
- wie hoch *Dirk Nowitzki* springt,
- ob der 11-m-Punkt beim Fußball tatsächlich 11 Meter vom Tor entfernt ist,
- dass eine hundertstel Sekunde über einen Sieg entscheiden kann,
- wie viel Energie du beim Radfahren benötigst?

In diesem Kapitel lernt ihr,
- wie ihr mit Dezimalzahlen rechnet,
- wie viel Energie beim Sport benötigt wird,
- wie Sportergebnisse fair verglichen werden können,
- was Quoten sind und wie sie berechnet werden können,
- wie Dezimalzahlen in Brüche und Brüche in Dezimalzahlen umgewandelt werden.

Check-in Aktiv Kurs Check Thema Kompakt Test

Checkliste

Check-in
vp8iq5

	Das kann ich.	Da bin ich fast sicher.	Da bin ich unsicher.	Das kann ich noch nicht.
1 Ich kann bei einer Dezimalzahl angeben, an welcher Stelle die Einer, die Zehntel, die Hundertstel … stehen. → Kapitel 1, Seite 14	☐	☐	☐	☐
2 Ich kann ganze Zahlen schriftlich addieren und subtrahieren. → mathe live-Werkstatt, Seiten 218 und 219	☐	☐	☐	☐
3 Ich kann ganze Zahlen schriftlich multiplizieren. → mathe live-Werkstatt, Seite 220	☐	☐	☐	☐
4 Ich kann schriftlich dividieren. → mathe live-Werkstatt, Seite 221	☐	☐	☐	☐
5 Ich kann mit Zehnerzahlen multiplizieren oder durch Zehnerzahlen dividieren. → mathe live-Werkstatt, Seiten 220 und 221	☐	☐	☐	☐
6 Ich kann bei Anwendungsaufgaben erkennen, welche Rechenart ich zur Lösung verwenden muss. → mathe live-Werkstatt, Seite 223	☐	☐	☐	☐
7 Ich kann Längeneinheiten umrechnen. → Kapitel 1, Seite 15 und mathe live-Werkstatt, Seite 231	☐	☐	☐	☐
	Ich helfe anderen.	Ich übe weiter.	Ich frage andere.	Ich frage eine Lehrperson.

Aufgaben

1 Stellenwerte bei Dezimalzahlen
Trage die folgenden Angaben in eine Stellenwerttafel ein und schreibe sie dann als Dezimalzahl:

| 3 E; 2 z; 4 h | 1 Z; 5 h | 2 z; 25 h |

2 Schriftlich addieren, subtrahieren
a) Addiere schriftlich.
1233 + 561; 7684 + 397
b) Hier sind beim Subtrahieren Fehler passiert. Finde und verbessere sie:

	1	0	2	3	5
−			6	2	1
				1	
	1	0	6	1	4

	9	7	2	3	0
−		4	8	3	2
		1	1		
		4	8	9	1	0

	3	2	4	5
−	1	4	3	6
	1		1	
	3	8	2	9

3 Schriftlich multiplizieren
a) Multipliziere schriftlich.
246 · 23; 355 · 1033
b) Beschreibe, was bei dieser Rechnung falsch gemacht wurde und korrigiere es.

5	4	3	·	2	1
	1	0	8	6	
		5	4	3	
			1		
	1	6	2	9	

4 Schriftlich dividieren
a) Dividiere schriftlich.
1632 : 6; 28 193 : 11
b) Beschreibe, was bei diesen Rechnungen falsch gemacht wurde und korrigiere sie:

2904 : 4 = 73 R 2 : 4
− 28
  14
− 12
   2

519 : 3 = 17
− 3
  21
− 21
   0

5 Mit Zehnerzahlen rechnen
a) Multipliziere im Kopf.
6 · 300   30 · 80   2000 · 55
b) Dividiere im Kopf.
1200 : 4   1200 : 40   120 000 : 400

6 Rechenwege erkennen
Entscheide, mit welcher Rechenart man die Aufgabe lösen kann. Berechne das Ergebnis.
a) Ein Elefantenbaby wiegt 120 kg. Ausgewachsen wiegt der Elefant 6000 kg. Berechne die Gewichtszunahme.
b) Ein Elefantenbaby wiegt 120 kg. Ausgewachsen wiegt der Elefant 6000 kg. Wie viele kleine Elefanten sind so schwer wie ein großer Elefant?
c) Wenn ein Wasserhahn einmal pro Sekunde tropft, laufen am Tag 14 l Wasser ungenutzt durch das Waschbecken. Wie viel Liter sind das in der Woche, wie viel im Monat?
d) 1 g Eiweiß liefert dem Körper 4 kcal Energie. Bei einem täglichen Energiebedarf von 2000 kcal sollen 260 kcal aus Eiweiß stammen. Wie viel g Eiweiß sollte täglich gegessen werden?

7 Längeneinheiten umrechnen
Rechne um.
a) 27 cm = ☐ m = ☐ mm
b) 1,82 m = ☐ dm = ☐ mm
c) 0,6 mm = ☐ cm = ☐ m

→ Lösungen zum Check-in, Seite 259

Rund um den Sport

Hundertstel entscheiden

→ Informationen suchen, Seite 236

A

Superkombination

1 Die Tabelle zeigt die Ergebnisse der Superkombination der Damen bei den Olympischen Winterspielen 2014 in Sotschi (Russland).
Die Gesamtzeit aus beiden Läufen entscheidet über den Sieg.
a) Berechne die Gesamtzeiten der Läuferinnen und lege die Platzierung fest.
b) Wie viele Sekunden war die Siegerin jeweils schneller?
c) Strachowa (Tschechien) erreichte mit 50,10 Sekunden die beste Zeit im Slalom. Sie wurde aber nur 9. mit 156,61 Sekunden. Wie viel Zeit hat sie bei der Abfahrt gebraucht?
d) Ferk (Slowenien) erreichte in der Abfahrt 104,87 Sekunden. Wie schnell hätte sie im Slalom sein müssen, um eine Medaille zu erringen?

Läuferin	Zeiten	
	Abfahrt	Slalom
Maze (Slowenien)	103,54 s	51,71 s
Hosp (Österreich)	103,95 s	51,07 s
Fenninger (Österreich)	103,67 s	52,77 s
Gisin (Schweiz)	104,01 s	52,11 s
Kirchgasser (Österreich)	105,72 s	50,69 s
Mancuso (USA)	102,68 s	52,47 s
Höfl-Riesch (Deutschland)	103,72 s	50,90 s
Mowinckel (Norwegen)	104,28 s	51,87 s

B

100-m-Lauf

1 Beim 100-m-Zieleinlauf der Leichtathletik-Weltmeisterschaften 2003 in Paris gab es die Ergebnisse aus der Tabelle.
a) Warum sind die drei Medaillengewinner nicht so einfach zu ermitteln? Wie wird entschieden, wer die Medaillen gewonnen hat? Wie groß ist der Zeitabstand vom ersten zum letzten Läufer?
b) Was meinst du zu der Aussage „Wer am schnellsten reagiert, muss nicht unbedingt gewinnen." Wie groß waren die Unterschiede in den Reaktionszeiten?

Tipp
Die **Reaktionszeit** ist die Zeit vom Startschuss bis zum Verlassen des Startblocks.

Bahn	Name	Land	Zeit in s	Reaktionszeit in s
1	Collins	SKN	10,07	0,148
2	Aliu	NGR	10,21	0,132
3	Williams	USA	10,13	0,133
4	Brown	TRI	10,08	0,152
5	Chambers	GBR	10,08	0,145
6	Montgomery	USA	10,11	0,140
7	Campbell	GBR	10,08	0,112
8	Ernedolu	NGR	10,22	0,164

Rund um den Sport

C

Tabelle
gn526e

Zeiten schätzen, Reaktionszeiten messen

1 Dies Bild zeigt die elektronische Stoppuhr eines Smartphones. Welche Zeit zeigt die Uhr an? Was gibt die „4" an? Wie viel Zeit fehlt zu einer halben Minute?

Die → Aufgaben 2 bis 4 sind drei Wettbewerbe, bei denen ihr eine Stoppuhr braucht. Benutzt die Stoppuhr eines Smartphones oder ladet euch aus dem Internet eine elektronische Stoppuhr. Legt eine Ergebnis-Tabelle an.

2 **Schätze möglichst genau, wie lang eine halbe Minute dauert.**

Jede und jeder aus eurer Gruppe schätzt. Die Schülerin oder der Schüler mit dem geringsten Unterschied zu einer halben Minute ist Sieger bzw. Siegerin. Wie viel Unterschied ist zwischen der besten und der schlechtesten Schätzung?

Wettbewerbs-Regeln (→ Aufgabe 2):
Gehe mit dem Finger oder der Maus auf den Start der Stoppuhr. Schließe die Augen. Setze die Stoppuhr in Gang. Halte die Augen geschlossen. Stoppe die Stoppuhr, wenn du meinst, dass eine halbe Minute (30 Sekunden) vorbei ist. Notiere dein Ergebnis.

3 **Auf Hundertstel genau messen**

Versucht mit der Stoppuhr mit geöffneten Augen auf eine Hundertstel Sekunde genau 5 Sekunden zu stoppen. Wer von euch ist hier der oder die Beste? Schreibt die Unterschiede zur besten Zeit auf.

4 **Reaktionszeiten messen**

Du startest die Stoppuhr mit geschlossenen Augen. Jemand anderes sagt „Stopp", wenn 5 Sekunden angezeigt werden. Welches Paar hat die schnellste Reaktionszeit? Schreibt die Unterschiede zur schnellsten Reaktionszeit auf.

D

1 **4 × 100-m-Lagenstaffel**

Bei der 4 × 100-m-Lagenstaffel werden nacheinander je 100 m in den Disziplinen Delphin-, Rücken-, Brust- und Freistilschwimmen zurückgelegt. Die Schwimmerinnen erreichen nacheinander 54,83 s; 56,31 s; 59,93 s und 51,36 s. Berechne die Gesamtzeit und die Zeitdifferenz zur Weltrekordzeit der Männer im Jahre 2009 von 3 min 19,16 s.

Rund um den Sport

Dezimalzahlen addieren und subtrahieren

Beim Gerätevierkampf bekommen die Turnerinnen Wertungen, die auf drei Stellen hinter dem Komma genau ausgerechnet werden.
Bei einem Wettkampf gab es folgende Wertungen.

	Filippa	Sarah	Eva
Boden	8,423	7,800	8,405
Schwebebalken	7,275	8,855	7,523
Pferdsprung	7,908	8,240	8,915
Stufenbarren	8,193	7,391	7,640

Wer hat den Vierkampf gewonnen?
Wie hast du das berechnet?

> Um Dezimalzahlen schriftlich zu **addieren** oder zu **subtrahieren**, schreibe sie so untereinander, dass Komma unter Komma steht. Addiere oder subtrahiere dann stellenweise. Beginne dabei rechts (wie bei Zahlen ohne Komma).

Beispiele
a) 12,5 + 0,608

Z	E	,	z	h	t
	1	2	,	5	
+		0	,	6	0	8
			1		
	1	3	,	1	0	8

	1	2	,	5	0	0
+		0	,	6	0	8
				1		
	1	3	,	1	0	8

b) 2,343 − 2,08

E	,	z	h	t
2	,	3	4	3
− 2	,	0	8	0
		1		
0	,	2	6	3

	2	,	3	4	3
−	2	,	0	8	0
			1		
	0	,	2	6	3

1 Addiere oder subtrahiere im Kopf.
a) 2,7 + 0,2
b) 2,7 − 0,2
c) 8,9 + 2,6
d) 8,9 − 2,6
e) 7,9 + 0,88
f) 7,9 − 0,88

2 Überschlage das Ergebnis. Wie gehst du dabei vor?
a) 23,54 + 4,88
b) 67 − 40,06
c) 44,7 − 3,9
d) 0,668 + 0,3
e) 2,775 + 1,5
f) 4,9 − 4,09

3 ☐☐,☐ − 0,☐ = ?
Setze die Ziffern 4; 5; 6 und 7 so ein,
a) dass das Ergebnis möglichst groß ist.
b) dass das Ergebnis möglichst klein ist.
c) ● dass das Ergebnis genau 55,7 ist.

4 Wie viel fehlt bis 1?
a) 0,3; 0,33; 0,333
b) 0,6; 0,06; 0,006; 0,066; 0,660
c) 0,7; 0,77; 0,777; 0,07; 0,007

5 Berechne schriftlich.
a) 89,1 + 2,339
b) 8,91 + 2,339
c) 0,891 + 2,339
d) 809,01 + 23,039
e) 0,8091 + 23,39
f) 89,1 + 0,023 39
g) 4,87 − 3,69
h) 48,7 − 36,9

6 Was wurde falsch gerechnet? Korrigiere.
a) 9,876 − 0,06 = 9,87
b) 33,002 + 3,2 = 36,22
c) 43,73 + 4,373 = 97,46

→ Kannst du's?
Seite 126, 1

Rund um den Sport

7 a) Welches Ergebnis ist das größte?
b) ☼ 👥 Überlegt euch selbst ähnliche Aufgaben und stellt sie euch gegenseitig.

| 0,9 + 0,11 | 1,1 − 0,01 | 0,99 + 0,01 |

8 Hier fehlen Kommas. Wo?
a) 0,4 + 0,8 = 1 2
b) 99,6 + 1 0 4 = 110,0
c) 15,43 − 4,32 − 2,31 = 8 8 0
d) 1,1 + 11,1 + 111,1 + 0,1 = 1 2 3 4
e) 1 0 0 − 5 4 9 − 43,44 = 1 6 6

9 Fülle die Zahlenmauern aus.

a)
	8,9	
4,1	7,5	

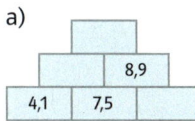

b)
6,66		
	3,04	
	2,11	

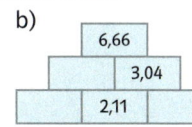

10 👥 Einige Kinder haben ihre Dreisprungweiten notiert. Stellt euch gegenseitig Fragen zu diesen Ergebnissen. Überprüft eure Rechnungen.

	1. Sprung	2. Sprung	3. Sprung
Anyos	1,78 m	1,43 m	2,34 m
Matthias	2,08 m	1,67 m	3,29 m
Christine	1,81 m	1,45 m	2,18 m
Yussef	2,22 m	1,78 m	3,19 m
Michelle	1,73 m	1,39 m	1,98 m

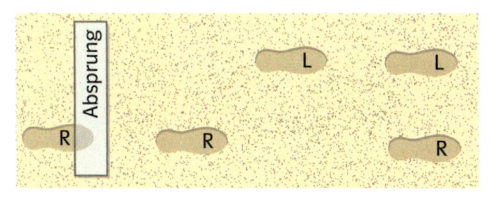

Tipp
→ Aufgabe 10
Auf englisch heißt der Dreisprung „hop-step-jump". Beim „hop" landet man auf dem Bein, mit dem man abgesprungen ist. Der „step" ist ein großer Schritt, und beim „jump" landet man auf beiden Beinen.

11 Janine notierte auf ihrer Radtour täglich den Kilometerstand vom Fahrradtacho.

| 2715,7 | 2909,3 | 2869,0 | 2688,4 | 2795,2 |

Wie viel Kilometer ist sie an den einzelnen Tagen gefahren, wie viel insgesamt?

12 Die → Tabelle unten zeigt die Ergebnisse des olympischen Rodelwettbewerbs der Herren im Jahr 2014 in Sotschi.
a) An wen gingen die Medaillen? Notiere die Reihenfolge der Rodler nach jedem Lauf.
b) Um wie viel Sekunden war der Goldmedaillengewinner schneller als der Silbermedaillengewinner?
c) In welchem Lauf war der Zeitabstand zwischen dem ersten und dem sechsten Rodler am größten (am geringsten)?

		Zeiten in s			
Name	Land	1. Lauf	2. Lauf	3. Lauf	4. Lauf
Loch	Deutschland	52,185	51,964	51,613	51,764
Demtschenko	Russland	52,170	52,273	51,707	51,852
Zöggeler	Italien	52,506	52,387	51,910	51,994
Langenhan	Deutschland	52,707	52,480	52,073	52,095
Pawlischenko	Russland	52,660	52,593	51,928	52,255
Fischnaller	Italien	52,729	52,540	52,007	52,203

→ Kannst du's?
Seite 126, 1 und 7

Rund um den Sport

Football und Fußball

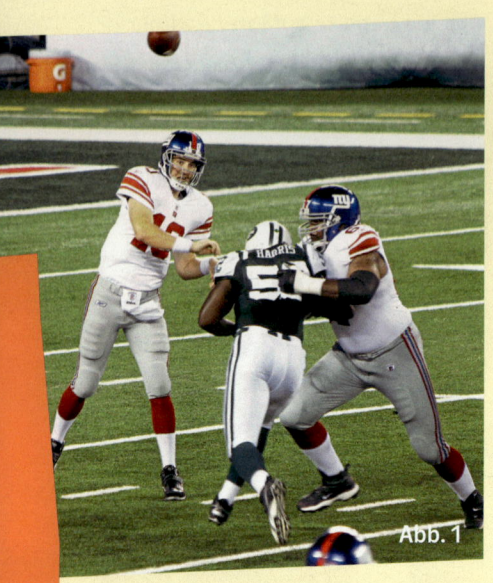

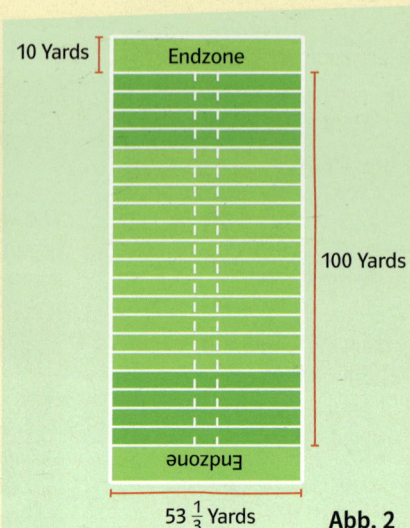

Abb. 1

Abb. 2

Abb. 3

Tipp

→ **Aufgabe 1**

Die im Sport häufig anzutreffende Längeneinheit **Yard** wurde von *Heinrich I.* (1068–1135) als die Länge seines Arms mit ca. 91 cm festgelegt. **Inch** heißt auf deutsch Zoll, **Foot** heißt Fuß und **Feet** Füße.
Zeichen für Inch: ″
Zeichen für Foot: ′

American Football → Abb. 1 ist ein vom englischen *Rugby* abgewandeltes amerikanisches Ballspiel zwischen zwei Mannschaften mit je 11 Spielern. 1874 wurde es zum ersten Mal gespielt. Die Spielregeln gibt es seit 1880. Die Spieler laufen mit einem eiförmigen Ball. Es gibt Punkte, wenn der Ball über die gegnerische Grundlinie getragen oder mit dem Fuß über die Torlatte geschossen wird. Der Abstand der Linien auf dem Feld beträgt 5 Yards → Abb. 2.

1 Übertrage die Tabelle in dein Heft und ergänze die fehlenden Werte.

Amerika	Deutschland
1 Inch (in)	2,54 cm
1 Foot (ft) = 12 Inches	☐ cm
1 Yard (yd) = 3 Feet	☐ cm

2 Die angreifende Mannschaft muss innerhalb von vier Versuchen 10 yards überwunden haben, sonst bekommt die gegnerische Mannschaft den Ball.
Wie viel Meter müssen sie dabei mindestens schaffen?

3 🌐 Passt ein American Footballfeld → Abb. 2 auch in eure Sporthalle?
Reicht die Länge eines Fußballfeldes auch für ein Footballspiel? Schaue in einem Lexikon oder im Internet nach den Maßen von Sportfeldern oder frage deine Sportlehrerin oder deinen Sportlehrer. Das Footballfeld war anfangs bedeutend größer. Es hatte eine Länge von 360 feet und eine Breite von 225 feet. Vergleiche.

4 Das Fußballspiel → Abb. 3 kommt aus England, die Abmessungen beruhen daher auf englischen Maßeinheiten. Die Innenabmessungen für das Tor betragen in der Höhe 8 feet und in der Breite 8 Yards. Welche Maße hat das Tor in Metern?

→ Informationen suchen, Seite 236

Rund um den Sport

Check-in **Aktiv** Kurs Check Thema Kompakt Test

Power und Ausdauer

Energiebedarf (so viel mal mehr im Vergleich zum Sitzen mit wenig Bewegung)

Ballspiele (Fußball, Handball)	5 – mal
Leichtes Radfahren (8 – 12 km/h)	2,5 – mal
Tätigkeit im Stehen oder Gehen	1,35 – mal
Volleyball	1,8 – mal
Tanzen	3,7 – mal
Dauerlauf	3,7 – mal
Schwimmen (mittleres Tempo)	4,4 – mal
Schwimmen (hohes Tempo)	6 – mal
Skilanglauf (Ebene, mittleres Tempo)	4,5 – mal
Skilanglauf (hügelig, hohes Tempo)	10,5 – mal
Radfahren (Bergetappe, hohes Tempo)	12 – mal
Sitzen oder Liegen ohne Tätigkeit	0,75 – mal
Schlafen	0,63 – mal

Abb. 2

So viel Energie haben 100 g

Banane	85 kcal
Apfel	58 kcal
Jogurt	71 kcal
Milch	64 kcal
Kartoffeln	76 kcal
Brathuhn	138 kcal
Erdnüsse	580 kcal
Schokolade	518 kcal
$\frac{1}{2}$ l Cola	220 kcal

Abb. 3

Abb. 1

Tipp
→ **Aufgabe 1**
Wissenschaftler geben den Energiebedarf des Menschen in **Kilojoule kJ** an. Im Alltag wird die Bezeichnung Kalorien (kcal) noch immer benutzt. Umrechnung: 1 kcal = 4,2 kJ

1 Über Nahrung wird dem Körper Energie zugeführt. Überlege, wozu diese Energie benötigt wird.

2 Wenn du Sport betreibst, benötigst du mehr Energie als beim Sitzen in der Schule oder vor dem Fernseher. Beim Ballspielen benötigst du beispielsweise 5-mal so viel Energie wie beim Sitzen mit wenig Bewegung (→ Abb. 2) z. B. in der Schule.
a) Wievielmal soviel Energie wie beim Sitzen braucht man beim Dauerlaufen?
b) In einer halben Stunde braucht ein durchschnittlich schwerer 12 Jahre alter Junge bei einer Tätigkeit im Sitzen mit wenig Bewegung etwa 45 kcal, ein Mädchen ca. 42 kcal, ihr Vater ca. 50 kcal.
Wie viel Energie benötigen sie für
• eine halbe Stunde leichtes Radfahren,
• eine halbe Stunde Fußball spielen,
• eine halbe Stunde Tanzen?

3 Elena hat einen doppelten Zahlenstrahl gezeichnet, um ihren Energiebedarf für eine halbe Stunde leichtes Radfahren zu bestimmen (Ausgangsbedarf Elena: 40 kcal).

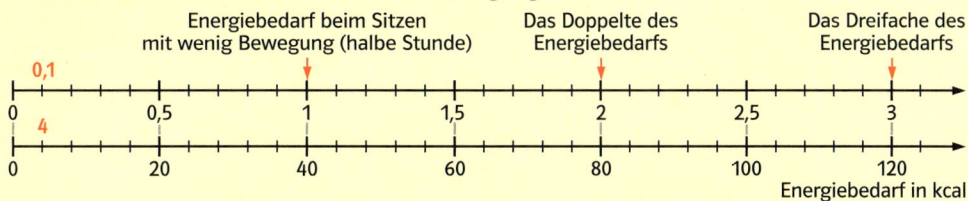

a) Erkläre, wie sie den doppelten Zahlenstrahl nutzen kann.
b) Nutze selbst den doppelten Zahlenstrahl, um Elenas Energiebedarf für eine halbe Stunde Tätigkeit im Stehen oder Gehen zu bestimmen.

4 a) Warum steht in der Tabelle → Abb. 2 bei „Sitzen oder Liegen ohne Tätigkeit" und „Schlafen" eine Zahl kleiner als 1?
b) Wie viel Energie benötigen die Kinder aus → Teilaufgabe 2 b)
• beim Sitzen oder Liegen ohne Tätigkeit,
• beim Schlafen?

Rund um den Sport

Dezimalzahlen multiplizieren

- Wie viel Energie in kcal du selbst in einer Stunde beim Sitzen mit wenig Bewegung brauchst, kannst du folgendermaßen ermitteln:
  Jungen: Körpergewicht in kg · 1,2 + 44
  Mädchen: Körpergewicht in kg · 0,9 + 47
- Ole (36 kg schwer) hat ohne Komma gerechnet: 36 · 12 = 432. Überlege durch einen Überschlag, wo er bei 36 · 1,2 das Komma setzen muss.
- Berechne deinen Energiebedarf für eine Stunde Sitzen mit wenig Bewegung.
- Bestimme deinen eigenen Energiebedarf bei drei verschiedenen Sportarten und beim Schlafen. Nutze dazu die Tabelle von Seite 111.

Hier wurde zuerst ohne Komma gerechnet. Um zu entscheiden, an welcher Stelle im Ergebnis beim Multiplizieren von Dezimalzahlen das Komma gesetzt wird, wird ein Überschlag gemacht.

```
3,9 · 5,1              Überschlag         1,99 · 3,01            Überschlag
  195                  4·5 = 20              597                 2·3 = 6
   39                  Komma nach            000                 Komma nach
 19,89                 der 19 setzen         199                 der 5 setzen
                                           5,9899
```

Zähle die Nachkommastellen der beiden Faktoren und die im Ergebnis. Was fällt dir auf?

> Um **Dezimalzahlen schriftlich zu multiplizieren**,
> - multipliziere zuerst ohne auf das Komma zu achten. Die richtige Position für das Komma kannst du auf zwei Arten finden:
> - überschlage das Ergebnis und setze das Komma entsprechend.
> - zähle die Stellen hinter dem Komma bei den beiden Faktoren. Genauso viele Stellen hinter dem Komma muss das Ergebnis haben.

Tipp
Manchmal muss man noch Nullen im Ergebnis voranstellen, um die Stellen abstreichen zu können.

Beispiele

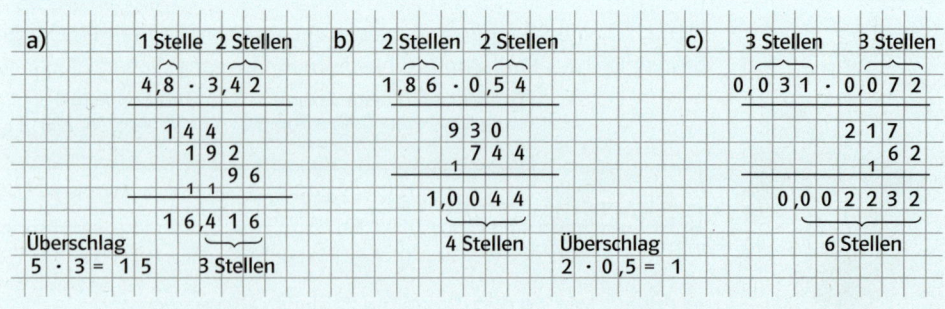

a) 1 Stelle · 2 Stellen
```
  4,8 · 3,42
     144
      192
       96
   16,416
```
Überschlag 5·3 = 15, 3 Stellen

b) 2 Stellen · 2 Stellen
```
  1,86 · 0,54
     930
     744
   1,0044
```
4 Stellen, Überschlag 2 · 0,5 = 1

c) 3 Stellen · 3 Stellen
```
  0,031 · 0,072
       217
        62
   0,002232
```
6 Stellen

1 Multipliziere im Kopf.
a) 0,2 · 4   0,02 · 4   0,002 · 4
b) 0,3 · 6   0,03 · 6   6 · 0,003
c) 1,2 · 3   3 · 0,12   0,012 · 3
d) 7 · 1,3   0,13 · 7   7 · 0,013

2 Multipliziere im Kopf.
a) 0,01 · 7   7 · 0,01   0,7 · 0,1
b) 0,03 · 5   3 · 0,05   0,3 · 0,5
c) 8 · 0,04   0,08 · 4   0,8 · 0,4
d) 0,2 · 0,3 0,02 · 3   0,03 · 0,2

Tipp
Faktor · Faktor = Produkt

3 Es ist 426 · 538 = 229 188.
Nun kannst du die Produkte leicht berechnen.
a) 426 · 0,538
b) 0,0426 · 0,538
c) 42,6 · 5,38
d) 0,426 · 0,0538
e) 4,26 · 53,8
f) ● 426,0 · 53,8

4 Rechne geschickt.
a) 0,25 · 8
   2,5 · 0,8
   25 · 0,08
b) 7 · 1,4
   70 · 0,14
   0,7 · 14
c) 900 · 0,3
   90 · 3,0
   0,9 · 30

5 Bei Sportbekleidung und bei Jeans gibt es oft amerikanische Größenangaben. Jeans werden häufig in **Inch-Größen** (1 inch = 2,54 cm) angeboten.

Jeans-Haus Immer die richtige Größe

30/31
Die 1. Zahl gibt den Taillenumfang an.
Die 2. Zahl ist die innere Beinlänge.

a) ☼ Schaue in deiner Kleidung nach. Welche Größen findest du? Stimmt deine Jeansgröße mit deinem Taillenumfang überein? Nimm ein Bandmaß und miss deinen Taillenumfang.
b) Ines findet in ihrer Jeans die Größe 25/26. Passt ihre Messung von 63 cm/66 cm?
c) In den Badehosen von Tim und Ahmed steht W 27 und W 29. W steht für *waist* (engl.: Taille). Berechne den Taillenumfang von Tim und Ahmed.

6 *Dirk Nowitzki* hält den Ball ausgestreckt in rund 9 Fuß Höhe. Wie hoch muss er für ein Dunking (Korbleger) etwa springen? Der Rand des Basketballkorbs befindet sich in einer Höhe von 3,05 m.
(1 Fuß = 30,48 cm)

7 Ein Mädchen, das 36 kg wiegt, benötigt für eine Tätigkeit im Sitzen mit wenig Bewegung pro Stunde etwa 80 kcal.
a) Berechne, wie viel Energie sie für eine Stunde Volleyball, Tanzen, Skilanglauf (Ebene, mittleres Tempo), Sitzen ohne Tätigkeit vorm Fernseher und für eine Stunde Schlafen benötigt.
(Die Daten findest du auf → Seite 111.)
b) Zeichne ein Schaubild nach folgendem Muster.

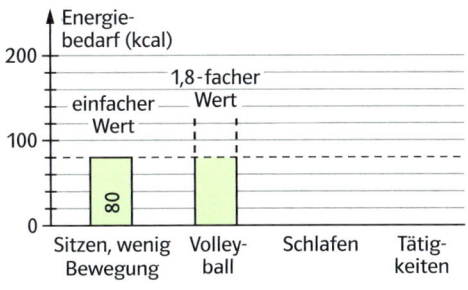

8 a) Beim Sitzen mit leichter Tätigkeit benötigt Max ca. 100 kcal pro Stunde. Er sagt: „Um die Energie von 100 g Schokolade abzubauen, muss ich etwa eine Stunde Fußball spielen, für 100 g Erdnüsse etwa 1,5 Stunden." Ist das richtig?
(Die Daten findest du auf → Seite 111.)
b) Ronja benötigt ca. 84 kcal pro Stunde beim Sitzen mit leichter Tätigkeit. Überprüfe ihre Aussagen:
• „Wenn ich eine viertel Stunde Dauerlauf mache, benötige ich die Energie von 100 g Bananen."
• „Wenn ich etwa 0,2 Stunden in mittlerem Tempo schwimme, brauche ich die Energie von 100 g Jogurt."
c) 👥 Bildet weitere Aussagen.

9 ● Beim 60 m-Hürdenlauf der 12- bis 13-jährigen Mädchen und Jungen sind die Hürden 0,762 m hoch, bei den Männern sind sie 1,4-mal so hoch.
a) Wie hoch sind die Männer-Hürden?
b) ●● Ein durchschnittlich großer 12-jähriger Junge ist 1,53 m groß, 20-jährige Männer im Durchschnitt 1,81 cm. Vergleiche Körpergrößen und Hürdenhöhen.

Rund um den Sport

·	1,1	2,2	3,3
1,75	☐	☐	☐
99,9	☐	☐	☐
0,84	☐	☐	☐
1,05	☐	☐	☐
0,707	☐	☐	☐
9,09	☐	☐	☐
90,09	☐	☐	☐
10,01	☐	☐	☐

Tipp
→ Aufgabe 12
1 Yard = 91,44 cm

10 Berechne und vergleiche.
a) 700 · 5,83
70 · 5,83
7 · 5,83
0,7 · 5,83
0,07 · 5,83

b) 370 · 1,3
37 · 1,3
3,7 · 1,3
0,37 · 1,3
0,037 · 1,3

11 Die Maße eines Tennisfeldes sind in *Yards* festgelegt worden.
1 yard = 91,44 cm
Das Spielfeld für das Einzel ist 26 Yards lang und 9 Yards breit. Gib die Maße in Metern auf 2 Dezimalen genau an.

12 Der 11 m-Punkt beim Fußballspiel war ursprünglich ein 12-Yard-Punkt. Beim Freistoß steht die Mauer der gegnerischen Mannschaft 10 Yards vom Ball entfernt. Wie viel Meter sind das jeweils?

13 Früher wurden beim Fußball die Abmessungen in Yard angegeben (1 Yard = 91,44 cm). Gib die Angaben in Meter an. Runde auf cm, d. h. auf zwei Stellen genau.

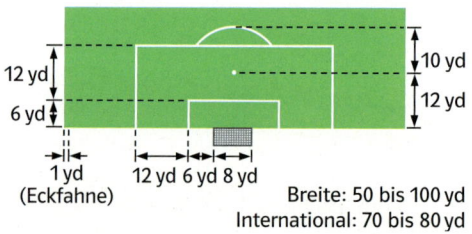

12 yd
6 yd
1 yd (Eckfahne)
12 yd 6 yd 8 yd
10 yd
12 yd
Breite: 50 bis 100 yd
International: 70 bis 80 yd

14 Sarah rechnet: 0,5 · 0,7 = 0,35. „Das kann nicht sein", sagt Kevin, „Beim Multiplizieren wird es mehr." Was meinst du dazu?

15 Setze beim 2. Faktor das Komma, sodass das Ergebnis stimmt.

	1. Faktor		2. Faktor	Ergebnis
a)	8,3	·	25	20,75
b)	70,4	·	56	39,424
c)	0,23	·	79	0,01817
d)	0,076	·	48	0,3648
e)	120,3	·	62	7,4586
f)	12,25	·	35	4,2875

→ Kannst du's?
Seite 126, 2, 7 und 8

16 Multipliziere mit dem Taschenrechner
a) 8,5   b) 12,8   c) ● 124,6
mit einer Zahl so, dass du als Ergebnis eine Zahl
• zwischen 120 und 130,
• zwischen 20 und 30,
• zwischen 15 und 20,
• zwischen 0 und 5
erhältst. Notiere Rechnung und Ergebnis.

Taschenrechner-Fußball
Ihr braucht: Spielplan (→ Seite 115),
1 Spielchip als Ball, 1 Taschenrechner
Spielregeln
• Anstoß hat immer Spieler [10/15]. Ihm wird eine Dezimalzahl zwischen 10 und 15 vom Gegner im Taschenrechner vorgegeben.
• Der Ball kann nur zwischen Spielern einer Mannschaft gespielt werden, die direkt durch eine Linie miteinander verbunden sind. Abgespielt wird, indem man die Zahl in der Taschenrechner-Anzeige so multipliziert, dass das Ergebnis zwischen den beiden Zahlen auf dem Trikot des angespielten Spielers liegt. Gelingt das, wandert der Ball zu diesem Spieler. Ansonsten erhält der gegenüberliegende Spieler der anderen Mannschaft den Ball.
• Die einzige erlaubte Rechenoperation ist die Multiplikation. Die Taschenrechner-Anzeige wird nie gelöscht, außer es ist ein Tor gefallen, dann gibt es Anstoß.

Aufwärmtraining
Gib alle Rechenoperationen und Zahlen in den Taschenrechner ein:

1) Anstoß Mannschaft A (rote Hosen), Vorgabe von B: `11,4`

2) A: [×] [2] [,] [1] [=]

Taschenrechner-Anzeige: `23,94`

Das Abspiel zu Spieler [20/25] ist geglückt.

3) A: [×] [1] [,] [0] [1] [=]

Taschenrechner-Anzeige: `24,1794`

Das Abspiel zu Spieler [5/10] ist misslungen, Spieler [20/25] von Mannschaft B bekommt den Ball. Taschenrechner-Anzeige nicht löschen! Jetzt beginnt euer Spiel! Lost aus, wer beginnt. Gewonnen hat, wer nach der vereinbarten Zeit die meisten Tore geschossen hat.

Taschenrechner-Fußball

→ Aufgabe 17

100 g von	Energiewert
Erdbeeren	37 kcal
Ei	162 kcal
Rosinen	289 kcal
Honig	304 kcal
Möhren	47 kcal
Blumenkohl	27 kcal
Butter	716 kcal

17 Rechne die 100-g-Angaben der Speisen in kJ um.
Es gilt: 1 kcal = 4,2 kJ.

18 Rechne im Kopf und achte auf die Nullen.
a) 0,002 · 0,4   b) 0,45 · 0,002
c) 0,7 · 0,01   d) 0,03 · 0,25
e) 0,03 · 0,02   f) 0,015 · 0,0011
g) 0,5 · 0,12   h) 0,14 · 5
i) 20 · 0,008   j) 0,3 · 400
k) 150 · 0,04   l) 0,05 · 0,18

19 Berechne schriftlich.
a) 3,4 · 2,6   b) 1,25 · 4,26
   1,3 · 4,5   3,04 · 2,15
   2,9 · 2,1   8,28 · 1,07

20 a) Fülle im Heft die Multiplikationstabelle links weiter aus.
b) Rechne ebenso die rechte Tabelle. Was fällt dir in den grauen Randfeldern auf?

a)
·	0,3	0,7	
2	0,6		■
3	0,9		■
	1,5	■	■

b)
·	0,2	0,8	
0,4			■
0,6			■
	■	■	■

c) ☼ Denke dir selbst Multiplikationstabellen aus, bei denen die Summe der beiden Faktoren jeweils 1 (2; 3) ergibt. Was fällt dir bei den Randfeldern auf?

Tipp
Faktor · Faktor
= Produkt
Zahl + Zahl
= Summe

21 Füge die Satzbausteine richtig zusammen.

Das 0,5 –Fache …
Das 2,5 –Fache …
Das 0,25 –Fache …
ist soviel wie …
Das 2,75 –Fache …
Das 0,7 –Fache …
Das 2,2 –Fache …

… 7 Zehntel
… ein Viertel
… die Hälfte
… das Doppelte plus die Hälfte
… das Doppelte plus ein Fünftel
… das Doppelte plus drei Viertel

22 ● Denke dir eine Textaufgabe zu
a) 3,2 · 6 = 19,2,   b) 1,7 · 4,3 = 7,31,
c) ●● 2,6 · 0,2 = 0,52   aus.

23 Hier wurde einige Male falsch gerechnet. Berichtige die Fehler.
a) 80 · 0,3 = 2,4   b) 0,7 · 0,09 = 0,0063
c) 4 · 0,06 = 4,06   d) 0,05 · 11,1 = 5,555

24 ☼ Setze die Ziffern 1; 3; 5; 0 so in die Kästchen ein, dass ■,■ · ■,■
a) ein möglichst großer Wert entsteht,
b) ein möglichst kleiner Wert entsteht,
c) ● das Produkt den Wert 4,5 hat.

25 Schätze das Ergebnis. Schreibe die Schätzung so auf wie im Beispiel.

Beispiel

Aufgabe	so schätze ich	Schätzergebnis
1,98 · 5,2	2 · 5	10

a) 16,837 · 2,05   b) 1,53 · 2,9
c) 106,8 · 28,42   d) 0,6 · 72
e) 8,47 · 9,79   f) 512,6 · 4,94
g) 1,7 · 7,1   h) 33,3 · 17,6
i) 🖩 Berechne die Aufgaben mit dem Taschenrechner. Vergleiche mit der Schätzung.

26 a) Ordne die Rechnungen den Ergebnissen zu. Achtung: Ein Ergebnis fehlt noch! Wie lautet es?

| 0,6 | 1,2 | 2,4 | 3,6 |

Rechnungen: 2,4 · 0,5; 0,4 · 0,3;
20 · 0,03; 60 · 0,04; 2 · 0,6; 0,2 · 12;
2,4 · 1,5; 0,06 · 2; 1,8 · 2; 1,2 · 0,5
b) Finde weitere passende Aufgaben.

27 a) Berechne der Reihe nach:
0,8 · 1,2; 0,4 · 2,4; 0,2 · 4,8; 0,1 · 9,6.
b) Setze die Reihe aus → Teilaufgabe a) mit zwei weiteren Rechnungen fort.

28 a) ☼ Finde zehn Multiplikationsaufgaben zu ■ · ■ = 12.
b) ● Wie viele Multiplikationsaufgaben gibt es dazu?

Dezimalzahl durch natürliche Zahl dividieren

Beim Bahnweltcup wurde in der 4000-m-Mannschaftsverfolgung folgende Zeit erzielt: 4:05,664 min, das sind 245,664 s. Für das Training werden häufig die Zeiten pro Runde oder bei längeren Strecken die 1000-m-Zeiten berechnet.

Wie viel Sekunden haben die Fahrer durchschnittlich auf 1000 m, wie viel pro Runde, d. h. für 200 m gebraucht?

Um eine **Dezimalzahl durch eine natürliche Zahl zu dividieren,**
- dividiere die Dezimalzahl wie eine natürliche Zahl und
- setze beim Überschreiten des Kommas auch im Ergebnis das Komma.

Du kannst das Komma im Ergebnis auch durch eine Überschlagsrechnung finden.

Tipp
Zur Berechnung aller Nachkommaziffern müssen manchmal Endnullen ergänzt werden.

Beispiele

a) 27,90 : 6 = 4,65
   Überschlag: 30 : 6 = 5

   Das Komma trennt die Einer und die Zehntel. Hier muss auch im Ergebnis das Komma gesetzt werden.

b) 0,84 : 6 = 0,14
   Überschlag: 0,6 : 6 = 0,1

   Achte auf die Null.

---

1 Rechne im Kopf.
a) 0,9 : 3   0,09 : 3   9,0 : 3
b) 0,08 : 4   0,8 : 4   8,00 : 4
c) 1,2 : 6   12,0 : 6   0,12 : 6
d) 0,36 : 9   3,6 : 9   0,036 : 9

Tipp
→ Aufgabe 5
Hast du ein Regelheft? Dann notiere deine Regel dort, nachdem du sie mit anderen verglichen hast.

2 Rechne im Kopf.
a) 14,2 : 2   25,5 : 5   18,6 : 6
b) 8,24 : 4   6,18 : 3   16,32 : 8
c) 18,27 : 9   7,49 : 7   30,42 : 6
d) 0,96 : 12   0,105 : 15   0,65 : 13

3 Dividiere.
a) 162,5 : 5; 16,25 : 5; 1,625 : 5
b) 992,8 : 8; 99,28 : 8; 9,928 : 8

4 Führe zunächst eine Überschlagsrechnung durch. Berechne dann genau.
a) 11,4 : 6   b) 87,6 : 3
c) 155,4 : 7   d) 191,5 : 50
e) 102,5 : 5   f) 3,36 : 4

5 Dividiere. Du musst nicht jede Aufgabe schriftlich rechnen.
a) 6121,85 : 10
   6121,85 : 100
   6121,85 : 1000
b) 38,9 : 10
   38,9 : 100
   38,9 : 1000
c) Erfinde selbst drei ähnliche Aufgaben.
d) ● Formuliere eine Regel zur Division von Dezimalzahlen durch 10; 100; 1000; usw.

Rund um den Sport

6 Wenn du durch 5 oder 50 teilst, kannst du geschickt rechnen. Verdopple die Zahl und teile dann durch 10 bzw. durch 100. Rechne im Kopf.
a) 13,5 : 5
   17,5 : 5
   38,2 : 5
b) 102,5 : 50
   180,5 : 50
   242,2 : 50

7 Das Ergebnis von 156 : 6 ist 26. Nun kannst du leicht dividieren.
a) 15,6 : 6
   1,56 : 6
   0,156 : 6
   0,0156 : 6
b) 156 : 60
   15,6 : 60
   1,56 : 60
   0,156 : 60

8 Wo musst du beim Dividenden das Komma setzen, damit das Ergebnis stimmt?

	Dividend	Divisor	Ergebnis
a)	1 2 4	: 4	3,1
b)	3 9 5	: 5	7,9
c)	9 8 4	: 8	12,3
d)	1 1 8 3 5	: 15	0,789

9 🖩 Berechne schriftlich und überprüfe mit dem Taschenrechner.
a) 40,3 : 8
   6,05 : 5
   34,2 : 9
b) 127,5 : 4
   322,8 : 5
   337,8 : 6
c) 0,1524 : 6
   0,8757 : 7
   0,8984 : 8

💡 Fehler finden durch Überschlagen

Wenn du eine Überschlagsrechnung durchführst, kannst du leicht Fehler bei Rechenaufgaben finden. So kannst du auch herausfinden, ob du dich bei der Taschenrechnereingabe vertippt hast. Das kommt gar nicht so selten vor!

10 Suche die Fehler und korrigiere die Rechnung.
a) 0,5 : 5 = 0,01
b) 0,21 : 7 = 0,3
c) 6,06 : 6 = 1,1
d) 5,6 : 8 = 7
e) 0,99 : 9 = 0,9
f) 1,44 : 12 = 1,2

11 ●● Setze die Ziffern 4; 5; 6 und 1 so in die Kästchen ein, dass
□□,□ : □ = ?
a) ein möglichst großes Ergebnis entsteht,
b) ein möglichst kleines Ergebnis entsteht,
c) das Ergebnis 3,28 ist,
d) das Ergebnis 12,9 ist.

12 Eine Schule bekommt für die neue Sporthalle die folgende Lieferung von Bällen:

Bälle	Gewicht aller Bälle
25 Fußbälle	10,500 kg
12 Handbälle	4,200 kg
15 Volleybälle	4,050 kg
16 Basketbälle	9,792 kg
30 Gymnastikbälle	5,400 kg
144 Tischtennisbälle	0,144 kg
72 Badmintonbälle	0,252 kg
4 American Footbälle	1,680 kg

Wie viel wiegt jeweils ein einzelner Ball? Gib das Gewicht in sinnvoller Einheit an.

13 Wie viel kostet jeweils ein einzelner Tennisball?

a) Starter Play
4er-Stage **5,60 €**

b) Team Q Trainer
96 Stück **109,90 €**

c) Starter Balls
48er **66,90 €**

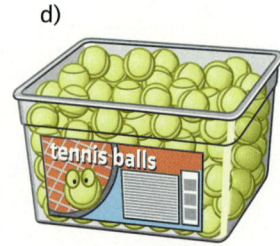

d) Profi-Box
72 Bälle **74,80 €**

:	2	4	5
4,8	□	□	□
7,6	□	□	□
10,8	□	□	□
15,3	□	□	□
36,3	□	□	□
49,5	□	□	□
100,2	□	□	□
145,6	□	□	□
200,2	□	□	□

→ Kannst du's?
Seite 126, 3 und 4

Olympia der Tiere

Die Waldmaus kommt bis auf die nördlichsten Gebiete in ganz Europa und Asien vor.
Körperlänge: 9 cm
Sprungweite: 0,7 m

Der Rotfuchs lebt heutzutage nicht nur in Wäldern, sondern auch in Städten, in Schrebergärten oder Parks.
Körperlänge: 0,65 m
Sprungweite: 2,8 m

Der Grashüpfer lebt von Pflanzen, insbesondere von Gräsern.
Körperlänge: 6,5 cm
Sprungweite: 2 m

Das Impala ist eine Antilopenart und lebt in großen Herden in Süd- und Ostafrika.
Körperlänge: 1,6 m
Sprungweite: 10 m

Der Tiger ist die größte Raubkatze der Erde und lebt in Asien. Er ist heute stark bedroht, vor allem durch Wilderei.
Körperlänge: 2 m
Sprungweite: 5 m

Der Löwe ist das imposanteste Raubtier Afrikas und kann im Rudel fast jedes Wild erbeuten.
Körperlänge: 1,8 m
Sprungweite: 4,5 m

Das Riesenkänguru lebt in den Steppen Australiens. Es kann mit den mächtigen Hinterbeinen eine gewaltige Sprungkraft entwickeln.
Körperlänge: 1,6 m
Sprungweite: 10 m

Wie könnten Löwe, Grashüpfer, Waldmaus, Tiger, Rotfuchs, Impala und das Riesenkänguru einen fairen Weitsprungwettbewerb austragen?
Welches Tier ist der beste Weitspringer?

1
a) Wie oft passt die Körperlänge des Tigers in seine Sprungweite?
b) Wie ist das bei den anderen Tieren?

2 Wie weit könnte ein Kind von 1,55 m Größe jeweils springen, wenn es die Sprungkraft von Löwe, Tiger usw. hätte? Stellt eine Rangliste der übertragenen Weitsprünge der Tiere auf und markiert auf dem Schulhof die Weiten.

3 Gestaltet ein Plakat mit einer Siegertabelle. Schreibt eine spannende Reportage dieses Wettkampfes der Tiere. Beachtet, dass die Bedingungen des Wettkampfes fair sein sollten. Präsentiert der Klasse eure Plakate und eure Reportage.

4 Informiere dich über Sprungweiten anderer Tiere. Findest du noch andere Weitsprungmeister im Tierreich?

→ Informationen suchen, Seite 236

Rund um den Sport

Dezimalzahl durch Dezimalzahl dividieren

Blaurückenlachse leben entlang der nordamerikanischen Pazifikküste und in nordamerikanischen Seen und Flüssen. Sie sind ca. 0,6 m lang. Bei ihrem Weg vom Meer zu den Laichplätzen müssen sie mit hohen und weiten Sprüngen viele Stromschnellen überwinden. Besonders an den Stromschnellen lauern Gefahren.
Die Blaurückenlachse können bis zu 3,60 m hoch springen – das Wievielfache ihrer Körperlänge ist das?

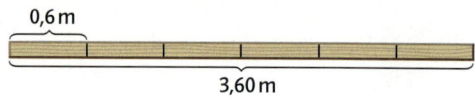

0,6 m
3,60 m

Tipp
Dividend : Divisor = Quotient

Eine **Dezimalzahl** wird **durch eine Dezimalzahl dividiert**, indem man das Komma bei beiden Zahlen gleichmäßig um so viele Stellen nach rechts verschiebt, dass im Divisor (der zweiten Zahl) kein Komma mehr steht. Dann rechnet man so wie bei der Division von Dezimalzahlen durch eine natürliche Zahl weiter.

Tipp
Zur Überprüfung des Ergebnisses führe eine Überschlagsrechnung durch.

Beispiele
a) Ein Gibbon ist 0,85 m groß. Er kann 12,75 m weit springen. Das Wievielfache seiner Körperlänge ist das?
Die Körperlänge des Gibbon passt 15-mal in seine Sprunglänge, also kann er das 15-Fache seiner Körperlänge springen.

Rechnung:
12,75 m : 0,85 m = 1275 cm : 85 cm = 15
− 85
425
− 425
0
Überschlag: 12 : 1 = 12

Tipp
Eventuell ergänzt man bei der ersten Zahl so viele Nullen, dass sie gleich viele Stellen wie die zweite Zahl hat.

b) 8,75 : 0,7 = 87,5 : 7 = 12,5
− 7
17
− 14
35
− 35
0
Überschlag: 9 : 1 = 9

c) 7 : 1,12 = 7,00 : 1,12 = 700 : 112 = 6,25
− 672
280
− 224
560
− 560
0
Überschlag: 7 : 1 = 7

1 Übe das Verschieben des Kommas und rechne im Kopf.
a) 3,6 : 1,2
8,4 : 2,1
4,8 : 1,6
b) 5,5 : 0,5
1,8 : 0,2
0,75 : 0,15
c) 3 : 1,5
90 : 0,03
5 : 0,02
d) 1,1 : 0,002
8 : 0,04
0,5 : 0,25

2 Rechne schriftlich.
a) 18,6 : 3,1
10,8 : 0,2
b) 23 : 0,25
12 : 1,5
c) 3,672 : 1,2
61,2 : 0,9
d) 6,402 : 1,1
38,85 : 10,5
e) 3,71 : 0,7
1,74 : 0,3
f) 32,4 : 0,04
0,8 : 0,16

:	0,8	1,6	2,5
5,2	☐	☐	☐
10,5	☐	☐	☐
0,75	☐	☐	☐
0,1	☐	☐	☐
0,49	☐	☐	☐
2,04	☐	☐	☐
3,03	☐	☐	☐
8,8	☐	☐	☐

→ Kannst du's?
Seite 126, 3 und 4

3 Das Ergebnis von 312 : 24 ist 13. Jetzt kannst du leicht rechnen.
a) 3,12 : 0,24   b) 3,12 : 2,4
c) 0,312 : 0,24   d) 0,312 : 2,4
e) 31,2 : 0,24   f) 0,312 : 0,024

4 a) ☼ Hier sind die Aussagen von zwei Kindern aus der 4. Klasse.
Timo: „6 : 3 ist dasselbe wie 3 : 6, denn bei 3 · 6 und 6 · 3 kann man die Zahlen ja auch vertauschen."
Sophie: „3 : 6 kann man nicht rechnen, weil 6 größer als 3 ist."
Was sagst du dazu? Schreibe zu beiden Aussagen eine Erklärung, die Viertklässler verstehen und erläutere sie mit einem Bild oder einer Skizze.
b) 👥 Tauscht eure Erklärungen aus. Wenn nötig, verbessert eure Erklärungen, sodass sie noch verständlicher sind.

5 Suche die Fehler und korrigiere sie.
a) 0,48 : 0,06 = 0,8   b) 1,44 : 1,2 = 1,2
c) 3 : 0,6 = 0,2   d) 12,4 : 0,02 = 620

⚙ Verschiedene Vorstellungen zur Division

Wenn du erklären willst, warum Division durch Dezimalzahlen „größer machen" kann, hilft es zu überlegen, was die Division bedeuten könnte. Dividieren musst du nicht nur, wenn du etwas gleichmäßig aufteilen willst, zum Beispiel 6,60 € gerecht an 3 Kinder verteilen. (Rechnung: 6,60 € : 3).
Die Division kann auch die Frage beantworten, wie oft etwas in etwas anderes hineinpasst.

Beispiel Die Spitzmaus macht Sprünge von 0,7 m. Wie viele Sprünge braucht sie, um 4,2 m zu schaffen?
Rechnung: 4,2 m : 0,7 m = 6
Die Spitzmaus braucht 6 Sprünge.

6 👥🖩 Spielt eine Runde Taschenrechner-Fußball (→ Seiten 114 und 115). Diesmal ist als Rechenoperation nur die Division erlaubt!

7 Setze bei den Ergebnissen das Komma an die richtige Stelle. Schreibe auch deine Überschlagsrechnung auf.
a) 26,292 : 4,2 = 6 2 6
b) 4,3296 : 0,82 = 5 2 8
c) 0,84 : 0,24 = 3 5
d) 518,49 : 4,2 = 1 2 3 4 5
e) 21,132 : 0,03 = 7 0 4 4

8 Rechne jeweils die erste Aufgabe schriftlich und benutze das Ergebnis für die nächsten Rechnungen.
a) 1685 : 5   b) 26 : 16
    16,85 : 5   2,6 : 1,6
    16,85 : 0,5   26 : 1,6
    1,685 : 0,5   26 : 0,16
c) 288 : 12   d) 504 : 24
    28,8 : 1,2   5,04 : 2,4
    2,88 : 1,2   5,04 : 0,24
    28,8 : 0,12   50,4 : 0,24

9 a) Die Rechnungen : 0,1 und · 10 führen zum gleichen Ergebnis. Rechne das bei folgenden Aufgaben nach:
8,23 : 0,1 und 8,23 · 10.
b) Das Gleiche gilt für : 0,25 und · 4. Zeige das an einem Beispiel.
c) ● Welche Rechnung gehört dazu?
: 0,5 und ☐   : 0,2 und ☐
d) ●● Erkläre, warum die Rechnungen zu denselben Ergebnissen führen. Denke dabei an den Zusammenhang zwischen Dezimalzahlen und Brüchen.

10 Ist das Ergebnis von
a) 37,2 : 0,21 größer oder kleiner als 37,2,
b) 37,2 : 2,1 größer oder kleiner als 37,2,
c) 138,9 : 5,2 größer oder kleiner als 138,9,
d) 12,7 : 0,08 größer oder kleiner als 12,7,
e) 0,2 : 0,5 größer oder kleiner als 0,2?

11 Die Fruchtfliegenmade ist 3 mm lang und kommt weltweit vor. Wenn sie sich vor Feinden in Sicherheit bringen muss, zieht sie sich zusammen und spritzt Körpersäfte aus. Durch diesen Druck springt sie 4,2 cm hoch. Wie oft passt die Körperlänge der Fruchtfliegenmade in ihre Sprunghöhe? Wie hoch würdest du springen, wenn du die Sprungkraft der Fruchtfliegenmade hättest?

12 Vergleiche die Sprunghöhen:

	Körpergröße	Sprunghöhe
Riesenkänguru	1,6 m	3,6 m
Floh	1,5 mm	22,5 cm
Mann	1,8 m	2,45 m (Hochsprung-Weltrekord)

13 a) Wie oft passt die Höhe einer Tipp-Kick-Spielfigur in die Körpergröße eines 1,80 m großen Spielers?
b) ● Der Internationale-Tischfußball-Verband hat die Tipp-Kick-Maße festgelegt. Vergleiche.

	Tipp-Kick	Fußballfeld
Torbreite	9 cm	7,32 m
Torhöhe	6,5 cm	2,44 m
Spielfeldbreite	75 cm	64 m bis 73 m
Spielfeldlänge	124 cm	100 m bis 110 m
Strafraumbreite	14 cm	16,46 m
Strafraumlänge	34 cm	40,32 m

14 Der Rasen des Fußballfelds im *Weserstadion* in Bremen ist 105 m lang und 68 m breit. Die Schnittbreite des Rasenmähers des Platzwarts ist 1,30 m.
a) Wie oft muss der Platzwart beim Rasenmähen mindestens hin und her fahren?
b) Welche Strecke legt der Platzwart dabei zurück?

15 Während des Sports sollte man regelmäßig kleine Mengen trinken. Wer länger als 2 bis 3 Stunden Sport treibt, sollte den Verlust von Mineralstoffen und Spurenelementen mit isotonischen Getränken ausgleichen. Dafür gibt es spezielle (und teure) Power- und Vitamindrinks. Aber es geht auch billiger: Der deutsche Sportbund sagt: „Apfelschorle ist für Breitensportler optimal."
a) Berechne den Literpreis folgender isotonischer Getränke.

Getränke	Menge	Preis
Vitamin-Drink	1,25 l	1,59 €
Tick-Apfelschorle	1,5 l	0,49 €
Tack-Apfelschorle	6 × 0,5 l	1,29 €
Power-Drink	0,25 l	0,59 €
Super-Power	0,5 l	0,99 €
Fit-Getränk	0,75 l	0,73 €
Tock-Apfelschorle	0,5 l	0,49 €

b) ⊕ Erkundige dich selbst nach solchen Preisen und vergleiche.

16 Die Klasse 6c möchte mit den Fahrrädern in eine 40 km entfernte Jugendherberge fahren. Die Schülerinnen und Schüler schätzen, dass sie etwa 16 km in einer Stunde schaffen.
a) Wie lange werden sie für den Weg in die Jugendherberge etwa brauchen?
b) Von dort aus wollen sie in ein 12 km entferntes Spaß-Bad fahren.

17 ☼ Marie sagt: „7,2 : 0,6 = 12 kann nicht richtig sein, denn Division macht Zahlen immer kleiner." Widerlege Maries Behauptung, indem du dir eine passende Textaufgabe ausdenkst.

→ Kannst du's?
Seite 126, 7 und 8

Rechnen mit Zehnerpotenzen

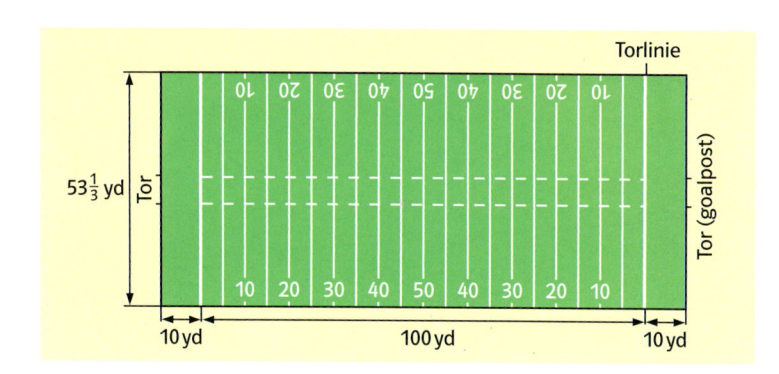

Die Abbildung links zeigt die Maße eines Football-Feldes. Überlege, wie du am einfachsten berechnen kannst, wie lang die Strecke von 10 Yard und von 100 Yard ist.
1 Yard gleich 91,44 cm

Tipp
Die Zahlen heißen **Zehnerpotenzen**, weil
10 = 10^1
10 · 10 = 10^2 = 100
10 · 10 · 10 = 10^3 = 1000
usw.

Um eine Dezimalzahl mit einer Zehnerpotenz (10, 100, 1000, ...) zu **multiplizieren**, musst du das **Komma** um die Anzahl der Nullen dieser Zehnerpotenz nach **rechts** verschieben. Die Ziffernfolge bleibt unverändert.

Um eine Dezimalzahl durch eine Zehnerpotenz (10, 100, 1000, ...) zu **dividieren**, musst du das **Komma** um die Anzahl der Nullen dieser Zehnerpotenz nach **links** verschieben. Die Ziffernfolge bleibt unverändert.

Tipp
Wenn die Anzahl der Ziffern nicht ausreicht, werden Nullen vorangesetzt oder angehängt.

Beispiele

a)

H	Z	E,	z	h	t
	3	4	2		
		3	4	2	
			3	4	2

b) 0,45 m · 10 → 4,5 m · 10 → 45 m
   45 m : 10 → 4,5 m : 10 → 0,45 m

c) 0,765 · 10 = 7,65
   0,765 · 100 = 76,5

d) 3,14 · 1000 = 3140
   31,4 · 1000 = 31 400

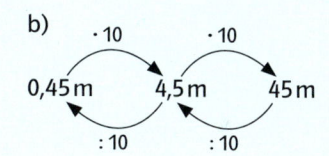

e) 567,2 : 10 = 56,2
   567,2 : 100 = 5,62

f) 12,6 : 100 = 0,126
   1,26 : 100 = 0,0126

1 Multipliziere im Kopf.
a) 4,92 · 10
   4,92 · 100
   4,92 · 1000
b) 3,9 · 10
   3,9 · 100
   3,9 · 1000
c) 0,63 · 10
   0,63 · 100
   0,63 · 1000
d) 1,85 · 100
   0,05 · 100
   20,3 · 100
e) 0,425 · 100
   4,07 · 10
   5,2 · 100
f) 0,04 · 1000
   3,33 · 1000
   12,12 · 100

2 Dividiere im Kopf.
a) 4368,2 : 10
   4368,2 : 100
   4368,2 : 1000
b) 56,13 : 10
   56,13 : 100
   56,13 : 1000
c) 0,4 : 10
   0,4 : 100
   0,4 : 1000
d) 611,3 : 100
   40,8 : 10
e) 34,2 : 1000
   70,4 : 100
f) 1,1 : 10 000
   0,2 : 1000

3 Gib an, mit welcher Zahl du multiplizieren musst:
a) 0,02 · ☐ = 2
b) 1,003 · ☐ = 1003
c) 0,054 · ☐ = 54
d) 3,71 · ☐ = 371
e) 460,60 · ☐ = 4606
f) 0,400 · ☐ = 4

4 Durch welche Zahl musst du dividieren?
a) 1,2 : ☐ = 0,12
b) 56,7 : ☐ = 0,567
c) 225 : ☐ = 0,225
d) 1 : ☐ = 0,0001
e) 0,04 : ☐ = 0,0004
f) 3500 : ☐ = 3,5

5 ● „Wenn ich eine Zahl mal 10 nehme, muss ich einfach eine Null an die Zahl anhängen."
Stimmt das? Begründe.

Tipp
→ **Aufgabe 6 und 7**
Hast du ein eigenes Regelheft? Dann notiere deine Regeln dort.

6 Multipliziere im Kopf.
a) 312,3 · 10
   312,3 · 1
   312,3 · 0,1
   312,3 · 0,01
   312,3 · 0,001
b) 7,94 · 10
   7,94 · 1
   7,94 · 0,1
   7,94 · 0,01
   7,94 · 0,001
c) ☼ Formuliere eine Regel zum Multiplizieren mit 0,1; 0,01 usw.
d) 👥 Vergleicht eure Regeln. Sind sie verständlich? Verändert sie gegebenenfalls.

7 Dividiere im Kopf.
a) 5,8 : 10
   5,8 : 1
   5,8 : 0,1
   5,8 : 0,01
   5,8 : 0,001
b) 261,725 : 10
   261,725 : 1
   261,725 : 0,1
   261,725 : 0,01
   261,725 : 0,001
c) ☼ Formuliere eine Regel zum Dividieren durch 0,1; 0,01 usw.
d) 👥 Vergleicht eure Regeln. Sind sie verständlich? Verändert sie gegebenenfalls.

Tipp
→ **Aufgabe 8**

8 a) Ordne die Aufgaben den richtigen Ergebnissen auf dem Rand zu. Die Lösungsbuchstaben ergeben den Namen einer berühmten Mathematikerin.
1) 1,75 · 0,1
2) 23,7 : 0,1
3) 16,39 · 0,01
4) 1,75 : 0,1
5) 23,7 : 0,01
6) 16,39 · 0,1
7) 1,75 · 0,01
8) 23,7 · 0,01
9) 16,39 : 0,1
10) 1,75 : 0,001
11) 23,7 · 0,1

b) 🌐💻 Suche Informationen zum Lebensweg und den Arbeitsbereichen dieser Mathematikerin. Präsentiere deine Ergebnisse in einem kurzen Vortrag.

0,0175	E
0,237	T
0,1639	M
0,175	E
2,37	R
1,639	O
17,5	Y
237	M
163,9	H
1750	E
2370	N

→ Kannst du's? Seite 126, 5 und 6
→ Präsentation, Seite 239

9 Entscheide jeweils vor dem Rechnen, ob das Ergebnis größer oder kleiner als die erste Zahl wird.
a) 0,8 · 0,1   0,8 : 0,1
b) 27,3 · 0,01   27,3 · 0,01
c) 1234 · 0,001   1234 : 0,001
d) 7890 · 0,01   7890 : 100
e) 63,6 · 10   63,6 : 0,1

10 Rechne im Kopf.
a) 96,44 · 0,1   96,44 : 10
b) 96,44 : 0,1   96,44 · 10
c) 96,44 · 0,01   96,44 : 100
d) 96,44 : 0,01   96,44 · 100
e) 96,44 · 0,001   96,44 : 1000
f) 96,44 : 0,001   96,44 · 1000
g) Was fällt dir bei den Aufgaben auf?
h) ●● Erkläre an einem Beispiel, warum das so ist.
Überlege dazu, was z. B. · 0,1 oder : 0,1 bedeutet. Du kannst dazu auch eine Textaufgabe erfinden und sie aufschreiben.

So kannst du eine Dezimalzahl in einen Bruch umwandeln: Wandle die Dezimalzahl in einen Bruch mit dem Nenner 10; 100; 1000; … um. Du kannst den Nenner auch an der Stellenwerttafel erkennen. Manchmal kannst du noch kürzen.

Beispiel $0{,}247 = \frac{247}{1000}$; 3 Stellen, 3 Nullen

E	z	h	t
0	2	4	7

---

11 Schreibe wie im Beispiel.
Beispiel $1 : 10 = \frac{1}{10} = 0{,}1$
a) 1 : 100
   1 : 1000
   1 : 10 000
b) 23 : 10
   23 : 100
   23 : 1000
c) 99 : 10
   99 : 100
   99 : 1000

12 Schreibe wie im Beispiel.
Beispiel $0{,}61 = \frac{61}{100}$
a) 0,1
b) 0,11
c) 0,111
d) 0,3
e) 0,37
f) 0,331

13 Wandle in einen Bruch um.
a) 0,7
b) 0,193
c) 0,29
d) 0,533
e) 0,43
f) 1,67

14 Wandle in einen Bruch um und kürze ihn dann.
a) 0,2
b) 0,25
c) 0,6
d) 0,55
e) 0,42
f) 2,44

Rund um den Sport

Quoten, Brüche und Dezimalzahlen

Bei Basketball-Spielen wird die Trefferquote angegeben. Sie gibt die Anzahl der Treffer von den Gesamtwürfen an.

Trefferquote $= \frac{\text{Anzahl der Treffer}}{\text{Anzahl der Würfe}}$

Beispiel Wird bei 3 von 4 Freiwürfen getroffen, ist die Trefferquote $\frac{3}{4}$.

Entscheide, welche dieser vier U16-Mannschaften die beste Freiwurf-Trefferquote hat:
Baskets $\frac{6}{16}$; Eisbären $\frac{8}{20}$; Tigers 0,35; Junior Highs 0,4

Um einen **Bruch in eine Dezimalzahl umzuwandeln**, wird der Zähler durch den Nenner dividiert. Dabei gibt es zwei Möglichkeiten:
- Die Division endet irgendwann, es entsteht eine endliche Dezimalzahl, z. B. $\frac{3}{4} = 0{,}75$.
- Die Division bricht nicht ab, sondern wiederholt sich ständig.

Die Zahlen, die sich wiederholen, nennt man **Periode**. Eine solche Dezimalzahl heißt **periodische Dezimalzahl**. Die Periode wird mit einem Periodenstrich geschrieben, z. B. $\frac{1}{6} = 0{,}166\,666\ldots = 0{,}1\overline{6}$ (lies: Null Komma 1 Periode 6).

Beispiel

Zwei Trefferquoten sind $\frac{3}{4}$ und $\frac{24}{30}$. Um die Trefferquoten vergleichen zu können, kann man sie in Dezimalzahlen umwandeln. Der Bruchstrich wird dabei als Divisionszeichen aufgefasst: $\frac{3}{4} = 3 : 4 = 0{,}75$ und $\frac{24}{30} = 24 : 30 = 0{,}8$. Die Trefferquote $\frac{24}{30}$ ist besser als $\frac{3}{4}$.

---

1 a) Wandle die folgenden Brüche in Dezimalzahlen um.

$\frac{1}{2}$; $\frac{1}{3}$; $\frac{1}{4}$; $\frac{1}{5}$; $\frac{1}{6}$; $\frac{1}{8}$; $\frac{1}{9}$; $\frac{1}{10}$

b) Beim Umwandeln in Dezimalzahlen verhalten sich die Brüche unterschiedlich. Ordne die Ergebnisse aus → Teilaufgabe a) unterschiedlichen Gruppen zu und gib den Gruppen einen Namen.

c) ☼ Untersuche noch drei weitere Brüche.

2 Wandle in eine Dezimalzahl um. Ist das Ergebnis eine endliche oder eine periodische Dezimalzahl?

a) $\frac{4}{5}$ b) $\frac{5}{8}$ c) $\frac{7}{10}$ d) $\frac{2}{3}$

e) $\frac{5}{6}$ f) $\frac{11}{8}$ g) $\frac{7}{15}$ h) $\frac{13}{4}$

i) ● Warum kommt bei $\frac{1}{3}$ nur die 3 in der Periode vor?

3 a) Die deutsche Frauen-Nationalmannschaft im Basketball hatte in einem Spiel eine Freiwurf-Trefferquote von $\frac{24}{31}$. Ist die Freiwurf-Trefferquote besser oder schlechter als $\frac{29}{40}$?

b) Bestimme die Trefferquoten aus einem Spiel von Bayer Leverkusen als Dezimalzahl.

Spieler	Punkte	2-P	3-P	1-P
Wagner	18	$\frac{6}{8}$	$\frac{1}{3}$	$\frac{3}{4}$
Taylor	25	$\frac{5}{10}$	$\frac{2}{3}$	$\frac{9}{10}$
Gesamt	77	$\frac{20}{40}$	$\frac{4}{9}$	$\frac{25}{30}$

c) Dirk Nowitzki gilt als einer der besten internationalen Spieler in der Geschichte des Basketballsports. 2011 stellte er mit einer Trefferquote von 1 einen Rekord auf. Wie viele seiner 24 Freiwürfe waren dabei Treffer?

→ Kannst du's? Seite 126, 6

Check-in   Aktiv   Kurs   **Check**   Thema   Kompakt   Test

Kann ich's?

Check
3vf3r6

		Das kann ich.	Da bin ich fast sicher.	Da bin ich unsicher.	Das kann ich noch nicht.
	Mit Dezimalzahlen rechnen				
1	Ich kann Dezimalzahlen schriftlich addieren und subtrahieren. → Seiten 108 und 109	☐	☐	☐	☐
2	Ich kann Dezimalzahlen miteinander multiplizieren. → Seiten 112 bis 116	☐	☐	☐	☐
3	Ich kann Dezimalzahlen durch ganze Zahlen und durch Dezimalzahlen dividieren. → Seiten 117, 118 und 120 bis 122	☐	☐	☐	☐
4	Ich kann Ergebnisse von Rechnungen mit Dezimalzahlen überschlagen. → Seiten 113, 114, 118 und 121	☐	☐	☐	☐
5	Ich kann Dezimalzahlen mit Zehnerzahlen oder 0,1; 0,01 usw. multiplizieren oder durch diese Zahlen dividieren. → Seiten 123 und 124	☐	☐	☐	☐
6	Ich kann Dezimalzahlen in Brüche und Brüche in Dezimalzahlen umrechnen. → Seiten 124 und 125	☐	☐	☐	☐
	Texte verstehen und Rechenoperationen zuordnen				
7	Ich kann aus einem Sachtext Informationen entnehmen, die ich für die Beantwortung einer mathematischen Fragestellung brauche. → Seiten 109, 113, 114 und 122	☐	☐	☐	☐
8	Ich kann Zahlen durch Multiplikation verkleinern oder durch Division vergrößern. → Seiten 114 und 122	☐	☐	☐	☐
		Ich helfe anderen.	Ich übe weiter.	Ich frage andere.	Ich frage eine Lehrperson.

Rund um den Sport

Aufgaben

1 Schriftlich addieren, subtrahieren
Berechne schriftlich.
a) 21,35 + 1,944
b) 0,738 + 6,6
c) 3,911 − 2,14
d) 15 − 4,438

2 Dezimalzahlen multiplizieren
Berechne.
a) 12,3 · 4,1
b) 8,241 · 0,66

3 Dezimalzahlen dividieren
Berechne.
a) 25,8 : 3
b) 25,8 : 0,3
c) 25,8 : 0,03
d) 9 : 12
e) 0,9 : 12

4 Ergebnisse überschlagen
Nutze den Taschenrechner.
a) Multipliziere 33,7 so, dass
- eine Zahl zwischen 70 und 80,
- eine Zahl zwischen 25 und 30

herauskommt.
b) Dividiere 21,24 so, dass
- eine Zahl zwischen 5 und 6,
- eine Zahl zwischen 25 und 30

herauskommt.
c) Schreibe eine Überschlagsrechnung auf.
- 1,9 · 75,3
- 46,89 : 5,2

5 Mit Zehnerzahlen rechnen
Berechne.
a) 34,8 · 10
b) 34,8 · 0,1
c) 34,8 : 10
d) 34,8 : 0,1
e) Mit welcher Zahl musst du 34,8 multiplizieren, damit 0,0348 heraus kommt?

6 Brüche und Dezimalzahlen
a) Ordne richtig zu:

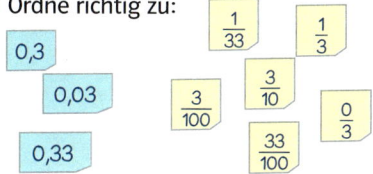

0,3 $\frac{1}{33}$ $\frac{1}{3}$
0,03 $\frac{3}{100}$ $\frac{3}{10}$ $\frac{0}{3}$
0,33 $\frac{33}{100}$

b) Wandle die Brüche in Dezimalzahlen um.

$\frac{4}{5}$ $\frac{3}{8}$ $\frac{5}{9}$

7 Informationen entnehmen
a) Zeichne den Buchstaben in 1,8-facher und in 0,5-facher Größe in dein Heft.
b) Entscheide, mit welcher Rechnung du die folgende Aufgabe lösen kannst:

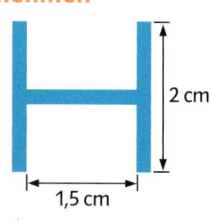

In einer 1 l-Flasche sind 0,9 l reiner Fruchtsaft und 0,1 l Wasser. Das Getränk wird aus der Flasche in 0,2 l-Gläser gegossen. Wie viele Gläser erhält man?
Rechenvorschläge:

0,9 + 0,1;   1 · 0,2;   0,9 · 0,2;
0,9 : 0,2;   1 : 0,2;   0,2 : 1;
0,1 · 0,2;   0,2 : 0,1;   1 − 0,2

c) Beschreibe, wie du bei den → Teilaufgaben a) und b) herausgefunden hast, welche Rechenoperation du benutzen musst.

8 Multiplikation oder Division?
a) Nenne eine Zahl, mit der du 92 multiplizieren musst, damit als Ergebnis eine Zahl kleiner als 92 herauskommt.
b) Nenne eine Zahl, durch die du 92 dividieren musst, damit als Ergebnis eine Zahl kleiner als 92 herauskommt.
c) Denke dir eine Situation aus, die zu der Rechnung passt:
- 10,5 · 0,75
- 3,2 : 0,4

→ Lösungen zum Check, Seite 259

Rund um den Sport

Check-in Aktiv Kurs Check **Thema** Kompakt Test

Erkunde Brüche und Dezimalzahlen

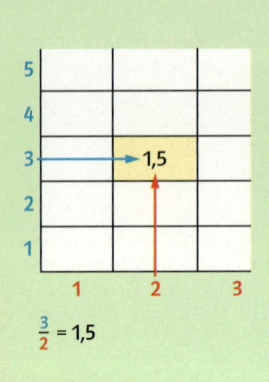

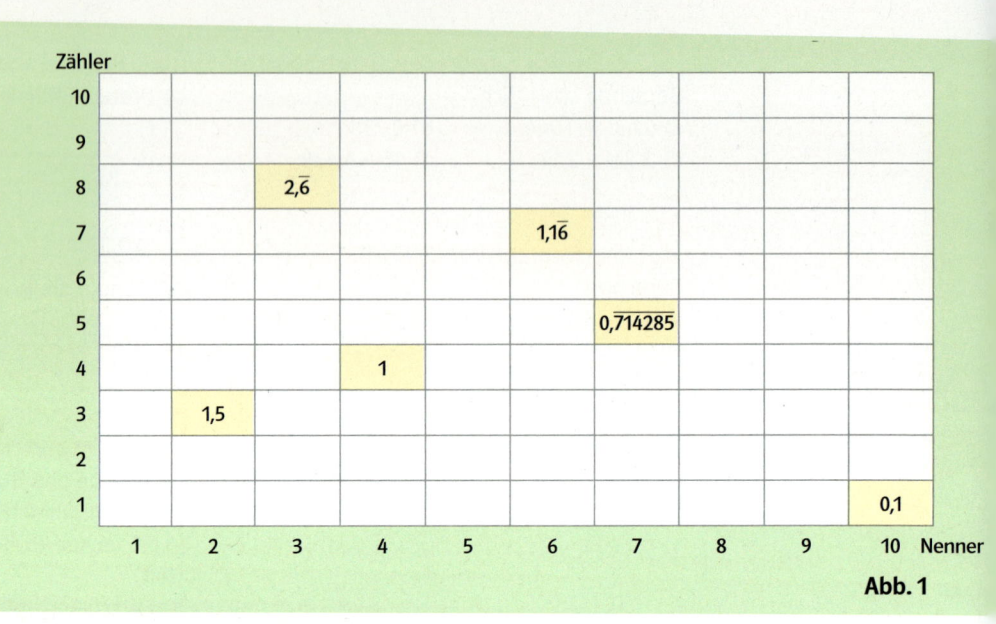

$\frac{3}{2} = 1{,}5$

Abb. 1

1 Hier werden Perioden von Brüchen untersucht.
a) Warum kommt bei $\frac{1}{9}$ nur die 1 in der Periode vor? Wie ist das bei $\frac{2}{9}$, $\frac{3}{9}$ usw.? Warum ist das so? Und was ist bei $\frac{9}{9}$?
b) $\frac{1}{7} = 0{,}\overline{142857}$. Man kann die Ziffern der Periode im Kreis schreiben: Wandle $\frac{2}{7}$ und $\frac{3}{7}$ in Dezimalzahlen um. Wie kannst du dabei den Kreis nutzen? Wandle $\frac{4}{7}$, $\frac{5}{7}$ und $\frac{6}{7}$ in Dezimalzahlen um.
c) ●● Warum kann bei Siebteln die Ziffer 6 in der Periode nicht vorkommen?

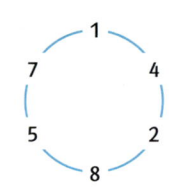

2 In → Abb. 1 sollen Brüche in Dezimalzahlen umgerechnet werden. Die Zahlen am Rand in der Senkrechten geben den Zähler an, die Rand-Zahlen in der Waagerechten geben den Nenner an. In den Kästchen stehen die passenden Dezimalzahlen.

Beispiel Zu dem roten Kästchen gehört der Bruch $\frac{3}{4}$, also muss im Kästchen 0,75 stehen.

a) Erkläre, warum in → Abb. 1 im untersten Kästchen ganz rechts die 0,1 steht.
b) ☼ Übertrage → Abb. 1 in dein Heft oder nutze das Arbeitsblatt mit dem mathe live-Code links. Fülle möglichst viele Kästchen im Raster aus.
Tipp: Du kannst dir beim Ausfüllen Arbeit sparen. Schaue nach Regelmäßigkeiten und Mustern.
c) Warum erscheint die 1 immer in der Diagonalen?
d) 👥☼ Vergleicht, welche Regelmäßigkeiten und Muster ihr gefunden habt.
e) ● Kannst du ohne Rechnung eine Zeile für den Zähler 11 anfügen?
f) ☼ Nutze das Arbeitsblatt aus dem mathe live-Code links.
Im 20 × 20-Rahmen kannst du verschiedene Muster besonders schön darstellen:
• Färbe alle Kästchen, in denen die Zahl 1 stehen müsste, gelb.
• Färbe alle Kästchen, in denen die Zahl 2 stehen müsste, rot und
• alle Kästchen mit 0,5 blau. Beschreibe, was dir auffällt.
Mache das mit anderen Zahlen ebenso.

🌐 Brüche und Dezimalzahlen
6iz5x6

Kompakt

Addieren und Subtrahieren
Schreibe die Dezimalzahlen so untereinander, dass Komma unter Komma steht, und addiere bzw. subtrahiere sie stellenweise.

```
  2 3 , 1 2 7           6 , 0 0
+ 0 , 0 7 5           - 0 , 0 7     Ergänze Nullen.
      1 1                 1 1
  2 3 , 2 0 2           5 , 9 3
```

Multiplizieren
Multipliziere zuerst ohne auf das Komma zu achten.
Setze dann das Komma entweder so,
- dass das Ergebnis ebenso viele Stellen nach dem Komma hat wie die beiden Faktoren zusammen oder
- überschlage das Ergebnis und setze das Komma entsprechend.

Bei der Multiplikation mit einer Zahl zwischen 0 und 1 wird das Ergebnis kleiner als die Ausgangszahl.

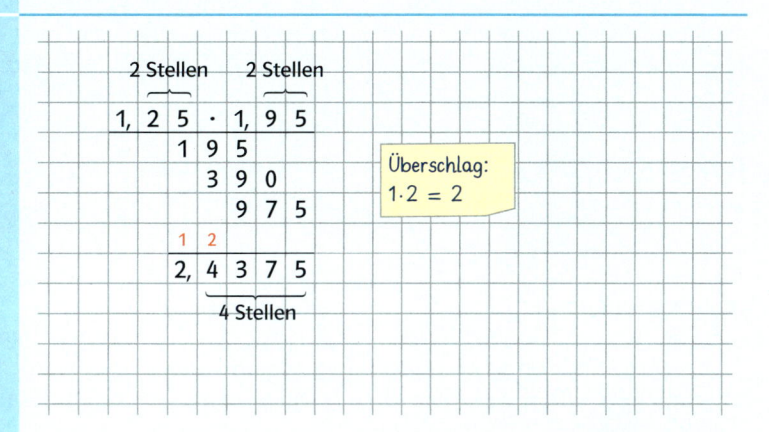

```
         2 Stellen    2 Stellen
         1 , 2 5  ·  1 , 9 5
             1 9 5
             3 9 0             Überschlag:
             9 7 5             1 · 2 = 2
           1 2
         2 , 4 3 7 5
              4 Stellen
```

Dividieren
Um eine Dezimalzahl durch eine natürliche Zahl zu dividieren,
- dividiere die Dezimalzahl wie eine natürliche Zahl und
- setze beim Überschreiten des Kommas auch im Ergebnis das Komma.

Du kannst das Komma im Ergebnis auch durch eine Überschlagsrechnung finden.

Bei der Division durch eine Zahl zwischen 0 und 1 wird das Ergebnis größer als die Ausgangszahl.

```
  E  z        E z h t
  1, 7 : 4 = 0, 4 2 5         1, 6 : 3 = 0, 5 3 3 …
  0                           - 0
  1 7                           1 6           = 0,5$\overline{3}$
- 1 6            Komma        - 1 5
    1 0         setzen.           1 0
  -   8                         -   9
      2 0                           1 0       Das Ergebnis
  -   2 0                         -   9       ist eine
        0                             …       periodische
                                              Dezimalzahl.
```

Beim Dividieren durch eine Dezimalzahl verschiebe das Komma nur so weit, dass im Divisor kein Komma mehr steht. Beim Dividieren wird dann beim Überschreiten des Kommas beim Dividenden auch im Ergebnis ein Komma gesetzt.

```
  8, 4 8 : 1, 6 = 8 4, 8 : 1 6 = 5, 3
                - 8 0                    Überlege vorher, ob die
                  4 8                    Ausgangszahl durch die
                - 4 8                    Rechnung größer oder kleiner
                    0                    wird. Verschiebe dann.
```

Multiplikation mit bzw. Division durch Zehnerpotenzen
Bei der Multiplikation mit bzw. der Division durch Zehnerpotenzen bleibt die Ziffernfolge unverändert, nur das Komma verschiebt sich.

Zehnerpotenzen
$10^1 = 10$ $\frac{1}{10} = 0{,}1$
$10^2 = 100$ $\frac{1}{100} = 0{,}01$ 1 2 3 , 4 5   →(:10)   1 2 , 3 4 5   (·0,1)
$10^3 = 1000$ $\frac{1}{1000} = 0{,}001$

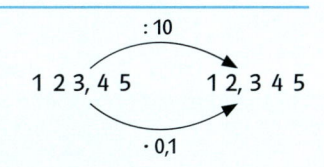

Brüche in Dezimalzahlen umrechnen
Um einen Bruch in eine Dezimalzahl umzurechnen, dividierst du den Zähler durch den Nenner.

$\frac{9}{12} = 9 : 12 = 0{,}75$

Rund um den Sport

Check-in Aktiv Kurs Check Thema Kompakt **Test**

einfach

1 a) Beim Slalom werden beide Läufe zusammen gewertet.
1. Lauf 43,30 s; 2. Lauf 45,05 s
Berechne die Gesamtzeit.
b) Erkläre, worauf man beim Addieren und Subtrahieren von Dezimalzahlen achten muss.

2 Berechne.
a) 28,01 · 10
b) 28,01 · 100
c) 28,01 : 10
d) 28,01 : 100
e) 28,01 · 0,1
f) 28,01 : 0,1

3 Welchen Taillenumfang hat ein Schwimmer mit einer Badehosengröße von 31 inch?
(1 inch = 2,54 cm)

4 Setze das Komma an die richtige Stelle.
a) 2,3 · 11,6 = 2 6 6 8
b) 8,4 · 0,64 = 5 3 7 6
c) 19,926 : 6,15 = 3 2 4
d) 31,32 : 0,4 = 7 8 3

5 100 g Tomaten haben 22 kcal. Wie viel kJ sind das?
1 kcal = 4,2 kJ

6 Neun Tennisbälle wiegen zusammen 0,495 kg. Welches Gewicht hat ein Tennisball?

7 Hanna trifft bei 4 von 10 Versuchen. Berechne ihre Trefferquote.

→ Lösungen zum Test, Seiten 260 bis 262

mittel

1 a) Beim Dreisprung-Training erreichte Niclas folgende Einzelsprungweiten: 1,81 m; 1,45 m und 2,34 m. Wie weit sprang er insgesamt?
b) Erkläre, worauf man beim Addieren und Subtrahieren von Dezimalzahlen achten muss.

2 Berechne.
a) 0,05 · 10
b) 23,8 · 100
c) 6,3 : 10
d) 32,6 · 0,1
e) 28,01 · 0,01
f) 9,2 : 0,01

3 Ein Footballspieler wirft seinem Mitspieler in 25 yards Entfernung den Ball zu. Wie weit hat er geworfen? (1 yard = 91,44 cm)

4 Setze das Komma an die richtige Stelle.
a) 9,7 · 0,35 = 3 3 9 5
b) 62,34 · 19,85 = 1 2 3 7 4 4 9
c) 119,32 : 15,7 = 7 6
d) 17,7996 : 0,28 = 6 3 5 7

5 Lukas braucht beim Sitzen mit wenig Bewegung 88 kcal pro Stunde. Seinen Energiebedarf beim Ausruhen (weniger Energie) kann man durch Multiplikation mit einer Zahl errechnen. Was kannst du über diese Zahl sagen?

6 In einem Fußballstadion sollen Rollrasenstücke von 2,20 m Breite verlegt werden. Wie viele Stücke passen bei einer Gesamtbreite von 110 m nebeneinander?

7 Leonie trifft bei 6 von 12 Versuchen, Finn bei 4 von 9. Vergleiche die Trefferquoten.

schwieriger

1 a) Beim Kunstturnen erhielt Lea folgende Wertungen.

Sprung	Barren	Balken	Boden
8,887	8,300	8,975	9,275

Berechne ihre Gesamtpunktzahl.
b) Erkläre, worauf man beim Addieren und Subtrahieren von Dezimalzahlen achten muss.

2 Durch welche Zahl muss man die erste Zahl dividieren, um die zweite zu erhalten?
a) 2,6 : ☐ = 0,26
b) 0,5 : ☐ = 0,005
c) 6,3 : ☐ = 63
d) 0,3 : ☐ = 300

3 Eine Handballspielerin hat eine Körperhöhe von 5 Fuß und 9 inches. Wie groß ist sie?
(1 Fuß = 30,48 cm; 1 inch = 2,54 cm)

4 a) Mit welcher Zahl kannst du 23,6 multiplizieren, sodass du
• eine Zahl zwischen 30 und 40,
• eine zwischen 15 und 20 erhältst?
b) Durch welche Zahl kannst du 35,7 dividieren, sodass du
• eine Zahl zwischen 6 und 9,
• eine zwischen 60 und 70 erhältst?

5 Denke dir eine Sachaufgabe aus, bei der man mit Dezimalzahlen multipliziert und das Ergebnis kleiner als die Ausgangszahl wird.

6 Der afrikanische Spitzmaulfrosch ist 0,08 m lang und kann 3,6 m weit springen. Das Wievielfache seiner Körpergröße springt der Frosch?

7 Rechne $\frac{5}{11}$ in eine Dezimalzahl um. Erkläre, wie du erkennst, dass sich eine Periode ergibt.

Rund um den Sport

6 Wie wir wohnen

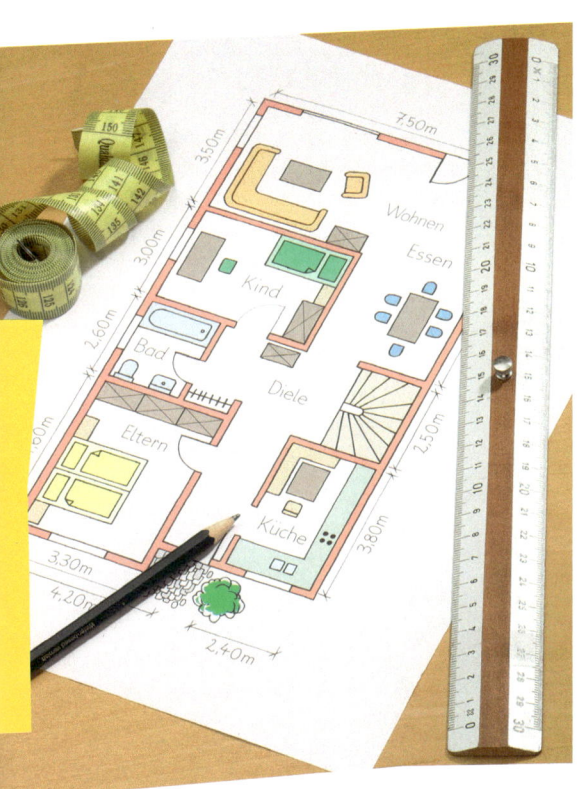

In eurer Klasse kommen viele Kinder aus verschiedenen Gegenden zusammen. Wisst ihr,
- wie sie wohnen,
- ob sie ein eigenes Zimmer haben,
- wie sie eingerichtet sind,
- ob sie schon einmal umgezogen sind?

In Deutschland zieht jeder im Laufe seines Lebens mindestens zwei- bis dreimal um. Manchmal, weil die Wohnung zu klein oder zu groß ist, manchmal weil der Arbeitsplatz gewechselt, ein gemeinsamer Haushalt gegründet oder aufgelöst wird. Bei einem Umzug gibt es einiges zu tun und zu beachten.

In diesem Kapitel lernt ihr,

- was ein Maßstab ist,
- wie ihr Wohnflächen und andere Flächeninhalte vergleicht und berechnet,
- wie ihr den Umfang eines Rechtecks berechnet,
- wie ihr den Bedarf an Tapeten, Farbe, Fußbodenbelägen, Leisten usw. ermittelt,
- wie ihr Rauminhalte vergleicht und berechnet.

Check-in Aktiv Kurs Check Thema Kompakt Test

Checkliste

Check-in
j3i4e2

		Das kann ich.	Da bin ich fast sicher.	Da bin ich unsicher.	Das kann ich noch nicht.
1	**Ich kann Strecken ausmessen.** → mathe live-Werkstatt, Seite 228	☐	☐	☐	☐
2	**Ich kann mit Längeneinheiten umgehen.** → mathe live-Werkstatt, Seite 231	☐	☐	☐	☐
3	**Ich kann Rechenvorteile nutzen.** → mathe live-Werkstatt, Seite 222	☐	☐	☐	☐
4	**Ich kann schriftlich addieren.** → mathe live-Werkstatt, Seite 218	☐	☐	☐	☐
5	**Ich kann schriftlich subtrahieren.** → mathe live-Werkstatt, Seite 219	☐	☐	☐	☐
6	**Ich kann schriftlich multiplizieren.** → mathe live-Werkstatt, Seite 220	☐	☐	☐	☐
7	**Ich kann schriftlich dividieren.** → mathe live-Werkstatt, Seite 221	☐	☐	☐	☐
8	**Ich kann mit Dezimalzahlen rechnen.** → Kapitel 5, Seite 129	☐	☐	☐	☐
		Ich helfe anderen.	Ich übe weiter.	Ich frage andere.	Ich frage eine Lehrperson.

Wie wir wohnen

Aufgaben

1 Strecken messen
a) Miss die Länge der Strecke.
b) Miss Breite, Länge und Höhe deines Mathematikbuchs.
c) Miss Höhe und Breite der Tafel in deiner Klasse.

2 Längeneinheiten
a) Bei den folgenden Sätzen fehlen die Längeneinheiten. Schreibe den Text ab und ergänze die Längeneinheiten im Heft.

> Lea geht jeden Morgen 1,2 ☐ bis zur Schule. Vom Haupteingang der Schule bis zu ihrer Klassentür sind es genau 50 ☐. Leas Schultisch ist 80 ☐ hoch. Die Minen ihrer neuen Filzstifte sind 2 ☐ breit.

b) Wandle um.

7 cm = ☐ mm   7 dm 7 cm = ☐ cm
70 dm = ☐ m   7 m 7 cm = ☐ m
7777 m = ☐ km   7 km 7 m = ☐ km
7,77 m = ☐ cm   7 cm 77 mm = ☐ mm

c) Richtig oder falsch? Verbessere, wenn nötig.

987 cm = 98,7 m   2340 mm = 2,34 m
32 cm = 3,2 dm   5,550 km = 555 m

3 Rechenvorteile nutzen
a) Berechne.

15 + 5 · 6   (15 + 5) · 6
18 + 7 · 3 − 2   18 + 7 · (3 − 2)

b) Rechne geschickt.

7 + 5 + 15   18 + 7 + 13 + 5
3 · 4 · 25   2 · 4 · 50 · 6

c) Ergänze.

4 · (8 + 3) = 4 · 8 + ☐ · ☐
(12 + 8) · 5 = 12 · ☐ + ☐ · 5

4 Schriftlich addieren
a) Rechne schriftlich.

273 + 625   667 + 251
486 + 703   952 + 2034

b) Ergänze.   c) Rechne richtig.

```
  6 ☐ 6 6 6            2 3 5 6
+   4 4 ☐ 4          + 4 5 9
                           1
  ☐ 0 ☐ 0 ☐            6 9 4 6
```

5 Schriftlich subtrahieren
a) Rechne schriftlich.

769 − 251   278 − 194
652 − 502   3054 − 932

b) Ergänze.   c) Rechne richtig.

```
  5 ☐ 5 5 5            4 1 5
−   6 ☐ ☐ 5          + 3 8 7
  ☐ 8 2 1 ☐            1 7 2
```

6 Schriftlich multiplizieren
a) Rechne schriftlich.   b) Rechne richtig.

534 · 28
205 · 673
963 · 101

```
6 3 7 · 5 4
3 1 8 5
2 5 4 8
    1 1
5 7 3 3
```

7 Schriftlich dividieren
a) Rechne schriftlich   b) Rechne richtig.

588 : 7
3400 : 8
4902 : 6

```
3 6 0 8 : 8 = 4 6
3 2
  4 8
  4 8
    0
```

8 Mit Dezimalzahlen rechnen
a) Berechne.

361,83 + 527,14   456,93 − 345,41
435,24 + 54,74   357,28 − 21,34
342,48 + 0,253   234,86 − 1,654

b) Setze das Komma im Ergebnis richtig.

45,67 · 34,45 = 1 5 7 3 3 3 1 5
2,067 · 3,986 = 8 2 3 9 0 6 2
322,964 : 52,6 = 6 1 4
1081,9776 : 21,12 = 5 1 2 3

→ Lösungen zum Check-in, Seite 262

Wie wir wohnen

Hier wohnen und arbeiten wir

→ Informationen suchen, Seite 236

Tipp
Skizzen sind Zeichnungen, bei denen es nicht auf die genauen Maße sondern auf den Gesamteindruck ankommt. Sie können mit oder ohne Lineal erfolgen.

A

Mein Zimmer
Wisst ihr, wie eure Klassenkameraden wohnen? Haben sie ein Zimmer für sich oder teilen sie es sich mit Geschwistern? Wie sehen ihre Zimmer aus? Welche Möbel stehen dort?

1 a) Fertigt Skizzen von euren Zimmern und Wohnungen an.
b) Erklärt euch gegenseitig eure Zeichnungen und vergleicht sie.

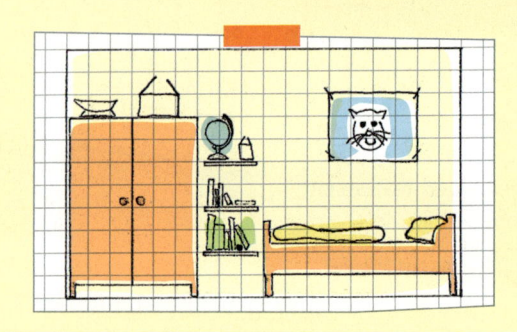

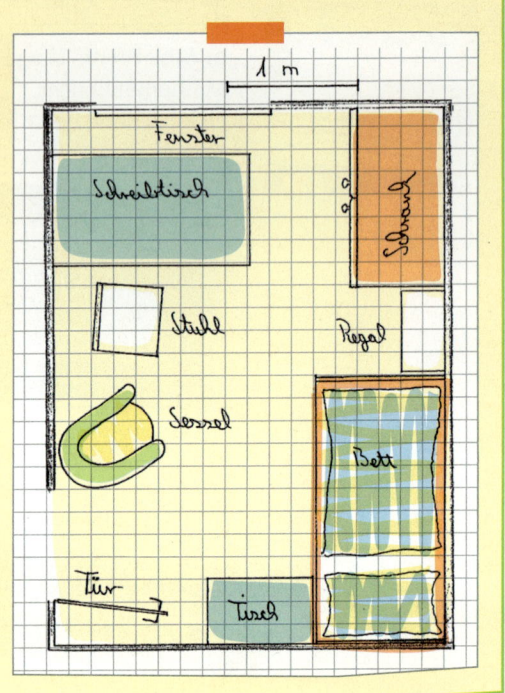

B

Zimmer in Katalogen
Besorgt euch Abbildungen von Kinderzimmern und Jugendzimmern (z. B. in Möbelgeschäften).

1 Vergleicht die Zeichnungen: Welche Unterschiede, welche Gemeinsamkeiten entdeckt ihr? Wo steht das Bett und wo können Hausaufgaben gemacht werden? Welches Zimmer würdet ihr bevorzugen? Begründet eure Meinungen.

2 Zeichnungen von Zimmern können sehr unterschiedlich sein. Die Zimmer können von oben aus der Vogelperspektive oder von der Seite gezeichnet werden. Welche Vorteile und welche Nachteile besitzen die einzelnen Zeichenperspektiven?

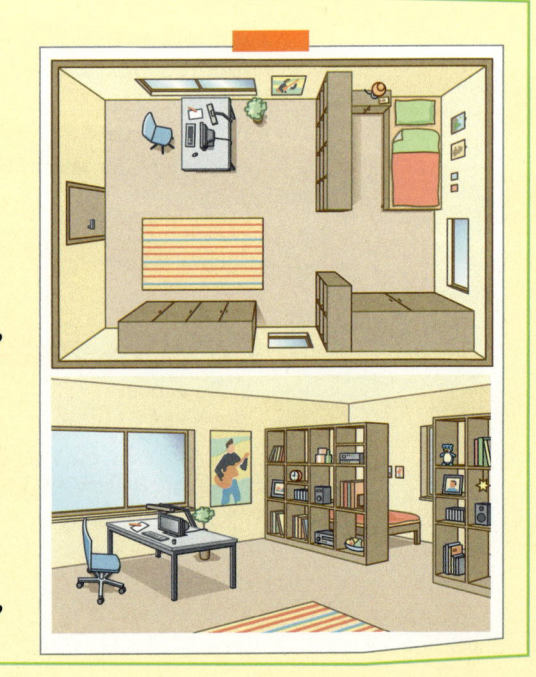

Wie wir wohnen

Grundrisse
2336p2

C

Grundrisse

Grundrisse sind maßstabsgenaue Zeichnungen von oben aus der Vogelperspektive. Besorgt euch Grundrisse von Wohnungen (z. B. bei Baufirmen, Möbelgeschäften oder aus dem Internet).

1 Untersucht eure Grundrisse:
a) Wie breit und wie lang sind die Kinderzimmer?
b) Wie werden Türen und Fenster eingezeichnet?
c) Welche Einrichtungsgegenstände könnt ihr erkennen?

2 a) Ermittelt die Maße eurer Zimmer oder erfindet ein Traumzimmer.
Zeichnet die Grundrisse, so dass 2 cm auf dem Plan 1 m in Wirklichkeit entsprechen.
b) Zeichnet Türen, Fenster und Möbel ein. Achtet auf die Maße.

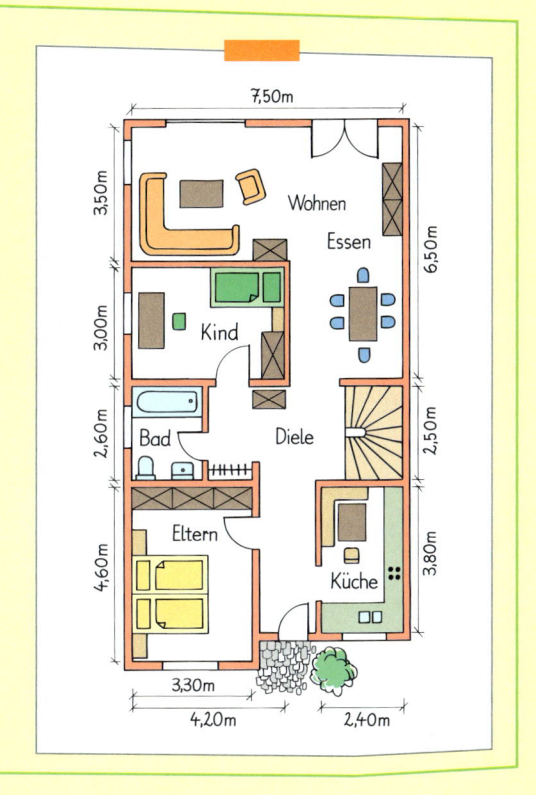

D

Eine Themenmappe entsteht

Tipp
Die **Themenmappe** kannst du im ganzen Kapitel füllen.

1 Zu manchen Themen im Mathematik-Unterricht lohnt es sich eine **Mathe-Mappe** zu erstellen, so z. B. zum Thema „Wie wir wohnen". In dieser Mappe sammelst und ordnest du alles rund ums Thema.
- Auf dem Titelblatt notierst du das Thema der Unterrichtsreihe – vielleicht zusammen mit einem Bild, deinem Namen und deiner Klasse.
- Das Inhaltsverzeichnis gibt einen Überblick über deine Arbeitsergebnisse in geordneter Reihenfolge.
- Nummeriere deine Seiten. Achte darauf, dass sie vollständig sind.
- Überprüfe, ob alle Aufgaben und Zeichnungen richtig und sauber sind. Verbessere sie, wenn nötig.
- Am Ende jeder Woche ist es sinnvoll, einen Arbeitsrückblick zu schreiben. Dabei geht es darum, dass du dir noch einmal die Inhalte der vergangenen Woche vor Augen führst und überlegst, was du in der nächsten Woche erledigen musst. Schreibe z. B.:
„In dieser Woche habe ich gelernt, …"   „Besonders interessant fand ich …"
„Noch nicht verstanden habe ich …"   „In der nächsten Woche werde ich …"

Wenn deine Mappe später bewertet wird, achtet deine Lehrerin oder dein Lehrer auf das äußere Erscheinungsbild und die Inhalte der einzelnen Seiten, aber auch auf deine Mitarbeit. Manchmal ersetzt eine Mappe auch eine Klassenarbeit.

Wie wir wohnen

Maßstab

Im südschwedischen *Vimmerby*, dem Geburtsort der Schriftstellerin *Astrid Lindgren*, gibt es einen besonderen Erlebnispark. In Astrid Lindgrens Welt können viele Orte aus ihren Büchern wie der Wohnort von *Pippi Langstrumpf* oder *Ronja Räubertochter* besucht werden.

- Im Bild ganz links schaust du ins „große Haus". Dort können die Besucherinnen und Besucher auf die mehr als 1,50 m hohen Sitzflächen der Stühle klettern. Wie viel mal höher sind diese Stühle im Vergleich zu „normalen" Stühlen?
- Das andere Foto zeigt ein Spielhaus für Kinder, das maßstäblich verkleinert wurde. Schätze die Höhe der Tür und des Häuschens.
- Wo liegt eigentlich *Vimmerby* in Schweden? Gib mithilfe der Karte und einem Atlas die ungefähre Entfernung von Stockholm (Göteborg) an.

Karten, Fotos, Spielzeuge, … geben die Wirklichkeit meistens verkleinert wieder. Wenn alle Längen eines Gegenstandes im gleichen Maß verkleinert bzw. vergrößert werden, spricht man von einer **maßstabsgerechten Verkleinerung bzw. Vergrößerung**.

Beispiele

a) Ein Ziegelstein aus einem Steinbaukasten für Kinder hat die Maße:
Länge: 35 mm; Breite: 18 mm; Höhe: 9 mm
Ein Ziegelstein zum Häuserbau ist ungefähr 7-mal so groß:
Länge: $7 \cdot 35\,mm = 245\,mm = 24{,}5\,cm$
Breite: $7 \cdot 18\,mm = 126\,mm = 12{,}6\,cm$
Höhe: $7 \cdot 9\,mm = 63\,mm = 6{,}3\,cm$

b) Die Maße des Bildes sollen mithilfe eines Rasters $1\frac{1}{2}$-mal vergrößert werden. Dazu müssen **alle** Längen um das gleiche Maß vergrößert werden.

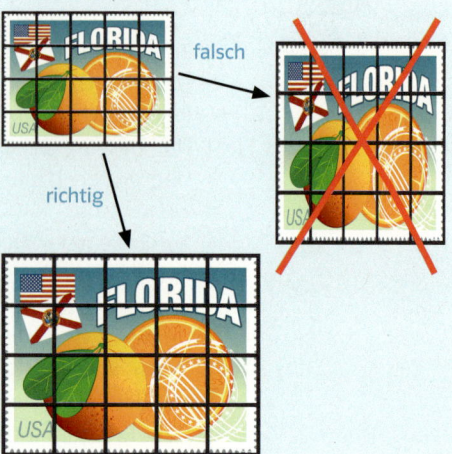

falsch

richtig

136   Wie wir wohnen

1 Die Legofigur wurde in Originalgröße abgebildet.
Vergleiche, wievielmal die Körpergröße der Legofigur in die Körpergröße eines Erwachsenen passt?

2 Das Bild sollte mithilfe eines Rasters doppelt so groß gezeichnet werden. Was stimmt hier nicht?

3 Die Fahrzeuge einer Spielzeugrennbahn wurden maßstabsgerecht verkleinert. Ihre großen Vorbilder sind 32-mal so groß.

a) Ein Spielfahrzeug ist 4 cm breit, 14 cm lang und 3,5 cm hoch. Bestimme die Maße des Originals.
b) Ein Rennwagen ist 1,60 m breit, 4,80 m lang und 1,28 m hoch. Welche Maße hat das Spielfahrzeug?

4 Dies ist der Lageplan eines Schulgeländes. Eine Kästchenlänge entspricht 12 m in der Wirklichkeit.

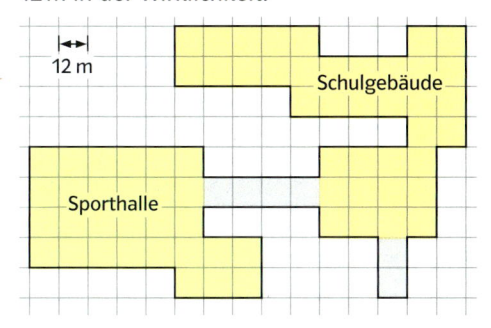

a) Übertrage den Plan in dein Heft.
b) Berechne die wirklichen Längen.
c) ☼ Stelle einen Plan von deinem Schulgelände her.

5 ● In dem Katalog eines Möbelherstellers findet Frederik die Zeichnung eines Jugendzimmers.

a) Welche Breite und welche Länge hat das Bett in Wirklichkeit?
👥 Erklärt euch gegenseitig, wie ihr die Maße herausgefunden habt.
b) Bestimmt auch
• die Breite der Tür,
• die Breite des Fensters,
• Länge und Breite des Teppichs,
• Länge und Breite des Schreibtischs.
Vergleicht eure Werte.
c) 🌐 Findet selbst Zeichnungen in Möbelprospekten und bestimmt die Maße der Möbel.

→ Kannst du's?
Seite 158, 1

Wie wir wohnen   **137**

> Der **Maßstab** gibt an, wie viel mal so groß die Strecken in Wirklichkeit sind. Ein Maßstab 1 : 50 (sprich: 1 zu 50) bedeutet: 1 cm auf der Zeichnung entspricht 50 cm in der Wirklichkeit.

6 Bestimme den Maßstab in → Aufgabe 4 von Seite 137.

7 a) Stelle ein Maßstabs-Lineal aus Pappe her, das beim maßstabsgerechten Zeichnen und Messen hilft. Eine Skala misst die wirklichen Maße, die andere den verkleinerten Maßstab 1 : 25.

b) Bringe auf der Rückseite zwei Mess-Skalen mit den Maßstäben 1 : 20 und 1 : 50 an.
c) Zeichne mithilfe des Lineals ein Bett mit 1 m Breite und 2 m Länge in verschiedenen Maßstäben. Zeichne weitere Gegenstände.

8 Der Innenarchitekt verwendet bei der Planung von Wohnungseinrichtungen häufig den Maßstab 1 : 50. Auf dem maßstabsgetreuen Grundriss einer Wohnung können die ausgeschnittenen Möbelbilder hin- und hergeschoben werden, bis eine gute Lösung vorliegt.

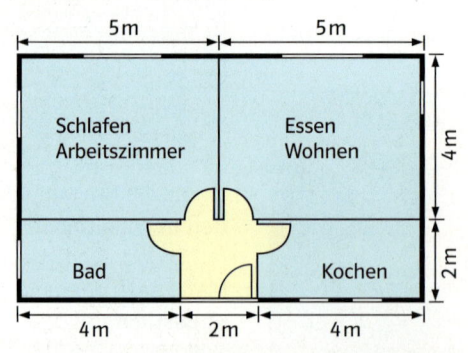

a) Ermittle die Maße eurer Wohnung (oder der abgebildeten Wohnung) und zeichne den Grundriss im Maßstab 1 : 50. Schneide aus Papier im gleichen Maßstab Möbel aus. Verwende dabei das Maßstabs-Lineal.
b) Welche Möglichkeiten gibt es, die Möbel anzuordnen? Vergleicht. Klebt oder zeichnet eure Wunscheinrichtung.

9 Die Playmobilfigur wurde in Originalgröße abgebildet.
In welchem Maßstab wurde die Körpergröße ungefähr verkleinert? Stimmt das für alle Körperteile?

10 Findet eigene Beispiele für Verkleinerungen. Ermittelt dazu die Maße und gebt den Maßstab an. Vergleicht eure Beispiele.

11 Ist die Aussage richtig oder falsch? Verbessere gegebenenfalls.
a) „Bei einem Maßstab von 1 : 10 000 ist 1 cm auf der Karte 1 km in Wirklichkeit."
b) „Bei einem Maßstab von 3 : 1 wird ein Gegenstand in dreifacher Vergrößerung abgebildet."
c) „Bei einem Maßstab von 1 : 5 ist ein Gegenstand 1,5-mal so groß wie sein Original."
d) „Bei einem Maßstab von 1 : 20 000 wird 1 km als 5 cm lange Strecke dargestellt."
e) „Bei einem Maßstab von 1 : 1000 wird eine 50 m lange Strecke 50 cm lang gezeichnet."

→ Kannst du's? Seite 158, 1

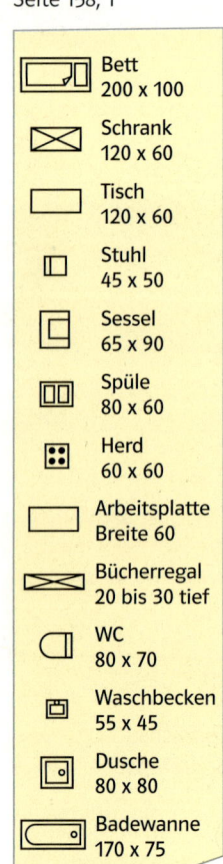

Bett 200 x 100
Schrank 120 x 60
Tisch 120 x 60
Stuhl 45 x 50
Sessel 65 x 90
Spüle 80 x 60
Herd 60 x 60
Arbeitsplatte Breite 60
Bücherregal 20 bis 30 tief
WC 80 x 70
Waschbecken 55 x 45
Dusche 80 x 80
Badewanne 170 x 75

Maßstab 1 : 200

Wie wir wohnen

12 Die Entfernung von Bonn nach Berlin (Luftlinie) beträgt ca. 480 km. Ordne den drei Karten die richtigen Maßstäbe zu.

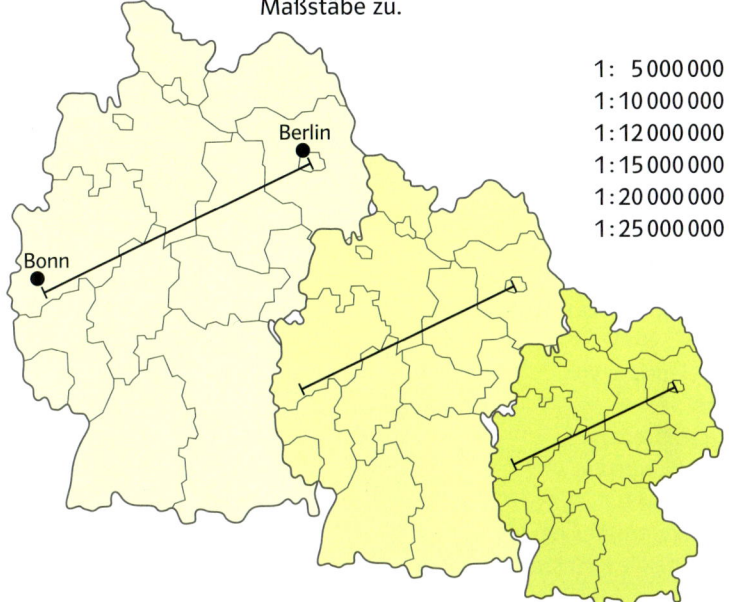

1 : 5 000 000
1 : 10 000 000
1 : 12 000 000
1 : 15 000 000
1 : 20 000 000
1 : 25 000 000

13 In welchem Maßstab werden die einzelnen Karten und Pläne üblicherweise dargestellt? Ordne richtig zu.

1 : 100
1 : 90 000 000
1 : 200
1 : 3 000 000
1 : 25 000
1 : 25 000 000

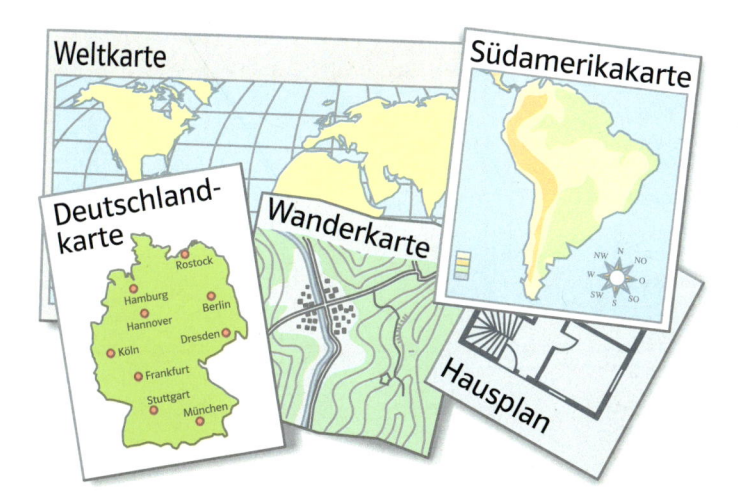

Weltkarte
Südamerikakarte
Deutschlandkarte
Wanderkarte
Hausplan

14 Wie lang sind die Strecken in Wirklichkeit? Gib in Meter an.

a) Streckenlänge auf der Karte: 1 cm

Maßstab	1 : 10	1 : 50	1 : 750	1 : 25 000
Wirklichkeit	0,1 m	☐	☐	☐

b) Streckenlänge auf der Karte: 5 cm

Maßstab	1 : 100	1 : 250	1 : 1500	1 : 40 000
Wirklichkeit	5 m	☐	☐	☐

15 ● Ermittle den Maßstab.

	Länge in der Zeichnung	Länge in Wirklichkeit
a)	5 cm	5 km
b)	12 cm	2400 km
c)	15 mm	45 m

16 ☼ Das Foto zeigt ein Kunstwerk von *Jonathan Borowsky* vor dem Hauptbahnhof in Kassel.

a) Wie lang ist der Stab ungefähr?
👥 Vergleicht eure Vorgehensweise bei der Abschätzung der Stablänge.
b) ● „Der Stab ist doppelt so lang, wie das Bahnhofsgebäude hoch ist." Stimmt das?

Wie wir wohnen

Check-in **Aktiv** Kurs Check Thema Kompakt Test

Ein neues Zimmer

→ Informationen suchen, Seite 236

Wohnungs-plan
47s57u

A

Zimmer vergleichen und aussuchen
Ihr braucht Bleistift, Geodreieck, Schere und weißes Papier oder Papier mit Kästchen.

1. 👥 Stellt euch vor, ihr zieht in die unten abgebildete Wohnung um. Vor dem Umzug werden die Zimmer verteilt.
a) Übertragt die Grundrisse von Zimmer 1, Zimmer 2 und Zimmer 3 auf Papier. Zeichnet so, dass 1 m im Plan in eurer Zeichnung 2 cm lang ist.
b) Findet heraus, welches Zimmer die größte Fläche hat und welches Zimmer die kleinste Fläche hat. Schreibt auf, wie ihr das herausgefunden habt. Findet ihr mehrere Möglichkeiten?
c) Welches Zimmer würdet ihr nehmen? Worauf achtet ihr außer auf die Zimmergröße noch?

2. 👥🌐 Besorgt euch Grundrisse von verschiedenen Wohnungen.
a) Vergleicht die Flächen der Zimmer innerhalb einer Wohnung miteinander. Welches Zimmer hättet ihr gerne?
b) Vergleicht auch die Wohnungen. Welche Wohnung ist die größte, welche die kleinste?

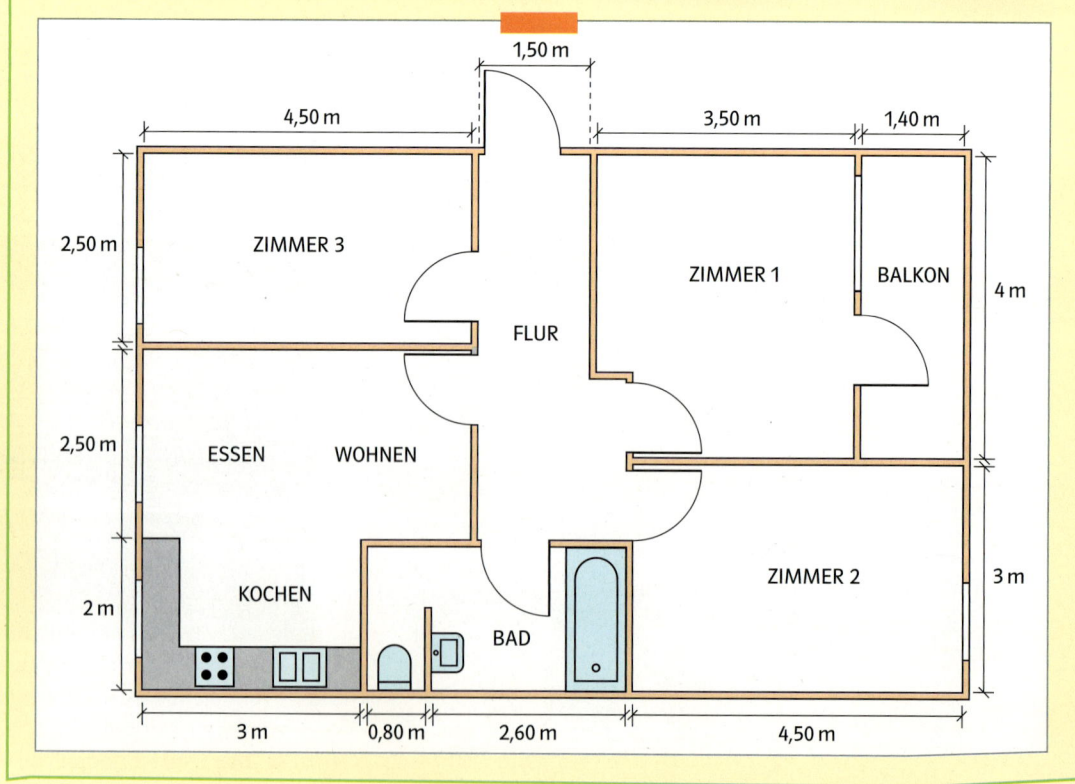

140   Wie wir wohnen

B

Ein neuer Teppichboden

1 Malte darf sich für sein Zimmer einen neuen Bodenbelag aussuchen. In einem Baumarkt-Prospekt hat er quadratische Teppichfliesen mit der Seitenlänge 50 cm entdeckt. Wie viele Fliesen braucht Malte für sein Zimmer?

2 ☼👥✂ Stellt euch vor, ihr wählt für eure Zimmer einen neuen Bodenbelag.
a) Besorgt Prospekte mit Angeboten und sucht passende Bodenbeläge aus.
b) Überlegt gemeinsam, wie viel ihr von dem jeweiligen Bodenbelag benötigt. Beachtet dabei, dass Auslegeware auf Teppichrollen immer in bestimmten Breiten – meist 4 m oder 5 m – gekauft werden muss.
c) ● Berechnet die Kosten für verschiedene Fußbodenbeläge, die euch gefallen, und vergleicht sie miteinander.

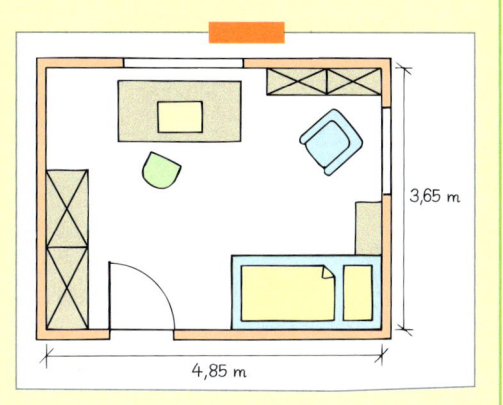

Raum: 3,65 m × 4,85 m

Bodenbelag (Sorte)	benötigte Menge in m²	Kosten

Tipp
1 m² (sprich Quadratmeter) ist ein Quadrat mit der Seitenlänge 1 m.

Kennzeichnungen auf Teppichböden

- Ruhebereich
- Wohnbereich
- Arbeitsbereich
- Stuhlrollen geeignet
- Treppen geeignet
- Feuchtraum geeignet
- Antistatisch
- Fußbodenheizung

Top-Angebot 01
AUSLEGEWARE
Berberschlinge
100 % Schurwolle,
natürliche Schönheit,
in 5 Naturtönen,
400 oder 500 cm breit
Preis/m² €14,95

Angebot 02
FLIESEN
Velour-Teppich
unempfindlich,
modischer
Konfetti-Effekt,
steingrau
50 cm × 50 cm breit
Preis/m² €8,95

Angebot 03
AUSLEGEWARE
Einfach-Schlinge
100 % Polyamid,
robust,
modisch gemustert,
3 Farbtöne
400 oder 500 cm breit
Preis/m² €6,95

Angebot 04
FLIESEN
Feinschlinge
100 % Polypropylen,
unempfindlich,
rustikal mittelblau
500 cm breit
Preis/m² €12,95

Wie wir wohnen

Flächen vergleichen

Diese Grundrisse der Klassenzimmer der Klassen 6a und 6b sehen verschieden aus. Finde heraus, welche Klasse mehr Platz hat.

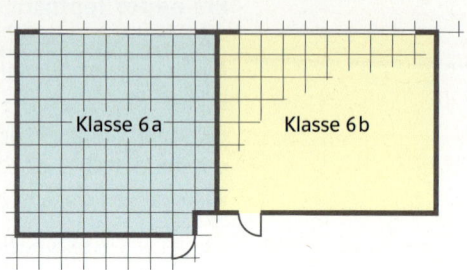

Aus gleichen Teilflächen zusammengesetzte Flächen sind auch bei unterschiedlichem Aussehen gleich groß. Sie haben denselben **Flächeninhalt**.

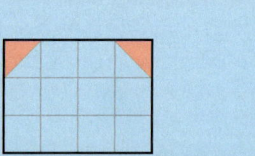

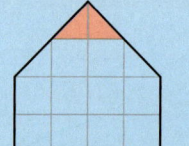

Beispiele

a) Ein Vergleich durch **Zerschneiden und Aufeinanderlegen** zeigt, dass beide Zimmer den gleichen Flächeninhalt haben.

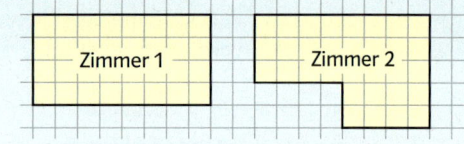

b) Flächen auf Karopapier können auch durch **Abzählen der Kästchen** verglichen werden. Beide Zimmer haben 32 Kästchen.

1 a) Übertrage die Grundrisse der beiden Kinderzimmer auf ein weißes Blatt Papier und ermittle durch Zerschneiden und Aufeinanderlegen, welches das größere Zimmer ist (1 cm soll dabei 1 m entsprechen).

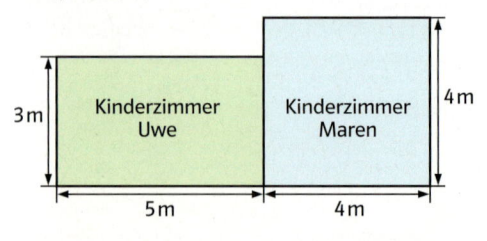

b) 🌐☼ Besorge dir Grundrisse. Vergleiche die Flächen. Wie bist du vorgegangen?

Tipp
Du kannst das Abzählverfahren auch auf Grundrisszeichnungen ohne Kästchenraster übertragen, indem du z. B. eine Kästchenfolie darüber legst.

2 Eine Gesamtschule hat zwei Schulhöfe. Welcher Schulhof hat die größere Fläche? Begründe.

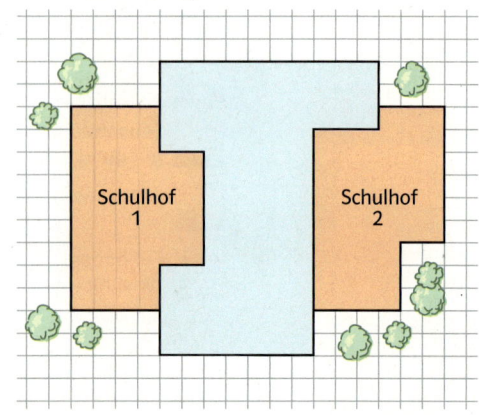

Wie wir wohnen

3 Zeichne die Figuren in dein Heft. Gib an, aus wie vielen Kästchen jede Figur zusammengesetzt wurde.

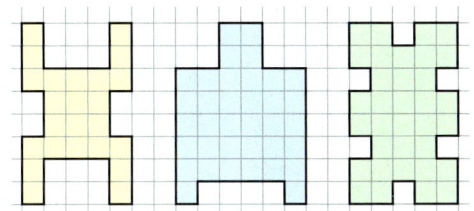

4 ☼ Zeichne in deinem Heft fünf verschiedene Flächen, deren Flächeninhalt genauso groß ist wie der Flächeninhalt der abgebildeten Figur.

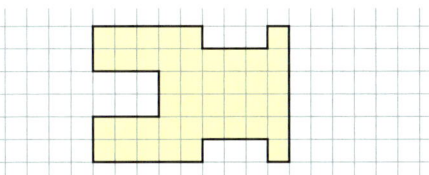

5 ☼ Zeichne ein Rechteck, das denselben Flächeninhalt hat wie dieses Achteck.

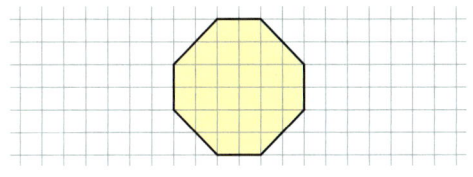

6 ☼ a) Zeichne fünf verschiedene Figuren, deren Fläche jeweils 12-mal so groß ist wie ein Kästchen in deinem Heft.
b) Zeichne drei verschiedene Vierecke, deren Fläche jeweils 24-mal so groß ist wie ein Kästchen in deinem Heft.

7 ☼ a) Zeige durch Zerlegen, dass das Dreieck und das Viereck denselben Flächeninhalt haben.
b) Denke dir weitere Figuren mit demselben Flächeninhalt aus.

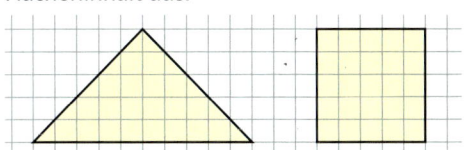

Tipp
→ **Aufgabe 7**
Du kannst die Figuren auch zeichnen, ausschneiden und zerlegen.

8 Vergleiche die Flächeninhalte der Figuren.

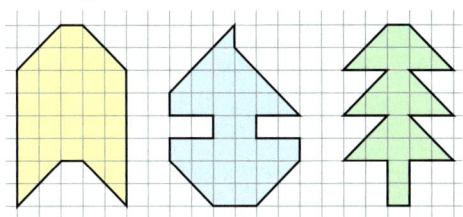

Vergleich abgerundeter Flächen

Auch die Flächeninhalte abgerundeter Flächen kannst du vergleichen, z. B. durch
- Aufeinanderlegen und Zerschneiden,
- näherungsweises Abzählen von Kästchen und Teilen von Kästchen.

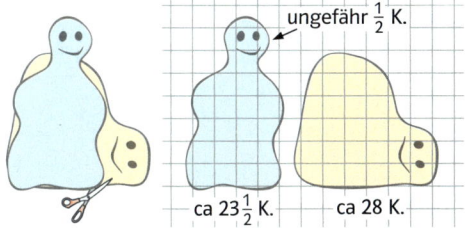

ungefähr $\frac{1}{2}$ K.

ca $23\frac{1}{2}$ K.   ca 28 K.

Wenn die Figuren nicht im Kästchenraster gezeichnet wurden, hilft es eine Kästchenfolie über die Zeichnung legen.

9 👥 Welches Gespenst ist das größte, welches das kleinste? Wie geht ihr vor?

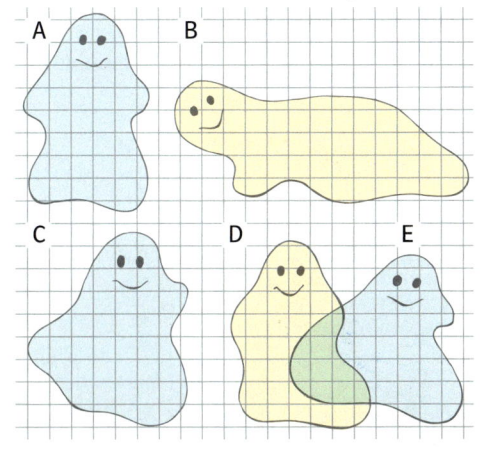

A   B
C   D   E

Wie wir wohnen

Flächeninhalt des Rechtecks

Die Klasse 6 c möchte die Größe ihres Klassenraums bestimmen.

Beschreibt, wie die Schülerinnen und Schüler vorgehen.
Wie würdet ihr den Flächeninhalt ermitteln?

Tipp
$1\,cm^2$ (sprich: Quadratzentimeter) ist der Flächeninhalt eines Quadrats mit der Seitenlänge 1 cm.

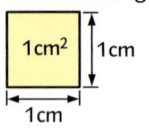

Um den **Flächeninhalt eines Rechtecks** zu bestimmen, kannst du es mit Einheitsquadraten auslegen. Der Flächeninhalt ist dann das Produkt aus

dem Flächeninhalt eines Streifens   mal   der Anzahl der Streifen.

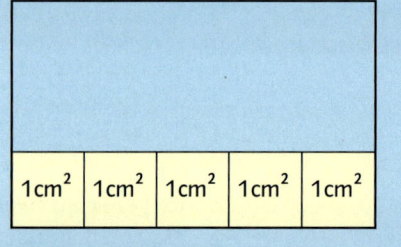

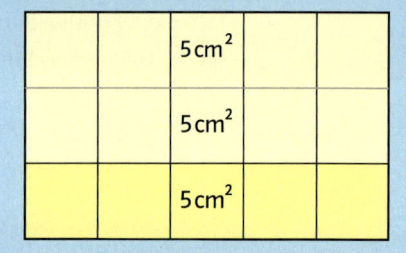

kurz: **Flächeninhalt gleich Länge mal Breite**

Tipp
Wandle vor dem Rechnen, wenn nötig, in dieselbe Längeneinheit um.

Beispiele

a) Das Rechteck im Merkkasten besteht aus 3 Streifen mit je $5\,cm^2$.
$5 \cdot 3 = 15$
Der Flächeninhalt beträgt $15\,cm^2$.

b) Ein Rechteck ist 4 cm lang und 8 mm breit. 4 cm sind 40 mm.
Das Einheitsquadrat ist dann $1\,mm^2$.
$40 \cdot 8 = 320$
Der Flächeninhalt beträgt $320\,mm^2$.

Tipp
Um den Flächeninhalt zu berechnen, bildest du das Produkt aus Länge und Breite.

1 Zeichne das Rechteck mit den Seitenlängen 6 cm und 4 cm ins Heft und bestimme den Flächeninhalt.

2 Der Klassenraum der Klasse 6 a ist 12 m lang und 10 m breit. Berechne den Flächeninhalt.

3 Berechne den Flächeninhalt des Rechtecks mit folgenden Seitenlängen.
a) 7 cm; 11 cm   b) 8 m; 17 m
c) 13 mm; 6 mm   d) 21 dm; 9 dm
e) 12 cm; 43 cm   f) 13 m; 104 m
g) 24 km; 18 km   h) 43 cm; 38 cm

Wie wir wohnen

4 Berechne den Flächeninhalt des Rechtecks. Wandle vor dem Rechnen, wenn nötig, in die gleiche Einheit um.
a) 4 cm; 15 cm
b) 8 cm; 25 mm
c) 120 cm; 3 dm
d) 37 m; 9 m
e) 3 km; 450 m
f) 34 cm; 3 m
g) 45 m; 6 cm
h) 8 km; 12 m

5 a) Sallys Zimmer hat einen quadratischen Grundriss. Es ist 4 m lang und 4 m breit. Berechne den Flächeninhalt.
b) ☼ Schreibe für Sally in dein Heft, wie sie den Flächeninhalt eines Quadrats berechnen kann.

6 Berechne den Flächeninhalt des Quadrats mit der Seitenlänge
a) 12 cm;   b) 15 dm;   c) 25 mm;   d) 100 m

7 Hanna meint: „Mein Zimmer ist 4 m lang und 3,50 m breit." Ivan sagt: „Mein Zimmer ist 4,60 m lang und 3 m breit. Es ist größer als Hannas Zimmer."
Hat Ivan Recht? Begründe.

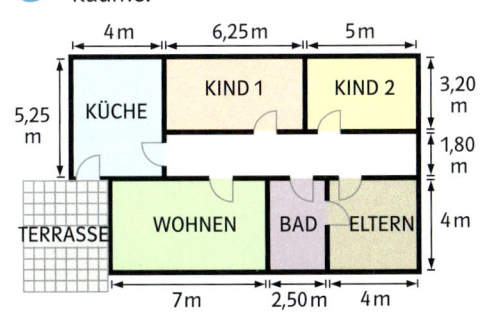

8 Berechne die Flächeninhalte der Räume.

9 Ein Zimmer hat einen Flächeninhalt von 39 m². Es ist 6 m lang.
Wie breit ist das Zimmer?

10 Bestimme die Breite der Rechtecke.

	a)	b)	c)	d)
1. Seite	3 m	14 cm	5 dm	60 m
Flächeninhalt	60 m²	126 cm²	500 dm²	30 000 m²

11 Bestimme die fehlenden Größen der Rechtecke.

	a)	b)	c)	d) ●
Länge	12 dm		25 m	40 cm
Breite	14 cm	8 cm		
Flächeninhalt		1200 cm²	1000 m²	2 m²

💡 Zusammenhänge untersuchen

Um Probleme zu lösen oder Zusammenhänge zu entdecken, überlege:

1. Was möchtest du herausfinden?
Schreibe ein Beispiel zum Verständnis, erstelle eine Zeichnung oder eine Tabelle.

2. Wie gehst du vor?
Es gibt verschiedene Möglichkeiten. Wichtig ist, dass deine Darstellung zu deinem Problem passt. Überlege z. B.:

• Kennst du **ähnliche Zusammenhänge**?
Beispiel

Quadrat   Rechteck

• Ist das Problem in **Teilprobleme** zerlegbar?
Beispiel

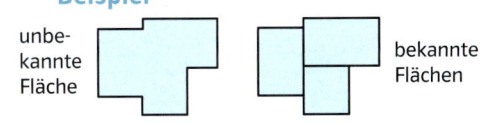

unbekannte Fläche   bekannte Flächen

• **Probiere aus:** Was passiert z. B., wenn du einen Wert verdoppelst? Wie ändert sich das Ergebnis? Ist es doppelt so groß?

12 ☼ Welche Seitenlängen kann ein Rechteck mit dem Flächeninhalt 36 m² haben? Gib mehrere Möglichkeiten an.

13 ● Wie verändert sich der Flächeninhalt eines Rechtecks, wenn
a) die Länge verdoppelt wird,
b) Länge und Breite verdoppelt werden?
c) ☼ Untersuche weitere Zusammenhänge.

14 Berechne die Flächeninhalte. Die Bodenflächen der Räume sind rechteckig. Runde auf zwei Stellen hinter dem Komma.

	Raum	Länge	Breite
a)	Küche	3,82 m	3,56 m
b)	Bad	2,57 m	3,15 m
c)	Flur	4,13 m	2,34 m
d)	Kinderzimmer	2,75 m	4,26 m
e)	Elternzimmer	4,41 m	3,89 m
f)	Wohnzimmer	5,94 m	6,10 m

→ Kannst du's? Seite 158, 2

→ Aufgabe 15

15 Berechnet den Flächeninhalt der Decke eures Klassenzimmers. Rundet das Ergebnis sinnvoll. Reicht die Farbe des Eimers, um die Decke zu streichen?

16 Miss zu Hause die Seitenlängen der verschiedenen Zimmer aus und berechne deren Flächeninhalt.

17 Berechne, ob du mit den Seiten einer großen Tageszeitung das Klassenzimmer auslegen kannst.

18 Die Miete für die drei Wohnungen beträgt 7,75 € pro m². Berechne die Mietpreise. Rechne geschickt.

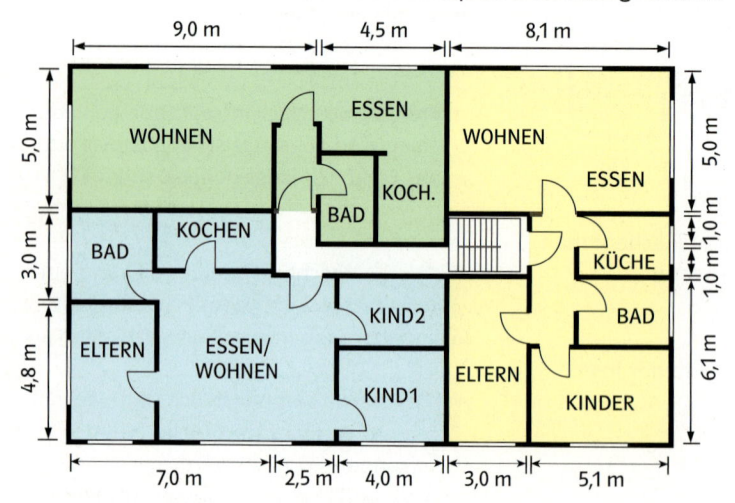

19 Lara möchte ihr Zimmer tapezieren. Der Raum ist 2,75 m hoch, 3,20 m breit und 4,36 m lang. Eine Tapetenrolle hat eine Länge von ca. 10 m und eine Breite von etwa 50 cm und kostet 9,80 €.
Überlege dir passende Aufgaben und löse sie.

20 Überlegt vor dem Rechnen gemeinsam, wie ihr die Flächeninhalte berechnen könnt, dann berechnet sie.

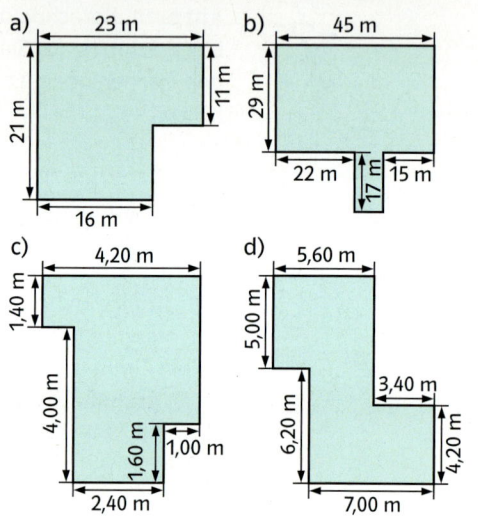

21 Berechne den Flächeninhalt des Grundstücks (Maße in m).

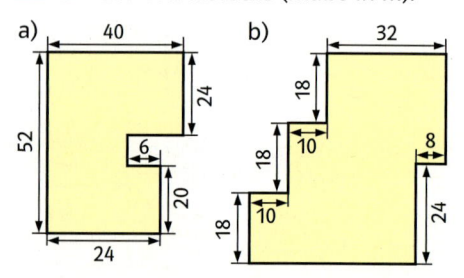

22 Berechne den Flächeninhalt. Zeige, wie du vorgehst.

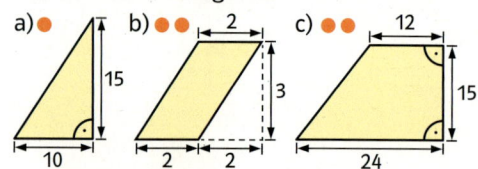

Wie wir wohnen

23 Nimm einen Atlas. Bestimme die Fläche von Deutschland näherungsweise.

Flächeneinheiten

Flächen werden je nach Größe in unterschiedlichen **Flächeneinheiten** gemessen und angegeben.

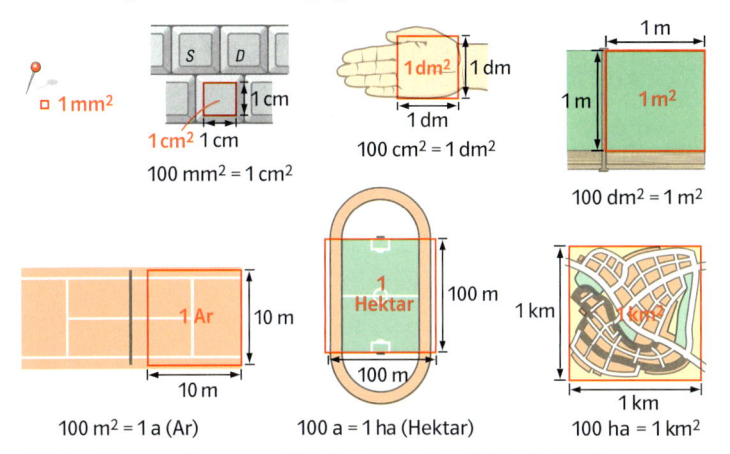

1 mm²

1 cm² 1 cm
100 mm² = 1 cm²

1 dm² 1 dm
100 cm² = 1 dm²

1 m² 1 m
100 dm² = 1 m²

1 Ar 10 m
100 m² = 1 a (Ar)

1 Hektar 100 m
100 a = 1 ha (Hektar)

1 km² 1 km
100 ha = 1 km²

Bei der Umwandlung von Flächeneinheiten hilft die Stellenwerttafel.

5 a 32 m² 14 dm²
= 5,3214 a
= 532,14 m²
= 53 214 dm²

	km²		ha		a		m²		dm²		cm²		mm²	
	Z	E	Z	E	Z	E	Z	E	Z	E	Z	E	Z	E
							5	,3	2	1	4			
							5	3	2	,1	4			
									5	3	2	1	4	

Beim Umwandeln in die nächstkleinere Einheit wird das Komma um zwei Stellen nach rechts verschoben, beim Umwandeln in die nächstgrößere Einheit um zwei Stellen nach links.

Tipp
Auch bei Flächeneinheiten gibt es Brüche:
$\frac{1}{2}$ m² = 0,5 m²
= 50 dm²
= 5000 cm²
= 500 000 mm²

→ Kannst du's?
Seite 158, 3

24 Welche Flächeneinheiten verwendest du, um folgende Flächen anzugeben?
a) Kinderzimmer
b) Fußballplatz
c) Waldstück
d) Schulgelände
e) Foto
f) Teppich
g) Plakat
h) Briefmarke
i) Nordrhein-Westfalen
j) Postkarte

25 a) Ordne den Flächen die richtige Maßangabe zu.
- Wandtafel
- Sportplatz
- Briefmarke
- Passfoto
- Klassenzimmer
- Heft

6 cm²   2 m²   1 ha   6 dm²   40 m²   16 cm²

b) Ordne die Angaben der Größe nach von der kleinsten bis zur größten Fläche.

26 Wandle in eine kleinere Einheit um.
a) 3 m²; 15 cm²; 34 ha; 212 km²; 7 a
b) 14 a; 65 m²; 56 dm²; 24 cm²; 76 km²
c) 439 a; 568 m²; 458 dm²; 3497 cm²

27 Wandle in eine größere Einheit um.
a) 500 cm²; 200 dm²; 800 mm²; 400 dm²
b) 5700 m²; 4300 dm²; 64 000 cm²
c) 700 a; 5400 ha; 98 000 a; 7000 ha

28 Schreibe in einer möglichst großen Flächeneinheit ohne Komma.

Beispiel 60 000 cm² = 600 dm² = 6 m²

a) 70 000 cm²; 990 000 m²; 130 000 mm²
b) 850 000 cm²; 10 050 000 m²; 230 000 a
c) 460 000 dm²; 3 560 000 mm²; 230 000 cm²

29 Suche die Fehler und wandle richtig um.

5	2	0	0	0	cm²	=	5	2	m²	
8	8	0	0	0	dm²	=	8	8	0	0	m²
3	1	,5			cm²	=	3	1	5	mm²
7	,5	3	5		m²	=	7	5	3	5	cm²

30 Die Flächeneinheit ist nicht sinnvoll gewählt. Wandle in eine sinnvolle Einheit um.
a) Wohnungsfläche: 68 500 000 mm²
b) Smartphone-Display: 0,0 000 325 a
c) Kleiner Tiergarten (Berlin): 7 000 000 dm²
d) Fingernagelfläche: 0,000 049 m²

Umfang des Rechtecks

Monique möchte in ihrem Zimmer an der Wand rundum Holzleisten zum Anheften von Postern anbringen. Wie viel Meter benötigt sie, wenn sie auch über der Türe und dem Fenster Leisten anbringt?

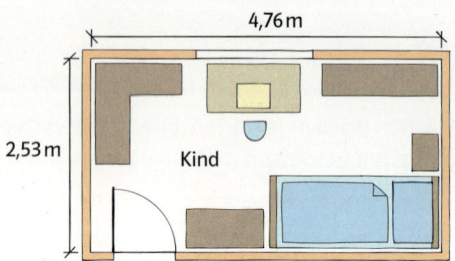

Der **Umfang eines Rechtecks** ist die Summe seiner Seitenlängen.

Tipp
Wandle vor dem Rechnen, wenn nötig, in dieselbe Längeneinheit um.

Beispiele

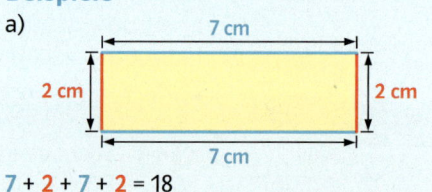

a)
7 + 2 + 7 + 2 = 18
Der Umfang des Rechtecks beträgt 18 cm.

b) Ein Rechteck ist 1 cm lang und 9 mm breit. 1 cm = 10 mm.

10 + 9 + 10 + 9 = 38

Der Umfang beträgt 38 mm = 3,8 cm.

Tipp
Überlegt euch auch eigene Gegenstände, deren Umfang ihr messt.

1 👥 Bestimmt den Umfang. Messt dazu mit einem Maßband oder einem Zollstock.
a) „Deckel" eures Mathebuchs
b) Tischplatte eines Schultischs
c) Klassenraum
Vergleicht eure Maße.

2 Ein Zimmer soll rundum mit einem gemusterten Tapetenband verziert werden. Das Zimmer ist 6 m lang und 4,50 m breit.
Wie viel Meter Band werden benötigt?

3 Jaris Zimmer ist 3,80 m breit und 4,20 m lang, es soll rundherum eine Bilderleiste bekommen.
Jaris rechnet: 2 · 3,80 + 2 · 4,20
Jaris Schwester rechnet: 2 · (3,80 + 4,20)
Erkläre, wie die beiden rechnen.

4 Im Wohnzimmer und im Schlafzimmer sollen Fußbodenleisten verlegt werden. Wie viel Meter werden benötigt? (Achtung: Nicht überall werden Leisten verlegt!)

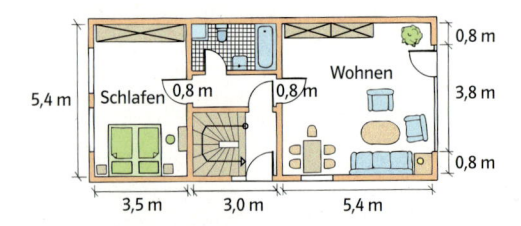

5 In einem Zimmer mit 5,45 m Länge und 3,10 m Breite sollen Fußbodenleisten verlegt werden.
Wie viel Meter Fußbodenleisten werden benötigt, wenn die Tür 90 cm breit ist?

Wie wir wohnen

6 Zeichne die Rechtecke in dein Heft und berechne den Umfang.

	a)	b)	c)	d)
Länge	3 cm	6 cm	7 cm	45 mm
Breite	4 cm	4 cm	35 mm	3 cm

7 Übertrage die Tabelle ins Heft. Ergänze den fehlenden Wert des Rechtecks.

	Länge	Breite	Umfang
a)	6 m	2,5 m	☐
b)	15 cm	2 m	☐
c)	8 cm	8 mm	☐
d)	3 dm	1,7 m	☐
e)	15 cm	☐	90 cm
f) ●	☐	8 mm	3 cm
g) ●	25 cm	☐	1 m

→ Kannst du's? Seite 158, 4

8 ☼ Zeichne ein Rechteck mit dem Umfang 36 cm. Finde drei Lösungen.

9 Blanca sagt: „Wenn ich den Umfang berechne, rechne ich immer 2 · l + 2 · b." Was meint sie damit?

10 Zeichne ein Rechteck mit dem Umfang 24 cm, das
a) ● doppelt so lang wie breit ist.
b) ●● in drei gleich große Quadrate zerlegt werden kann.

11 Übertrage die Figuren ins Heft, berechne den Umfang. Was fällt auf?

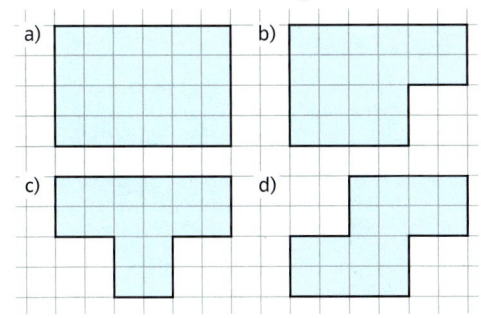

12 ☼ Schreibe ins Heft, wie du den Unterschied zwischen dem Umfang und dem Flächeninhalt erklären könntest.

💬 Mathematisches Argumentieren

Fragen in der Mathematik sind:
- „Gibt es … ?"
- „Ist es immer so … ?"
- „Wie verändert sich … ?"

Es ist wichtig, Vermutungen zu äußern und zu begründen, d.h. **mathematisch zu argumentieren**.
Um eine Behauptung zu widerlegen, reicht ein **Gegenbeispiel**, das gegen die Behauptung spricht:
Versuche Sätze zu bilden wie:
- „Das ist so, weil … "
- „Wenn … , dann … "
- „Das stimmt nicht, weil … "

13 Wie ändert sich der Umfang eines Rechtecks, wenn eine Seitenlänge
a) verdoppelt, b) halbiert wird?

14 „Wenn der Umfang eines Quadrates verdoppelt wird, vervierfacht sich der Flächeninhalt." Richtig? Begründe.

15 a) Berechne den Umfang eines Quadrates mit 5 cm Seitenlänge. Warum ist diese Berechnung so einfach?
b) Wie lang ist eine Seite eines Quadrates mit dem Umfang 16 cm (20 dm; 60 m)?

16 Bestimme den Umfang.

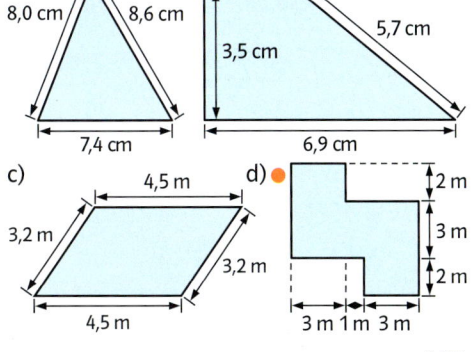

Wie wir wohnen

Check-in **Aktiv** Kurs Check Thema Kompakt Test

In welche Kiste passt mehr?

Abb. 1

Abb. 2

1 Kennt ihr das Problem:
Alte aussortierte Spielzeuge oder Kleidungsstücke sollen verpackt und in den Keller gestellt werden. Aber welche Kiste eignet sich am besten dafür? Worauf achtet ihr, wenn ihr eine geeignete Kiste sucht?

2 Besorgt Kartons, z. B. aus dem Supermarkt, und vergleicht sie miteinander.
a) Schätzt, in welchen Karton mehr hinein passt.
b) Stellt aus Pappe Dezimeterwürfel her, das sind Würfel mit der Seitenlänge 1 dm. Füllt damit die Kiste aus. In welche Kiste passen die meisten Dezimeterwürfel?
c) ● Überlegt, wie ihr (auch ohne die Kisten mit Dezimeterwürfeln zu füllen) herausfinden könnt, in welche Kiste am meisten passt.

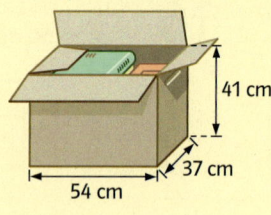

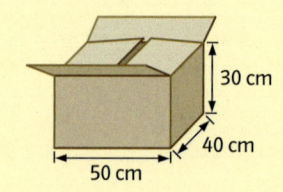

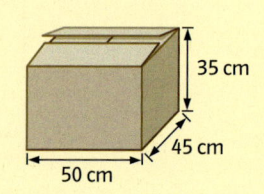

Kiste 1: 54 cm × 37 cm × 41 cm
Kiste 2: 50 cm × 40 cm × 30 cm
Kiste 3: 50 cm × 45 cm × 35 cm

Wie wir wohnen

Rauminhalt des Quaders

Nicolai hat die Materialien aus dem Kunstraum in Umzugskartons verpackt.

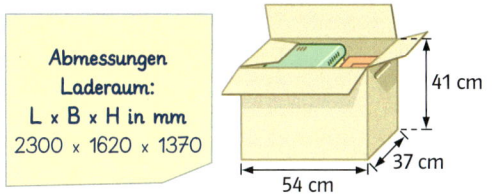

Abmessungen Laderaum:
L x B x H in mm
2300 x 1620 x 1370

41 cm, 54 cm, 37 cm

Wie viele Umzugskartons bekommt er in den Kleintransporter?

Tipp
1 cm³ (sprich Kubikzentimeter) ist der Rauminhalt eines Würfels mit der Seitenlänge 1 cm.

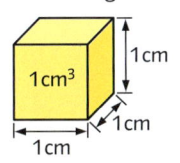

Statt Rauminhalt sagt man auch **Volumen**.

Um den **Rauminhalt eines Quaders** zu bestimmen, kannst du ihn mit Einheitswürfeln ausfüllen. Der Rauminhalt ist dann das Produkt aus dem Rauminhalt einer Schicht mal der Anzahl der Schichten.

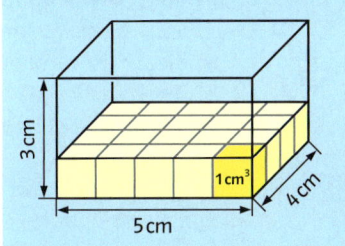

kurz: **Rauminhalt gleich Länge mal Breite mal Höhe.**

Tipp
Wandle vor dem Rechnen, wenn nötig, in dieselbe Längeneinheit um.

Beispiele
a) Der Quader im Merkkasten besteht aus 3 Schichten mit je 5 · 4 Würfeln.
5 · 4 · 3 = 60
Der Rauminhalt beträgt 60 cm³.

b) Ein Quader ist 2 cm lang und 6 mm breit und 15 mm hoch. 2 cm sind 20 mm.
20 · 6 · 15 = 1800
Der Rauminhalt beträgt 1800 mm³.

Tipp
Um den Rauminhalt zu berechnen, bildest du das Produkt aus Länge, Breite und Höhe.

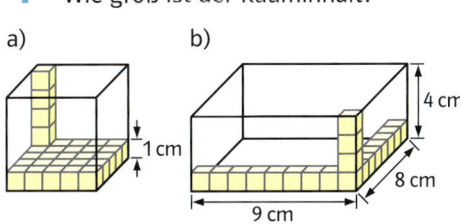

1 Wie groß ist der Rauminhalt?
a)
b) 9 cm, 8 cm, 4 cm, 1 cm

2 Ein Umzugskarton hat folgende Maße: Länge 50 cm, Breite 35 cm und Höhe 40 cm.
Wie groß ist der Rauminhalt des Umzugskartons?

3 Besorgt verschiedene quaderförmige Kisten und Verpackungen. Messt die Kantenlängen und berechnet die Rauminhalte.

Wie wir wohnen

Check-in Aktiv **Kurs** Check Thema Kompakt Test

4 Berechne den Rauminhalt.

a) 11 cm; 16 cm; 22 cm
b) 25 dm; 12 dm; 20 dm
c) 42 mm; 26 mm; 6 mm

→ Kannst du's? Seite 158, 5

Tipp
Der Rauminhalt eines Kühlschranks wird auch „Fassungsvermögen" genannt. Er wird häufig in Litern angegeben.
1 Liter = 1 dm^3

Tipp
1 ml = 1 cm^3

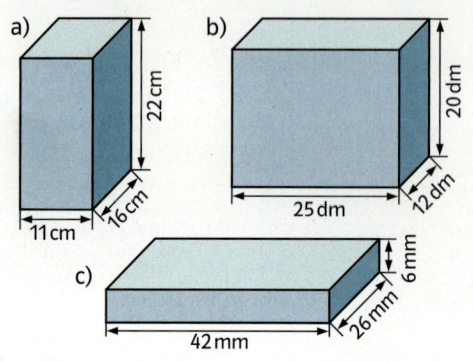

5 Berechne den Rauminhalt eines Quaders mit folgenden Kantenlängen.
a) 4 cm; 6 cm; 8 cm
b) 5 m; 4 m; 15 m
c) 2 dm; 8 dm; 2,5 dm

6 Berechne den Rauminhalt eines Kühlschranks mit den folgenden Innenmaßen:
a) Höhe 6,4 dm; Breite 5,5 dm; Tiefe 5 dm
b) Höhe 14 dm; Breite 5 dm; Tiefe 4,5 dm

7 Milch wird vielfach in quaderförmigen Pappverpackungen angeboten. Wie viel ml Milch enthält die abgebildete Verpackung vermutlich? Erkläre das „krumme" Ergebnis deiner Berechnung.

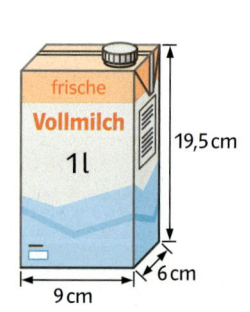

(9 cm; 6 cm; 19,5 cm)

8 Ein Klassenraum ist 9 m lang, 7,50 m breit und 3,40 m hoch. Für jede Schülerin und jeden Schüler sollen 6 m^3 Luft zur Verfügung stehen.
a) Wie viele Kinder dürfen in dem Klassenraum höchstens unterrichtet werden?
b) Wie viele Kinder dürften sich in deinem Klassenraum aufhalten?

9 Berechne den Rauminhalt des Quaders. Achte auf die Einheiten.

	a)	b)	c)	d)
Länge	7 m	2 m	44 mm	1 m 4 dm
Breite	250 cm	8 dm	1,5 cm	1,1 m
Höhe	3 m	5 dm	1,2 cm	78 cm

10 Berechne den Rauminhalt eines Würfels mit der Kantenlänge:
a) 12 cm   b) 8 mm
c) 1,80 m   d) 2,24 dm
e) ● Wie verändert sich der Rauminhalt eines Würfels, wenn alle Kanten verdoppelt werden?

11 ● Welche Kantenlänge hat ein Würfel mit dem Rauminhalt
a) 8 dm^3;   b) 64 mm^3;
c) 125 cm^3;   d) 1000 cm^3?

12 ● Wie ändert sich der Rauminhalt eines Quaders, wenn
a) die Länge verdoppelt wird,
b) die Breite halbiert wird,
c) sowohl die Höhe als auch die Breite halbiert werden,
d) die Höhe halbiert und die Länge verdoppelt wird?

13 👥 Welche Kantenlänge kann ein Quader haben, dessen Rauminhalt 180 cm^3 beträgt? Nennt jeder drei Möglichkeiten und vergleicht miteinander. Erklärt euch gegenseitig, wie ihr die Aufgabe gelöst habt.

14 ● Berechne den Rauminhalt des Körpers.
a) 7 cm; 2 cm; 3 cm; 2 cm; 3 cm; 6 cm
b) 4 dm; 3 dm; 2 dm; 2 dm; 4 dm; 4 dm; 3 dm

Wie wir wohnen

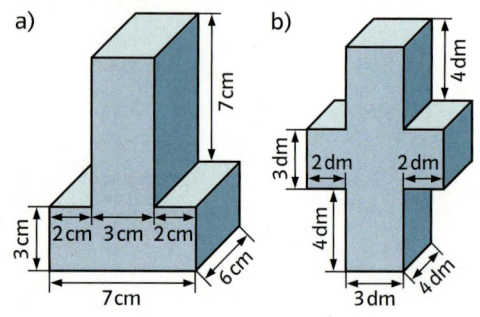

15 • Ein Quader mit quadratischer Grundfläche hat eine Höhe von 12 cm und einen Rauminhalt von 300 cm³. Wie lang sind die Seiten der Grundfläche?

16 • Ergänze im Heft.

	a)	b)	c)	d)	e)
Länge	4 cm	5 cm	10 m		40 cm
Breite	7 cm	3 cm		2 dm	10 cm
Höhe	9 cm		4 m	8 dm	
Volumen		60 cm³	240 m³	64 dm³	4 l

17 a) Eine Waschmittelverpackung ist 25 cm lang, 10 cm breit und 34 cm hoch. Berechne den Rauminhalt.
b) • Die Füllmenge beträgt 8000 cm³. Wie hoch ist die Packung gefüllt?
c) 👥☼🌐 Stellt euch ähnliche Aufgaben.

18 •• Welchen Bruchteil des Rauminhalts nehmen die gefärbten Teile ein? Berechne den Rauminhalt des gelben Teils für einen Würfel mit Kantenlänge 4 cm.

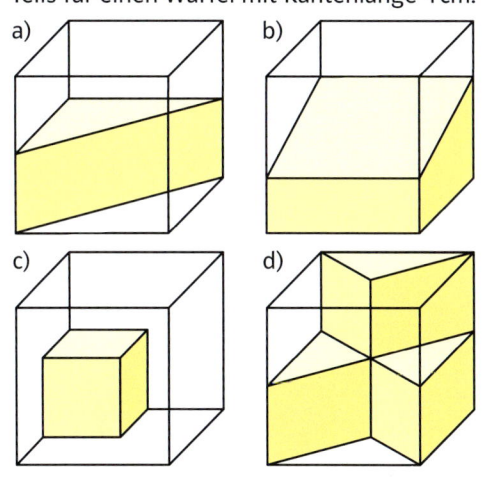

a) b) c) d)

19 •• Bestimme das Gewicht. 1 cm³ Nashorn wiegt etwa 1 g.

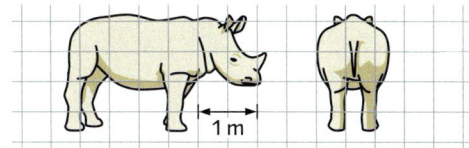

20 ✂ **Verpackungen**
Für diese Aufgabe benötigst du einige Bogen Karton, Klebstoff und eine Schere.
a) Schneide drei Quadrate mit der Seitenlänge 18 cm aus dem Karton aus.
Stelle aus den Quadraten drei Schachteln her: Zeichne dazu an den Ecken kleine Quadrate ein. Knicke diese über die Diagonale nach innen und verwende sie als Klebelaschen. Du erhältst drei oben offene Schachteln.

Schachtel	1	2	3
Seitenlänge des Quadrats an der Ecke	1 cm	3 cm	6 cm

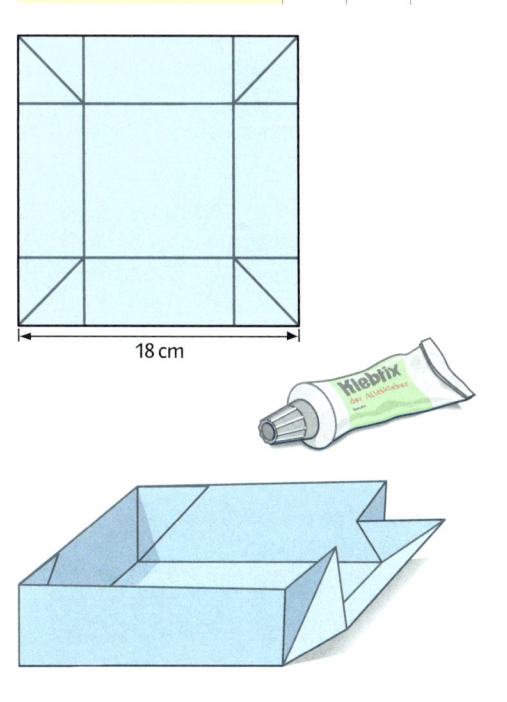

b) Was meinst du zu diesem Satz: „Je größer die abgeknickten Quadrate sind, desto kleiner wird der Rauminhalt"? Unterstütze deine Argumentation durch eine Tabelle, in der du die Rauminhalte für verschiedene Seitenlängen des Quadrats einträgst.

Seitenlänge des abgeknickten Quadrats	1 cm	2 cm	3 cm	4 cm
Rauminhalt der Schachtel				

Raumeinheiten

Rauminhalte werden je nach Größe in unterschiedlichen **Raumeinheiten** gemessen und angegeben.

1 mm³

1000 mm³ = 1 cm³

1000 cm³ = 1 dm³

1000 dm³ = 1 m³

mm³ sprich Kubikmillimeter.
Kubik kommt von Cubus, dem lateinischen Wort für Würfel.

Beim **Umwandeln von Raumeinheiten** hilft die Stellenwerttafel.

	m³			dm³			cm³			mm³		
4 m³ 512 dm³ 3 cm³	H	Z	E	H	Z	E	H	Z	E	H	Z	E
= 4,5123 m³			4,	5	1	2	3					
= 4512,3 dm³			4	5	1	2,	3					
= 4 512 300 cm³			4	5	1	2	3	0	0			
= 4 512 300 000 mm³			4	5	1	2	3	0	0	0	0	0

Beim Umwandeln in die nächstkleinere Einheit wird das Komma um drei Stellen nach rechts verschoben,
beim Umwandeln in die nächstgrößere Einheit um drei Stellen nach links.

Flüssigkeiten werden in den Einheiten Liter (l) und Milliliter (ml) angegeben.
1000 ml = 1 l
1 l = 1 dm³; 1 ml = 1 cm³

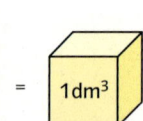

1 l Apfelsaft = 1 dm³

→ Kannst du's?
Seite 158, 6

21 Welche Einheiten würdest du bei folgenden Rauminhalten verwenden?
a) Klassenzimmer
b) Konservendose
c) Wassereimer
d) Eispackung
e) Stecknadelkopf
f) Badewanne
g) Rucksack
h) Trinkglas

22 „Mein neuer Wanderrucksack fasst 100 dm³." Was meinst du?

23 Wandle in die nächstgrößere Einheit um.
a) 4000 mm³; 82 000 cm³; 120 000 cm³
b) 325 000 dm³; 50 000 mm³; 850 000 cm³
c) 5000 ml; 7000 l; 23 000 ml; 45 000 l

24 Wandle in die nächstkleinere Einheit um.
a) 34 m³; 80 cm³; 115 dm³; 200 m³
b) 17 l; 230 l; 2000 l; 5478 l

25 Wandle um in
a) cm³: 3000 mm³; 17 000 mm³; 5 dm³
b) dm³: 5 m³; 45 000 cm³; 3 m³; 9000 cm³
c) l: 605 dm³; 3 m³; 75 000 cm³
d) ml: 13 l; 4 l; 8000 mm³; 2 dm³; 30 cm³

26 ● a) Ein Kasten Mineralwasser enthält 12 Flaschen mit je 750 ml. Wie viele Gläser zu 200 cm³ kann man insgesamt füllen?
b) ⊕ Besorge dir Angaben zu anderen Getränkekästen. Beachte die verschiedenen Füllmengen der Flaschen bzw. der Gläser und berechne den Inhalt wie in Teilaufgabe a).

27 Hektoliter
Große Flüssigkeitsmengen werden auch mit der Maßeinheit Hektoliter (hl) gemessen. Hekto- (griech.) bedeutet Hundert: 1 hl = 100 l.
2 Hektoliter entsprechen ungefähr einer durchschnittlichen Badewannenfüllung.

a) Wie viel l sind: 25 hl; 800 hl; 12 hl
b) Wie viel hl sind: 200 l; 450 000 l; 3 m³

Oberflächeninhalt des Quaders

Die Klasse 6 a möchte ein Aquarium mit Glasabdeckplatte für ihren Klassenraum bauen lassen. Das Aquarium soll folgende Maße haben:
Länge 1,20 m; Tiefe 0,60 m; Höhe 0,50 m. Wie viel Quadratmeter (m²) Glas wird für das Aquarium benötigt?
Fertige vor dem Rechnen eine Skizze an.

Tipp
Statt Oberflächeninhalt sagt man auch kurz Oberfläche.

Die Oberfläche eines Quaders besteht aus sechs Rechtecken.
Den **Oberflächeninhalt** berechnest du, indem du die Flächeninhalte der sechs Rechtecke des Netzes addierst.

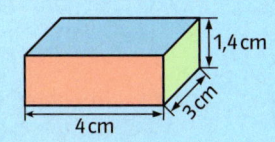

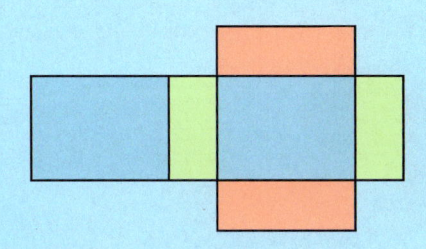

Tipp
Wandle vor dem Rechnen wenn nötig in dieselbe Flächeneinheit um.

Beispiele

a) Der Oberflächeninhalt des Quaders im Merkkasten soll berechnet werden.
Da die gegenüberliegenden Flächen beim Quader gleich groß sind, kannst du die drei verschieden großen Flächeninhalte addieren und dann verdoppeln.
(3 · 4 + 3 · 1,4 + 4 · 1,4) · 2 = 21,8 · 2 = 43,6
Der Oberflächeninhalt beträgt 43,6 cm².

b) Ein Quader ist 5 cm lang, 25 mm breit und 5 mm hoch. 5 cm sind 50 mm.
(50 · 25 + 50 · 5 + 25 · 5) · 2
= 1625 · 2 = 3250
Der Oberflächeninhalt beträgt 3250 mm².

1 Übertrage das Quadernetz ins Heft. Färbe gleich große Flächen gleichfarbig ein. Berechne den Oberflächeninhalt des Quaders auf zwei verschiedene Arten.

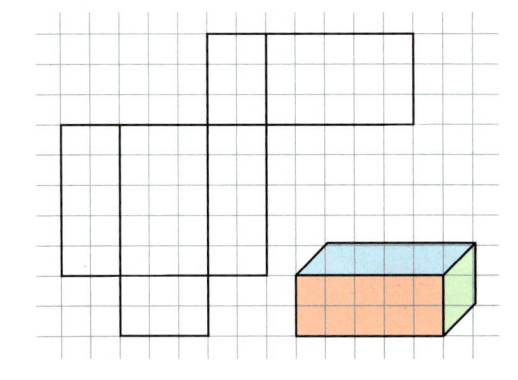

2 Berechne den Oberflächeninhalt.

a) 6 cm; 3 cm; 2 cm
b) 5 cm; 4 cm; 3 cm
c) 11 cm; 16 cm; 22 cm
d) 25 dm; 12 dm; 20 dm

Wie wir wohnen

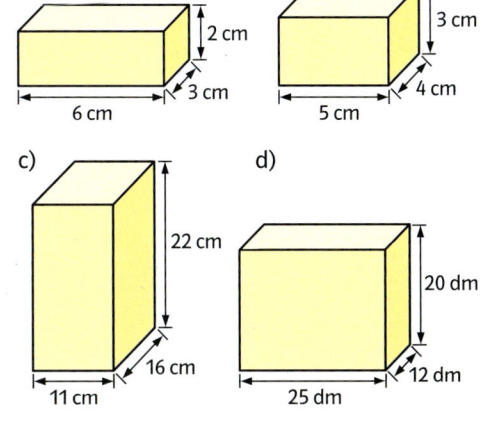

Tipp
Eine Tabelle kann hier helfen.

3 Berechne den Oberflächeninhalt.

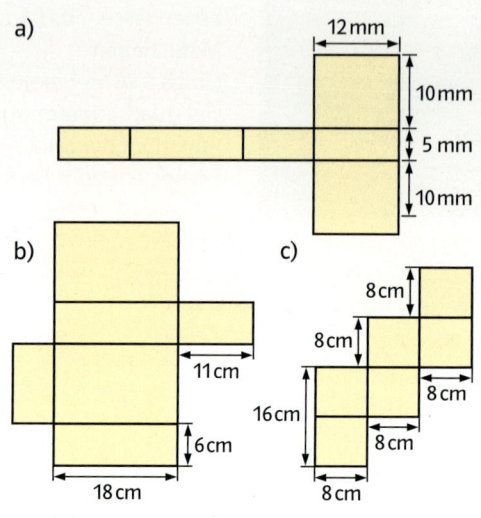

a) 12 mm, 10 mm, 5 mm, 10 mm

b) 18 cm, 11 cm, 6 cm

c) 8 cm, 8 cm, 8 cm, 16 cm, 8 cm, 8 cm

4 Berechne die fehlenden Werte des Quaders.

	a)	b)	c)	d)
Länge	4 cm	7 dm	9 mm	5 m
Breite	2 cm	6 dm	3 mm	7,5 m
Höhe	3 cm	8 dm	7 mm	9 m
Länge · Breite	☐	☐	☐	☐
Länge · Höhe	☐	☐	☐	☐
Breite · Höhe	☐	☐	☐	☐
Oberfläche	☐	☐	☐	☐

5 Miss die Kantenlängen und berechne den Oberflächeninhalt von
a) einer Streichholzschachtel,
b) einer Milchverpackung,
c) eines Schuhkartons,
d) einer beliebigen quaderförmigen Verpackung.

6 Berechne den Oberflächeninhalt des Quaders.

	a)	b)	c)	d)
Länge	2 cm	3,5 m	8,2 mm	4,6 cm
Breite	2,4 cm	5 m	5,3 mm	4,6 cm
Höhe	25 cm	6 m	7,1 mm	4,6 cm

→ Kannst du's?
Seite 158, 7

7 a) Berechne Rauminhalt und Oberfläche eines Würfels mit Kantenlänge 4 cm.
b) ● Wie ändern sich der Rauminhalt und der Oberflächeninhalt, wenn die Kantenlänge verdoppelt (verdreifacht) wird?

8 a) Vergleiche die Oberflächeninhalte der Quader, ohne sie zu berechnen.

	Länge	Breite	Höhe
Quader 1	10 cm	5 cm	15 cm
Quader 2	1,5 dm	1 dm	0,5 dm

b) Berechnet den Oberflächeninhalt in Quadratdezimeter (dm²). Vergleicht eure Rechnungen. Wer hat besonders geschickt gerechnet?

9 In beiden Faltschachteln werden Teebeutel verpackt.

Faltschachtel 1

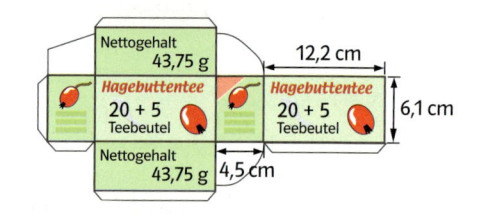

Nettogehalt 43,75 g; Hagebuttentee 20 + 5 Teebeutel; 12,2 cm; 6,1 cm; 4,5 cm

Faltschachtel 2

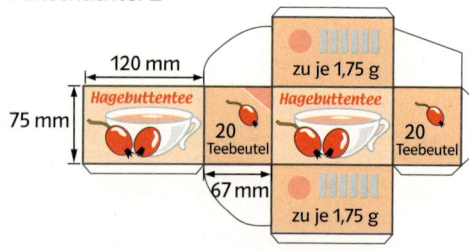

120 mm; 75 mm; 67 mm; Hagebuttentee 20 Teebeutel; zu je 1,75 g

a) Vergleiche die Oberflächeninhalte und die Rauminhalte der beiden Schachteln.
b) Welchen Tee würdest du bei gleichem Preis kaufen?
c) Besorge eine Teeschachtel und führe daran ähnliche Berechnungen durch.

156 Wie wir wohnen

10 Ein Quader ist 2,5 cm lang, 3 cm breit und 6 cm hoch.
a) Zeichne das Netz des Quaders und berechne den Oberflächeninhalt als Summe der Einzelflächen. Färbe die Flächen im Netz passend zu deiner Berechnung ein.
b) Zeichne ein zweites Netz des Quaders und berechne den Oberflächeninhalt als Summe aus der Mantelfläche, der Grundfläche und der Deckfläche.

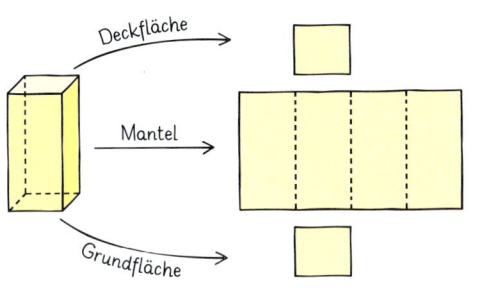

Tipp
Grundfläche und **Deckfläche** sind parallel und gleichgroß. Der **Mantel** steht senkrecht auf der Grundfläche und besteht aus Rechtecken.

Färbe die Flächen in deiner Zeichnung passend zu deiner Berechnung ein.
c) ● Erkläre mithilfe deiner Zeichnungen, wieso beide Berechnungen dasselbe Ergebnis liefern.

11 Übertrage die Tabelle ins Heft und ergänze die Werte für die unten abgebildeten Quader.

	a)	b)	c)
Länge	8 cm	☐	☐
Breite	1 cm	☐	☐
Höhe	4 cm	☐	☐
Grundfläche = Deckfläche	8 · 1 cm² = ☐	☐	☐
Mantelfläche	18 · 4 cm² = ☐	☐	☐
Oberfläche	2 · 8 cm² + 72 cm² = ☐	☐	☐

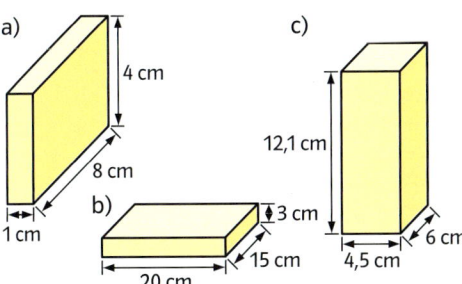

12 ● Welche Kantenlängen kann ein Quader haben, dessen Rauminhalt 180 cm³ beträgt?
Nenne drei Möglichkeiten und berechne den Oberflächeninhalt. Was fällt dir auf?

13 Für den Transport von Waren mit dem Schiff über See werden häufig Transportkisten aus Holz, sogenannten Überseekisten, verwendet.

Die Überseekiste auf dem Foto wurde für den Transport einer Mikrowelle hergestellt. Die Kiste ist 45 cm lang, 37 cm tief und 55,5 cm hoch.
a) Berechne den Rauminhalt der Kiste.
b) Wie viel Quadratmeter (m²) Holz wurde für die Kiste verarbeitet?

14 ● In eine Transportkiste aus Holz sollen genau 64 l hineinpassen.
a) Welche Abmessungen kann sie haben? Lege eine Tabelle mit mindestens vier Möglichkeiten an.
b) In welchem Fall wird am wenigsten Holz benötigt?

15 ●● Für den Bau einer Transportkiste dürfen höchstens 2,4 m² Holz verarbeitet werden. Eine Kantenlänge der Kiste soll 40 cm lang sein.
a) Welche Kantenlängen könnte die Kiste haben? Finde mehrere Möglichkeiten.
b) Bei welchen Maßen passt am meisten in die Transportkiste hinein?

Wie wir wohnen

Kann ich's?

Check vc86hw

		Das kann ich.	Da bin ich fast sicher.	Da bin ich unsicher.	Das kann ich noch nicht.
Flächen					
1	Ich kann maßstabsgerechte Vergrößerungen bzw. Verkleinerungen berechnen und dazu den Maßstab bestimmen. → Seiten 136 bis 138	☐	☐	☐	☐
2	Ich kann Flächeninhalte rechteckiger Figuren berechnen. → Seiten 144 bis 146	☐	☐	☐	☐
3	Ich kann mit Flächeneinheiten umgehen. → Seite 147	☐	☐	☐	☐
4	Ich kann den Umfang eines Rechtecks berechnen. → Seiten 148 und 149	☐	☐	☐	☐
Körper					
5	Ich kann Rauminhalte von Quadern berechnen. → Seiten 151 bis 153	☐	☐	☐	☐
6	Ich kann mit Raumeinheiten umgehen. → Seite 154	☐	☐	☐	☐
7	Ich kann den Oberflächeninhalt eines Quaders berechnen. → Seiten 155 bis 157	☐	☐	☐	☐
		Ich helfe anderen.	Ich übe weiter.	Ich frage andere.	Ich frage eine Lehrperson.

Wie wir wohnen

Aufgaben

1 Maßstab

a) Übertrage ins Heft und ergänze.

Maßstab	1:100	1:2000	1:10000	3:1
Länge im Plan	1 cm			6 cm
Länge in Wirklichkeit		30 m	200 m	

b) Stimmt das? Verbessere wenn nötig.
- Bei einem Maßstab von 1:4 wird ein Gegenstand in vierfacher Vergrößerung abgebildet.
- Bei einem Maßstab von 1:1000 wird eine 50 km lange Strecke 5 cm lang gezeichnet.

2 Flächeninhalt

a) Berechne die fehlenden Werte des Rechtecks.

Länge	12 cm		50 cm	
Breite	5 dm	8 m		25 m
Flächeninhalt		56 m²	4 m²	20 a

b) Berechne den Flächeninhalt.

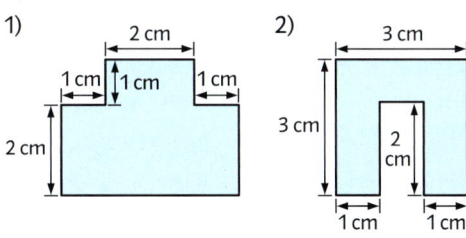

1) Figur mit Maßen: 2 cm oben, 1 cm, 1 cm, 1 cm, 2 cm

2) Figur mit Maßen: 3 cm oben, 3 cm, 2 cm, 1 cm, 1 cm

3 Flächeneinheiten

a) Schreibe den Text ins Heft und ergänze die fehlenden Flächeneinheiten.

> Linus wohnt in Berlin, einer Stadt mit einer Fläche von ungefähr 890 ☐. Sein Zimmer hat eine Fläche von 15 ☐. Der Fußballplatz, auf dem Linus jede Woche trainiert, hat eine Fläche von ca. 1 ☐. Das Foto von seiner Mannschaft ist ungefähr 1 ☐ groß.

b) Richtig oder falsch? Verbessere, wenn nötig.

123 mm² = 1,23 cm²   4560 dm² = 4,56 m²
7,8 a = 78 m²   99,90 km² = 999 ha

→ Lösungen zum Check, Seite 262

4 Umfang

a) Berechne den Umfang der Figuren aus → Teilaufgabe 2 b).

b) Berechne die fehlenden Werte des Rechtecks.

Länge	15 cm	20 m	75 cm	
Breite	2 dm	9 m		880 m
Umfang			2 m	7 km

5 Rauminhalt

Ergänze die fehlenden Werte des Quaders im Heft.

	a)	b)	c)	d)
Länge	7 cm	12 mm	4 m	50 cm
Breite	6 cm	4 cm		10 cm
Höhe	3 cm	2 cm	5 m	
Rauminhalt			80 m³	8 l

6 Raumeinheiten

a) Welcher Rauminhalt passt?
Konservendose: 450 mm³; 450 cm³; 4,5 dm³
Mülltonne: 2,4 l; 240 l; 240 ml
Hubraum eines Pkws: 1,6 m³; 1,6 dm³; 1,6 cm³

b) Wandle um in:
cm³: 7 dm³; 7 m³; 77 mm³
m³: 77 000 cm³; 70 dm³; 7000 mm³
ml: 7,7 l; 777 cm³; 7 dm³

7 Oberflächeninhalt

Berechne den Oberflächeninhalt.

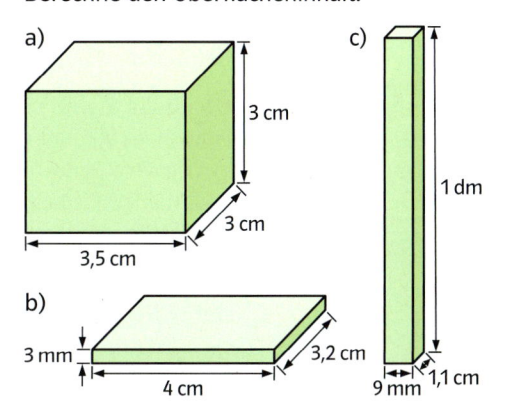

a) Quader mit Maßen 3,5 cm × 3 cm × 3 cm

b) Quader mit Maßen 4 cm × 3,2 cm × 3 mm

c) Quader mit Maßen 1 dm × 1,1 cm × 9 mm

Wie wir wohnen

Check-in Aktiv Kurs Check **Thema** Kompakt Test

Menschen, Länder, Kontinente

Abb. 1 *Abb. 2* *Abb. 3*

1 a) Habt ihr euch schon einmal überlegt, für wie viele Kinder der Platz auf 1 m² reicht? Schätzt, wie viele es sein könnten (→ Abb. 1).
b) Passen aus eurer Klasse genau so viele Schülerinnen und Schüler auf einen Quadratmeter wie auf dem Foto? Steckt selbst einen Quadratmeter ab und probiert es aus.

2 In Unterrichtsräumen sollten für jede Schülerin und jeden Schüler mindestens 2 m² zur Verfügung stehen (→ Abb. 2).
a) Wie groß müsste ein Klassenraum für 28 Schülerinnen und Schüler mindestens sein?
b) 🌐 Wie viel Quadratmeter müssten deiner Klasse zur Verfügung stehen? Vergleiche mit den tatsächlichen Maßen.

3 Auf dem Pausenhof sollte für jede Schülerin und jeden Schüler der Schule 5 m² Platz zur Verfügungung stehen (→ Abb. 3).
a) Wie viel Quadratmeter groß müsste der Pausenhof einer Schule mit je vier Parallelklassen in jedem Jahrgang mindestens sein, wenn in jeder Klasse durchschnittlich 28 Schülerinnen und Schüler sind?
b) Welche Maße könnte ein rechteckiger Pausenhof etwa haben? Nenne drei Möglichkeiten.
c) 🌐 Wie groß müsste euer Pausenhof mindestens sein?
Besorge dir die tatsächlichen Maße und vergleiche.

Tipp
→ **Aufgabe 4**
Benutze deinen Taschenrechner.

→ Informationen suchen, Seite 236

4 Große Städte sind meist dicht besiedelt. In Duisburg wohnen beispielsweise 487 000 Einwohner auf einer Fläche von 233 km². Das sind durchschnittlich 2090 Einwohner auf 1 km².
a) Wie viele Einwohner wohnen in Dortmund und Mülheim jeweils auf 1 km²?
Vergleiche mit dem Ort, in dem du wohnst.

	Dortmund	Mülheim
Fläche	280 km²	91 km²
Einwohner	580 000	167 000

b) Wie groß ist die Fläche, die jedem Einwohner der Städte im Durchschnitt zur Verfügung steht? Wandle jeweils in m² um.
c) 🌐 Was meinst du? Ist die Einwohnerdichte im gesamten Bundesland Nordrhein-Westfalen im Vergleich zu den berechneten Städten höher oder niedriger? Begründe.

Wie wir wohnen

Abb. 4

Spanien
Einwohner: 47 270 000
Fläche: 504 782 km²

Deutschland
Einwohner: 81 890 000
Fläche: 357 021 km²

China
Einwohner: 1 360 760 000
Fläche: 9 596 960 km²

Indien
Einwohner: 1 239 260 000
Fläche: 3 287 590 km²

Singapur
Einwohner: 5 312 000
Fläche: 693 km²

Südafrika
Einwohner: 1 770 000
Fläche: 219 912 km²

Australien
Einwohner: 22 680 000
Fläche: 7 686 850 km²

Abb. 5

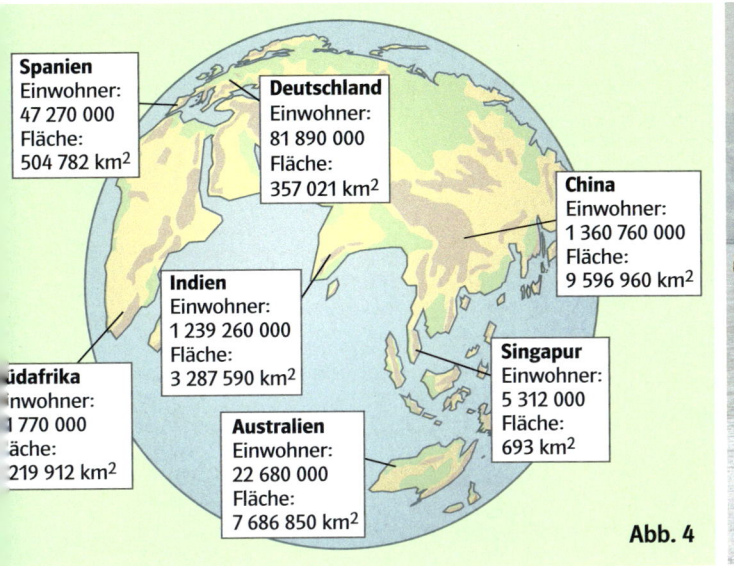

5 ● ⊕ In welchem Land der Erde haben die Menschen am meisten Platz und in welchem am wenigsten? Rechne mit den Zahlen aus der Zeichnung → Abb. 4, recherchiere im Atlas oder Internet.

6 a) ● Der Bodensee ist der größte See Deutschlands und im Winter ein attraktiver Ort für Eisläufer. In ganz kalten Wintern friert der Bodensee komplett zu → Abb. 5. Dann sind 539 km² Wasserfläche mit Eis bedeckt. Könnten alle Einwohner Deutschlands (Chinas; der ganzen Welt) auf der Eisfläche stehen? Wie viel Platz stünde für jeden Eisläufer zur Verfügung?
b) 👥 Überlegt euch zu folgenden Daten Fragen und Antworten.
• Größter Kontinent: Asien (44,6 Mio km²)   • Größte Wüste: Sahara (9,4 Mio km²)
• Kleinstes Land: Vatikan (0,44 km²)

Weißt du, wie die Erde früher aussah?

Die Wissenschaftler sind heute der Meinung, dass vor langer Zeit auf der Südhalbkugel ein riesiger, von Wasser umgebener Kontinent existierte. Dieser spaltete sich im Laufe der Jahrmillionen auf und ließ die einzelnen Bruchstücke auf der Erdoberfläche wandern.

Die Gesamtoberfläche der Erde beträgt 510,1 Millionen km². Davon teilen sich die 149,3 Millionen km² Landfläche in die Kontinente Afrika, Amerika, Asien, Australien, Europa und die Antarktis auf.

Wie wir wohnen

Postpakete

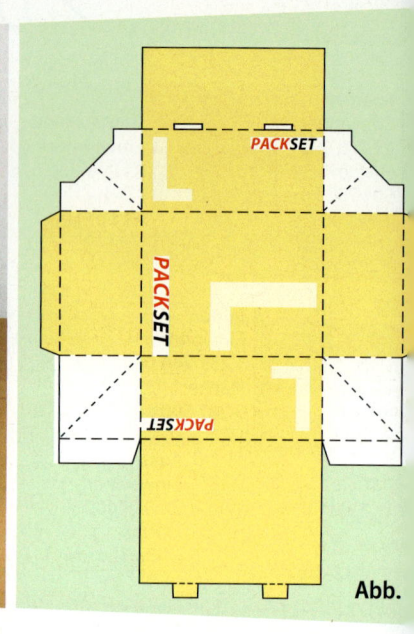

Abb. 1

XS	Extra Small 22,5 x 14,5 x 3,5 cm (Breite x Tiefe x Höhe)	(Ohne Klebestreifen)	1,49 €
S	Small 25 x 17,5 x 10 cm (Breite x Tiefe x Höhe)		1,69 €
M	Medium 37,5 x 30 x 13,5 cm (Breite x Tiefe x Höhe)		1,99 €
L	Large 45 x 35 x 20 cm (Breite x Tiefe x Höhe)		2,49 €
F	Flasche 38 x 12 x 12 cm (Breite x Tiefe x Höhe)		2,49 €

Abb. 2

Abb. 3

Tipp
Sieh dir doch einmal bei der Post solch ein PackSet genauer an: Es besteht aus einem zu einem Paket faltbaren Pappboden, Schnur, Klebestreifen (Größe XS ohne), Paketschein und Aufschriftdoppel.

1 Bei der Post kann man PackSets in verschiedenen Größen kaufen → Abb. 1.
a) Berechne das jeweilige Fassungsvermögen der Pakete. Gib die Inhalte in Litern an.
b) ● Wie viele Pakete der Größe XS passen in ein Paket der Größe L hinein?

2 Welche Paketgröße würdest du auswählen, um
a) 10 Tafeln Schokolade, b) 10 CDs, c) 10 Mathebücher,
d) 10 Taschenbücher, e) 10 DVDs zu versenden?
Überlege, wie du jeweils möglichst geschickt packen kannst. Fertige dazu Skizzen an.

3 a) Zeichne für einen Quader mit den Abmessungen der Paketgröße L ein Netz. → Abb. 3 Wähle 1 cm für 10 cm.
b) Berechne den Oberflächeninhalt des Netzes der Paketgröße L.
c) Vergleiche mit dem Oberflächeninhalt eines Netzes der Paketgröße M.

4 ✂ Baue den Quader der Paketgröße XS aus Karton nach.
Welche Länge und Breite benötigst du für das Netz mindestens? Überlege dir vor dem Ausschneiden, wie du die einzelnen Seiten später mit Klebelaschen verbinden kannst.

5 Das Paket des PackSets L wird aus einer großen Pappe zusammengefaltet → Abb. 3.
a) Welche Teilflächen gehören nicht zum Netz? Gibt es Pappflächen, die nach dem Zusammenfalten zweifach liegen? Wie viele Pappflächen liegen höchstens aufeinander?
b) Welche Maße muss eine rechteckige Pappe haben, damit daraus eine Faltpappe für ein Paket der Größe S (M) hergestellt werden kann? Hinweis: Rechne für die Faltlasche 2,5 cm ein.

6 Pakete können auf verschiedene Weisen verschnürt werden. Wie viel Schnur wird für ein Paket der Größe L dabei benötigt? Beschreibe, wie du rechnest. Rechne zusätzlich 20 cm für die Knoten ein.

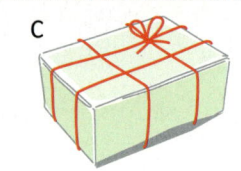

A   B   C   D

→ Informationen suchen, Seite 236

Wie wir wohnen

Maßstab
Der Maßstab gibt an, wie viel mal so groß die Strecken in Wirklichkeit sind.

Maßstab 1:100
1 cm auf der Karte entspricht
100 cm = 1 m in Wirklichkeit.

Flächeninhalt des Rechtecks
Den **Flächeninhalt** eines Rechteckes kannst du berechnen, indem du die Länge mit der Breite multiplizierst.
Gebräuchliche Einheiten sind mm^2, cm^2, dm^2, m^2, a, ha und km^2.

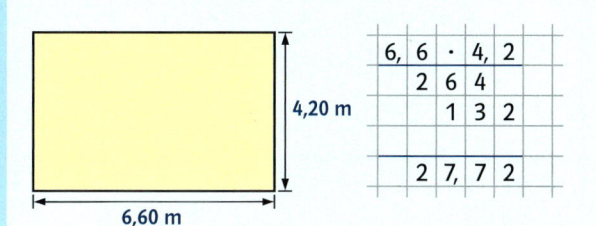

$1 km^2$ = 100 ha
    1 ha = 100 a
        1 a = 100 m^2
            $1 m^2$ = 100 dm^2
                $1 dm^2$ = 100 cm^2
                    $1 cm^2$ = 100 mm^2

Der Flächeninhalt des Rechtecks beträgt $27,72 m^2$.
$5,64 m^2$
= $5 m^2$ $64 dm^2$
= $564 dm^2$

Umfang
Der **Umfang** einer Fläche berechnet sich aus der Summe aller Seitenlängen.

Umfang des Rechtecks
$2 \cdot (4,20 + 6,60) = 2 \cdot 10,80 = 21,60$
Der Umfang des Rechtecks beträgt 21,60 m.

Rauminhalt (Volumen)
Den **Rauminhalt** eines Quaders kannst du berechnen, indem du die Länge mit der Breite und der Höhe multiplizierst.
Übliche Raumeinheiten sind mm^3, cm^3, dm^3, m^3, ml, l und hl.

$1 m^3$ = 1000 dm^3
    $1 dm^3$ = 1000 cm^3
        $1 cm^3$ = 1000 mm^3

1 l = $1 dm^3$ 1 hl = 100 l

Rauminhalt des Quaders
$6,60 \cdot 4,20 \cdot 1,20 = 33,264$
Der Rauminhalt des Quaders beträgt $33,264 m^3$.
$10,645 m^2$
= $10 m^3$ $645 cm^3$
= $10 645 cm^3$

Oberflächeninhalt (Oberfläche)
Der **Oberflächeninhalt** eines Quaders berechnet sich aus der Summe seiner Seitenflächen.

Oberflächeninhalt des Quaders
$2 \cdot (6,6 \cdot 4,2 + 2 \cdot 6,6 \cdot 1,2 + 2 \cdot 4,2 \cdot 1,2)$
= $55,44 m^2 + 15,84 m^2 + 10,08 m^2$
= $81,36 m^2$
Der Oberflächeninhalt des Quaders beträgt $81,36 m^2$.

Wie wir wohnen

Check-in Aktiv Kurs Check Thema Kompakt **Test**

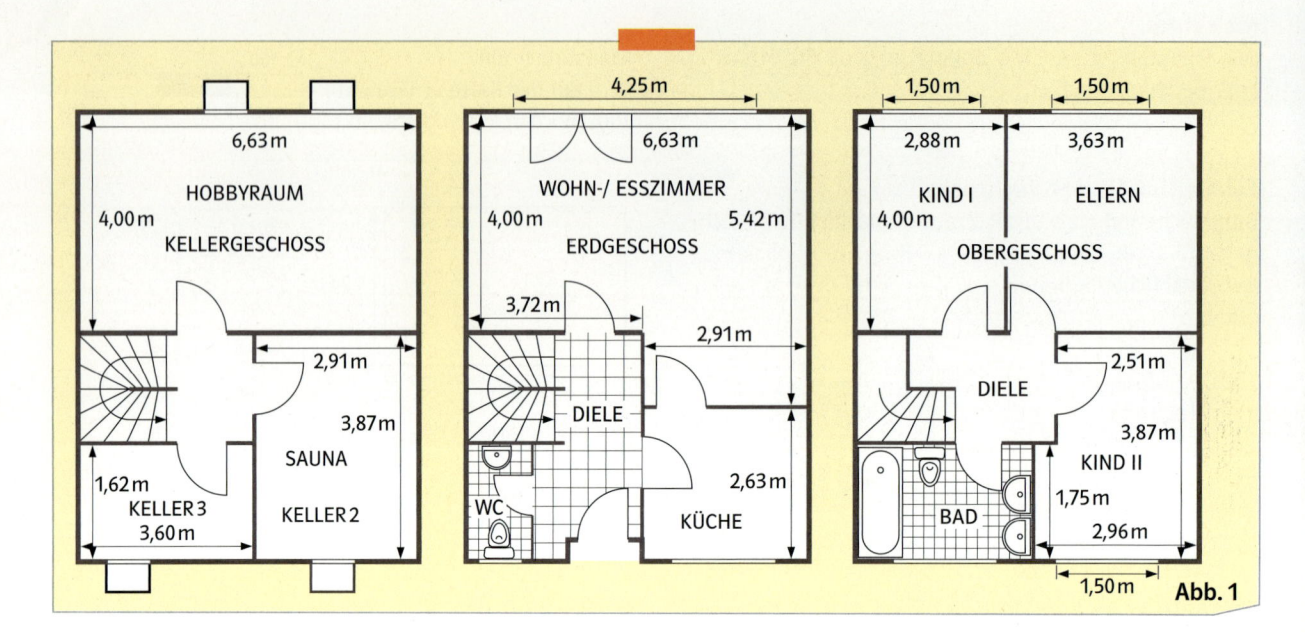

Abb. 1 – Grundriss (Kellergeschoss, Erdgeschoss, Obergeschoss)

- **Kellergeschoss:** HOBBYRAUM 6,63 m × 4,00 m; KELLER 3 1,62 m × 3,60 m; SAUNA / KELLER 2 2,91 m × 3,87 m
- **Erdgeschoss:** WOHN-/ESSZIMMER 4,25 m / 6,63 m / 4,00 m / 5,42 m; DIELE 3,72 m / 2,91 m; WC; KÜCHE 2,63 m
- **Obergeschoss:** KIND I 1,50 m / 2,88 m / 4,00 m; ELTERN 1,50 m / 3,63 m; DIELE 2,51 m; KIND II 3,87 m / 1,75 m / 2,96 m; BAD; 1,50 m

einfach

1 Der Architekt hat den Grundriss im Maßstab 1:100 gezeichnet. Wie lang ist eine Strecke von 1 cm auf der Zeichnung in Wirklichkeit?

2 Wie viel Quadratmeter (m²) Teppichboden werden für den Hobbyraum → Abb. 1 im Kellergeschoss benötigt?

3 In Kinderzimmer I sollen an der Kante zur Decke Leisten angebracht werden. Wie viel Meter müssen gekauft werden?

4 Die Wände des 2,50 m hohen Kinderzimmers und die Decke sollen gestrichen werden. Wie groß ist die Fläche, die gestrichen wird? (Die Fensterflächen und die Türflächen kannst du vernachlässigen.)

5 Im Sauna-Keller soll ein quaderförmiges Tauchbecken von 1 m Länge, 1,20 m Breite und 1,50 m Höhe gebaut werden. Wie viel Liter Wasser passen in das Becken?

mittel

1 Das Wohn-/Esszimmer hat eine Raumhöhe von 3 m. In einer Bauzeichnung wurde sie mit 2 cm eingezeichnet. Bestimme den Maßstab der Zeichnung.

2 Berechne die Flächengröße des Wohn-/Esszimmers → Abb. 1 in m²?

3 Wie viel Meter Fußbodenleisten müssen für das Wohn-/Esszimmer gekauft werden? (Die Türen sind 80 cm breit.)

4 Die Wände und die Decke des Wohn-/Esszimmers sollen gestrichen werden. Berechne die Größe der Fläche, die gestrichen wird? (Die Fenster und Türen sind 2 m hoch.)

5 Für das Aquarium wurden Fische in fünf 50-l-Behältern geliefert. Passt alles in ein Aquarium mit 1,15 m Breite, 45 cm Tiefe und 60 cm Höhe?

schwieriger

1 Bestimme, in welchem Maßstab das Dachzimmer gezeichnet wurde.

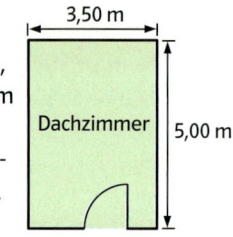

(Dachzimmer: 3,50 m × 5,00 m)

2 In welchem Kinderzimmer → Abb. 1 ist mehr Platz zum Spielen?

3 Wie viel Meter Fußbodenleisten müssen für die beiden Kinderzimmer insgesamt gekauft werden? (Die Türen sind 80 cm breit.)

4 „Ein Eimer reicht für 50 m²" Wie viele Eimer Farbe werden benötigt, um die 2,50 m hohen Wände und die Decken der beiden Kinderzimmer zu streichen? (Die Fenster und Türen sind 2 m hoch.)

5 Zwei Aquarien haben die Maße 80 cm × 36 cm × 38 cm und 1 m × 36 cm × 45 cm. Wie viel Liter fasst jedes Aquarium bis 3 cm unter der Oberkante?

→ Lösungen zum Test, Seiten 263 und 264

7 Schule und Freizeit

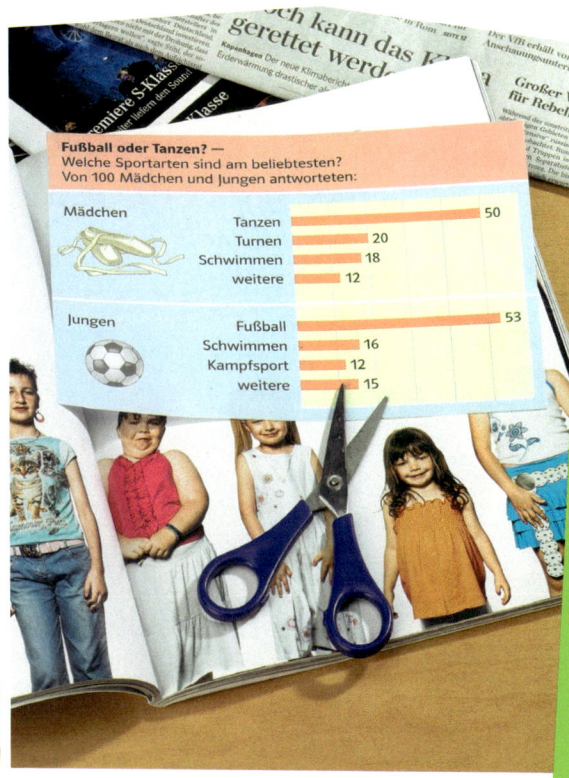

Schule und Lernen bestimmen euren Alltag genauso wie Freizeit, Hobbys, Freunde und Familie.
- Wie teilt ihr eure Zeit ein?
- Was unternehmt ihr gemeinsam mit Freunden?
- Wie verbringt ihr eure Freizeit?
- Welche Bedeutung hat die Schule?
- Wie viel Zeit verbringt ihr mit Lernen?

In Umfragen werden Antworten auf solche und viele weitere Fragen gesammelt, ausgewertet und in Diagrammen dargestellt.

In diesem Kapitel lernt ihr,

- die Ergebnisse von Umfragen auszuwerten,
- Kreisdiagramme, Streifendiagramme und Stängel-Blätter-Diagramme zu zeichnen,
- verschiedene Mittelwerte zu bestimmen und zu unterscheiden,
- Daten mithilfe von Kennwerten zu beschreiben und zu vergleichen,
- absolute und relative Häufigkeit zu unterscheiden und zu bestimmen,
- ein Tabellenkalkulationsprogramm zur Auswertung und Darstellung von Daten zu nutzen.

Check-in Aktiv Kurs Check Thema Kompakt Test

Checkliste

Check-in
5w2wh2

	Das kann ich.	Da bin ich fast sicher.	Da bin ich unsicher.	Das kann ich noch nicht.
1 **Ich kann Brüche darstellen und ich kann Bruchteile als Prozent angeben.** → mathe live-Werkstatt, Seiten 225 und 226	☐	☐	☐	☐
2 **Ich kann Dezimalzahlen ordnen und mit ihnen rechnen.** → Kapitel 5, Seiten 108, 112 und 117	☐	☐	☐	☐
3 **Ich kann Tabellen lesen und erstellen.** → mathe live-Werkstatt, Seite 232	☐	☐	☐	☐
4 **Ich kann Daten mithilfe von Diagrammen darstellen.** → mathe live-Werkstatt, Seite 233	☐	☐	☐	☐
5 **Ich kann Ranglisten erstellen.** → mathe live-Werkstatt, Seite 234	☐	☐	☐	☐
6 **Ich kann Minimum, Maximum, Spannweite und Zentralwert bestimmen.** → mathe live-Werkstatt, Seite 234	☐	☐	☐	☐
7 **Ich kann Winkel und Kreise zeichnen.** → Kapitel 2, Seite 40 und Kapitel 4, Seite 80	☐	☐	☐	☐
	Ich helfe anderen.	Ich übe weiter.	Ich frage andere.	Ich frage eine Lehrperson.

Schule und Freizeit

Aufgaben

1 Brüche und Prozente
a) Stelle zeichnerisch dar $\frac{1}{2}, \frac{3}{4}, \frac{2}{3}, \frac{7}{10}$.
b) Ordne den in → Teilaufgabe a) genannten Brüchen die passenden Prozentangaben zu. 50%, 66,7%, 70%, 75%
c) Lara sollte den Bruch $\frac{1}{3}$ zeichnen. Erkläre, was sie falsch, was sie richtig gemacht hat.

2 Mit Dezimalzahlen umgehen
a) Ordne die Zahlen der Größe nach.
1) 0,7   0,07   0,69   0,71   0,96   0,9
2) 0,89   0,809   8,09   0,089   8,9
b) Berechne.
5,81 + 7,39;   1,01 + 0,044;   3,4 − 1,8;   6,15 − 4,34
53,1 · 0,1;   53,1 · 100;   53,1 : 10;   53,1 : 0,01

3 Tabellen lesen und erstellen
Zu Kleidergrößen gehören Körpermaße:

Körpergröße (in cm)	Hüftumfang (in cm)	Kleidergröße
129 bis 134	69 bis 71	134
135 bis 140	72 bis 74	140
141 bis 146	75 bis 77	146
147 bis 152	78 bis 80	152

a) Noah ist 144 cm groß. Welche Kleidergröße trägt er? Für welche Körpergröße wird Kleidergröße 152 empfohlen?
b) Nele und ihre Freundinnen wollen sich im Internet die gleichen Jeans bestellen. Erstelle eine Tabelle, in der du jedem Mädchen die Maße und die passende Kleidergröße zuordnest. Beachte: Ist die Kleidergröße nicht eindeutig, wird empfohlen, die größere Kleidergröße zu wählen.

Nele 145 cm groß, Hüftumfang 75 cm
Laura 132 cm groß, Hüftumfang 69 cm
Alina 142 cm groß, Hüftumfang 74 cm
Lilly 145 cm groß, Hüftumfang 79 cm

Tipp
So misst du richtig:
Größe: Barfuß vom Scheitel bis zur Sohle.
Hüftumfang: Waagerecht um die stärkste Stelle am Po.

→ Lösungen zum Check-in, Seite 264

4 Diagramme zeichnen

Tierart	kann so alt werden	schwimmt so schnell
Eisbär	30 Jahre	10 km/h
Kaiserpinguin	20 Jahre	9 km/h
Seehund	35 Jahre	35 km/h
Zwergwal	40 Jahre	27 km/h

a) Zeichne ein Säulendiagramm zum Alter der Tiere.
b) Zeichne ein geeignetes Diagramm zur Geschwindigkeit beim Schwimmen.

5 Rangliste erstellen

Obstsorte	Vitamin C (mg pro 100 g Obst)
Erdbeere	65
schwarze Johannisbeere	189
Kiwi	121
rote Johannisbeere	36
Orange	50
Papaya	82
Zitrone	53

a) Erstelle die Rangliste. Welche Obstsorte enthält das meiste Vitamin C?
b) Auf welchem Platz ist die Orange?

6 Spannweite und Zentralwert
Anna hat untersucht, wie viel Gramm Zucker in 100 g Jogurt sind.

Jogurts für Kinder:
14 g, 14 g, 15 g, 15 g, 18 g, 19 g, 20 g

Normale Jogurts:
9 g, 9 g, 10 g, 12 g, 16 g, 18 g

a) Bestimme Minimum, Maximum, Spannweite und Zentralwert getrennt für Kinderjogurts und normale Jogurts.
b) Vergleiche die Werte miteinander.

7 Winkel zeichnen
a) Zeichne die Winkel $\alpha = 60°$, $\beta = 138°$, $\gamma = 90°$ und $\delta = 225°$.
b) Zeichne einen Kreis und teile ihn in drei gleich große Abschnitte.

Schule und Freizeit

Check-in Aktiv Kurs Check Thema Kompakt Test

Nachgefragt

A

Nah und Fern

1 Nati lebt in Indien. Lydia hat sie besucht und in einer Zeitleiste den Ablauf eines normalen Tages festgehalten. Vergleicht Natis Tagesablauf mit eurem eigenen Alltag.

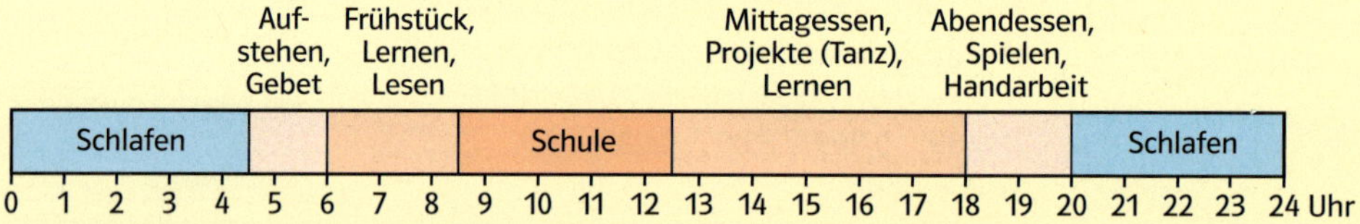

	Aufstehen, Gebet	Frühstück, Lernen, Lesen		Mittagessen, Projekte (Tanz), Lernen	Abendessen, Spielen, Handarbeit	
Schlafen			Schule			Schlafen
0 1 2 3 4	5	6 7 8	9 10 11 12	13 14 15 16 17	18 19 20	21 22 23 24 Uhr

2 a) Stelle den Ablauf deines Alltags auf einer Zeitleiste (Länge 12 cm oder 24 cm) dar.
b) Berichtet euch gegenseitig von eurem Alltag und vergleicht eure Zeitleisten. Findet Gemeinsamkeiten und Unterschiede.

B

Spielen und Chatten

1 Für viele Kinder und Jugendliche gehören Computer und Internet zum Alltag.
a) Schreibe auf:
1) Wofür nutzt du den Computer, wofür nutzt du das Internet?
2) Wie oft und wie lange nutzt du beides am Tag?
b) Tauscht euch aus und stellt euch gegenseitig Fragen.

2 Das Diagramm zeigt, wofür Jungen und Mädchen in Deutschland das Internet nutzen.
Vergleicht und beschreibt die Unterschiede. Stimmen die Ergebnisse mit euren eigenen Erfahrungen überein?

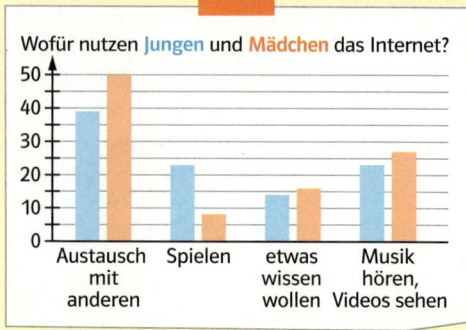

Wofür nutzen Jungen und Mädchen das Internet?
(Austausch mit anderen, Spielen, etwas wissen wollen, Musik hören, Videos sehen)

→ Informationen suchen, Seite 236

Schule und Freizeit

C

Sport und Bewegung

1 Tobias und Aylin haben in ihrer Klasse eine Umfrage mit zwei Fragen durchgeführt.
a) Was haben sie herausgefunden?
b) Tobias fasst die Antworten in einem Kreis zusammen. Aylin nutzt eine Tabelle. Benenne die Vorteile und die Nachteile.

2 Tobias behauptet: „Jungen sind sportlicher als Mädchen." „Stimmt gar nicht." protestiert Aylin.
Finde Argumente für Tobias und für Aylin. Nutze dabei die Ergebnisse der Umfrage.

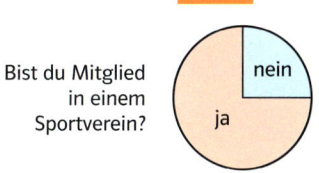

Bist du Mitglied in einem Sportverein? ja / nein

Wie viele Stunden pro Woche machst du Sport?

Jungen		Mädchen	
Name	Zeit	Name	Zeit
Niklas	8	Finja	6
Philipp	7	Pia	6
Benni	4	Sophie	6
Lars	4	Greta	5
Ahmet	3	Hanna	5
Marlon	3	Mia	4
Anton	2	Nele	3
Emil	1	Alina	1
Kenan	1	Clara	0
Felix	1		
Henry	1		
Jan	1		

D

Wählen und Zählen

Frederike erklärt: „Für die nächste Klassensprecherwahl schlage ich vor: Die Jungen wählen einen Jungen und die Mädchen wählen ein Mädchen. Einer von beiden wird Klassensprecher, der andere Stellvertreter."

1 Auf der Tafel siehst du die Ergebnisse der Klassensprecherwahl.
a) Mache einen Vorschlag für die Auswertung. Begründe
b) 👥 Stellt euch eure Entscheidungen vor und einigt euch auf den Sieger.

2 Frederike findet: „Anne wird Klassensprecherin, denn sie hat die meisten Stimmen." Erkläre, wie sie das meint.

Mädchen		Jungen	
Anne	⊪⊪I	Mike	⊪⊪I
Janina	II	Adem	⊪⊪III
Lina	IIII	Jan	IIII
insgesamt 12 Stimmen		insgesamt 18 Stimmen	

Schule und Freizeit

Kreisdiagramm

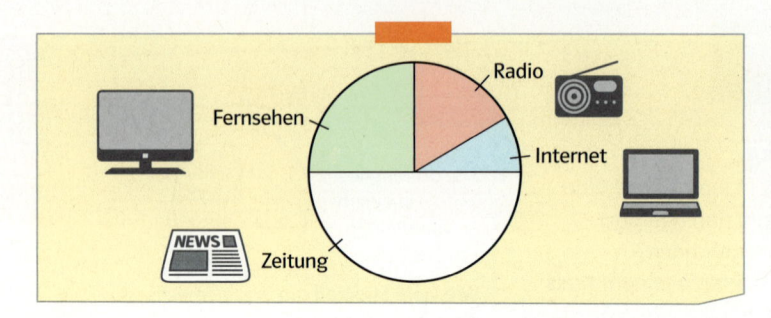

Lisa hat dieses Diagramm gefunden.

1200 Jugendliche wurden gefragt:
Stelle dir vor: Sowohl im Fernsehen, im Internet, im Radio und auch in der Zeitung wird über dasselbe Ereignis berichtet. Die Berichte sind aber widersprüchlich. Wem würdest du am meisten vertrauen?

Formuliere Aussagen zu dem Diagramm.

Diagramme fassen die Daten einer Umfrage anschaulich und übersichtlich zusammen. In einem **Kreisdiagramm** wird die Häufigkeit der einzelnen Antworten oder Ergebnisse durch einen Kreisausschnitt dargestellt. Dieser zeigt die Häufigkeit im Vergleich zur Gesamtzahl.
Die Größe jedes Kreisausschnittes entspricht dabei dem Anteil an allen Daten.

Tipp
Ein ganzer Kreis hat einen Winkel von 360°.

Tipp
Bestimme den Anteil. 60 von 180 sind $\frac{60}{180}$, gekürzt $\frac{1}{3}$.

Beispiel
In Zukunft soll am Schulkiosk Pizza verkauft werden. 180 Schülerinnen und Schüler wurden nach ihrer Lieblings-Pizza gefragt.

Pizza	Häufigkeit	Anteil	Winkelgröße
Tomate	60	$\frac{1}{3}$	$\frac{1}{3}$ von 360° = 120°
Salami	45	$\frac{1}{4}$	$\frac{1}{4}$ von 360° = 90°
Funghi	45	$\frac{1}{4}$	$\frac{1}{4}$ von 360° = 90°
Hawaii	30	$\frac{1}{6}$	$\frac{1}{6}$ von 360° = 60°
Ingesamt	**180**	**1**	**360°**

Welche Pizza magst du am liebsten?

1 Auf die Frage „Was ich mir wünsche …" antwortet von 24 Jugendlichen
- ein Drittel „Ja, ich möchte einen berühmten Schauspieler treffen."
- ein Viertel „Ja, ich möchte gerne auf einem Elefanten reiten."
- ein Sechstel „Ja, ich möchte einmal in einem Baumhaus übernachten."
- ein Zwölftel „Ja, ich möchte einmal mit einem Hubschrauber fliegen."

a) Ordne die Diagramme zu.

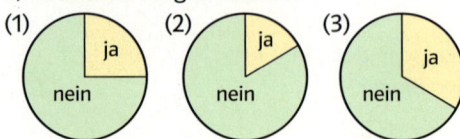

b) Wie viele Schülerinnen und Schüler haben sich für die einzelnen Antworten entschieden?

2 Die Schülerinnen und Schüler der 6. Klassen wurden gefragt: „Würdest du gerne einmal einen Delfin streicheln?"
a) Ergänze die Häufigkeit der Antworten.

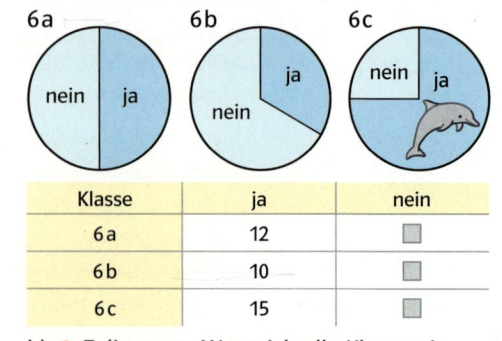

Klasse	ja	nein
6a	12	
6b	10	
6c	15	

b) ● Felix sagt: „Wenn ich alle Klassen in einem Diagramm zusammenfasse, passt eins der Diagramme oben."
Erkläre, was Felix damit meint.

Schule und Freizeit

3 Max, Luis und Jonas nutzen den Computer ganz unterschiedlich.

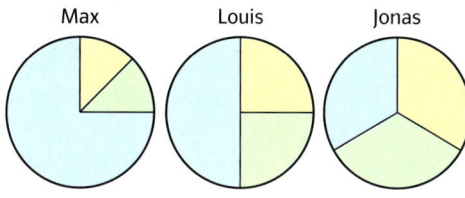

Max   Louis   Jonas

■ spielen (allein, mit Freunden)
■ Austausch mit Freunden
■ surfen im Internet

Gib für jeden Kreisausschnitt den Bruch und die Größe des Winkels an.

4 a) Überprüfe die Aussage. Korrigiere sie, wenn sie falsch ist.

Arbeitest du im Unterricht gerne mit dem Computer?
(nein, manchmal, ja, meistens)

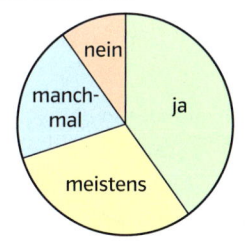

A1 Etwas weniger als ein Viertel mag die Arbeit mit dem Computer nur manchmal.
A2 Ein Viertel findet die Computerarbeit meistens gut.
A3 „Im Unterricht mit dem Computer zu arbeiten, macht Spaß." finden drei Viertel der Schülerinnen und Schüler.

b) ● Zu welcher Klasse gehört das Diagramm? Begründe.

Antworten	6 a	6 b	6 c	6 d
ja	8	12	12	12
meistens	5	9	9	6
manchmal	5	6	6	4
nein	2	0	3	2

5 ●● Die Schülerinnen und Schüler konnten sich entscheiden: „Hast du Interesse an einer Fußball-AG?"
Lion und Mia haben das Kreisdiagramm in ein Bilddiagramm übertragen. Erkläre, welches Bilddiagramm das Kreisdiagramm richtig wiedergibt.

Lions Diagramm

rot / grau / blau — Anzahl der Stimmen

Mias Diagramm

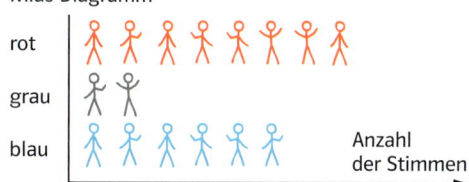

rot / grau / blau — Anzahl der Stimmen

6 Genau 96 Schülerinnen und Schüler haben eine Arbeitsgemeinschaft gewählt. Ordne die Kreisausschnitte den AGs zu und ergänze die Tabelle im Heft.

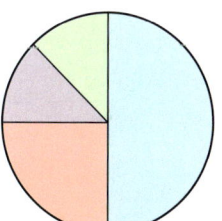

Theater–AG am beliebtesten!
Platz 2 für die Garten–AG.
Gleich beliebt sind die Technik–AG und die Streitschlichter–AG.

Kreisausschnitt	AG	Anteil	Winkel	Anzahl Stimmen
blau	Theater			
rot		$\frac{1}{4}$		
grün			45°	
lila				12

→ Kannst du's?
Seite 180, 1

Schule und Freizeit 171

Kreisdiagramm zeichnen

Sport	Freunde treffen	Computer nutzen	Shoppen	Anderes
12	6	4	1	1

Anna und Jonas wollten wissen, was ihre Mitschülerinnen und Mitschüler in ihrer Freizeit am liebsten machen.

Das Ergebnis wollen sie in einem Kreisdiagramm darstellen.

Um ein Kreisdiagramm zu zeichnen, müssen die Anteile der Daten in Winkelgrößen umgerechnet werden.

Der ganze Kreis stellt alle Daten dar.
Das sind 100 % oder 360°.

Ein Kreisausschnitt stellt einen Teil der Daten dar.
Der Winkel entspricht dem Anteil von 360°

$$\text{Winkelgröße} = \text{Anteil} \cdot 360° = \frac{\text{Häufigkeit}}{\text{Gesamtzahl}} \cdot 360°$$

Beispiel

Im Sportunterricht haben 18 Schülerinnen und Schüler ein Jugend-Sportabzeichen bekommen: 7 Gold, 9 Silber und 2 Bronze.

Gold haben **7** von **18** erreicht, als Bruch $\frac{7}{18}$.

Rechne: $\frac{7}{18}$ von 360°   360° : 18 = 20°   7 · 20° = 140°

Sportabzeichen	Häufigkeit	Anteil als Bruch	Winkel des Kreisausschnitts
Gold	7	$\frac{7}{18}$	$\frac{7}{18}$ von 360° = 140°
Silber	9	$\frac{9}{18}$	$\frac{9}{18}$ von 360° = 180°
Bronze	2	$\frac{2}{18}$	$\frac{2}{18}$ von 360° = 40°
Summe	18	$\frac{18}{18}$	360°

1 Kinder und Jugendliche verbringen täglich ungefähr
- neun Stunden im Liegen,
- neun Stunden im Sitzen,
- fünf Stunden im Stehen,
- eine Stunde in Bewegung.

Stelle diesen Zusammenhang in einem Kreisdiagramm dar.

2 Um gut zu lernen ist auch eine gesunde Ernährung wichtig. Ergänze die Tabelle in deinem Heft und zeichne dazu ein Kreisdiagramm.

Lebensmittel	Teile	Anteil	Winkel
Fett, Zucker	2	$\frac{2}{20} = \frac{1}{\square}$	$\frac{1}{\square}$ von 360°
Käse, Fleisch	☐	$\frac{3}{20}$	☐
Brot, Nudeln	☐	$\frac{\square}{20} = \frac{1}{5}$	☐
Gemüse, Obst	☐	$\frac{\square}{20} = \frac{1}{\square}$	90°
Wasser	6	☐	☐
Summe	20	☐	☐

Schule und Freizeit

3 Auf die Frage „Gehst du gerne zur Schule?" antworteten die Schülerinnen und Schüler des 6. Jahrgangs:

Antworten	Anzahl	Winkel
Ja, sehr gerne	40	
gerne	30	
manchmal	15	
nicht gerne	5	

a) Zeichne ein Kreisdiagramm.
b) Stimmen folgende Aussagen?
A1 Ein Viertel geht manchmal gerne zur Schule.
A2 Ein Drittel geht gerne zur Schule.
A3 Zwei Drittel gehen gerne oder sehr gerne zur Schule.

4 „Welches Haustier habt ihr Zuhause?" Von 36 Kindern gaben an:

Tier	Anzahl
Hund	12
Katze	8
Vogel	4
Meerschweinchen	6
andere	15
Summe	

a) Anna meint: „Hier kann ich gar kein Kreisdiagramm zeichnen. Wenn ich die Winkel der Kreisausschnitte addiere, sind sie zusammen größer als 360°."
Woran kann das liegen?
b) Zeichnet zu der Tabelle oben ein passendes Diagramm.

Tipp
→ **Aufgabe 4**
In der mathe live-Werkstatt auf Seite 233 findet ihr verschiedene Diagrammtypen.

→ Kannst du's?
Seite 180, 2 und 3

→ Präsentation,
Seite 239

5 Auf die Frage „Wie häufig liest du ein Buch?" antworteten

von 100 Jungen und 100 Mädchen	Jungen	Mädchen
mehrmals pro Woche	30	50
1 bis 2-mal in 14 Tagen	10	15
1-mal im Monat/weniger	40	25
nie	20	10

a) Zeichne ein Kreisdiagramm für die Jungen und eins für die Mädchen.
b) Zeichne ein Diagramm, das die Antworten von Jungen und Mädchen nebeneinander darstellt.
Vergleiche das neue Diagramm mit den Kreisdiagrammen aus → Teilaufgabe a).
Beschreibe, was jedes Diagramm besonders deutlich zeigt.
c) Umfragen und ihre Auswertung helfen Fragen zu beantworten und Entscheidungen zu treffen. Prüfe die Aussagen:
• „Jugendliche lesen nicht gerne."
• „Mädchen lesen mehr als Jungen."
d) Stellt euch gegenseitig Fragen, die mit Hilfe eurer Diagramme oder der Tabelle beantwortet werden können.

6 Recherchiert in der Zeitung oder im Internet. Findet ein interessantes Diagramm und stellt euch gegenseitig Fragen dazu.
Präsentiert die spannendsten Fragen oder Zusammenhänge vor der Klasse.

Schule und Freizeit

Check-in Aktiv **Kurs** Check Thema Kompakt Test

Stängel-Blätter-Diagramm

Wie viele Bonbons sind in diesem Glas? Schätzt die Anzahl. Schreibt eure Schätzwerte auf ein Blatt Papier.

Stellt eure Schätzwerte übersichtlich dar. Bildet dazu Zahlen-Gruppen.

Tipp
Verwendet Haftnotizzettel.

In einem **Stängel-Blätter-Diagramm** werden Werte der Größe nach geordnet. Die Zahlen werden in Gruppen zusammengefasst, z. B. alle Zahlen mit dem gleichen Zehner. Diese Gruppen werden geordnet und in Reihen untereinander geschrieben. Dadurch ist auf einen Blick zu erkennen, wie groß Minimum und Maximum sind und in welchem Bereich viele oder wenige Werte liegen.

Beispiel
Die Schülerinnen und Schüler der Klasse 6 a haben für ihr Bonbon-Glas geschätzt:

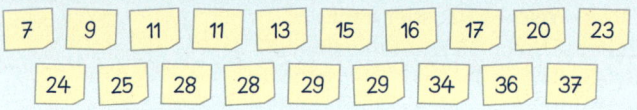

7 9 11 11 13 15 16 17 20 23
24 25 28 28 29 29 34 36 37

Daten in Zahlengruppen sortieren → Zahlen in Einer und Zehner trennen

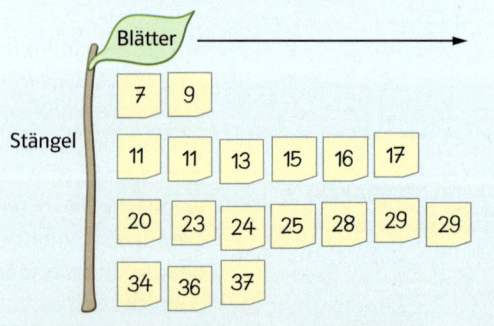

Blätter

Stängel

7 9
11 11 13 15 16 17
20 23 24 25 28 29 29
34 36 37

Stängel-Blätter-Diagramm

```
0 | 7 9
1 | 1 1 3 5 6 7
2 | 0 3 4 5 8 8 9 9
3 | 4 6 7
```

Zehnerstellen, der Größe nach **untereinander** geschrieben.

Einerstellen, der Größe nach **nebeneinander** geschrieben.

Das Minimum ist 7; das Maximum ist 37.
Die meisten Schüler haben einen Wert im Bereich von 20 bis 29 Bonbons geschätzt.

1 Die Schülerinnen und Schüler haben im Sportunterricht ihren Puls gemessen. Louis hat die Werte der Jungen bereits geordnet.

84 87 88 89
90 93 95 95 96 99

Mia hat die Werte der Mädchen noch nicht geordnet.

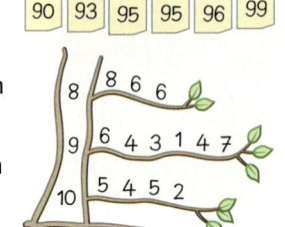

Erstelle jeweils ein Stängel-Blätter-Diagramm.

```
8  | 8 6 6
9  | 6 4 3 1 4 7
10 | 5 4 5 2
```

2 Wie lange dauert eine Minute? 
a) Ein Partner schätzt die Dauer einer Minute und der andere stoppt die Zeit, diese Zeit wird notiert. Dann wird getauscht.
b) Schreibt die Zeiten aller Paare an die Tafel.
c) Erstellt ein Stängel-Blätter-Diagramm.
d) Wie gut habt ihr geschätzt?

Schule und Freizeit

Stängel-Blätter-Diagramme beschreiben

Um Fragen zu einem Diagramm zu beantworten, ist es oft hilfreich
- besondere Werte zu bestimmen wie Minimum, Maximum, Zentralwert oder Werte, die häufiger vorkommen,
- zu vergleichen, wo es besonders viele oder besonders wenige Werte gibt.

3 Um festzustellen, wie gut die Schülerinnen und Schüler ein Thema verstanden haben, machen sie einen Online-Test. Sie erreichen folgende Punkte:
35, 35, 37, 39, 40, 41, 44, 45, 46, 46, 50, 58, 62, 64, 74, 75, 76, 78, 79, 80, 82, 83, 86, 87, 89 und 89.
a) Erstelle ein Stängel-Blätter-Diagramm.
b) Beschreibe, wie gut die Klasse das Thema verstanden hat.

4 Auf dem Foto siehst du das Stängel-Blätter-Diagramm der Klasse 6 b zur Schätzaufgabe mit dem Bonbon-Glas auf der → Schülerbuchseite 172 oben.
a) Welche Werte werden am häufigsten geschätzt?
b) Vergleiche die Schätzungen der Jungen und der Mädchen miteinander.
c) Fasse alle Werte in einem Diagramm zusammen. Was verändert sich?

Tipp
→ **Aufgabe 4**
In dem Glas sind übrigens genau 100 Bonbons.

5 Die Schülerinnen und Schüler haben ihre Körpergrößen in cm gemessen und sich zu Gruppen zusammengestellt.

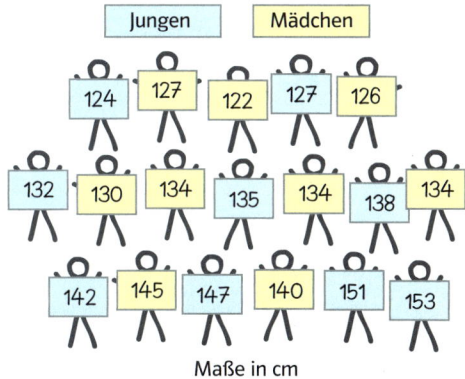

Jungen: 124, 122, 127, 132, 134, 135, 138, 142, 147, 140
Mädchen: 127, 126, 130, 134, 134, 145, 151, 153

Maße in cm

a) Erstelle ein Stängel-Blätter-Diagramm getrennt nach Jungen und Mädchen. Überlege dir eine geeignete Einteilung.
b) Vergleiche die Körpergrößen der Jungen und die der Mädchen miteinander.

6 Ein Stängel-Blätter-Diagramm hat viele Vorteile.

Alexander: „Ich kann gut zwei Gruppen miteinander vergleichen."

Klara: „Vieles sehe ich auf einen Blick."

David: „Das Stängel-Blätter-Diagramm enthält alle Daten. Nichts geht verloren."

Lion: „Um die beliebtesten Fußballvereine darzustellen, ist es nicht geeignet."

Sophie: „Wenn ich viele Werte habe, wird die Darstellung unübersichtlich."

a) Erkläre die Aussagen der Kinder. Du kannst auch Beispiele dazu angeben.
b) ☼ Vergleiche mit anderen Diagrammen. Beschreibe die Unterschiede.

Schule und Freizeit

Daten vergleichen

Einnahmen der Klassen
- Waffeln 25,50 €
- Zootiere 74,50 €
- Säfte 17,00 €
- Zeitung 23,00 €
- Kuchen 24,00 €
- Ballwurf 12,60 €

Der 6. Jahrgang der Clara-Schumann-Schule hatte auf dem Schulfest verschiedene Verkaufsstände. Die Einnahmen sollen nun gerecht unter den vier Klassen aufgeteilt werden.

Wie viel Geld bekommt jede Klasse?

Um das **arithmetische Mittel** zu berechnen addiere alle Werte und teile die Summe durch die Anzahl der Werte. Arithmetisches Mittel = $\frac{\text{Summe aller Werte}}{\text{Gesamtanzahl aller Werte}}$

Das arithmetische Mittel heißt auch **Durchschnitt**.

Beispiel
Finn möchte sich ein Fan-Shirt seiner Fußballmannschaft kaufen. Dafür will er im Durchschnitt jeden Monat 6 € sparen. In den letzten sieben Monaten hat er beiseite gelegt:
10 €, 0 €, 4 €, 8 €, 2 €, 5 €, 6 €
Hat Finn sein Sparziel erreicht?

Summe aller Werte: 10 + 0 + 4 + 8 + 2 + 5 + 6 = 35
Anzahl aller Werte: 7
Arithmetisches Mittel: 35 : 7 = 5
Finn hat durchschnittlich 5 € im Monat gespart, das ist 1 € weniger als er wollte.

---

1 Tim möchte wissen, wie viel Geld er durchschnittlich pro Woche ausgibt. Er schreibt seine Ausgaben vier Wochen lang auf.

Woche	1	2	3	4
Süßwaren	0,50 €	1,50 €	1,60 €	2,00 €
Zeitschrift	1,80 €	0,00 €	1,80 €	0,00 €
Sonstiges	0,75 €	0,99 €	0,00 €	1,00 €
gespart	0,95 €	1,51 €	0,60 €	1,00 €

Berechne wie viel Euro Tim im Durchschnitt pro Woche ausgibt?

2 Berechne das arithmetische Mittel. Schätze den Wert zuerst.
a) 6, 8, 10, 12, 14
b) 3, 3, 3, 3, 3, 9
c) 5, 25, 30, 50, 70, 75, 95
d) 100, 120, 140, 160, 180, 200
e) 0, 0, 1, 1, 2, 2, 3, 3

3 Emma fährt mit dem Fahrrad zu Schule, sie braucht durchschnittlich 12 min für den Weg. Welche der Aussagen ist richtig?
A1 Sie braucht jeden Tag genau 12 min, um zur Schule zu kommen.
A2 Sie braucht an einigen Tagen weniger als 12 min und an anderen Tagen mehr.
A3 Sie fährt nie länger als 12 min.
A4 Wenn sie länger als 12 min unterwegs ist, kommt sie zu spät zur Schule.

4 Linus will im Fach Englisch seine Note verbessern. Dazu plant er pro Woche im Durchschnitt jeden Tag 15 min Vokabeln zu lernen. Er schreibt seine Lernzeit in Minuten auf.

Woche	Mo	Di	Mi	Do	Fr
1	15	10	20	15	15
2	5	25	5	25	5
3	20	5	20	5	20
4	75	0	0	0	0

a) Lernt Linus so, wie er es sich vorgenommen hat?
b) Erkläre, was „im Durchschnitt 15 min" bedeutet. Prüfe dazu folgende Aussagen.
A1 Er lernt jeden Tag genau 15 min.
A2 Lernt er an einem Tag weniger, muss er die Zeit an einem anderen Tag nachholen.

→ Kannst du's?
Seite 180, 4 und 5

5 Klara sagt: „Ich habe an drei Tagen im Durchschnitt 45 min Musik gehört."
a) Wie lange hat Klara an diesen Tagen Musik gehört? Gib zwei Möglichkeiten an.
b) „Am ersten Tag habe ich 25 min Musik gehört, am zweiten Tag 60 min." Was bedeutet das für den dritten Tag?

6 Wer schafft es, eine Woche lang im Durchschnitt 15 min täglich sein Zimmer aufzuräumen? Wie viel Minuten müssen die Kinder ihre Zimmer am Freitag aufräumen, um das zu schaffen?

Aufräumzeiten an den Wochentagen					
	Mo	Di	Mi	Do	Fr
Lars	15	15	15	15	☐
Nena	5	25	20	25	☐
Lion	0	30	0	30	☐
Aisha	17	18	11	8	☐

b) Erklärt euch eure Lösungswege.

💡 Wenn Werte häufiger vorkommen

Jugendliche, die Nachhilfe bekommen, wurden gefragt, wie viel Zeit sie pro Woche dafür aufwenden.

Stunden Nachhilfe	Anzahl der Jugendlichen	Stunden insgesamt
1	6	1 · 6 = 6
2	3	2 · 3 = 6
3	1	3 · 1 = 3
4	0	4 · 0 = 0
Summe	10	15

Gesamtzahl der Stunden: 15
Gesamtzahl der Jugendlichen: 10
Arithmetisches Mittel: 15 : 10 = 1,5
Im Durchschnitt bekommen sie 1,5 Stunden Nachhilfe pro Woche.

7 ● Beim Test gab es 0 bis 6 Punkte. Die Ergebnisse der Klassen 6 c und 6 d:

Punkte	6	5	4	3	2	1	0
6 c	5	4	4	8	3	0	0
6 d	5	3	10	6	0	1	1

a) Berechne das arithmetische Mittel für jede Klasse und vergleiche.
b) Bestimme Minimum, Maximum und Zentralwert für beide Klassen. Vergleiche.
c) Vergleiche die Durchschnitte mit den Zentralwerten.

8 a) ● Gib sechs Zahlen an, die 11 als arithmetisches Mittel haben.
b) ● Finde zwei weitere Möglichkeiten.
c) ●● Gibt es noch mehr Möglichkeiten? Wenn ja, erkläre, wie du sie findest. Wenn nein, erkläre, warum es keine weiteren gibt.

Schule und Freizeit

Häufigkeiten vergleichen

8 Jungen haben noch kein Abzeichen. Bei den Mädchen sind es nur 2. Dann sind wir Mädchen besser.

8 Jungen haben schon ein Schwimmabzeichen, aber nur 6 Mädchen. Also sind wir Jungen besser.

Lies durch, worüber die beiden reden. Was meinst du?

Die **absolute Häufigkeit** gibt an, wie häufig ein Wert vorkommt.
Die **relative Häufigkeit** gibt an, wie häufig ein Wert im Verhältnis zu allen Werten vorkommt.

$$\text{relative Häufigkeit} = \frac{\text{absolute Häufigkeit}}{\text{Anzahl aller Werte}}$$

Die relative Häufigkeit wird als Bruch, als Dezimalzahl oder in Prozent angegeben.

Beispiel

Noah stellt fest: „Nach der Fahrradprüfung tragen in meiner Klasse 21 Kinder einen Fahrradhelm." Emilia meint: „In meiner Klasse tragen 18 Kinder einen Helm. Wir sind aber auch nur 24 und ihr seid insgesamt 30 Kinder."

Emilias Klasse hat 24 Kinder		Noahs Klasse hat 30 Kinder	
absolute Häufigkeit	relative Häufigkeit	absolute Häufigkeit	relative Häufigkeit
18	$\frac{18}{24} = 75\%$	21	$\frac{21}{30} = 70\%$

Emilia kürzt zuerst und erweitert dann auf den Nenner 100.

$\frac{18}{24} = \frac{3}{4} = \frac{75}{100} = 75\%$

Noah dividiert.

$\frac{21}{30} = 21 : 30 = 0{,}7 = 70\%$

Im Verhältnis zur Gesamtzahl tragen in Emilias Klasse mehr Kinder einen Helm.

Tipp
$\frac{1}{100} = 0{,}01 = 1\%$
Ein Hundertstel ist gleich 1 Prozent.

---

1 👥 Erklärt, wie Noah und Emilia im → Beispiel rechnen.

2 In der Klasse 6a sind 25 Jugendliche. „Ich treffe mich mit meinen Freunden …
- jeden Tag." sagen 20 Jugendliche.
- 1- bis 6-mal pro Woche." sagen 4 Jugendliche.
- weniger als einmal pro Woche." sagt 1 Jugendlicher.

Berechne die relativen Häufigkeiten.

3 In der Klasse 6b finden von 30 Schülerinnen und Schülern in einer Freundschaft wichtig:

- 27 Vertrauen
- 21 Sich helfen
- 9 Ideen bekommen
- 24 Ehrlichkeit
- 15 Mut machen

a) Berechne die relativen Häufigkeiten.
b) 👥 Erklärt euch gegenseitig eure Rechenwege.

Schule und Freizeit

Ein Streifendiagramm zeichnen

100% lassen sich gut in einem Streifendiagramm mit 10 cm Länge darstellen. 1% entspricht einer Länge von 1 mm.

Beispiel
Auf die Frage „Wie zufrieden bist du mit deinem Freundeskreis?" antworten
- „Wenig oder gar nicht" 12%, Länge 12 mm.
- „insgesamt zufrieden" 31%, Länge 31 mm.
- „sehr zufrieden" 57%, Länge 57 mm

unzufrieden	insgesamt zufrieden	sehr zufrieden
12%	31%	57%

---

4 „Wie viele Geschwister hast du?"

Geschwister	0	1	2	3	4
Anzahl in Klasse 6d	9	10	3	2	1
Anzahl in allen Klassen	288	392	146	93	81

a) Berechne die relativen Häufigkeiten und zeichne Streifendiagramme für die Klasse 6d und für alle Klassen. Vergleiche.
b) Der Klassenlehrer meint, dass in der 6d besonders viele Einzelkinder sind. Stimmt das? Begründe.

5 195 Jugendliche werden gefragt: „Wie kommst du am häufigsten zur Schule?"

Jahrgang	5	7	10
Bus/Bahn	36	33	26
Eltern	4	6	0
Fahrrad	20	12	4
Mofa	0	0	2
Zu Fuß	20	24	8
Gesamtzahl	80	75	40

a) Gibt es einen Unterschied zwischen den jüngeren und älteren Jahrgängen? Stelle eine Vermutung auf.
b) Berechne die relativen Häufigkeiten und zeichne für jeden Jahrgang ein Streifendiagramm mit 10 cm Länge.
c) Beschreibe die Unterschiede.

6 Lieblingsfächer von Jungen und Mädchen (Angaben in Prozent)
Lieblingsfächer von Mädchen und Jungen (in %)

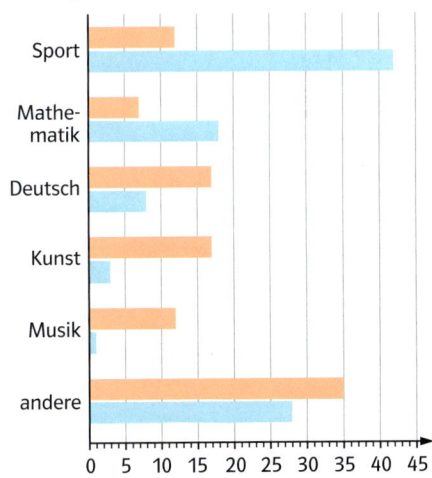

a) Stellt eine Reihenfolge für die vier beliebtesten Fächer der Mädchen und die vier beliebtesten Fächer der Jungen auf. Vergleicht.
b) Zeichnet für die Jungen ein Streifendiagramm und eines für die Mädchen.
c) Führt auch in eurer Klasse eine Umfrage zum Thema „Mein Lieblingsfach" durch.
d) Stellt die relativen Häufigkeiten in einem passenden Diagramm dar. Vergleicht eure Ergebnisse mit den Daten aus den → Teilaufgaben a) und b).

→ Kannst du's?
Seite 180, 6, 7 und 8

Check-in　Aktiv　Kurs　**Check**　Thema　Kompakt　Test

Kann ich's?

Check
k5d2vf

		Das kann ich.	Da bin ich fast sicher.	Da bin ich unsicher.	Das kann ich noch nicht.
Diagramme					
1	Ich kann Anteile aus einem Kreisdiagramm ablesen. → Seiten 170 und 171	☐	☐	☐	☐
2	Ich kann Kreisdiagramme erstellen. → Seiten 172 und 173	☐	☐	☐	☐
3	Ich kann Diagramme zur Darstellung von Daten nutzen und ein geeignetes Diagramm auswählen. → Seite 173	☐	☐	☐	☐
Mittelwerte					
4	Ich kann das arithmetische Mittel berechnen. → Seiten 176 und 177	☐	☐	☐	☐
5	Ich weiß, was das arithmetische Mittel aussagt. → Seite 177	☐	☐	☐	☐
Absolute und relative Häufigkeiten					
6	Ich kenne den Unterschied zwischen absoluter und relativer Häufigkeit. → Seiten 178 und 179	☐	☐	☐	☐
7	Ich kann die relative Häufigkeit berechnen. → Seiten 178 und 179	☐	☐	☐	☐
8	Ich kann ein Streifendiagramm zeichnen. → Seite 179	☐	☐	☐	☐
		Ich helfe anderen.	Ich übe weiter.	Ich frage andere.	Ich frage eine Lehrperson.

Aufgaben

1 Anteile im Kreisdiagramm
Süßigkeiten sind beliebt. Die Diagramme zeigen, wie häufig sie gegessen werden. Gib die Anteile als Bruch an.

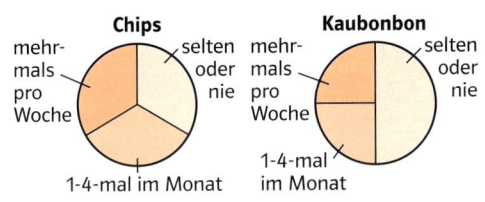

Chips: mehrmals pro Woche / selten oder nie / 1-4-mal im Monat

Kaubonbon: mehrmals pro Woche / selten oder nie / 1-4-mal im Monat

2 Kreisdiagramm zeichnen
Die meisten Menschen mögen Schokolade. Von 90 Personen essen
- 21 mehrmals in der Woche,
- 51 einmal bis 4-mal im Monat,
- 18 selten oder nie Schokolade.

Zeichne dazu ein Kreisdiagramm.

3 Passendes Diagramm zeichnen
Schokolade ist unterschiedlich beliebt. Die Tabelle zeigt den Verbrauch pro Einwohner im Jahr. Stelle die Werte in einem Diagramm dar.

Land	kg pro Person im Jahr
Schweiz	12
Deutschland	10
USA	5
Spanien	3
Japan	2

4 Arithmetisches Mittel berechnen
a) So viel Zucker enthält 100 g Nuss-Schokolade verschiedener Hersteller: 33 g, 37 g, 39 g, 44 g, 47 g, 48 g, 50 g, 52 g, 53 g, 57 g
Berechne den Durchschnitt.

b) Im Internet hat der Film „Chocolat" folgende Bewertungen bekommen:

Sterne	Anzahl	Sterne	Anzahl
*****	107	****	25
***	10	**	2
*	6		

Berechne, wie viele Sterne der Film im Durchschnitt bekommen hat.

5 Arithmetisches Mittel deuten
In Deutschland verzehrt jeder durchschnittlich 10 kg Schokolade im Jahr.
Sind die Aussagen richtig oder falsch?
A1 Jeder Mensch verbraucht 10 kg.
A2 Die Hälfte der Menschen verbraucht weniger als 10 kg Schokolade.
A3 Manche Menschen verbrauchen mehr und andere weniger als 10 kg.
A4 Niemand verbraucht mehr als 10 kg.
A5 Wird die ganze Schokolade auf alle gerecht verteilt, verbraucht jeder 10 kg.

6 Absolute, relative Häufigkeit

Schoko-Osterhase beliebter als Nikolaus
1) 2014 wurden 206 Mio. Schoko-Hasen und 144 Mio. Schoko-Nikoläuse hergestellt.
2) 2013 waren 27 % der Oster-Schokoladen-Produkte Hasen und 43 % Ostereier.
3) 2012 wurden 187 Mio. Hasen in Deutschland produziert, davon 83 Mio. exportiert.

Wo werden im Text absolute Häufigkeiten und wo relative Häufigkeiten angegeben?

7 Relative Häufigkeit berechnen
Die Frage „Warum esse ich Schokolade?" beantworten in
- Deutschland 38 von 200 Personen mit „…um Energie zu bekommen."
- Spanien 90 von 250 Personen mit „…um mich zu verwöhnen."
- England 72 von 240 Personen mit „… aus Langeweile."

Berechne relative Häufigkeiten. Vergleiche.

8 Streifendiagramm zeichnen
100 g Vollmilch-Schokolade besteht aus 48 g Zucker, 18 g Kakaobutter, 12 g Kakaomasse und 22 g Milchpulver.
Zeichne dazu ein Streifendiagramm.

Tipp
→ Aufgabe 6
Das Wort „exportieren" bedeutet außerhalb des Landes verkaufen.

→ Lösungen zum Check, Seite 265

Tabellenkalkulation

Abb. 1 (Daten der Klasse):
- Klara 1,65 m, 39
- Mia 1,43 m, 36
- Lina 1,45 m, 37
- Paula 1,38 m, 37
- Maja 1,36 m, 35
- Anna 1,39 m, 37
- Greta 1,50 m, 38
- Emmi 1,26 m, 34
- Paul 1,40 m, 39
- David 1,47 m, 40
- Luca 1,38 m, 39
- Noah 1,39 m, 37
- Fynn 1,49 m, 39
- Jan 1,52 m, 40
- Henry 1,40 m, 38
- Till 1,35 m, 37

Abb. 2

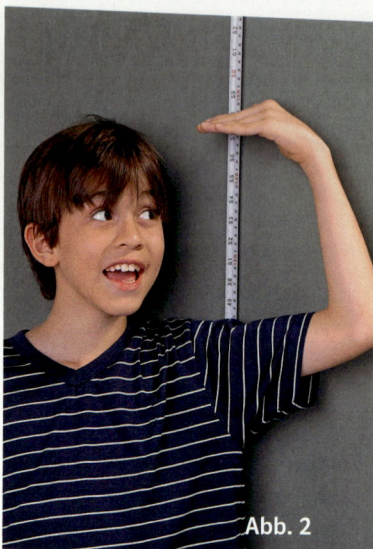

Abb. 3 Fragebogen zum Thema Sport
1. Alter: _____ O Junge O Mädchen
2. Bist du sportlich aktiv (auch Radfahren, Fußball usw.)? O Ja O Nein
3. Bist du in einem Sportverein? O Ja O Nein
4. Wie viele Stunden pro Woche trainierst du im Verein? _____
5. Wie viele Stunden bist du sportlich außerhalb eines Vereins aktiv? _____
6. Warum machst du Sport?
   O weil es Spaß macht O um Freunde zu treffen
   O um fit zu sein O weil meine Eltern es wollen
   Wenn es einen weiteren Grund gibt, schreibe ihn hier auf.
   O _____

Ein Tabellenkalkulationsprogramm hilft, die Daten einer Umfrage übersichtlich darzustellen und dann einfach und schnell auszuwerten. Gib zuerst die erhobenen Daten ein oder nutze eine Datei mit vorgegebenen Daten.

1 💻 Für diese Aufgabe könnt ihr die Daten aus → Abb. 1 verwenden. Mehr Spaß macht es, wenn ihr zuerst in einer Umfrage die Daten eurer Klasse erhebt.
a) Gib die Daten in ein Rechenblatt ein.
b) Ordne die Daten, zum Beispiel
- der Größe nach von klein nach groß,
- alphabetisch,
- der Größe nach von groß nach klein.
c) Gibt es einen Zusammenhang zwischen der Körpergröße und der Schuhgröße?

2 💻 Die Tabelle zeigt, wie häufig 11- bis 13-Jährige durchschnittlich in einer Woche sportlich aktiv sind.

Häufigkeit pro Woche	Jungen (in %)	Mädchen (in %)
6-mal bis 7-mal	34	24
3-mal bis 5-mal	37	31
1-mal bis 2-mal	23	33
seltener	6	12

a) Übertrage die Daten in ein Tabellenkalkulationsprogramm.
b) Erstelle ein Kreisdiagramm für die Jungen und eins für die Mädchen.
c) Erstelle ein Diagramm, mit dem du die Jungen und die Mädchen direkt vergleichen kannst. Begründe, warum du das Diagramm gewählt hast.
Beschreibe die Unterschiede zwischen Jungen und Mädchen.
d) Erzeuge noch andere Diagrammtypen und vergleiche sie miteinander. Was zeigen die einzelnen Diagramme besonders gut?

3 💻 Schaue dir den Sport-Fragebogen in → Abb. 3 an.
a) Lade die Tabelle mit den Umfrageergebnissen auf deinen Rechner oder führt eine eigene Umfrage durch.
b) Stelle die Daten in verschiedenen Diagrammen dar. Vergleiche und erkläre, welches besonders gut geeignet ist.

🌐 **Sport-fragebogen** 8536tt

→ Informationen suchen, Seite 236

Schule und Freizeit

Eingeben von Daten

Das Rechenblatt ist in **Zeilen** (1; 2; 3 …) und **Spalten** (A; B; C …) eingeteilt. Die einzelnen Felder (**Zellen**) werden nach der Spalte und Zeile benannt, in der sie liegen, z. B. B 2.
In die Zellen kannst du Text, Zahlen oder Formeln eingeben.

Um eine Spalte oder Zeile zu verändern, klicke die Maustaste und ziehe sie in die gewünschte Richtung.

Klicke in die Zelle, in die du etwas eingeben willst. Sie erhält einen Rahmen und kann bearbeitet werden.

Markieren von Daten

Willst du Daten, die du eingegeben hast, sortieren oder damit ein Diagramm erstellen, musst du sie markieren.
Markierte Daten werden umrahmt oder blau eingefärbt.

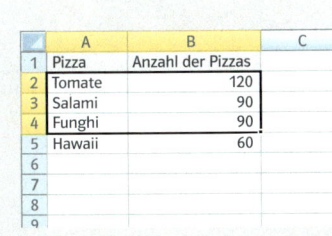

Drücke die linke Maustaste und ziehe den Cursor über den Bereich.

Drücke auf der Tastatur die Umschalttaste ⇧ und die Pfeiltaste ← unten rechts.

Sortieren von Daten

Markiere zuerst alle Daten. Sortiere die Daten nach verschiedenen Kriterien:
- Wörter, Namen usw. alphabetisch
- Zahlen der Größe nach
  - aufsteigend (von klein nach groß),
  - absteigend (von groß nach klein).

Alphabetisch

Anna	37
Beni	40
Cem	38

Absteigend

Beni	40
Cem	38
Anna	37

Klicke im Menü auf **Daten** und dann auf den Befehl **Sortieren**.

Diagramme erstellen

Auch Diagramme sind mit einem Tabellenkalkulationsprogramm leicht zu erstellen. Markiere die Daten, die dargestellt werden sollen, und wähle einen Diagrammtyp aus. Experimentiere mit den verschiedenen Diagrammarten und nutze die Möglichkeiten, die das Programm anbietet.

Klicke im Menü auf Einfügen und du kannst einen Diagrammtyp auswählen.

Manche Programme besitzen ein Symbol in der Menüzeile.

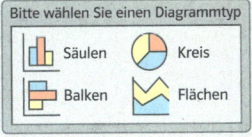

Diagramme bearbeiten

Jedes Diagramm soll so gestaltet sein, dass es ohne Zusatzinformationen zu verstehen ist.
- Beschrifte es und ergänze die Überschriften.
- Verändere das Layout.
- Probiere aus, was alles möglich ist.

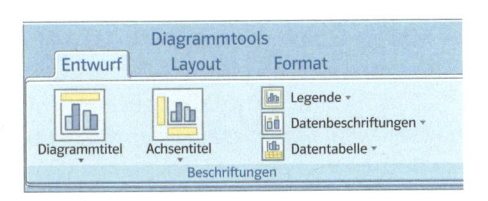

Check-in Aktiv Kurs Check **Thema** Kompakt Test

Ist deine Schultasche zu schwer?

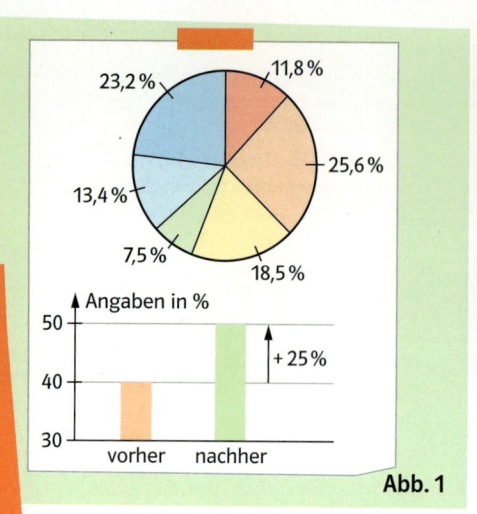

Abb. 1

Abb.

1 Gewicht einschätzen

a) In deiner Schultasche ist alles für einen Schultag. Mal ist das mehr, mal weniger. Deine Schultasche ist von Tag zu Tag unterschiedlich schwer. Wie schwer findest du sie heute? Eher schwer oder eher leicht?

b) Erstellt ein Meinungsbild mit der ganzen Klasse.

2 Schultasche wiegen

Für diese Aufgabe benötigst du eine Waage.

Wie schwer eine Schultasche sein darf, ist abhängig vom Körpergewicht ihres Besitzers. Damit du auf Dauer keine Kopfschmerzen oder Rückenschmerzen bekommst, soll das Gewicht deiner Schultasche bestimmte Grenzen nicht überschreiten.

a) Lies aus der Tabelle ab: Wie schwer sollte deine Schultasche sein?

b) Wiege deine Schultasche. Notiere das Höchstgewicht und das reale Gewicht.

Körpergewicht	Höchstgewicht Schultasche
20 kg bis 29 kg	3 kg
30 kg bis 39 kg	4,5 kg
40 kg bis 49 kg	6 kg
50 kg bis 59 kg	7,5 kg
60 kg und mehr	9 kg

Schultaschen, die zu schwer sind				Schultaschen, die nicht zu schwer sind		
4,5 kg		4,5 kg		7,5 kg	4,5 kg	6,0 kg
7,5 kg	6,2 kg	3,0 kg	6,2 kg	7,5 kg	4,4 kg	5,7 kg
8,1 kg		4,5 kg				
	4,5 kg		6,0 kg			4,5 kg
6,0 kg	5,4 kg	4,5 kg	7,1 kg	6,0 kg	4,5 kg	3,8 kg
6,6 kg		6,2 kg		5,9 kg	4,2 kg	
7,5 kg		4,5 kg				
8,0 kg		4,9 kg				

Datensatz einer 6. Klasse
75sy8m

3 Ergebnisse auswerten

a) Überlegt Fragen, die ihr mit eurer Auswertung beantworten wollt.

b) Wertet eure Ergebnisse aus. Dazu könnt ihr
- Minimum, Maximum, Spannweite und Zentralwert bestimmen,
- das arithmetische Mittel berechnen,
- absolute und relative Häufigkeiten ermitteln.

c) Stellt eure Ergebnisse in einem Diagramm dar → Abb. 1. Was wollt ihr besonders hervorheben?

d) Beantwortet eure Fragen. Welche weiteren Informationen stecken in euren Ergebnissen? Findet interessante Zusammenhänge und formuliert gemeinsam Aussagen.

e) Gestaltet ein Informationsplakat zum Thema Schultaschen. Gebt Tipps, wie Schultaschen leichter werden können. Präsentiert eure Ergebnisse vor der Klasse.

→ Informationen suchen, Seite 236
→ Präsentation, Seite 239

Schule und Freizeit

Statistische Erhebung
In einer **statistischen Erhebung** werden Daten gesammelt und in Strichlisten oder Häufigkeitslisten festgehalten.

Was ist deine Lieblingsfarbe?

Farbe	rot	blau	grün	gelb
Anzahl	ℍℍ I	ℍℍ II	III	IIII
Häufigkeit	6	7	3	4

Häufigkeiten
Die **absolute Häufigkeit** gibt an, wie häufig ein Wert vorkommt.
Die **relative Häufigkeit** gibt an, wie häufig ein Wert im Verhältnis zur Gesamtzahl vorkommt.
relative Häufigkeit = $\frac{\text{absolute Häufigkeit}}{\text{Gesamtzahl aller Werte}}$

Die relative Häufigkeit wird als Bruch, als Dezimalzahl oder in Prozent angegeben.

Von 20 Jugendlichen mögen vier die Farbe gelb am liebsten.

absolute Häufigkeit	relative Häufigkeit
4	$\frac{4}{20}$

relative Häufigkeit: $\frac{4}{20} = \frac{20}{100} = 20\%$

Diagramme
Die Häufigkeiten werden durch ein **Diagramm** anschaulich dargestellt.

In **Streifendiagrammen** und in **Kreisdiagrammen** werden alle Werte gemeinsam dargestellt.
Ein Streifendiagramm und ein Kreisdiagramm umfassen immer 100 %.
Sie zeigen, wie häufig ein Ergebnis oder eine Antwort im Vergleich zur Gesamtzahl vorkommt.

„Was ist deine Lieblingsfarbe?" beantworten 20 Jugendliche:

Farbe	rot	blau	grün	gelb
Häufigkeit	6	7	3	4
Anteil	$\frac{6}{20}$	$\frac{7}{20}$	$\frac{3}{20}$	$\frac{4}{20}$

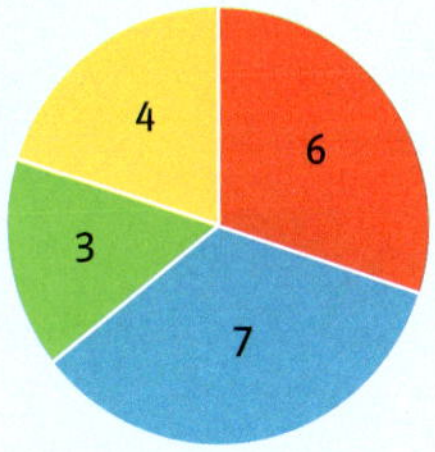

Anteil für „rot" berechnen
Kreisdiagramm $\quad \frac{6}{20}$ von 360°
$\quad\quad\quad\quad\quad\quad$ 360° : 20 = 18°
$\quad\quad\quad\quad\quad\quad$ 18° · 6 = 108°
Streifendiagramm $\quad \frac{6}{20}$ von 100 mm
$\quad\quad\quad\quad\quad\quad$ 100 mm : 20 = 5 mm
$\quad\quad\quad\quad\quad\quad$ 5 mm · 6 = 30 mm

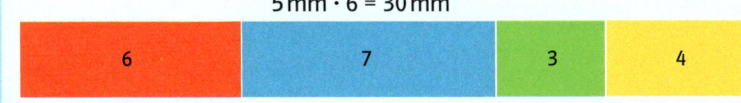

6	7	3	4

Stängel-Blätter-Diagramm
In einem **Stängel-Blätter-Diagramm** werden die Werte der Größe nach geordnet.
Die Zahlen werden in Gruppen zusammengefasst, z. B. alle Zahlen mit gleichem Zehner.
Die Zehner werden untereinander und die Einer nebeneinander geschrieben.

Erreichte Punkte beim Vokabeltest:
Jungen: 11, 13, 15, 17, 19, 22, 24, 26, 28, 35
Mädchen: 0, 13, 15, 15, 17, 24, 26, 31, 32, 37

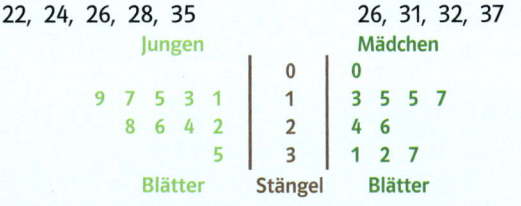

Jungen		Mädchen
	0	0
9 7 5 3 1	1	3 5 5 7
8 6 4 2	2	4 6
5	3	1 2 7
Blätter	Stängel	Blätter

Arithmetisches Mittel (Durchschnitt)
Das **Arithmetische Mittel** ist die Summe aller Werte geteilt durch die Anzahl der Werte.
Man sagt zum arithmetischen Mittel auch „im Durchschnitt" oder „durchschnittlich".

Arithmetische Mittel der Mädchen:

$$\frac{0 + 13 + 15 + 15 + 17 + 24 + 26 + 31 + 32 + 37}{10} = \frac{210}{10} = 21$$

Die Mädchen haben im Durchschnitt 21 Punkte erreicht.

Online-Test

A   B   C   D

Abb. 1

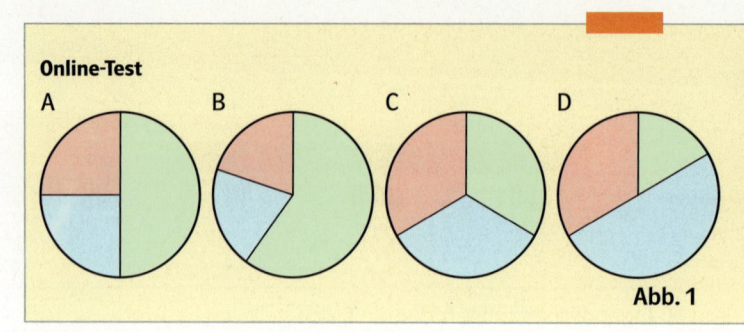

Macht Pause schlau?
Die Klasse 6 c prüft:
Wie wirkt sich eine Pause auf die Anzahl der richtig bearbeiteten Aufgaben aus?
a) Anzahl der richtigen Aufgaben beim „Arbeiten ohne Pause" 9, 10, 11, 14, 16, 18, 20 und 22.
b) Anzahl der richtigen Aufgaben beim „Arbeiten mit Pausen" 10, 15, 15, 19, 21, 24, 26 und 30.

Abb. 2

einfach

1 Sophies Online-Test ergab:

Wie wurde die Aufgabe gelöst?	Anzahl der Aufgaben
Richtig	10
Teilweise richtig	10
Falsch	10

Welches Diagramm aus → Abb. 1 zeigt Sophies Ergebnisse? Begründe.

2 Wissen wird erworben durch
- Lesen $\frac{1}{10}$,
- Austausch mit anderen $\frac{1}{5}$,
- eigene Erfahrungen $\frac{7}{10}$.

Zeichne ein Kreisdiagramm und ein Streifendiagramm.

3 Regelmäßige Wiederholungen sind beim Lernen wichtig.
Tim lernt 20 Vokabeln. Nach 10 min kann er sich noch an 16 Vokabeln erinnern. Nach 20 min weiß er noch 11 Vokabeln und nach 30 min noch 10 Vokabeln.
Berechne die relativen Häufigkeiten.

4 a) Erstelle zu → Abb. 2 Teilaufgabe a) ein Stängel-Blätter-Diagramm.
b) Berechne das arithmetische Mittel.

mittel

1 Ronjas Online-Test ergab:

Wie wurde die Aufgabe gelöst?	Anzahl der Aufgaben
Richtig	20
Teilweise richtig	10
Falsch	10

Welches Diagramm aus → Abb. 1 zeigt Ronjas Ergebnisse? Begründe.

2 „Beim Lernen hilft …"
- mit dem Einfachen beginnen $\frac{1}{4}$,
- regelmäßige Pause machen $\frac{2}{5}$,
- Ablenkung vermeiden $\frac{7}{20}$.

Zeichne ein Kreisdiagramm und ein Streifendiagramm.

3 Regelmäßige Wiederholungen sind beim Lernen wichtig.
Tuana lernt 40 Vokabeln. Nach 10 min weiß sie noch 32 Vokabeln, nach 30 min noch 20 Vokabeln und nach einem Tag noch 12 Vokabeln.
Berechne die relativen Häufigkeiten.

4 a) Erstelle zu → Abb. 2 Teilaufgabe b) ein Stängel-Blätter-Diagramm.
b) Berechne das arithmetische Mittel.

schwieriger

1 Mirijams Online-Test ergab:

Wie wurde die Aufgabe gelöst?	Anzahl der Aufgaben
Richtig	30
Teilweise richtig	10
Falsch	10

Welches Diagramm aus → Abb. 1 zeigt Mirijams Ergebnisse? Begründe.

2 „Ich lerne am liebsten…"
- allein." sagen 10,
- mit Freunden." nennen 9,
- mit einem Nachhilfelehrer oder einer -lehrerin." antworten 6,
- mit den Eltern." geben 5 an.

Zeichne ein Kreisdiagramm und ein Streifendiagramm.

3 Regelmäßige Wiederholungen sind beim Lernen wichtig.
Klara hat von 20 Vokabeln nach 20 min bereits 9 vergessen, in den nächsten 40 Minuten vergisst sie weitere 3 Vokabeln. Berechne die relativen Häufigkeiten. Wie viel Prozent Vokabeln behält sie?

4 a) Erstelle zu → Abb. 2 Teilaufgaben a) und b) ein Stängel-Blätter-Diagramm mit zwei Seiten.
b) Vergleiche die arithmetischen Mittel beider Gruppen.

→ Lösungen zum Test, Seiten 266 bis 268

8 Essen und Trinken

Selber kochen macht Spaß. Besonders schön ist es, mit Freunden zusammen zu planen, einzukaufen, zu kochen und gemeinsam zu essen. Im Internet gibt es für jeden Geschmack das passende Rezept. Nicht immer passend ist die Menge der Zutaten. Was, wenn das Rezept für vier statt für drei Personen angegeben ist? Wie kann ich die Menge berechnen, wenn sie als Bruch angegeben ist?
All das lernt ihr in diesem Kapitel, damit es wirklich heißt „Guten Appetit!".

In diesem Kapitel lernt ihr,

- einen Bruch zu vervielfachen,
- Brüche miteinander zu multiplizieren,
- einen Bruch durch eine ganze Zahl zu dividieren,
- Brüche zu dividieren,
- was Zuordnungen sind,
- proportionale Zuordnungen zu erkennen,
- Aufgaben zu proportionalen Zuordnungen zu lösen.

Checkliste

Check-in
rg54mr

		Das kann ich.	Da bin ich fast sicher.	Da bin ich unsicher.	Das kann ich noch nicht.
1	**Ich kann Brüche benennen und darstellen.** → mathe live-Werkstatt, Seiten 224 und 225	☐	☐	☐	☐
2	**Ich kann Brüche erweitern und kürzen.** → Kapitel 3, Seiten 61 und 62	☐	☐	☐	☐
3	**Ich kann Brüche addieren.** → Kapitel 3, Seiten 64 und 65	☐	☐	☐	☐
4	**Ich kann Brüche vergleichen.** → mathe live-Werkstatt, Seite 227	☐	☐	☐	☐
5	**Ich kann Dezimalzahlen multiplizieren und dividieren.** → Kapitel 5, Seiten 112, 117 und 118	☐	☐	☐	☐
		Ich helfe anderen.	Ich übe weiter.	Ich frage andere.	Ich frage eine Lehrperson.

Essen und Trinken

Aufgaben

1 Brüche benennen und darstellen

a) Welcher Bruch ist hier dargestellt?

A B 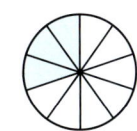 C 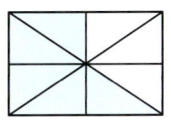 D 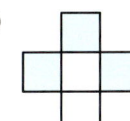 E 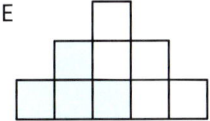 F

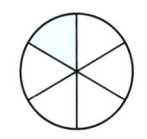

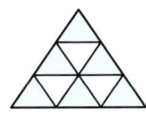

b) Stelle die Brüche zeichnerisch dar.

$\frac{1}{3}; \frac{3}{4}; \frac{4}{10}; \frac{3}{8}$

c) Hier wird gerecht geteilt. Schreibe eine passende Divisionsaufgabe und gib als Bruch an, wie viel jedes Kind bekommt.
- 3 Tafeln Schokolade werden an 6 Kinder verteilt.
- 2 Pizzas werden an 8 Kinder verteilt.

2 Brüche erweitern und kürzen

a) Kürze so weit wie möglich.

$\frac{2}{10}; \frac{4}{28}; \frac{15}{20}; \frac{21}{28}; \frac{30}{42}; \frac{26}{39}$

b) Erweitere die Brüche so, dass sie den Nenner 48 haben.

$\frac{1}{2}; \frac{1}{3}; \frac{5}{6}; \frac{3}{8}; \frac{11}{12}; \frac{7}{16}; \frac{17}{24}$

c) Ergänze die Lücken.

$\frac{\square}{9} = \frac{49}{63}$ $\frac{\square}{36} = \frac{5}{6}$

$\frac{12}{\square} = \frac{48}{84}$ $\frac{33}{\square} = \frac{3}{7}$

$\frac{4}{5} = \frac{\square}{15}$ $\frac{4}{\square} = \frac{1}{5}$

3 Brüche addieren

Berechne.

a) $\frac{5}{8} + \frac{2}{8}$ b) $\frac{1}{7} + \frac{2}{7} + \frac{3}{7}$

c) $\frac{4}{9} + \frac{3}{18}$ d) $\frac{1}{2} + \frac{1}{4} + \frac{1}{8} + \frac{1}{16}$

4 Brüche vergleichen

a) Vergleiche die Brüche und ergänze <, > oder =.

$\frac{1}{7} \square \frac{1}{11}$ $\frac{5}{6} \square \frac{5}{9}$

$\frac{4}{6} \square \frac{2}{6}$ $\frac{9}{10} \square \frac{7}{10}$

$\frac{7}{8} \square \frac{1}{2}$ $\frac{4}{9} \square \frac{7}{11}$

b) Ordne der Größe nach.

$\frac{1}{2}; \frac{5}{9}; \frac{2}{6}; \frac{5}{8}; \frac{1}{6}$

5 Mit Dezimalzahlen rechnen

a) Multipliziere.

0,8 · 7   1,8 · 0,4
1,06 · 5   0,86 · 7,2

b) Dividiere.

7,8 : 6   0,98 : 7
8,64 : 3   3,45 : 5

c) Wie viel bezahlen die Kinder jeweils?

0,35 €   0,29 €   0,79 €   1,59 €

- Klara kauft 5 Schnellhefter.
- Kira kauft 4 Hefte.
- Kevin kauft 3 Textmarker.
- Alle drei teilen sich eine Packung Bleistifte.

Tipp: Rechne wie mit Dezimalzahlen.
Ergänze im Ergebnis € oder ct.

→ Lösungen zum Check-in, Seite 268

Befüllen und Belegen

A

Gläser-Größen

1. Sammelt Gläser in unterschiedlichen Größen. Messt mit dem Messbecher $\frac{1}{4}$ l, $\frac{1}{8}$ l und $\frac{1}{16}$ l Flüssigkeit ab und schüttet sie jeweils in ein Glas. Markiert die Füllhöhe am Glas und notiert die Flüssigkeitsmenge als Bruch.
   Tipp: Falls der Messbecher keine $\frac{1}{16}$-l-Angabe hat, verteilt $\frac{1}{8}$ l gleichmäßig in zwei Gläser.

2. a) Wie oft müsst ihr den Inhalt des $\frac{1}{4}$-l-Glases in den Messbecher umfüllen, um insgesamt $\frac{1}{2}$ l, $\frac{3}{4}$ l, 1 l und $1\frac{1}{2}$ l zu erhalten?
   b) Macht Umfüllversuche mit verschiedenen Gläser-Größen. Notiert eure Rechenwege und Ergebnisse.

3. a) Tim trinkt vier $\frac{1}{8}$-l-Gläser mit Apfelsaftschorle. Wie viel Liter hat er insgesamt getrunken?
   b) Erfindet weitere Aufgaben und stellt sie euch gegenseitig.

B

Pizza-Sorten

Eine Pizza soll mit Zwiebeln, Champignons und Salami belegt werden.
Wie kann man die verschiedenen Beläge kombinieren? Welcher Teil der Pizza ist doppelt belegt?

Vorlage Quadrate 5bd35p

1. a) Zeichne neun Quadrate mit der Seitenlänge 6 cm auf eine Folie. Unterteile und färbe sie (→ Abb. 1). Schneide die Quadrate aus. Lass einen Rand.
   b) Lege zwei Quadrate übereinander. Drehe das obere Quadrat so, dass seine Einteilung quer zum unteren Quadrat liegt (→ Abb. 2). Welcher Bruchteil des Quadrats ist doppelt belegt? Ergänze die Tabelle und führe sie fort.

Bruch Belag 1	Bruch Belag 2	Bruch doppelter Belag
$\frac{1}{4}$	$\frac{1}{3}$	
$\frac{2}{4}$	$\frac{1}{3}$	$\frac{2}{12}$
...	...	...

c) ● Finde passende Aussagen zu der Tabelle.

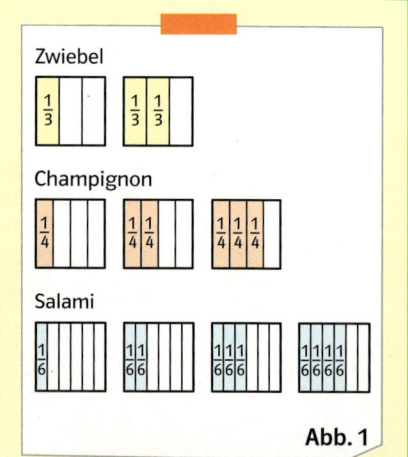

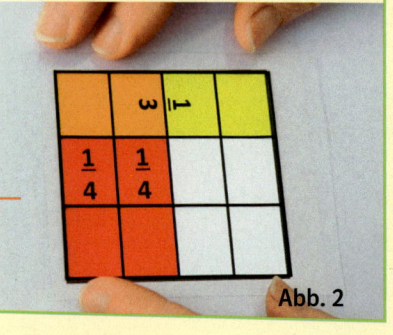

Abb. 1

Abb. 2

Brüche vervielfachen

Pizzateig
125 g Mehl
1 Esslöffel Olivenöl
$\frac{1}{4}$ Päckchen Hefe
$\frac{1}{16}$ l Wasser (lauwarm)
$\frac{1}{3}$ Teelöffel Salz

Marie, Kira und Louis wollen Pizza backen. Im Internet finden sie ein Rezept für Pizzateig. Die Angaben im Rezept sind aber nur für eine Person.
Berechne die Menge der Zutaten für alle drei Kinder.

Wird ein Bruch mehrfach addiert, kann dies als Multiplikation einer natürlichen Zahl mit dem Bruch geschrieben werden.

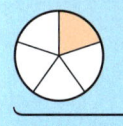

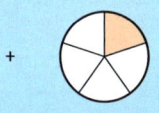

$$\frac{1}{5} + \frac{1}{5} + \frac{1}{5} + \frac{1}{5} = \frac{4}{5}$$

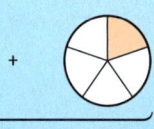

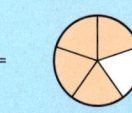

$$4 \cdot \frac{1}{5} = \frac{4 \cdot 1}{5} = \frac{4}{5}$$

1 Welche Aufgabe ist hier dargestellt?
a)
b)

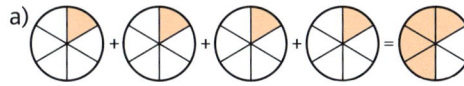

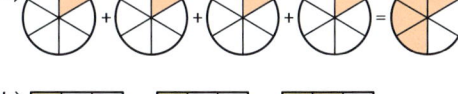

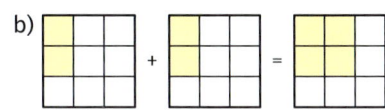

2 Schreibe als Additions- und Multiplikationsaufgabe. Berechne.
a)
b)
c)
d)

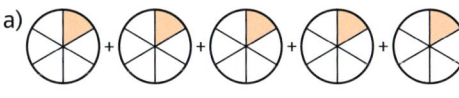

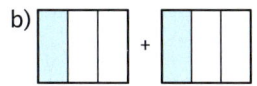

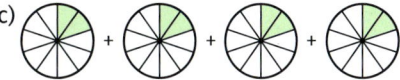

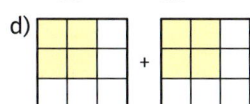

3 Schreibe als Multiplikationsaufgabe und berechne.
a) $\frac{1}{5} + \frac{1}{5} + \frac{1}{5}$ b) $\frac{1}{7} + \frac{1}{7} + \frac{1}{7} + \frac{1}{7} + \frac{1}{7}$
c) $\frac{3}{10} + \frac{3}{10} + \frac{3}{10}$ d) $\frac{2}{9} + \frac{2}{9} + \frac{2}{9}$

4 Berechne.
a) Schreibe zuerst als Additionsaufgabe.

$3 \cdot \frac{1}{4}$ $2 \cdot \frac{3}{7}$ $3 \cdot \frac{2}{7}$

b) $4 \cdot \frac{1}{5}$ $2 \cdot \frac{3}{8}$ $3 \cdot \frac{2}{8}$

5 Mit dem Becher wird 6-mal Wasser in den Messbecher gefüllt. Wie viel Liter Wasser sind in dem Messbecher?

6 ● Wie viel Liter Milch brauchst du für
a) die dreifache (fünffache) Menge Pfannkuchen?
b) ca. 16 (24) Pfannkuchen?

Pfannkuchen
(ca. 4 Stück)
80 g Mehl,
1 Ei, $\frac{1}{8}$ l Milch,
Salz

→ Kannst du's?
Seite 198, 1

Essen und Trinken

Brüche multiplizieren

Der Pizzateig ist fertig und wird nun belegt. Kira belegt $\frac{1}{4}$ der Pizza mit Champignons und $\frac{2}{3}$ der Pizza mit Mais.
Welcher Bruchteil der Pizza ist mit Champignons und Mais belegt?

$\frac{2}{3}$ von $\frac{4}{5}$ kann als Multiplikation $\frac{2}{3} \cdot \frac{4}{5}$ geschrieben werden.

Die Multiplikation von Brüchen kann in einem Rechteck dargestellt werden.

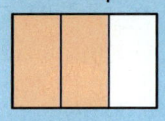

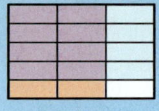

$\frac{2}{3}$ $\frac{4}{5}$ $\frac{2}{3}$ von $\frac{4}{5}$

$\frac{2}{3} \cdot \frac{4}{5} = \frac{8}{15}$

---

1 a) Welche Aufgabe passt zu welchem Rechteck?

(1) $\frac{1}{5} \cdot \frac{2}{3}$ (2) $\frac{1}{5} \cdot \frac{1}{3}$ (3) $\frac{2}{5} \cdot \frac{1}{3}$

A   B

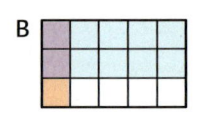

b) Zeichne das Rechteck, das in → Teilaufgabe a) fehlt.

2 Stelle die Aufgabe in einem Rechteck dar und löse sie.

a) $\frac{1}{2}$ von $\frac{1}{6}$ b) $\frac{1}{2}$ von $\frac{5}{6}$
c) $\frac{1}{4}$ von $\frac{1}{3}$ d) $\frac{3}{4}$ von $\frac{2}{3}$

3 Welche Aufgabe hat dieses Ergebnis?

A   B 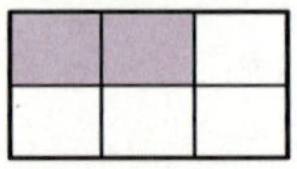
C   D

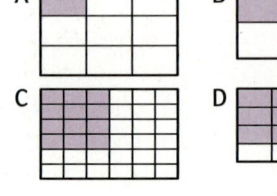

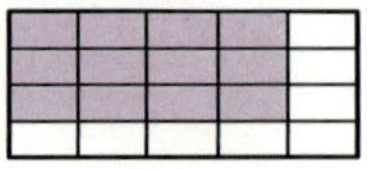

4 $\frac{3}{4}$ der Pizza sind mit Spinat und $\frac{1}{4}$ ist mit Paprika belegt. $\frac{2}{3}$ der Pizza sind mit Zwiebeln und $\frac{1}{3}$ ist mit Schafskäse belegt.

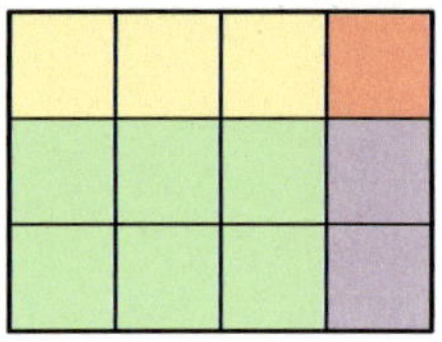

a) Welche beiden Beläge befinden sich auf dem gelben Teil der Pizza? Welche beiden auf den anders farbigen?
b) Schreibe passende Multiplikationsaufgaben.

5 Lisa sagt: „Ich brauche keine Zeichnung. Ich rechne $\frac{1}{3} \cdot \frac{4}{5} = \frac{1 \cdot 4}{3 \cdot 5} = \frac{4}{15}$."
Stimmt das? Erkläre, wie sie rechnet.

Um zwei Brüche miteinander zu multiplizieren, multipliziere Zähler mit Zähler und Nenner mit Nenner.

Beispiel

$\frac{2}{7} \cdot \frac{3}{5} = \frac{2 \cdot 3}{7 \cdot 5} = \frac{6}{35}$

---

6 Berechne ohne zu zeichnen.

$\frac{1}{3} \cdot \frac{1}{5}$; $\frac{1}{4} \cdot \frac{3}{7}$; $\frac{2}{3} \cdot \frac{4}{9}$; $\frac{4}{5} \cdot \frac{6}{7}$; $\frac{5}{7} \cdot \frac{8}{9}$; $\frac{3}{11} \cdot \frac{7}{10}$

Tipp
Verwende die Folien von → Seite 190 (Station B).

→ Kannst du's?
Seite 198, 2 und 3

Einen Bruch dividieren

Von der Pizza sind $\frac{2}{3}$ übrig.
Marie, Kira und Louis teilen den Rest gerecht unter sich auf.
Welchen Bruchteil der Pizza bekommt jedes Kind?

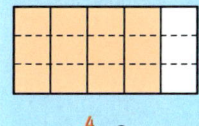

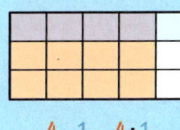

> Die **Division durch eine ganze Zahl** kann auch als Multiplikation mit einem Bruch geschrieben werden.
>
> $$\frac{4}{5} : 3 \quad = \quad \frac{4}{5} \cdot \frac{1}{3} = \frac{4 \cdot 1}{5 \cdot 3} = \frac{4}{15}$$

1 Von einer Pizza sind $\frac{3}{4}$ übrig.
a) Verteile gerecht an 3 Personen.
b) Verteile gerecht an 4 Personen.
c) Verteile gerecht an 6 Personen.

2 Schreibe als Divisions- und als Multiplikationsaufgabe. Berechne.
a) $\frac{1}{2}$ l wird gleichmäßig in 2 Becher verteilt.
b) $\frac{1}{2}$ l wird gleichmäßig in 3 Becher verteilt.
c) $\frac{1}{2}$ l wird gleichmäßig in 4 Becher verteilt.
d) $\frac{1}{2}$ l wird gleichmäßig in 6 Becher verteilt. 
e) $\frac{1}{4}$ l wird gleichmäßig in 2 Becher verteilt.
f) $\frac{1}{4}$ l wird gleichmäßig in 3 Becher verteilt.
g) $\frac{1}{8}$ l wird gleichmäßig in 2 Becher verteilt.
h) Welche Aufgaben haben das gleiche Ergebnis?

3 Schreibe als Multiplikationsaufgabe und berechne.
a) $\frac{1}{5} : 2$; $\frac{1}{5} : 3$
b) $\frac{3}{5} : 2$; $\frac{2}{5} : 3$
c) $\frac{5}{6} : 4$; $\frac{6}{7} : 5$

4 a) Der Rest einer Waffel wird gerecht an 3 Personen verteilt. Berechne.

b) Leon rechnet:
$\frac{3}{5} : 3 = \frac{1}{5}$

Erkläre seinen Rechenweg.
c) Rechne wie Leon.
$\frac{3}{8} : 3$; $\frac{5}{8} : 5$; $\frac{6}{7} : 6$; $\frac{6}{7} : 2$; $\frac{10}{11} : 5$; $\frac{8}{11} : 4$

d) Wann funktioniert sein Rechenweg und wann nicht? Gib jeweils ein Beispiel an.
e) Welche Aufgabe kannst du mit Leons Rechenweg berechnen? Gib das Ergebnis an.
$\frac{3}{4} : 3$ $\quad$ $\frac{3}{4} : 4$ $\quad$ $\frac{8}{9} : 3$ $\quad$ $\frac{8}{9} : 4$

5 ●● Ergänze.
a) $\frac{2}{5} : \square = \frac{2}{5} \cdot \frac{1}{4} = \frac{\square}{\square}$ $\quad$ b) $\frac{3}{5} : \square = \frac{3}{20}$
c) $\frac{\square}{9} : 7 = \frac{5}{63}$ $\quad$ d) $\frac{7}{\square} : 6 = \frac{7}{48}$
e) $\frac{5}{9} : \square = \frac{1}{9}$ $\quad$ f) $\frac{\square}{9} : 5 = \frac{2}{9}$

→ Kannst du's? Seite 198, 4

Essen und Trinken

6 Charlotte hat $\frac{3}{4}$ l Erdbeereismasse gemacht. Zum Tiefkühlen hat sie Formen in den Größen $\frac{1}{4}$ l, $\frac{1}{8}$ l und $\frac{1}{12}$ l. Wie viele dieser Formen könnte sie jeweils füllen? Rechne und begründe.

Erdbeereis $\left(\frac{3}{4}\,l\right)$

300 g Erdbeeren
200 g Sahne
70 g Zucker
Saft einer Zitrone

Erdbeeren putzen und pürieren. Sahne steifschlagen. Zutaten mischen, in Formen füllen und tiefkühlen.

Um **zwei Brüche mit gleichem Nenner** zu **dividieren**, dividiere die Zähler.
Haben die Brüche verschiedenen Nenner, kürze oder erweitere die Brüche.

Beispiel

In $\frac{3}{4}$ passt $\frac{1}{4}$ 3-mal.

$\frac{3}{4} : \frac{1}{4} = 3 : 1 = 3$

In $\frac{4}{8}$ passt $\frac{1}{4}$ 2-mal.

$\frac{4}{8} : \frac{1}{4} = \frac{2}{4} : \frac{1}{4} = 2 : 1 = 2$

In $\frac{1}{8}$ passt $\frac{1}{4}$ $\frac{1}{2}$-mal.

$\frac{1}{8} : \frac{1}{4} = \frac{1}{8} : \frac{2}{8} = 1 : 2 = \frac{1}{2}$

---

7 Wie viele Gläser kannst du mit dem Inhalt der Flasche füllen?
Schreibe als Divisionsaufgabe und berechne.

a) $\frac{3}{8}$-l-Flasche; $\frac{1}{8}$-l-Gläser
b) $\frac{1}{2}$-l-Flasche; $\frac{1}{2}$-l-Gläser
c) $\frac{1}{2}$-l-Flasche; $\frac{1}{4}$-l-Gläser
d) $\frac{1}{4}$-l-Flasche; $\frac{1}{2}$-l-Gläser

→ Kannst du's? Seite 198, 5

8 Berechne $\frac{1}{4} : \frac{1}{8}$.
Wie ändert sich das Ergebnis, wenn du
a) den Zähler des ersten Bruchs verdoppelst (verdreifachst)?
b) den Zähler des zweiten Bruchs verdoppelst (verdreifachst)?
c) beide Zähler verdoppelst (verdreifachst)?
d) ● den Nenner des ersten Bruchs verdreifachst?

9 Paul berechnet $\frac{1}{3} : \frac{2}{5}$.

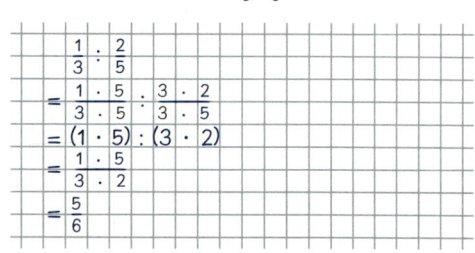

$\frac{1}{3} : \frac{2}{5}$
$= \frac{1 \cdot 5}{3 \cdot 5} : \frac{3 \cdot 2}{3 \cdot 5}$
$= (1 \cdot 5) : (3 \cdot 2)$
$= \frac{1 \cdot 5}{3 \cdot 2}$
$= \frac{5}{6}$

a) Erkläre Pauls Rechenschritte.
b) Finde eine Regel, mit der Paul die beiden ersten Zwischenschritte weglassen kann. Überprüfe deine Regel an diesen Aufgaben:

$\frac{1}{10} : \frac{1}{5}$ $\frac{3}{8} : \frac{1}{2}$

So geht's ganz flott

Um einen **Bruch durch** einen **Bruch** zu **dividieren**, vertausche beim zweiten Bruch Zähler und Nenner und multipliziere.

Beispiel

$\frac{2}{5} : \frac{3}{7} = \frac{2}{5} \cdot \frac{7}{3} = \frac{2 \cdot 7}{5 \cdot 3} = \frac{14}{15}$

---

10 Berechne.

a) $\frac{4}{5} : \frac{1}{5}$; $\frac{5}{6} : \frac{1}{6}$ b) $\frac{4}{5} : \frac{2}{5}$; $\frac{6}{9} : \frac{1}{3}$ c) $\frac{1}{7} : \frac{1}{2}$; $\frac{2}{5} : \frac{3}{4}$

11 Hannes möchte Obst-Tartelettes machen und hat $\frac{1}{2}$ l Quarkcreme. Wie viele Förmchen der Größe $\frac{1}{10}$ l, $\frac{1}{20}$ l, $\frac{1}{25}$ l könnte er damit jeweils füllen?

Essen und Trinken

Waffelverkauf

A

Zutaten einkaufen

Die Klasse 6 d plant für das Schulfest einen Waffelstand. Sie will 150 Waffeln verkaufen. Die Schülerinnen und Schüler bereiten den Einkauf vor und überlegen, zu welchem Preis die Waffeln verkauft werden sollen.

Zutaten Waffeln (ca. 15 Stück)
3 Eier
50 g Zucker
125 g Butter
$\frac{1}{4}$ l Milch
250 g Mehl

1 a) Die wieviel-fache Menge der Zutaten im Rezept wird benötigt? Schreibt eine Einkaufsliste.
b) Berechnet, wie viel die Zutaten kosten.
c) Überlegt:
Wie hoch sind die Ausgaben für eine Waffel?
Zu welchem Preis soll eine Waffel verkauft werden?
Welcher Gewinn ist möglich, wenn 50, 100 oder alle Waffeln verkauft werden?

Mehl 1 kg — 0,32 €
BIO Eier 10 Stück — 2,29 €
Zucker 1 kg — 0,65 €
Butter 250 g — 0,99 €
Milch 1 Liter — 0,75 €

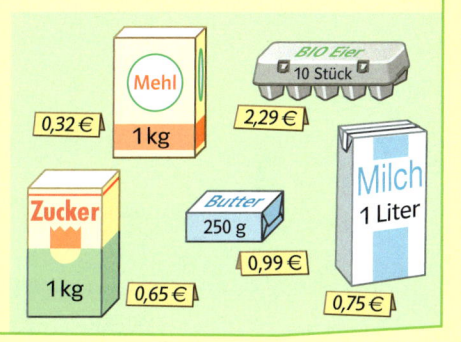

B

Waffeln backen

Die Klasse 6 d plant für das Schulfest einen Waffelstand. Sie will 150 Waffeln verkaufen. Die Schülerinnen und Schüler testen verschiedene Waffeleisen und überlegen, wie viele Waffeleisen sie benötigen.

Zeit zum Backen einer Waffel:
Backzeit 2 min
Backzeit 3 min
Backzeit 4 min

1 a) Wie lange dauert es mit den verschiedenen Waffeleisen 10, 20, 50 oder 100 Waffeln zu backen? Schreibt die Ergebnisse in drei Tabellen.

Waffeleisen 1   Waffeleisen 2   …

Anzahl der Waffeln	Backzeit in min

b) Reichen die drei Waffeleisen für das Schulfest oder werden weitere benötigt?

Essen und Trinken

Proportionale Zuordnungen

Kiwi 2,40 € Vanille 0,80 € Erdbeer 3,20 € Schoko 1,60 €

In der Hektik ist bei der Neueröffnung von Claudios Eisdiele einiges durcheinandergeraten.

Korrigiere und erkläre.

Bei einer **Zuordnung** gehören immer zwei Größen zusammen.
Wenn bei einer Zuordnung zum 2-Fachen, 3-Fachen, 4-Fachen, … der einen Größe das 2-Fache, 3-Fache, 4-Fache, … der anderen Größe gehört, spricht man von einer **proportionalen Zuordnung**. Zur Hälfte, zum Drittel, zum Viertel, … der einen Größe gehört dann die Hälfte, das Drittel, das Viertel, … der anderen Größe.

Butter-Croissants
1 Stück 0,80 €
2 Stück 1,60 €

Schoko-Croissants
1 Stück 1,20 €
Angebot:
3 Stück 3,00 €

Der Anzahl der Croissants wird der Preis zugeordnet.

Die doppelte Anzahl Butter-Croissants ist doppelt so teuer.
Diese Zuordnung ist proportional.

Die dreifache Anzahl Schoko-Croissants kostet weniger als der dreifache Preis.
Diese Zuordnung ist nicht proportional.

---

1 Auf jedem Ei ist ein Aufdruck.

Die erste Zahl bedeutet:
0 Bio-Haltung
1 Freilandhaltung
2 Bodenhaltung
3 Käfighaltung

Die Buchstaben geben das Herkunftsland an:
AT Österreich   DE Deutschland
DK Dänemark   ES Spanien
IT Italien   NL Niederlande

Ordne den Eiern mit diesem Aufdruck die Haltungsform und das Herkunftsland zu.

a) 0-DE-1344461   b) 3-ES-270400
c) 2-AT-4755278-2 d) 1-IT-019 BZ 001
e) 3-DE-15112341   f) 1-NL-4324001

2 Emma plant ihre Geburtstagsfeier.
Sie überlegt: „Je mehr Gäste kommen, desto mehr Getränke muss ich kaufen."
Der Anzahl der Gäste wird die Menge der Getränke zugeordnet. Trinkt jeder genau gleich viel, ist die Zuordnung proportional.
a) Welche Größen werden zugeordnet?
(1) „Je mehr Getränke ich kaufe, desto mehr muss ich bezahlen."
(2) „Je mehr Gäste ich habe, desto mehr Teller und Gläser werden gebraucht."
(3) „Je mehr Freunde kommen, desto besser ist die Stimmung."
(4) „Je mehr Freunde beim Aufräumen helfen, desto schneller sind wir fertig."
b) Welche Zuordnungen aus → Teilaufgabe a) können proportional sein?
Welche Bedingung muss dann jeweils gelten?

→ Kannst du's?
Seite 198, 6

3 Welche Zuordnung ist proportional?

Bananen	Petersilie
1 kg 0,99 €	2 Bund 3,00 €
2 kg 1,98 €	1 Bund 1,50 €

Trauben	Orangen
500 g 0,79 €	1 Stück 0,75 €
2 kg 3,16 €	4 Stück 2,50 €

Papaya	Zitronen
2 Stück 3,60 €	1 Stück 50 ct
3 Stück 5,40 €	5 Stück 2,00 €

Tabellen bei proportionalen Zuordnungen nutzen

Berechne die benötigte Menge Kartoffeln für 12 statt für 4 Personen.

Anzahl der Personen	Kartoffeln in g
4	800
12	2400

·3 ( ) ·3

Berechne die benötigte Menge Kartoffeln für 3 statt für 4 Personen.

Anzahl der Personen	Kartoffeln in g
4	800
1	200
3	600

:4 ( ) :4
·3 ( ) ·3

4 Die Zuordnung ist proportional. Übertrage die Tabelle in dein Heft und ergänze die fehlenden Werte.

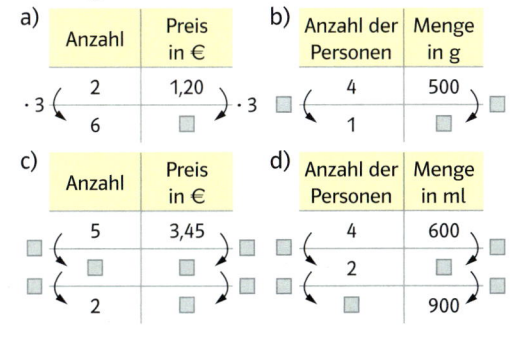

a)
Anzahl	Preis in €
2	1,20
6	☐

·3 ( ) ·3

b)
Anzahl der Personen	Menge in g
4	500
1	☐

c)
Anzahl	Preis in €
5	3,45
☐	☐
2	☐

d)
Anzahl der Personen	Menge in ml
4	600
2	☐
☐	900

5 Die Kinder kaufen zusammen ein.
a) Lara bezahlt für 4 Kugeln Eis 3,60 €. Laura möchte 2 Kugeln Eis.
b) Paul braucht 3 Eier für einen Auflauf. Er bezahlt 90 ct. Sarah kauft 4 Eier für Pfannkuchen.
c) Noah kauft 5 Käsebrötchen für 3,25 €. Tom nimmt 3 Käsebrötchen.
d) Fabian kauft 4 Kiwis für eine Quark-Speise und bezahlt 1,56 €. Helena braucht 6 Kiwis für einen Obstsalat.

6 a) Berechne die Zutaten für 3 Personen.

Kartoffelsalat (für 4 Personen)
- 800 g Kartoffeln festkochend
- 200 g Bärlauch oder Rucola
- 300 g Schafskäse
- 2 rote Zwiebeln
- 6 EL Olivenöl
- 4 EL Balsamico-Essig, weiß
- Salz und Pfeffer

Kochzeit Kartoffeln: 20 min
Zubereitungszeit: 20 min
Ruhezeit: 2 Stunden

b) Ist die Zuordnung „Anzahl der Personen und Zeit für das Kochen (Zubereiten, Ruhen)" auch proportional? Begründe.

7 ● 100 kg Äpfel ergeben je nach Sorte 50 l bis 70 l Apfelsaft.
a) Wie viel Liter Apfelsaft ergeben 1 kg Äpfel?
b) Wie viel Kilogramm Äpfel braucht man für 1 l Apfelsaft? Und wie viel Kilogramm braucht man für ein 200-ml-Glas?

8 ●● ☼ Max will Waffeln backen. Leider hat er nur noch 2 Eier. Wie viel soll er von den anderen Zutaten nehmen?

Waffeln
- 250 g Mehl
- 60 g Zucker
- $\frac{1}{4}$ l Milch
- 3 Eier
- 125 g Butter
- 1 Prise Salz

→ Kannst du's?
Seite 198, 6 und 7

Essen und Trinken

Check-in Aktiv Kurs **Check** Thema Kompakt Test

Kann ich's?

Check aa5tm5

	Das kann ich.	Da bin ich fast sicher.	Da bin ich unsicher.	Das kann ich noch nicht.
Brüche multiplizieren				
1 Ich kann Brüche vervielfachen. → Seite 191	☐	☐	☐	☐
2 Ich kann die Multiplikation von Brüchen in einem Rechteck darstellen. → Seite 192	☐	☐	☐	☐
3 Ich kann Brüche miteinander multiplizieren. → Seite 192	☐	☐	☐	☐
Brüche dividieren				
4 Ich kann einen Bruch durch eine ganze Zahl dividieren. → Seite 193	☐	☐	☐	☐
5 Ich kann Brüche dividieren. → Seite 194	☐	☐	☐	☐
Zuordnungen				
6 Ich kann eine proportionale Zuordnung erkennen. → Seiten 196 und 197	☐	☐	☐	☐
7 Ich kann Aufgaben zu proportionalen Zuordnungen lösen. → Seite 197	☐	☐	☐	☐
	Ich helfe anderen.	Ich übe weiter.	Ich frage andere.	Ich frage eine Lehrperson.

Essen und Trinken

Aufgaben

1 Brüche vervielfachen

a) Schreibe als Multiplikation und berechne.

$\frac{1}{7} + \frac{1}{7} + \frac{1}{7} + \frac{1}{7}$

$\frac{2}{9} + \frac{2}{9} + \frac{2}{9}$

b) Berechne.

$5 \cdot \frac{1}{9}$ $\qquad$ $6 \cdot \frac{2}{13}$

$3 \cdot \frac{2}{7}$ $\qquad$ $7 \cdot \frac{3}{100}$

c) Simon möchte für eine Party die zweifache Menge herstellen.

Früchte-Cocktail
$\frac{1}{8}$ l Ananassaft
$\frac{1}{4}$ l Kirschsaft
$\frac{3}{8}$ l Orangensaft
Eiswürfel

2 Multiplikation darstellen

a) Welche Multiplikationsaufgabe ist hier dargestellt?

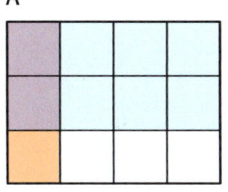

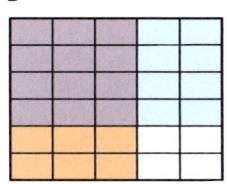

A $\qquad$ B

b) Bestimme die Lösung mithilfe einer Zeichnung.

$\frac{1}{2} \cdot \frac{2}{5}$ $\qquad$ $\frac{2}{6} \cdot \frac{3}{4}$

3 Brüche multiplizieren

a) Berechne.

$\frac{1}{6} \cdot \frac{1}{4}$ $\qquad$ $\frac{1}{2} \cdot \frac{1}{12}$ $\qquad$ $\frac{2}{3} \cdot \frac{1}{5}$

$\frac{1}{3} \cdot \frac{2}{5}$ $\qquad$ $\frac{2}{7} \cdot \frac{3}{4}$ $\qquad$ $\frac{2}{9} \cdot \frac{4}{5}$

b) Luka hat seiner Schwester $\frac{1}{3}$ seiner Pizza abgegeben. Von seinem Anteil hat er $\frac{3}{4}$ gegessen. Welchen Bruchteil der Pizza hat Luka gegessen?

→ Lösungen zum Check, Seite 269

4 Bruch durch eine Zahl dividieren

a) Berechne.

$\frac{1}{5} : 4$ $\qquad$ $\frac{3}{5} : 4$ $\qquad$ $\frac{2}{3} : 6$

$\frac{2}{3} : 8$ $\qquad$ $\frac{4}{7} : 5$ $\qquad$ $\frac{2}{7} : 10$

b) Von einer Tafel Schokolade sind $\frac{5}{6}$ übrig.
• Verteile gerecht an 4 Personen.
• Verteile gerecht an 5 Personen.

5 Brüche dividieren

Berechne.

a) $\frac{5}{9} : \frac{1}{9}$ $\qquad$ $\frac{12}{7} : \frac{3}{7}$

b) $\frac{1}{4} : \frac{3}{4}$ $\qquad$ $\frac{4}{11} : \frac{8}{11}$

c) $\frac{3}{5} : \frac{3}{10}$ $\qquad$ $\frac{3}{6} : \frac{2}{4}$

6 Proportionale Zuordnung

Kann die Zuordnung proportional sein? Welche Bedingung muss dann gelten?

a) Je länger ein Sportler trainiert, desto mehr Kalorien verbrennt er.
b) Je älter ein Mensch ist, desto größer ist er.
c) Je mehr Kaugummis Alina kauft, desto mehr muss sie bezahlen.
d) Je schneller ein Radfahrer fährt, desto schneller ist er am Ziel.

7 Aufgaben lösen

a) Für 100 g Marmelade werden 60 g Früchte verwendet. Wie viel Gramm Früchte braucht man für ein 450-g-Glas Marmelade?

b) Aus 100 g Früchten werden 125 g Fruchtaufstrich hergestellt. Wie viel Gramm Früchte braucht man für ein 450-g-Glas Fruchtaufstrich?

c) Für 250 g Pflaumenmus werden 350 g Pflaumen verarbeitet. Wie viel Gramm Pflaumen braucht man für ein 450-g-Glas Pflaumenmus?

d) Wie viel Gramm (Kilogramm) Marmelade, Aufstrich oder Mus kann man aus 4,2 kg Pflaumen herstellen?

Essen und Trinken

Unterwegs in Berlin

Abb. 1

Ganz genau oder ungefähr
Bei proportionalen Zuordnungen wird oft mit einem ungefähren Wert oder einem Durchschnittswert gerechnet. Es wird beispielsweise davon ausgegangen, dass
- ein Radfahrer mit gleichbleibender Geschwindigkeit fährt,
- der Preis pro Stück auch für eine große Menge gleich bleibt.

Abb. 2

Abb. 3

1 Beim Nutzen von Bus und Bahn gibt es verschiedene Fahrkarten für Kinder:
Einzelfahrschein 1,70 €; 4-Fahrten-Karte 5,60 €; Tageskarte 4,70 €
a) Welche Fahrkarte soll Jan nehmen, wenn er 2, 3 oder 4 Fahrten an einem Tag macht?
b) Bei welcher Fahrkarte ist die Zuordnung „Anzahl der Fahrten und Preis" proportional?

2 Mit der U-Bahn (→ Abb. 1) kommst du schnell an dein Ziel. Von Station zu Station dauert die Fahrt durchschnittlich 1,5 Minuten.
a) Die Linie U4 hat 5 Stationen und die Linie U7 hat 40 Stationen. Berechne jeweils die Fahrzeit für die gesamte Strecke.
b) Nimmt man es genau, handelt es sich hier nicht um eine proportionale Zuordnung. Trotzdem ist es sinnvoll, wie bei einer proportionalen Zuordnung zu rechnen (→ Abb. 2). Begründe.

3 Im Technik-Museum sind alte Propeller-Flugzeuge zu sehen.
a) Ergänze die Lücken.
(1) Je höher die Geschwindigkeit, desto … (länger/kürzer) ist die zurückgelegte Strecke in einer Stunde.
(2) Je höher die Geschwindigkeit, desto … (länger/kürzer) ist die Flugzeit für 100 Kilometer.
(3) Je älter das Flugzeug, desto … (höher/geringer) ist die maximale Geschwindigkeit.
b) Welche der Zuordnungen aus → Teilaufgabe a) kann proportional sein?
Welche Bedingung muss dann gelten?

4 Ein Besuch des Fernsehturms am Alexanderplatz (→ Abb. 3) bietet einen tollen Blick über Berlin. Der Fahrstuhl benötigt 35 s bis zur Aussichtsplattform in der Kugel. Die Fahrt kostet 8,50 € für ein Kind.
a) Wie viel müssen 2, 4 oder 6 Kinder bezahlen?
b) Wie lange fahren 2, 4 oder 6 Personen bis zur Aussichtsplattform?
c) In der Kugel des Turms befindet sich ein Restaurant. Dieses dreht sich in einer Minute 6° um die eigene Achse, so dass sich die Aussicht ständig ändert.
Wie lange dauert eine halbe (ganze) Umdrehung? Um wie viel Grad dreht sich das Restaurant in 20 (90) Minuten?

Essen und Trinken

Brüche multiplizieren

Zum **Vervielfachen eines Bruchs**, multipliziere die Zahl mit dem Zähler des Bruchs und lasse den Nenner unverändert.

$$3 \cdot \frac{2}{7} = \frac{3 \cdot 2}{7} = \frac{6}{7}$$

Die Multiplikation von zwei Brüchen kann in einem Rechteck dargestellt werden.

$\frac{1}{3}$ $\frac{4}{5}$ $\frac{1}{3}$ von $\frac{4}{5}$

$$\frac{1}{3} \cdot \frac{4}{5} = \frac{4}{15}$$

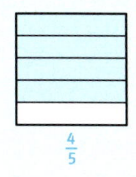

Um **zwei Brüche miteinander** zu **multiplizieren**, multipliziere Zähler mit Zähler und Nenner mit Nenner.

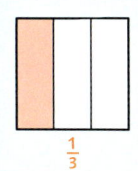

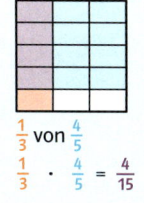

$$\frac{1}{3} \cdot \frac{4}{5} = \frac{1 \cdot 4}{3 \cdot 5} = \frac{4}{15}$$

Brüche dividieren

Die **Division durch eine ganze Zahl** kann auch als Multiplikation mit einem Bruch geschrieben werden.

$$\frac{5}{8} : 4 = \frac{5}{8} \cdot \frac{1}{4} = \frac{5 \cdot 1}{8 \cdot 4} = \frac{5}{32}$$

Um einen **Bruch durch** einen **Bruch** zu **dividieren**, vertausche beim zweiten Bruch Zähler und Nenner und multipliziere.

$$\frac{2}{7} : \frac{3}{5} = \frac{2}{7} \cdot \frac{5}{3} = \frac{2 \cdot 5}{7 \cdot 3} = \frac{10}{21}$$

Haben beide Brüche den gleichen Nenner, dividiere die Zähler.

$$\frac{5}{7} : \frac{18}{7} = 5 : 18 = \frac{5}{18}$$

Proportionale Zuordnungen

Bei einer **Zuordnung** gehören immer zwei Größen zusammen.

Der Anzahl der Mangos wird der Preis zugeordnet.

Bei einer **proportionalen Zuordnung** gehört zum Vielfachen der einen Größe dasselbe Vielfache der anderen Größe.

1 Mango 0,89 €
2 Mangos 1,78 €

Die doppelte Anzahl Mangos ist doppelt so teuer.
Diese Zuordnung ist proportional.

1 Mango 1,00 €
2 Mangos 1,70 €

Die doppelte Anzahl Mangos kostet weniger als der doppelte Preis.
Diese Zuordnung ist nicht proportional.

Bei einer proportionalen Zuordnung können gesuchte Werte mithilfe einer Tabelle berechnet werden.

Äpfel in kg	Preis in €
3	3,60
1	1,20
5	6,00

:3, ·5 (links) ; :3, ·5 (rechts)

Essen und Trinken

Check-in   Aktiv   Kurs   Check   Thema   Kompakt   **Test**

einfach

1 Schreibe als Multiplikationsaufgabe und berechne.
a)
b)

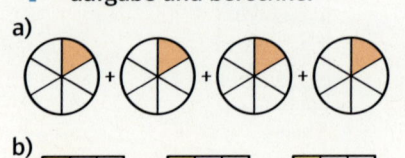

2 Schreibe als Multiplikationsaufgabe und berechne.

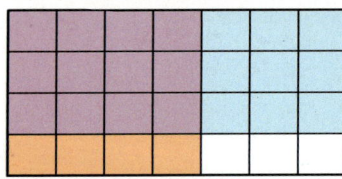

3 Berechne.
a) $\frac{1}{2} \cdot \frac{1}{3}$
b) $\frac{1}{4} \cdot \frac{3}{5}$
c) $\frac{3}{4} \cdot \frac{3}{4}$

4 Berechne.
a) $\frac{1}{7} : 2$ $\frac{5}{6} : 5$
b) $\frac{3}{7} : \frac{1}{7}$ $\frac{4}{5} : \frac{2}{5}$
c) $\frac{2}{3} : \frac{2}{6}$ $\frac{5}{8} : \frac{3}{4}$

5 Die Zuordnung ist proportional. Ergänze den Wert.
a) 1 Kiwi 0,25 €
   3 Kiwis ____
b) 1 Zitrone ____
   3 Zitronen 1,65 €

6 500 g Kartoffeln ergeben 2 Portionen. Wie viel Gramm Kartoffeln ergeben 3 Portionen?

mittel

1 Berechne.
a) $4 \cdot \frac{1}{5}$
b) $3 \cdot \frac{2}{10}$

2 Stelle die Aufgabe in einem Rechteck dar und bestimme das Ergebnis.
$\frac{3}{4} \cdot \frac{3}{5}$

3 Berechne.
a) $\frac{1}{4} \cdot \frac{1}{3}$
b) $\frac{1}{5} \cdot \frac{3}{4}$
c) $\frac{3}{4} \cdot \frac{2}{3}$

4 Berechne.
a) $\frac{1}{9} : 4$ $\frac{10}{17} : 5$
b) $\frac{4}{9} : \frac{1}{9}$ $\frac{8}{9} : \frac{2}{9}$
c) $\frac{1}{5} : \frac{1}{10}$ $\frac{1}{3} : \frac{5}{9}$

5 Ist die Zuordnung proportional? Begründe.
a) 1 Kiwi 0,35 €
   3 Kiwis 1,00 €
b) 1 Zitrone 0,59 €
   3 Zitronen 1,77 €

6 40 g Hefe reichen für 500 g Mehl. Wie viel Gramm Hefe braucht man für 800 g Mehl?

schwieriger

1 Ergänze die Lücken.
a) $\square \cdot \frac{3}{7} = \frac{6}{\square}$
b) $4 \cdot \frac{2}{\square} = \frac{\square}{9}$

2 Das Ergebnis einer Multiplikationsaufgabe ist $\frac{6}{20}$. Zeichne ein Rechteck, das eine passende Aufgabe darstellt.

3 Ergänze die Lücken.
a) $\frac{1}{3} \cdot \frac{4}{5} = \frac{\square}{\square}$
b) $\frac{2}{3} \cdot \frac{5}{\square} = \frac{\square}{21}$
c) $\frac{\square}{9} \cdot \frac{7}{\square} = \frac{35}{72}$

4 Berechne.
a) $\frac{3}{8} : 2$ $\frac{12}{13} : 6$
b) $\frac{5}{11} : \frac{1}{11}$ $\frac{12}{14} : \frac{4}{14}$
c) $\frac{2}{5} : \frac{1}{10}$ $\frac{1}{6} : \frac{3}{8}$

5 Ändere einen Wert, so dass die Zuordnung proportional ist.
a) 1 Kiwi 0,39 €
   3 Kiwis 0,99 €
b) 1 Mango 79 ct
   2 Mangos 1,50 €

6 Für 750 ml Eis werden 450 g Himbeeren verwendet. Wie viel Gramm Himbeeren benötigt man für 1 l Eis?

→ Lösungen zum Test, Seiten 270 und 271

Essen und Trinken

9 Mathematische Reisen

Geometrie ist nicht nur im Alltag wichtig, mit Geometrie könnt ihr auch interessante und schöne mathematische Entdeckungen machen.

Schon vor vielen hundert Jahren entwickelten unsere Vorfahren geometrische Legespiele und Denkspiele, von denen ihr in diesem Kapitel einige kennenlernt.

Viel Spaß dabei.

In diesem Kapitel lernt ihr

- verschiedene geometrische Spiele kennen,
- wie ihr selbst Spiele konstruieren und herstellen könnt,
- wie verschiedene geometrische Spiele gespielt werden,
- wie ihr Strategien zur Lösung entwickeln könnt.

Vom Tangram zum magischen Ei

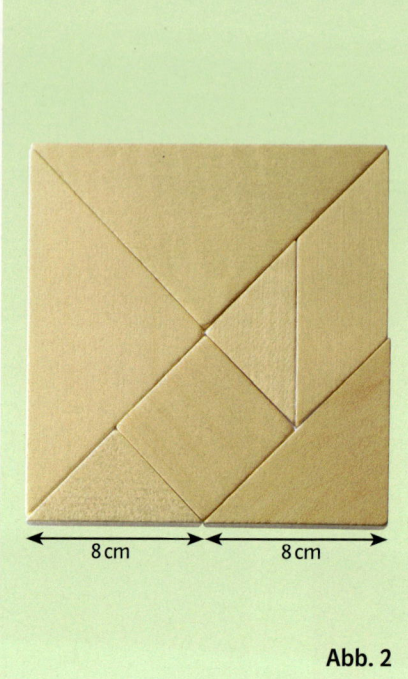

Abb. 1

Abb. 2 8 cm 8 cm

Abb. 3

Tangram ist ein jahrhundertealtes, chinesisches Legespiel. Es besteht aus sieben Teilen, den **Tans**. Die Tans erhält man durch Zerlegen eines Quadrats nach einer bestimmten Vorschrift. → Abb. 2

1 Mit dem Tangram-Spiel lassen sich Figuren legen. Jede Figur muss alle sieben Tans enthalten. Übereinander legen ist nicht erlaubt!
a) Bastle dir ein eigenes Tangram-Spiel: → Abb. 2.
- Zeichne dazu mit dem Geodreieck ein Quadrat (z. B. auf Papier oder Pappe).
- Trage die Schneidelinien ein. Überlege dir eine sinnvolle Reihenfolge.
- Schneide die Tans sorgfältig aus.
- Male die Tans farbig an.

Kannst du sie wieder zum Quadrat zusammenlegen, ohne auf die Vorlage zu sehen?
b) Lege die Figuren → Abb. 1 mit deinem eigenen Tangram-Spiel nach.

2 Teile der Tangram-Figuren können auf verschiedene Arten zusammengesetzt werden.
a) Welche Tans kannst du verwenden, um ein kleines Quadrat zu legen? Zeichne deine Lösungen ins Heft.
b) Aus welchen Tans kannst du ein Rechteck legen?
c) Überlege dir auch andere Figuren, die du legen kannst.

3 Lege aus allen Tans ein Rechteck, das kein Quadrat ist.

4 Erfinde eigene Tangram-Figuren. Zeichne die Umrisse auf und lasse deine Mitschülerinnen und Mitschüler die Figuren nachlegen.

5 Suche dir aus → Abb. 3 ein Puzzle aus und stelle es her. Versuche die Teile wieder zur einem Quadrat zusammenzulegen.

Mathematische Reisen

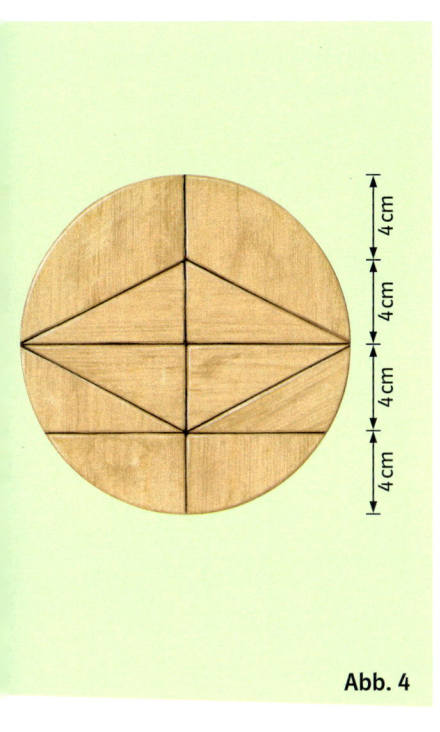

Abb. 4

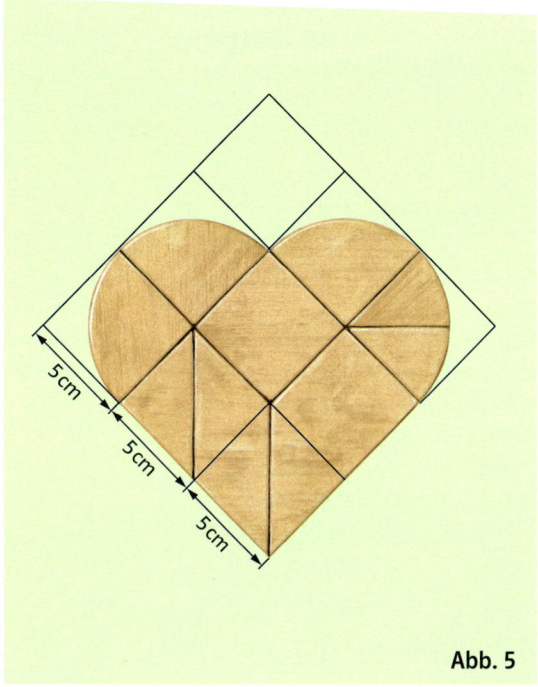

Abb. 5

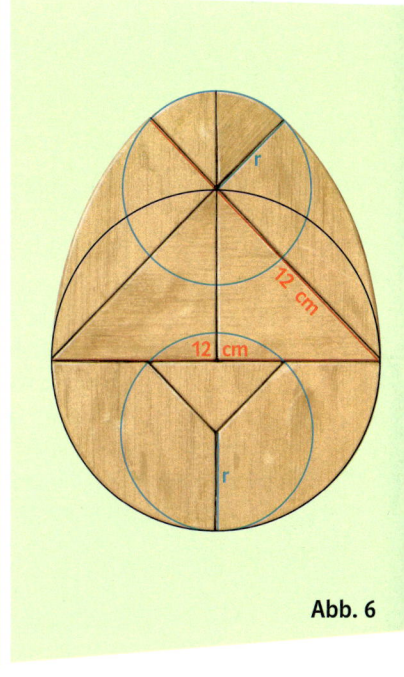

Abb. 6

Tipp
→ **Aufgabe 8**
Stellt eure schönsten Tangram-Figuren doch einmal auf einer Wandzeitung in eurer Klasse oder Schule aus.

6 ✂ Im 19. Jahrhundert wurden erstmals **runde Tangram-Spiele** verkauft. Eines davon siehst du hier → Abb. 4.
a) Stelle das runde Tangram mit dem Radius r = 8 cm her.
b) Setze die Stücke wieder zu einem Kreis zusammen ohne auf die Vorlage zu schauen.

7 ● Lege die Figuren mit deinem **Kreis-Tangram** → Abb. 4 nach. Verwende alle 10 Plättchen.

8 👥☼ Erfinde eigene Figuren aus dem Kreis-Tangram → Abb. 4. Zeichne die Umrisse auf und lasse deine Mitschülerinnen und Mitschüler die Figuren nachlegen.

9 ●● Zeichne das **Herz-Tangram** → Abb. 5 und das **magische Ei** → Abb. 6 mithilfe deines Zirkels. Versuche die dazugehörenden Figuren nachzulegen.

Mathematische Reisen

Zündholz-Probleme

Auch mit ganz einfachen Mitteln kannst du geometrische Spiele durchführen.
Du brauchst nur eine Packung **Zündhölzer** und Spaß am Rätsel lösen.

💡 Lösungsstrategien entwickeln

Viele Aufgaben lassen sich leichter lösen, wenn du eigene Lösungsstrategien entwickelst.
Bei Zündholz-Legespielen helfen z. B. folgende Überlegungen.
Zähle die Anzahl der Hölzchen: Ist die Anzahl durch 4 teilbar wie in der Aufgabe unten, so hängen die Quadrate an keiner Seite zusammen. Bleibt bei der Division durch 4 ein Rest, so müssen einzelne Seiten zusammenhängen.
Vielleicht „siehst" du die gesuchten Quadrate, die in Frage kommen, weil sie z. B. nur an den Ecken zusammenhängen können.

1 Lege die Figur nach. Durch Umlegen von drei Hölzchen erhältst du drei gleich große Quadrate.

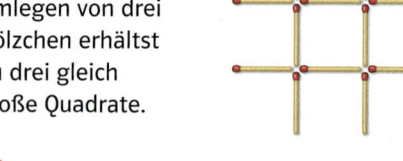

2 Wandle durch **Umlegen** von
a) drei Hölzchen (vier Hölzchen) die vier Quadrate in drei gleich große Quadrate um,

b) drei Hölzchen die fünf Quadrate in vier gleich große Quadrate um,

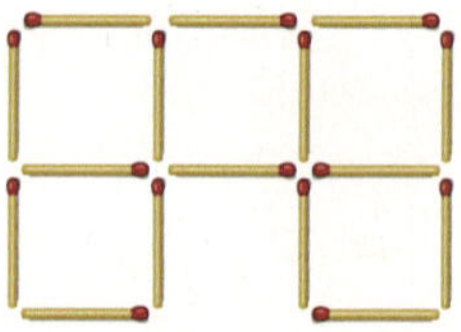

c) zwei Hölzchen die fünf Quadrate in vier gleich große Quadrate um.

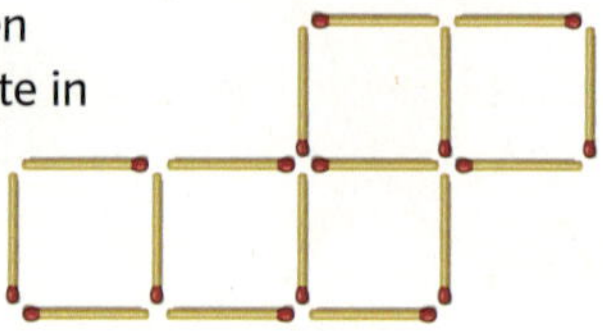

Tipp
→ **Aufgabe 4**
Die gesuchten Dreiecke müssen nicht gleich groß sein!

3 Entferne
a) sieben Hölzchen so, dass noch vier gleich große Quadrate bleiben.

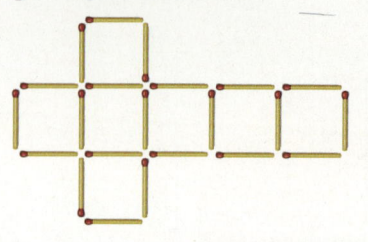

b) zehn Hölzchen, bis nur noch vier gleich große Quadrate liegen.

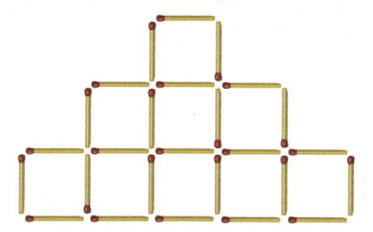

c) sechs Hölzchen so, dass du drei gleich große Quadrate behältst.

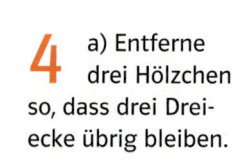

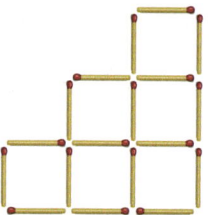

4 a) Entferne drei Hölzchen so, dass drei Dreiecke übrig bleiben.

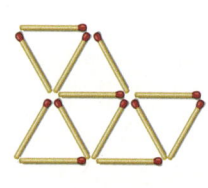

b) Nimm vier Hölzchen so weg, dass vier Dreiecke übrig bleiben.

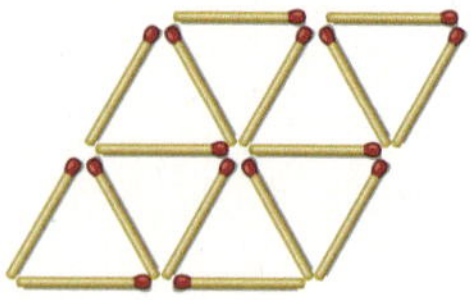

c) Entferne fünf Hölzchen so, dass noch fünf Dreiecke liegen bleiben.

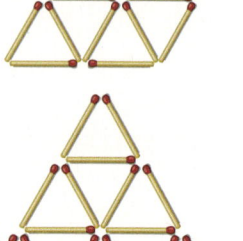

Mathematische Reisen

Abb. 1

Abb. 2

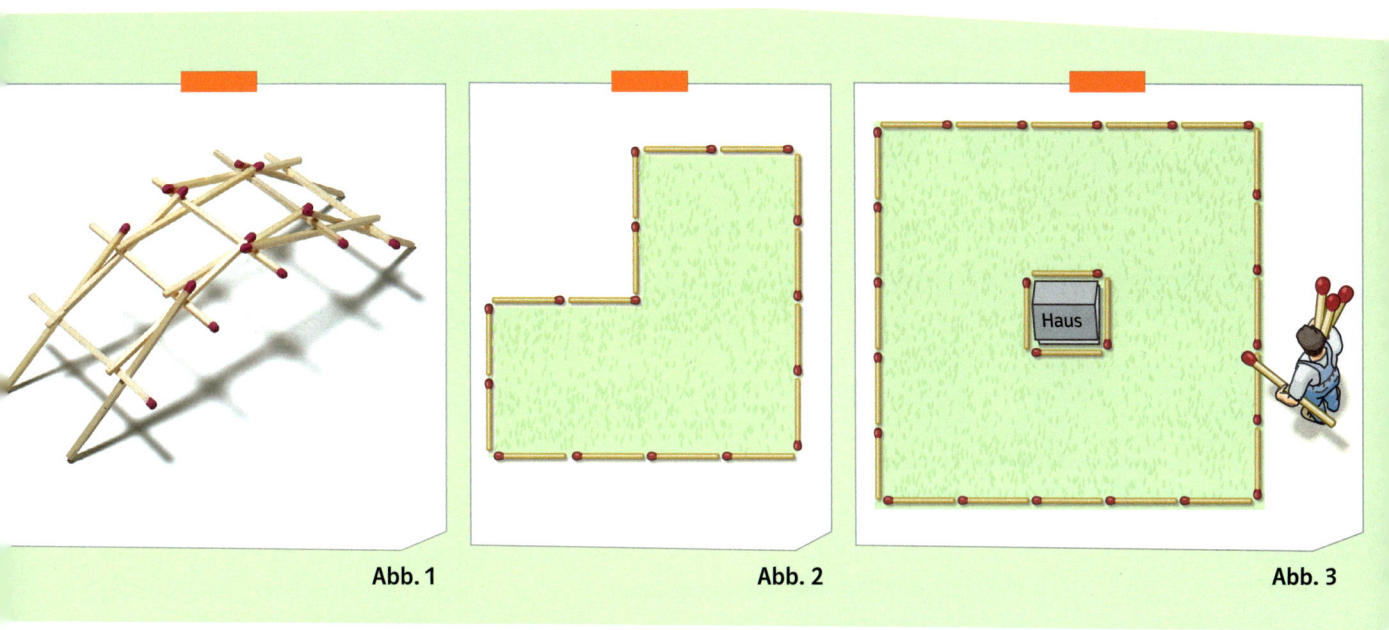

Abb. 3

5 ● 👥 ✂ Für Spezialisten
Für den Bau der Brücke → Abb. 1 benutzt ihr am besten lange Streichhölzer oder stabile Strohhalme. Sie lässt sich völlig ohne Klebstoff zusammenbauen.
Zu zweit solltet ihr schon sein, um euch an diese Aufgabe heranzuwagen.
Versucht zunächst herauszufinden, in welcher Reihenfolge die Streichhölzer zusammengebaut werden müssen.

6 Mit Zündhölzern kannst du auch Schrägbilder von räumlichen Figuren legen.
a) Das Haus siehst du hier von links. Lege zwei Hölzchen um und du kannst es von rechts sehen. 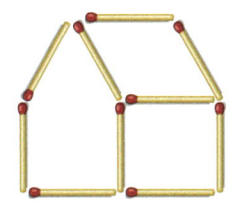
b) ● Durch Umlegen von drei Hölzchen erhältst du das Schrägbild eines Würfels.

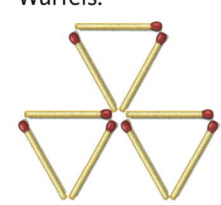

Tipp
→ **Aufgabe 6**
Zündholz-Figuren können nicht nur räumlich aussehen, sondern auch räumlich sein.

7 ●● a) Aus sechs Hölzchen sollen vier gleichseitige Dreiecke entstehen.
b) Kannst du mit neun Hölzchen drei Quadrate gleicher Größe und zwei gleichseitige Dreiecke bilden?

8 Ein Bauer vererbt sein Grundstück → Abb. 2 an seine vier Kinder. Teile die Figur mit acht Streichhölzern in vier gleiche Grundstücke ein.

9 Der Bauer überlegt, wie er den Garten → Abb. 3 aufteilen soll. Lege nach.
a) Mit nur vier Streichhölzern teilt er den Garten so auf, dass zwei Hälften für Blumen und Wiese entstehen.
b) Für die Aufteilung mit je ein Viertel Wiese, Blumen, Kartoffeln und Gemüse benötigt er acht Streichhölzer.
c) ● Wenn er seinen Garten in acht gleich aussehende Beete einteilt, benötigt er 20 Streichhölzer.
d) ●● Für eine Aufteilung in Sechstel verwendet er 18 Streichhölzer.

Mathematische Reisen

Pentominos und Somawürfel

Abb. 1

Abb. 2

Abb. 3

Tipp
Penta ist das griechische Wort für Fünf.

Pentominos heißen die Spielsteine für ein weiteres interessantes Legespiel. Die Pentominos bestehen aus je fünf Würfeln.

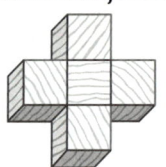

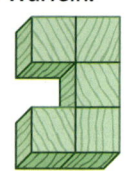

1 ✂ Stelle selbst Pentominos her. Am einfachsten geht es mit Bauklötzen. Geübtere können auch mit Säge, Leim und Pinsel arbeiten → Abb. 1 und → Abb. 2. Es gibt 12 verschiedene Pentominos. Findest du alle?

2 Lege mit deinen Pentominos die Figur → Abb. 1 nach.

Tipp
→ **Aufgabe 2**
Es gibt insgesamt 58 Möglichkeiten, solch ein großes Quadrat mit einer quadratischen Innenfläche zu legen. Versuche weitere Möglichkeiten zu finden.

3 ● In dieses Karoraster wurden nur einige Pentominos eingezeichnet. Zeichne ab und lege die Figuren mit deinen Pentominos vollständig aus.

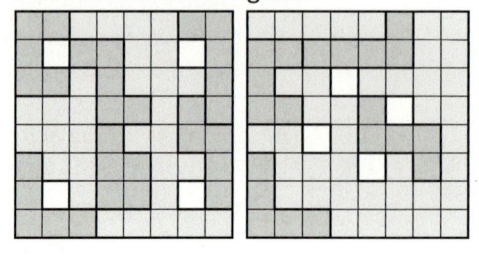

🌐 **Pentominos**
e8m5bp

4 ●● a) Aus dem Pentomino-Satz lassen sich noch viele andere Figuren zusammensetzen. Lege die Figuren mit deinen eigenen Pentominos nach.

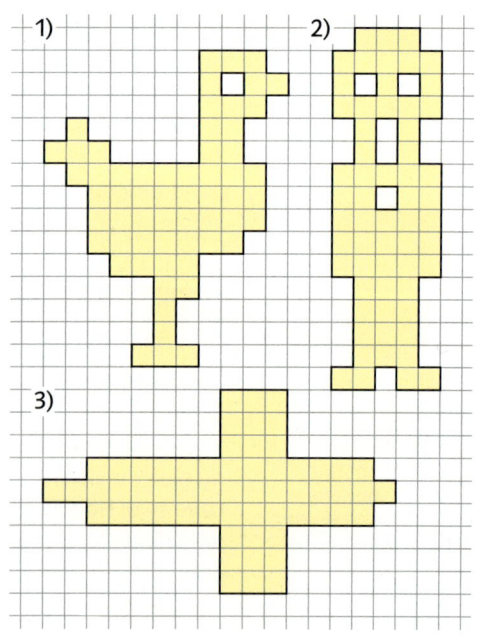

1)   2)

3)

b) 👥☀ Erfinde eigene Pentomino-Aufgaben. Zeichne dazu Figuren auf Karopapier, auf denen die einzelnen Teile nicht mehr erkennbar sind. Lasse sie deine Mitschülerinnen und Mitschüler nachlegen.

Mathematische Reisen

A   B   C

3 / 5 / 4

3 / 3 / 10

2 / 6 / 5

Abb. 4

Abb. 5

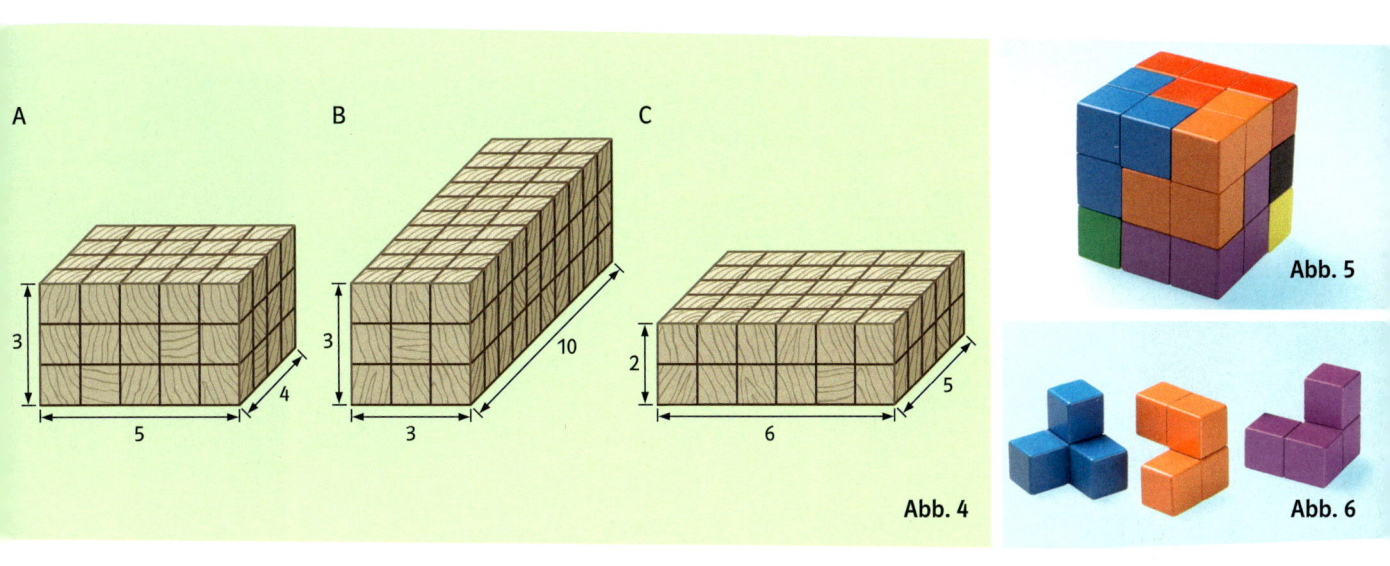

Abb. 6

5 ● Mit den Pentominos kannst du auch räumliche Figuren erstellen. Baue aus dem vollständigen Pentomino-Satz die Quader → Abb. 4 mit den dargestellten Maßen nach.

6 Der dänische Spieleerfinder *Piet Hein* erfand den **Somawürfel** → Abb. 5. Dazu überlegte er sich zunächst alle Möglichkeiten, drei bzw. vier Würfel zu einer Figur zusammenzulegen.
a) ✂ Setze drei bzw. vier Würfel (oder Bauklötzchen) auf verschiedene Arten zusammen und skizziere die Schrägbilder. Wie viele Möglichkeiten gibt es?
b) Ein und derselbe Körper kann verschieden gezeichnet werden. Ordne den drei abgebildeten Würfelvierlingen → Abb. 6 die passenden Zeichnungen zu.

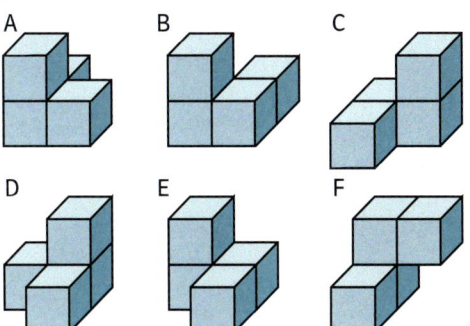

A   B   C

D   E   F

c) *Piet Hein* nahm für seinen Somawürfel nur die „Drillinge" und „Vierlinge", die keine Quader waren. Kennzeichne in deinen Schrägbildzeichnungen (→ Teilaufgabe a)) die Körper, die er benötigte, indem du sie farbig ausmalst. Es müssen sieben sein.

7 ●✂ a) Baue die Körper für einen Somawürfel (z. B. aus Bauklötzen) und setze den abgebildeten Würfel → Abb. 5 daraus zusammen.
b) Versuche dann die drei Körper nachzubauen. Kannst du noch andere Figuren daraus bauen?

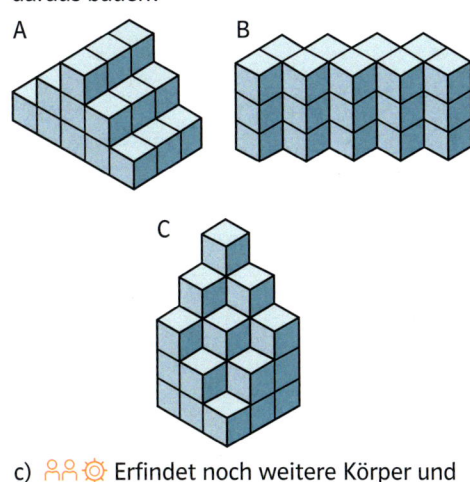

A   B

C

c) 👥☀ Erfindet noch weitere Körper und stellt sie in der Klasse vor.

Mathematische Reisen

Schnur- und Seiltricks

Abb. 1

Abb. 2

Abb.

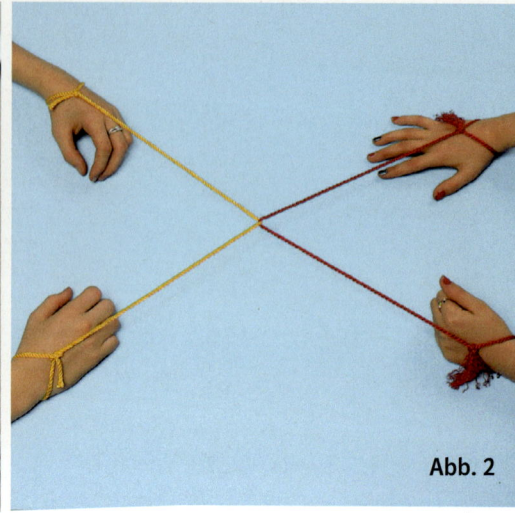

Ein Stück Schnur, etwas Zeit und räumliches Vorstellungsvermögen sind die Grundlagen für die folgenden **Schnur- und Seiltricks**.

1 a) Ziehe eine Schnur, so wie du es in → Abb. 1 siehst, durch die Griffe einer Schere und knote sie an deinem Stuhl fest. Die Schnur sollte etwa viermal so lang wie die Schere sein.
b) Befreie die Schere von der Schnur ohne den Knoten zu lösen. Zerschneiden verboten!

2 Für diesen Trick → Abb. 2 benötigst du eine Freundin oder einen Freund und zwei Stücke Schnur von je etwa 1,5 m Länge.
a) Fesselt eure Handgelenke, wie auf dem Foto, locker zusammen.
b) Befreit euch ohne die Schnur zu lösen oder zu zerschneiden.

3 Für die „**elastische**" **Schlinge** → Abb. 3 brauchst du ein Stöckchen (oder das hintere Ende eines Bleistifts), eine ca. 20 cm lange Schnur und ein Kleidungsstück mit Knopflöchern.
a) Knote das Stöckchen in einem der Knopflöcher wie im Bild fest.
Tipp: Nimm für diesen Trick ein weiches Kleidungsstück, z. B. eine Strickjacke, nicht unbedingt eine feste Winterjacke.
b) Wie kommt das Stöckchen frei? Das ist nicht einfach, denn die Schlaufe ist kürzer als das Stöckchen.

4 Diese Aufgabe ist eine gute Übung, auf verschiedene Weisen eine Schnur einzubinden.
a) Nimm dir ein Paar Schuhe mit fünf Lochpaaren → Abb. 4 und binde sie wie im Bild.
b) ● Wie sieht der Verlauf der Schnürsenkel auf der Schuhinnenseite aus? Skizziere.

Abb. 4

Abb. 5

Abb. 6

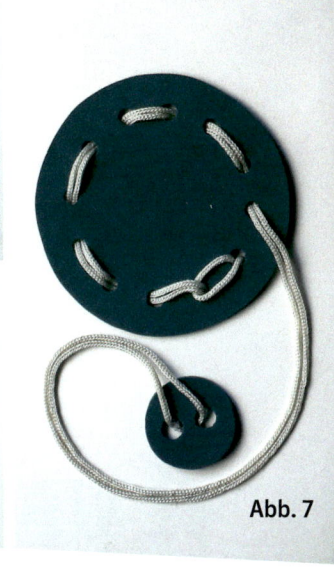

Abb. 7

Tipp
→ **Aufgabe 7**
Für die erfolgreiche Lösung der Aufgabe ist es günstig, die Schnur an den Enden zusammenzunähen statt zu verknoten!

→ **Aufgabe 5**
Das Leder ist so beweglich, dass du es sogar durch das Loch ziehen kannst.

Vexiere sind Spiele, bei denen es darum geht, festgebundene Teile von einem Gegenstand ohne Gewalt zu lösen oder in eine andere Lage zu bringen.
Ursprünglich kamen Vexiere aus Afrika.

5 ✂ Bei dem Vexier soll die Schnur mit den Perlen befreit werden.
Baue das Vexier aus einem Lederrest (oder festem Stoff), Schnur und dicken Perlen nach. Löse die Schnur mit den Perlen. Aber nicht ausreißen – es geht ganz leicht!

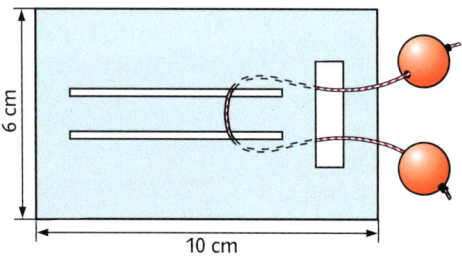

Tipp
→ **Aufgabe 6**
Die Schlinge in der Mitte kann durch das Loch gezogen werden.

6 ● ✂ Das **afrikanische Schnurvexier** → Abb. 5 bestand ursprünglich aus einem Zweig, einer Ranke und zwei Tonperlen. Baue dieses Schnurvexier nach, z. B. aus Pappe oder Holz. Überlege dir sinnvolle Maße. Verknote die Schnur hinter den kleinen Löchern. Nun musst du beide Perlen auf eine Seite bekommen → Abb. 6.

7 ●● ✂ Dieses **Vexier** → Abb. 7 heißt **Pfannkuchen**. Warum wohl?
Stelle das Vexier her. Erstelle dazu zuerst Schnittmuster, die du dann, z. B. auf Pappe, überträgst.
Flechte eine Schnur von etwa 150 cm Länge wie auf dem Foto in beide Kreise, den Knopf und den Pfannkuchen ein.

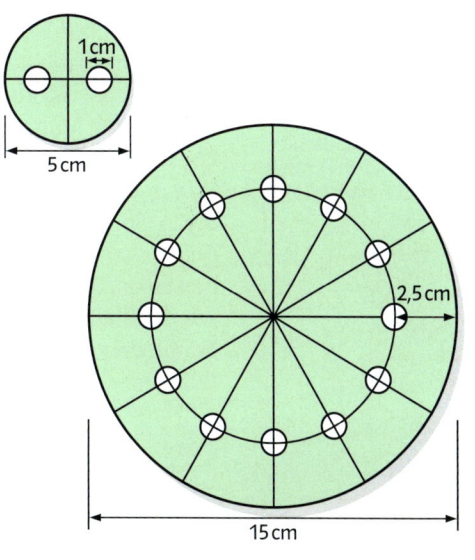

Befreie den Knopf, ohne die Schnur zu lösen oder zu zerschneiden. Erkläre, wie du vorgegangen bist.

Mathematische Reisen

Abb. 1

Abb. 2

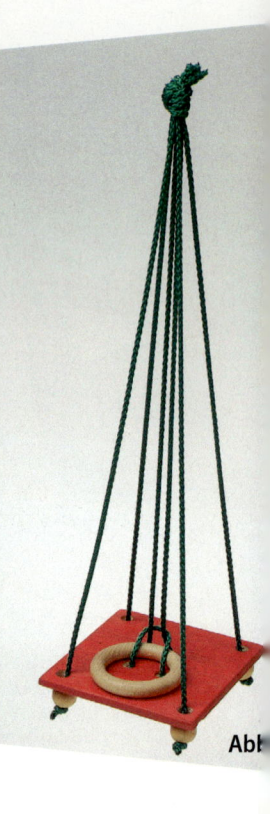

Abb. 3

Tipp
Achte darauf, dass die Löcher jeweils so groß sind, damit die Schnur mehrfach hindurch passt.

8 ● ✂ Das Vexier, das du in → Abb. 2 siehst, ist eine Weiterführung des afrikanischen Schnurvexiers von → Seite 211, Aufgabe 6. Es besteht aus einem Holzquader mit zwei Löchern, einer Schnur und zwei Kugeln.
Stelle ein Vexier wie in → Abb. 2 her. Den Quader kannst du aus Holz oder Fimo herstellen. Befestige Schnur und Kugeln so, wie du es auf der Abbildung sehen kannst. Bringe dann beide Kugeln auf eine Seite des Quaders.

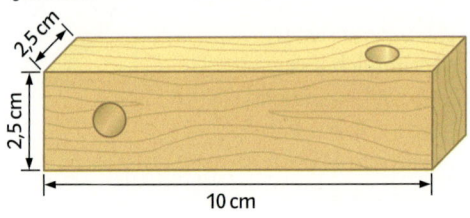

9 ●● ✂ **Dezimalwaage** heißt das Vexier in → Abb. 3, das an eine alte Kaufmannswaage erinnert.
Überlege dir sinnvolle Maße und Materialien für den Bau des Vexiers, schreibe sie in dein Heft und stelle es entsprechend her.

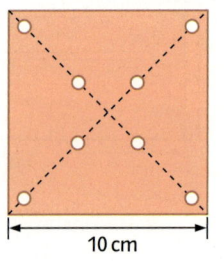

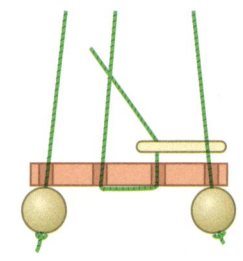

Löse den Ring von der Schnur.

212 Mathematische Reisen

10 mathe live - Werkstatt

In der mathematischen Werkstatt findet ihr:

- Zahlenstrahl, Stellwertsystem,
- Koordinatensystem,
- Schriftliches Rechnen, Rechenregeln,
- Textaufgaben,
- Brüche erkennen, benennen, darstellen,
- Brüche vergleichen,
- Strecken, Parallelen, Zeichnen im Karoraster,
- Länge, Gewicht, Zeit,
- Tabellen und Diagramme,
- Kennwerte.

In der methodischen Werkstatt findet ihr:

- wie ihr erfolgreich lernt,
- wie ihr euch Informationen besorgt,
- wie ihr eine Mindmap erstellt,
- wie die Platzdeckchen-Methode funktioniert,
- wie man sicher präsentiert,
- euch selbst einzuschätzen und ein Feedback zu geben.

Mathematische Werkstatt

Zahlen

Tipp
Auch ein Lineal ist ein Zahlenstrahl.

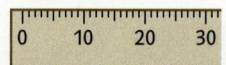

Zahlenstrahl

Auf einem Zahlenstrahl sind die Zahlen von links nach rechts der Größe nach geordnet. Jede Zahl entspricht genau einem Punkt auf dem Zahlenstrahl. Links beginnt der Zahlenstrahl mit der 0. Rechts zeigt eine kleine Pfeilspitze an, dass die Zahlen hier größer werden.

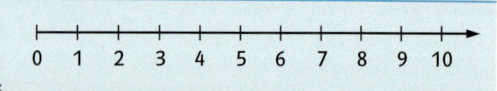

Zahlen ablesen
Überlege,
- welche Zahlen du links und rechts neben der gesuchten Zahl ablesen kannst.
- wie groß der Abstand zwischen zwei Strichen ist.

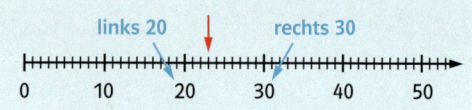

Der Abstand zwischen 20 und 30 ist 10. Es sind 10 Abschnitte, also wird bei jedem Strich um 1 weiter gezählt. Der rote Pfeil zeigt auf den dritten Strich neben der 20, also ist die gesuchte Zahl 20 + 3 = 23.

Tipp
Wenn du die Striche für besondere Zahlen, wie z. B. die Zehnerzahlen, etwas länger zeichnest, wird es übersichtlicher.

Zahlenstrahl zeichnen
Zeichne eine gerade Linie.

Zeichne einen kleinen Strich links und trage die 0 ein. Rechts zeichne eine Pfeilspitze.

Überlege, welches die größte Zahl ist, die du eintragen möchtest und wie du den Zahlenstrahl einteilen kannst. Zeichne in gleichen Abständen Striche für die Zahlen ein und beschrifte sie. Bei größeren Zahlen kann nicht mehr jede Zahl eingetragen werden. Es können auch Ausschnitte eines Zahlenstrahls gezeichnet werden.

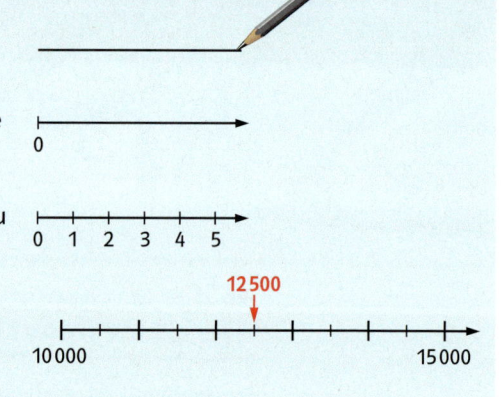

Zahlen eintragen
Überlege, wenn du eine Zahl eintragen möchtest,
- zwischen welche der bereits eingezeichneten Zahlen die Zahl gehört.
- wie groß die Abstände zwischen den beiden Zahlen sind.
- wo die Zahl eingetragen werden muss.

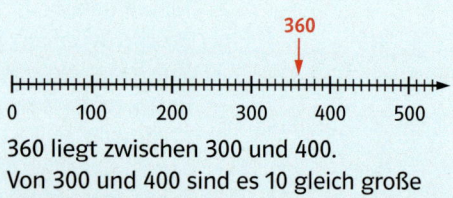

360 liegt zwischen 300 und 400.
Von 300 und 400 sind es 10 gleich große Abschnitte, bei jedem Strich wird um 10 weiter gezählt.
Deshalb wird die 360 am 6. Strich rechts neben 300 eingetragen.

mathe live-Werkstatt

1 a) Lies die Zahlen ab.

```
        A           B           C
    ↓           ↓           ↓
├─┼─┼─┼─┼─┼─┼─┼─┼─┼─┼─┤
0   2   4   6   8   10
    D           E       F           G
    ↓           ↓       ↓           ↓
├─┼─┼─┼─┼─┼─┼─┼─┼─┼─┼─┤
75   80   85   90   95   100
```

b) Erkläre, wie du herausgefunden hast, welche Zahl zu G gehört.

2 Hier wurde falsch gezeichnet. Finde die Fehler. Zeichne richtig ins Heft.

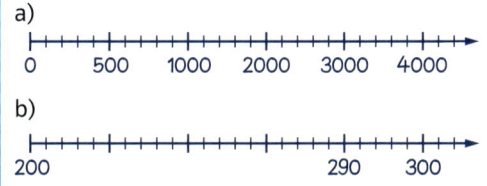

a)
```
├─┼─┼─┼─┼─┼─┼─┼─┼─┼─┼─┤
0  500 1000 2000 3000 4000
```

b)
```
├─┼─┼─┼─┼─┼─┼─┼─┼─┼─┼─┤
200                290  300
```

c) Maren versteht nicht, was bei → Teilaufgabe b) falsch war. Erkläre es ihr schriftlich.

3 a) Welche Zahlen gehören zu den Teilstrichen?

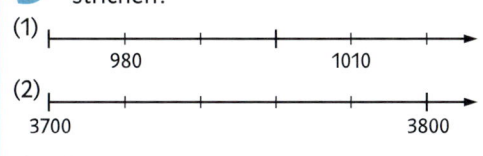

(1)
```
├───┼───┼───┼───┼───┤
    980         1010
```

(2)
```
├───┼───┼───┼───┼───┤
3700                3800
```

b) Schreibe auf, wie du die Zahlen zum unteren Zahlenstrahl von → Teilaufgabe a) gefunden hast.

c) Welche Zahl liegt genau in der Mitte zwischen den eingezeichneten Zahlen?
```
├─┼─┼─┼─┼─┤   ├─┼─┼─┼─┼─┤
40       70   4900      5400
```

4 Lies ab, welche Zahlen markiert sind.

a)
```
E → 500
    400
D → 300
C → 200
B →
A → 100
     0
```

b)
```
     F  GH    I  J        K
     ↓  ↓↓    ↓  ↓        ↓
├────┼────┼────┼────┼────┤
370        400        420
```

c)
```
     L  MN       O           P
     ↓  ↓↓       ↓           ↓
├────┼────┼────┼────┼────┤
6300     6400    6500
```

Erkläre, wie du herausgefunden hast, welche Zahl zu L und welche Zahl zu P von → Teilaufgabe c) gehört.

5 a) Jedes Kind beschreibt eine andere Zahl am Zahlenstrahl. Welche?
- Adam: „Meine Zahl liegt 5 Einerschritte rechts von 23."
- Beata: „Meine Zahl liegt 5 Zehnerschritte rechts von 23."
- Calvin: „Meine Zahl liegt 3 Einerschritte links von 500."
- Denise: „Meine Zahl liegt in der Mitte zwischen 95 und 105."

b) 👥 Denke dir selbst eine Zahl und dazu eine ähnliche Beschreibung aus. Tausche sie mit deiner Sitznachbarin oder deinem Sitznachbarn.

6 Zeichne einen Zahlenstrahl, auf dem du die folgenden Zahlen gut eintragen kannst.
Ordne dazu zunächst die Zahlen von der kleinsten bis zur größten, um die Länge und die Einteilung des Zahlenstrahls festzulegen.

a) 17; 3; 15; 9 und 20
b) 0; 28; 50; 13 und 24
c) 350; 600; 150; 200 und 850
d) 10 000; 7000; 15 000; 8900; 12 500

7 Die Kinder haben ihre Körperlängen gemessen.

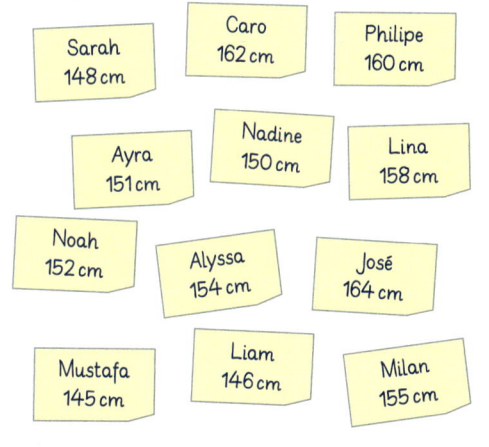

- Sarah 148 cm
- Caro 162 cm
- Philipe 160 cm
- Ayra 151 cm
- Nadine 150 cm
- Lina 158 cm
- Noah 152 cm
- Alyssa 154 cm
- José 164 cm
- Mustafa 145 cm
- Liam 146 cm
- Milan 155 cm

a) Zeichne einen Zahlenstrahl und trage die Körperlängen ein.
b) Lies auf deinem Zahlenstrahl ab:
- Welches Kind ist am größten?
- Welches Kind ist am kleinsten?

mathe live-Werkstatt 215

Stellenwertsystem

Ziffern und Zahlen
Unsere Zahlen werden in einem Zehnersystem geschrieben. Jeweils 10 Teile einer kleineren Einheit werden zu einer größeren gebündelt.

Mit den Ziffern 0, 1, 2, 3, 4, 5, 6, 7, 8 und 9 können wir alle Zahlen darstellen. Abhängig von der Stelle, an der die Ziffer steht, hat sie einen anderen Wert.
Jede Zahl ist die Summe ihrer Stellenwerte.

10 Einer ergeben einen Zehner.
10 Zehner ergeben einen Hunderter.
10 Hunderter ergeben einen Tausender.
…

Zahl **507**
Ziffer | Ziffer | Ziffer

Die Zahl **507** besteht aus
5 Hundertern, 0 Zehnern und 7 Einern.
507 = 5 H + 0 Z + 7 E

Stellenwerttafel
In einer Stellenwerttafel können die Stellenwerte der Ziffern abgelesen bzw. eingetragen werden.
In der Stellenwerttafel werden auch die Nullen eingetragen, um die Stellenwerte richtig zuzuordnen.

306 201 in der Stellenwerttafel:

HT	ZT	T	H	Z	E
3	0	6	2	0	1

---

1 Zerlege die Zahlen aus der Stellenwerttafel in ihre Stellenwerte und schreibe sie dann in Ziffern.

Beispiel

HT	ZT	T	H	Z	E
	5	4	3	2	0

5 ZT 4 T 3 H 2 Z = 54 320

	HT	ZT	T	H	Z	E
a)			6	3	1	5
b)		2	7	4	8	0
c)		9	0	9	9	9
d)	1	0	2	0	3	0

2 Übertrage die Angaben in eine Stellenwerttafel und schreibe die Zahlen auf.
a) 3 ZT 2 T 7 H 5 Z 4 E
b) 4 T 6 H 3 E
c) 5 H 9 Z
d) 16 H 8 Z 2 E
e) 2 T 7 H 12 Z 8 E
f) Die Zahl wurde falsch eingetragen. Verbessere den Fehler.

HT	ZT	T	H	Z	E
	12	4	5	0	3

3 Bilde mit den Ziffern 3; 6 und 9 alle möglichen dreistelligen Zahlen. Jede Ziffer darf nur einmal vorkommen.

4 a) Wie heißt die größte Zahl, die aus fünf gleichen Ziffern besteht?
b) Bilde die kleinste Zahl, die aus fünf gleichen Ziffern besteht.

5 Schreibe mit Ziffern.
a) viertausendzweihundertdreizehn
b) fünfundsechzigtausendsiebenhundert
c) neunundneunzigtausendneun

6 Um große Zahlen besser lesen und vergleichen zu können, teilt man die Ziffern beim Aufschreiben von rechts in Dreierblöcke ein.

Beispiel 111 111 111 statt 111111111.

Schreibe die Zahlen in Dreierblöcken ins Heft. Lies sie dann deinem Lernpartner vor.
a) 111222333; 123123123; 120120120
b) 838838383; 962347556; 320470650
c) 55555555555; 340957042079025
d) 90000000000009; 909090909090909

Tipp
→ **Aufgabe 6**
1 Million:
1 000 000

1 Milliarde:
1 000 000 000

1 Billion:
1 000 000 000 000

Koordinatensystem

Punkte im Koordinatensystem
Im Koordinatensystem wird die Lage von Punkten genau beschrieben. Die beiden Achsen des Koordinatensystems stehen senkrecht aufeinander.
Jeder Punkt wird durch ein Zahlenpaar, die **Koordinaten**, angegeben:
Die erste Zahl (Rechtswert) sagt dir, wie weit du vom Nullpunkt auf der Rechtsachse gehen musst.
Die zweite Zahl (Hochwert) gibt an, wie weit du von dort aus nach oben gehen musst.

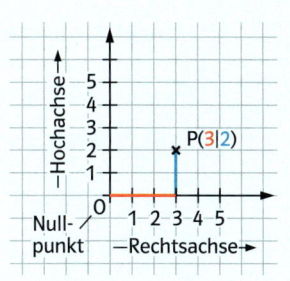

Der Punkt P wird durch folgende Koordinaten beschrieben: P(**3**|**2**).

Koordinatensystem zeichnen
Sieh dir die Koordinaten der Punkte, die du zeichnen möchtest, vor dem Zeichnen eines Koordinatensystems genau an.
Der größte Rechtswert bestimmt, wie lang die Rechtsachse sein sollte.
Der größte Hochwert bestimmt die Länge der Hochachse.
Zeichne mit dem Lineal oder mit dem Geodreieck. Teile die Achsen in gleich große Abschnitte ein und beschrifte sie.

Von A(**25**|23), B(**12**|19), C(**30**|6), D(**9**|36), E(**0**|11) ist **30** der größte Rechtswert. Die Rechtsachse muss bis 30 reichen.

Von A(25|**23**), B(12|**19**), C(30|**6**), D(9|**36**), E(0|**11**) ist **36** der größte Hochwert. Auf der Hochachse muss die Zahl 36 noch eingetragen werden können.

1 Bestimme die Koordinaten der Punkte.
a) 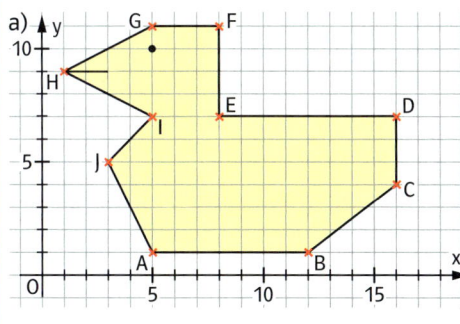
b) 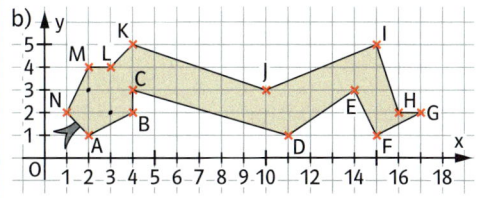
c) ☼ Zeichne eigene Bilder im Koordinatensystem und bestimme die Koordinaten.

2 Plane ein Koordinatensystem, in das du die Punkte A(3|1), B(14|2), C(11|5) und D(2|4) einzeichnen kannst.
a) Bei welchem Punkt ist der Rechtswert am größten? Wie lang muss die Rechtsachse sein?
b) Bei welchem Punkt ist der Hochwert am größten? Wie lang muss die Hochachse sein?
c) Überprüfe deine Antworten, indem du das Koordinatensystem zeichnest und die Punkte dort einträgst. Ist es groß genug?

3 Zeichne ein Koordinatensystem. Trage die Punkte A bis H ein und verbinde sie in alphabetischer Reihenfolge.
a) A(2|0); B(11|0); C(11|8); D(8|8); E(8|7); F(5|7); G(5|8); H(2|8)
b) A(1|2); B(12|2); C(12|5); D(8|5); E(8|9); F(7|9); G(7|5); H(1|5)

mathe live-Werkstatt 217

Rechnen

Schriftlich addieren

Tipp
```
  Summand
+ Summand
  Summe
```

1. Zahlen stellengerecht untereinander schreiben
Schreibe Einer unter Einer, Zehner unter Zehner, Hunderter unter Hunderter, …

2. Stellenweise addieren
Addiere Stelle für Stelle. Beginne rechts. Schreibe das Ergebnis unter den Rechenstrich der Stelle.
Wenn das Ergebnis größer als 9 ist, mache einen **Übertrag**. Schreibe ihn über den Rechenstrich an die nächste Stelle. Addiere ihn mit der nächsten Stelle.

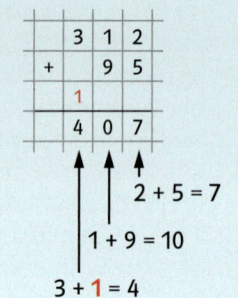

```
    3 1 2
+     9 5
    1
    4 0 7
```

2 + 5 = 7
1 + 9 = 10
3 + 1 = 4

Schreibe den **Übertrag** auf den Rechenstrich.

3. Ergebnis überschlagen
Überschlage, ob dein Ergebnis stimmt.

Überschlag: 300 + 100 = 400

1 Berechne. Überschlage, ob dein Ergebnis stimmen kann.

a) 123 + 578   371 + 645   468 + 925   444 + 666

b) 3482 + 6517   538 + 2164   2607 + 739

2 Achte auf die Nullen.

a) 43540 + 2035 + 4120
b) 35862 + 2437 + 20295
c) 50120 + 6080 + 4009

3 Ergänze die fehlenden Ziffern.

a) 725 + 1☐3 = ☐8☐
b) 2☐34 + ☐59☐ = 687
c) 36☐1 + ☐28☐ = ☐0☐36

4 Welche Fehler wurden hier gemacht? Rechne richtig.

a) 6435 + 124 = 7675
b) 8451 + 6973 = 14324
c) 1326 + 543 = 1879

5 Ergänze die fehlenden Ziffern.

a) 326 + ☐6☐ = 8☐3
b) 6☐666 + 44☐4 = ☐0☐0
c) 5☐672 + 6☐☐6 = ☐087☐

6 Setze die Ziffern 1; 2; 3; 4; 5 und 6 so ein, dass das Ergebnis
☐☐☐ + ☐☐☐
a) kleiner als 500 ist,
b) größer als 900 ist,
c) möglichst klein ist,
d) möglichst groß ist,
e) genau 777 ist.

7 ● Berechne und ergänze weitere Aufgaben. Was fällt dir auf?

a) 121 + 212
   232 + 323
   343 + 434
   454 + 545
   565 + 656

b) 112 + 113
   224 + 226
   336 + 339
   448 + 452
   560 + 565

c) 9 + 1
   99 + 11
   999 + 111
   9999 + 1111
   99999 + 11111

d) 9 + 1
   99 + 22
   999 + 333
   9999 + 4444
   99999 + 55555

Schriftlich subtrahieren

Tipp
Minuend
− Subtrahend
Differenz

1. Zahlen stellengerecht untereinander schreiben
Schreibe Einer unter Einer, Zehner unter Zehner, Hunderter unter Hunderter, …

2. Stellenweise rechnen
Rechne Stelle für Stelle. Beginne rechts.
Schreibe das Ergebnis unter den Rechenstrich der Stelle.
Wenn die untere Ziffer größer ist als die obere, erweitere die obere Ziffer um 10 und mache einen **Übertrag** in der nächsten Stelle.

Subtrahieren

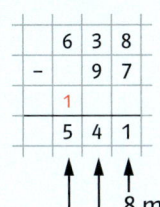

	6	3	8
−		9	7
	1		
	5	4	1

6 minus 1 ist 5.
3 minus 9 geht nicht. Daher rechne **13** minus 9 gleich 4. Schreibe den **Übertrag** auf den Rechenstrich.
8 minus 7 ist 1.

Ergänzen

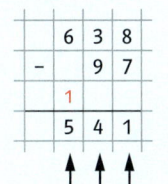

	6	3	8
−		9	7
	1		
	5	4	1

Von 7 bis 8 ergänze 1.
Von 9 auf 3 ergänzen geht nicht, daher ergänze von 9 auf **13** gleich 4. Schreibe den **Übertrag** auf den Rechenstrich.
Von 1 bis 6 ergänze 5.

3. Ergebnis überschlagen
Überschlage, ob dein Ergebnis stimmen kann. Überschlag: 640 − 100 = 540.

1 Berechne. Überschlage, ob dein Ergebnis stimmen kann.

a) 697 − 213
b) 879 − 465
c) 536 − 75
d) 7707 − 999

2 Überschlage welches Ergebnis richtig ist. Überprüfe mit schriftlichem Rechnen.

Aufgabe	Welches Ergebnis ist richtig?		
a) 1865 − 532	133	333	1333
b) 8888 − 999	7889	8111	9999
c) 5145 − 4721	324	424	576
d) 5815 − 2899	2816	2916	3084

3 Subtrahiere. Achte auf die Nullen.
a) 756 − 430
    602 − 470
b) 6083 − 2308
    9005 − 6050

4 Welche Fehler wurden hier gemacht? Rechne richtig.

a) 562 − 158 = 416
b) 9723 − 453 = 5193
c) 6776 − 4849 = 2927

5 ● Ergänze die fehlenden Ziffern.

a) 8☐9 4 − ☐5 6☐ = 6 2 5 0 3
b) 5☐5 5 5 − 7 7☐7 = ☐0☐0
c) 3☐6 6 1 − 8☐☐5 = ☐0 8 6

6 ● Fülle die Tabelle aus. Berechne zuerst die fehlenden Zahlen am Rand.

+	☐	321	546	732
119	380	☐	☐	☐
☐	☐	☐	☐	1185
☐	☐	☐	☐	1527

mathe live-Werkstatt 219

Schriftlich multiplizieren

Tipp
Faktor · Faktor
Produkt

1. Multiplizieren
Multipliziere die erste Zahl mit der ersten Ziffer der zweiten Zahl. Schreibe das Ergebnis auf. Dann multipliziere die erste Zahl mit der nächsten Ziffer, usw. Addiere zum Schluss die Teilergebnisse.

```
5 4 7 · 2 8
  1 0 9 4 0   ← 547 · 2
      4 3 7 6 ← 547 · 8
      1 1
  1 5 3 1 6   ← addieren
```

8 · 7 = 56
schreibe 6
merke 5
8 · 4 = 32
32 + 5 = 37
schreibe 7
merke 3
8 · 5 = …

2. Ergebnis überschlagen
Überschlage, ob dein Ergebnis stimmen kann.

Überschlag: 500 · 30 = 15 000

1 Berechne. Überschlage, ob dein Ergebnis stimmen kann.
a) 832 · 32
   218 · 45
b) 721 · 512
   316 · 851
c) 3628 · 402
   6998 · 706
d) 3043 · 234
   6080 · 179

2 In jeder Teilaufgabe sind immer nur zwei Ergebnisse richtig, finde sie durch Überschlagen und berichtige die Aufgaben, die falsch berechnet sind.

a)
408 · 19 = 7752
487 · 31 = 10 077
196 · 52 = 10 192
212 · 99 = 10 908

b)
198 · 53 = 10 494
603 · 97 = 38 291
487 · 88 = 22 836
984 · 48 = 47 232

c)
205 · 186 = 381 300
679 · 198 = 134 442
411 · 377 = 154 947
487 · 406 = 117 722

d)
408 · 125 = 51 000
151 · 310 = 46 810
322 · 388 = 24 936
248 · 502 = 24 496

3 Setze die Ziffern 1; 2; 3; 4 und 5 so ein, dass das Ergebnis
☐ ☐ ☐ · ☐ ☐
a) kleiner als 5000 ist,
b) größer als 10 000 ist,
c) möglichst klein ist,
d) möglichst groß ist.

4 Welche Fehler wurden hier gemacht? Rechne richtig.

a)
```
3 1 9 · 2 3
    6 3 8
    9 5 7
    1 1
  1 5 9 5
```

b)
```
5 0 4 · 3 2
  1 5 1 2
    1 0 8
  1 5 2 2 8
```

c)
```
4 3 7 · 2 0 5
    8 7 4
    2 1 8 5
  1 0 9 2 5
```

d)
```
5 2 0 · 1 6 0
    5 2 0
    3 1 2 0
    8 3 2 0
```

5 Übertrage die Aufgabe ins Heft. Ergänze die fehlenden Ziffern.

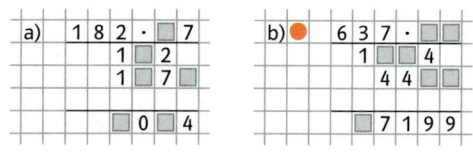

a)
```
1 8 2 · ☐ 7
    1 ☐ 2
  1 ☐ 7 ☐
  ☐ ☐ 0 ☐ 4
```

b) ●
```
6 3 7 · ☐ ☐
    1 ☐ 4 ☐
    4 4 ☐ ☐
  ☐ 7 1 9 9
```

6 Berechne. Was fällt dir auf?
a) 12 · 63 und 21 · 36
b) 13 · 62 und 31 · 26
c) 14 · 82 und 41 · 28
d) ● Funktioniert das immer? Erfinde ähnliche Aufgaben.

Schriftlich dividieren

Tipp
Dividend : Divisor
= Quotient

1. Dividieren
Dividiere zuerst die erste Ziffer der linken Zahl. Geht das nicht, nimm die zweite Ziffer dazu. (Im Beispiel 62 : 7)
Rechne rückwärts, indem du das Ergebnis mit der rechten Zahl multiplizierst.
(8 · 7 = 56)
Schreibe das Ergebnis des Produkts unter die verwendete erste Zahl und ziehe es ab.
(62 − 56 = 6)
Hole die nächste Ziffer nach unten und dividiere erneut (67 : 7 = 9), usw.

```
  6 2 7 2 : 7 = 8 9 6
− 5 6
  1
    6 7
  − 6 3
      4 2
    − 4 2
        0
```

2. Ergebnis überschlagen
Überschlage, ob dein Ergebnis stimmen kann

Überschlag: 6300 : 7 = 900

1 Berechne schriftlich.

a) 2367 : 3
   1465 : 5
   2732 : 4
   2268 : 6
   3444 : 7

b) 61725 : 5
   28116 : 6
   45395 : 7
   27736 : 8
   28116 : 9

2 Überschlage und vermute, welches Ergebnis richtig ist. Überprüfe mit einer schriftlichen Rechnung.

	Aufgabe	Welches Ergebnis stimmt?		
a)	1875 : 3	65	625	6325
b)	10 827 : 9	13	123	1203
c)	20 604 : 6	434	3434	43 434
d) ●	50 580 : 12	425	4215	41 215

3 Übertrage die Aufgabe ins Heft. Ergänze die fehlenden Ziffern.

a)
```
   9 □ □ : 5 = □ □ □
 − □
   □ 3
 − 4 0
     □ 5
   − □ □
       3 □
         0
```

b)
```
   1 □ 4 □ : 4 = 3 □ 7
 − □ □
     3 □
   − 3 2
       □ 8
     − □ □
         0
```

4 Welche Fehler wurden hier gemacht? Rechne richtig.

a)
```
   3 2 2 4 : 8 = 4 3
 − 3 2
     0 2 4
   − 2 4
       0
```

b)
```
   4 7 6 2 : 7 = 6 8 + 2 : 7
 − 4 2
     5 6
   − 5 6
       0 2
```

5 Berechne. Achte auf die Nullen.

a) 8060 : 4
   6012 : 3
   4096 : 8

b) 38 092 : 4
   10 850 : 5
   30 306 : 6

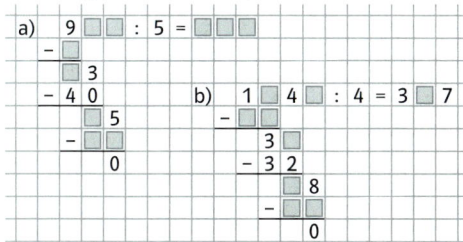

6 Berechne. Was fällt dir auf?

a)   84 : 7
        8484 : 7
      848 484 : 7
   84 848 484 : 7
         …

b)   45 : 9
        4545 : 9
      454 545 : 9
   45 454 545 : 9
         …

Rechenregeln und Rechenvorteile

Beim Rechnen gelten bestimmte Regeln. Dadurch ergeben sich häufig Rechenvorteile.

In der richtigen Reihenfolge rechnen
Wenn mehrere Rechenzeichen in einer Rechnung vorkommen, gilt:

Klammern gehen vor
Berechne zuerst, was in Klammern steht.

$$5 \cdot (6-2) \qquad (6+8):2$$
$$= 5 \cdot 4 \qquad\qquad = 14:2$$
$$= 20 \qquad\qquad\quad = 7$$

Punktrechnung vor Strichrechnung
Multipliziere bzw. dividiere zuerst, danach addiere bzw. subtrahiere.

$$5 \cdot 6 - 2 \qquad 6 + 8 : 2$$
$$= 30 - 2 \qquad = 6 + 4$$
$$= 28 \qquad\qquad = 10$$

Tipp
Diese Zusammenhänge heißen in der Mathematik auch:

Vertauschungsgesetz
oder
Kommunikativgesetz

Vertauschen
Vorteilhaft rechnen
Bei der Addition und der Multiplikation dürfen die Zahlen vor dem Rechnen beliebig vertauscht werden, ohne dass sich das Ergebnis verändert.

$$5 + 7 = 7 + 5 \qquad 5 \cdot 7 = 7 \cdot 5$$

$$25 + 38 + 75 \qquad 25 \cdot 7 \cdot 4$$
$$= 25 + 75 + 38 \qquad = 25 \cdot 4 \cdot 7$$
$$= 100 + 38 \qquad\quad = 100 \cdot 7$$
$$= 138 \qquad\qquad\quad = 700$$

Klammergesetz
oder
Assoziativgesetz

Klammern setzen
Bei der Addition und der Multiplikation ist es egal, welchen Aufgabenteil du zuerst berechnest. Daher kannst du beliebig Klammern setzen und verschieben. Das Ergebnis verändert sich nicht.

$$(5+4) + 6 \qquad (3 \cdot 4) \cdot 5$$
$$= 5 + (4+6) \qquad = 3 \cdot (4 \cdot 5)$$
$$= 5 + 10 \qquad\quad = 3 \cdot 20$$
$$= 15 \qquad\qquad\quad = 60$$

$$25 + (75 + 38) \qquad (7 \cdot 25) \cdot 4$$
$$= (25 + 75) + 38 \qquad = 7 \cdot (25 \cdot 4)$$
$$= 100 + 38 \qquad\qquad = 7 \cdot 100$$
$$= 138 \qquad\qquad\qquad = 700$$

Verteilungsgesetz
oder
Distributivgesetz

Zerlegen
Bei diesem Gesetz wird aus einer Summe oder einer Differenz ein gemeinsamer Faktor ausgeklammert.

$$5 \cdot 37 \qquad\qquad\quad 58 \cdot 3$$
$$= 5 \cdot (30 + 7) \qquad = (60 - 2) \cdot 3$$
$$= 5 \cdot 30 + 5 \cdot 7 \qquad = 60 \cdot 3 - 2 \cdot 3$$
$$= 150 + 35 \qquad\quad = 180 - 6$$
$$= 185 \qquad\qquad\quad = 174$$

---

1 Addiere. Fasse geschickt zusammen.
a) 13, 34, 27
b) 21, 19, 18, 32
c) 14 + 12 + 16
   17 + 5 + 15
d) 28 + 13 + 37 + 12
   19 + 24 + 11 + 36

2 Multipliziere die Zahlen vorteilhaft.
a) 20, 17, 5
b) 14, 20, 50, 4
c) 25 · 5 · 4
   2 · 13 · 5
d) 15 · 5 · 20 · 2
   2 · 4 · 50 · 6

3 Ergänze.
a) 7 · 32 = 7 · (30 + ☐) = 7 · 30 + 7 · ☐
   = 210 + ☐ = ☐
b) 79 · 5 = (80 − ☐) · 5 = 80 · ☐ − ☐ · 5
   = ☐ − ☐ = ☐
c) 8 · 13 + 8 · 17 = ☐ · (13 + 17) = ☐ · ☐ = ☐
d) 39 · 6 + 21 · 6 = (39 + ☐) · ☐ = ☐ · ☐ = ☐

4 Berechne. Vergleiche die Ergebnisse.
a) 27 + 3 · 8 und (27 + 3) · 8
b) 4 · 11 − 6 und 4 · (11 − 6)
c) 18 + 7 · 3 + 2 und 18 + 7 · (3 + 2)
d) 55 − 5 · 9 − 2 und 55 − 5 · (9 − 2)

mathe live-Werkstatt

Textaufgaben

Mit Texten umgehen

Tipp
Stelle dir ein eigenes Mathe-Lesezeichen (→ Abb. 1) her. Es hilft dir, die einzelnen Schritte zu merken. Wenn du es in deinem Mathematikbuch aufbewahrst, hast du es jederzeit griffbereit.

1. Text überfliegen
Lies den Text. Schreibe Stichwörter zum Text. Teile längere Texte in Abschnitte, finde Überschriften dazu.

2. Begriffe klären
Hast du alles verstanden? Wenn nicht, frage deine Mitschüler, deine Lehrerin oder deinen Lehrer oder recherchiere z. B. im Lexikon oder im Internet.

3. Frage aufwerfen
Gibt es schon eine Frage, die du beantworten sollst? Wenn nicht, überlege, was du schon weißt und was du herausfinden möchtest. Schreibe deine Frage auf.

4. Antwort finden
Lies den Text noch einmal durch und denke dabei an die Frage. Finde Zahlen und Angaben, die dir bei der Beantwortung der Frage helfen. Schreibe sie auf oder unterstreiche sie, wenn das möglich ist. Dann löse das Problem. Prüfe, ob deine Lösung die Frage beantwortet. Formuliere eine Antwort.

5. Erkenntnisse gewinnen
Überlege: Wie hast du die Aufgabe gelöst? Was hat dir geholfen? Hast du eine besondere Idee oder einen neuen Lösungsweg verwendet?

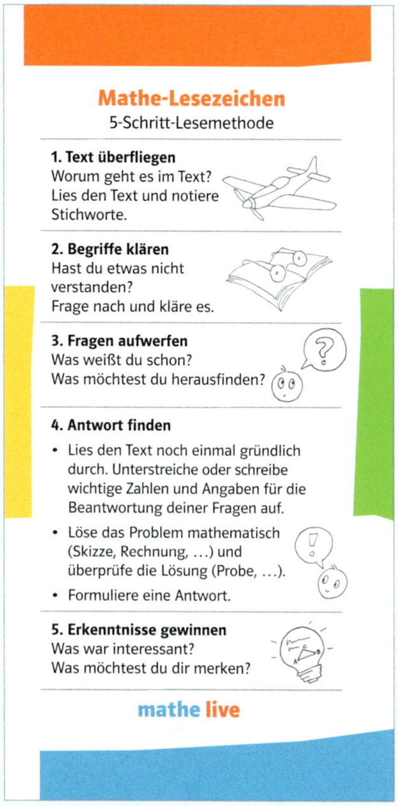

Mathe-Lesezeichen
5-Schritt-Lesemethode

1. Text überfliegen
Worum geht es im Text? Lies den Text und notiere Stichworte.

2. Begriffe klären
Hast du etwas nicht verstanden? Frage nach und kläre es.

3. Fragen aufwerfen
Was weißt du schon? Was möchtest du herausfinden?

4. Antwort finden
- Lies den Text noch einmal gründlich durch. Unterstreiche oder schreibe wichtige Zahlen und Angaben für die Beantwortung deiner Fragen auf.
- Löse das Problem mathematisch (Skizze, Rechnung, …) und überprüfe die Lösung (Probe, …).
- Formuliere eine Antwort.

5. Erkenntnisse gewinnen
Was war interessant? Was möchtest du dir merken?

mathe live

Abb. 1

1 a) Lies den Text aufmerksam durch. Gib ihn mit eigenen Worten wieder.

> Lara bekommt zu ihrem Geburtstag einen E-Book-Reader. Ihre Eltern haben ihn für 79 € zusammen mit einer Hülle für 10,50 € gekauft. Ihre Großeltern überraschen sie mit ihrem Lieblings-E-Book für 16,80 € und einem Gutschein über 25,00 € für weitere E-Books. Von ihrem Bruder bekommt sie eine Musik-CD.

b) Welche Fragen kannst du mit dem Text beantworten?
• Wie alt wird Lara?
• Wie viel Euro kostet ihr Lieblings-E-Book?
• Was schenken die Großeltern?
• Warum schenkt der Bruder eine CD?
c) Wie viel geben die Eltern und die Großeltern zusammen für die Geschenke aus?

2 Ein Ringbuch kostet 1,40 €, eine Packung mit drei Ringbüchern kostet 3,75 €. Für eine Großpackung mit sechs Ringbüchern bezahlt man 6,00 €.
a) Tim möchte 10 Ringbücher kaufen. Welche Möglichkeiten gibt es?
b) ☼ 👥 Überlegt, bei welcher Anzahl sich welches Angebot lohnt?

3 👥 Das Eichhörnchen wiegt 200 g bis 400 g. Sein Körper ist 20 cm bis 25 cm lang, der buschige Schwanz 15 cm bis 20 cm. Es frisst Beeren, Früchte, Würmer, Insekten usw. Es vertilgt am Tag die Samen von bis zu 100 Fichtenzapfen; das entspricht 80 g bis 100 g.
a) Notiert die wichtigsten Informationen.
b) ☼ Stellt euch Fragen, beantwortet sie.

mathe live-Werkstatt

Brüche

Brüche erkennen und benennen

Der Nenner eines Bruchs gibt an, in wie viele gleich große Teile etwas geteilt wurde.
Der Zähler gibt an, wie viele Teile davon gemeint sind.

$\frac{3}{5}$ ← 3 Teile (**Zähler**)
  ← von insgesamt 5 Teilen (**Nenner**)

7 von 10 Männchen sind rot gefärbt. $\frac{7}{10}$

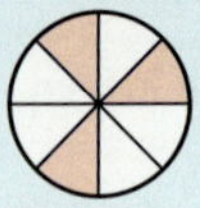

3 von 8 gleich großen Teilen sind rot gefärbt. $\frac{3}{8}$

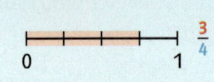

3 von 4 gleich großen Abschnitten zwischen 0 und 1 sind rot markiert. $\frac{3}{4}$

1 Welcher Bruchteil ist rot gefärbt?
a) 
b) 
c)

2 Welcher Bruchteil ist gefärbt?
Welcher Bruchteil ist nicht gefärbt?
a) b) 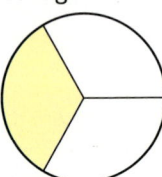 c) 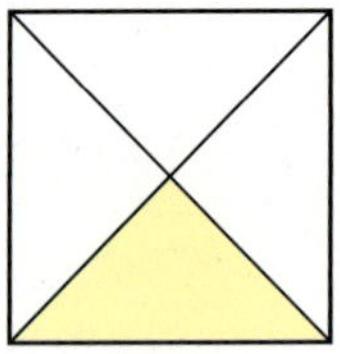 d) 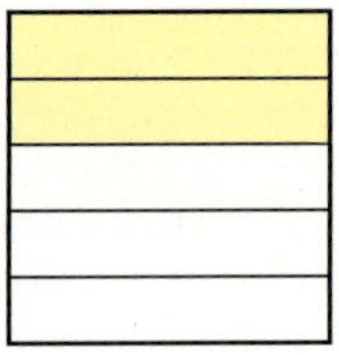 e)  f)

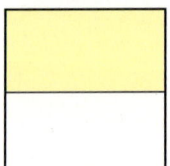

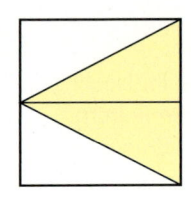

3 Bestimme den gefärbten Bruchteil.
a) b) 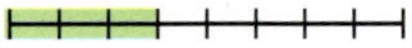 c) 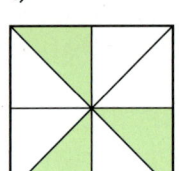 d)

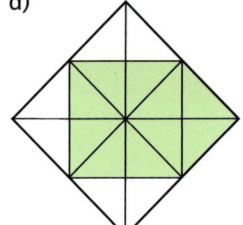

4 Bestimme den gefärbten Bruchteil. Teile die Figur dazu zuerst in gleich große Teile.
a) b) 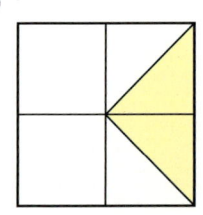 c) 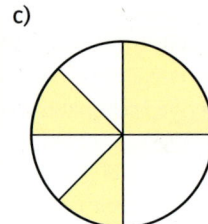 d)

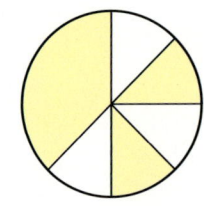

Brüche darstellen

Du kannst einen Bruch auf verschiedene Arten darstellen, z. B. als Anteil einer Menge,

Darstellen von $\frac{3}{5}$

3 von 5 Beuteln sind gefärbt.

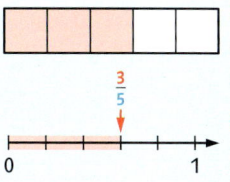

als Anteil einer Figur,

3 von 5 gleich großen Teilen sind gefärbt.

am Zahlenstrahl.

3 von 5 gleich großen Abschnitten zwischen 0 und 1 sind markiert.

Tipp
→ **Aufgabe 4**
Der Nenner verrät dir, in wie viele gleich große Teile du die Figuren einteilen musst.

1 Stelle den Bruch $\frac{3}{4}$ dar.
a) als Anteil einer Menge von Personen,
b) als Anteil einer rechteckigen Figur,
c) am Zahlenstrahl,
d) als Anteil eines Kreises.

2 ☼ Stelle die Brüche zeichnerisch dar. Verwende verschiedene Arten der Darstellung.
a) $\frac{2}{5}$ b) $\frac{3}{8}$ c) $\frac{2}{3}$ d) $\frac{7}{12}$

3 Hier sollten Brüche gezeichnet werden. Erkläre, was falsch gemacht wurde und zeichne eine richtige Darstellung.
a) $\frac{1}{4}$ b) $\frac{2}{4}$

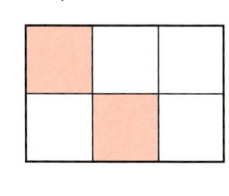

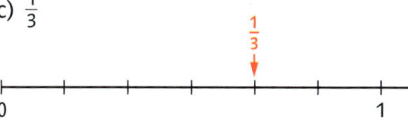

c) $\frac{1}{3}$

4 Übertrage jede Figur dreimal in dein Heft und färbe danach die genannten Anteile.
a) $\frac{1}{3}$; $\frac{3}{4}$; $\frac{5}{12}$ b) $\frac{1}{5}$; $\frac{3}{5}$; $\frac{7}{10}$ c) ● $\frac{1}{2}$; $\frac{5}{14}$; $\frac{3}{7}$

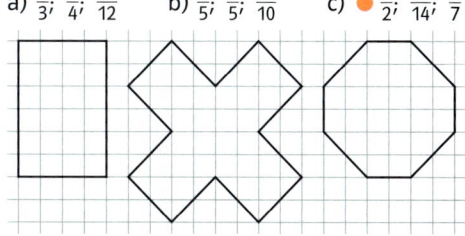

5 Lies die Frage, erstelle eine Zeichnung und beantworte dann die Frage.
a) Welchen Bruchteil erhältst du, wenn du den Bruch $\frac{1}{2}$ halbierst?
b) Welchen Bruchteil erhältst du, wenn du ein Drittel in vier gleich große Teile teilst?

6 ● Löse die Aufgaben. Als Hilfe kannst du auch erst eine Zeichnung anfertigen.
a) Welchen Bruchteil erhältst du, wenn du ein Drittel halbierst?
b) Welchen Bruchteil erhältst du, wenn du ein Viertel in drei gleiche Teile teilst?
c) Welchen Bruchteil erhältst du, wenn du ein Fünftel in fünf gleiche Teile teilst?

Bruch und Prozent

Prozent ist eine andere Schreibweise für einen Bruch mit dem Nenner 100.
Prozent (abgekürzt %) bedeutet *Hundertstel*.

$1\% = \frac{1}{100}$

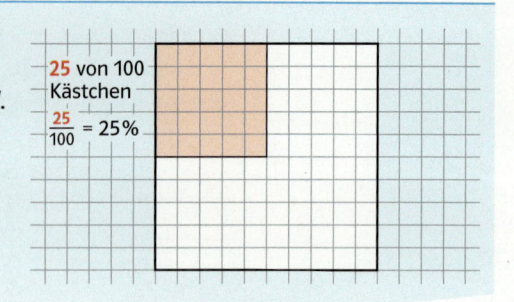

25 von 100 Kästchen
$\frac{25}{100} = 25\%$

Tipp
Um einen Bruch in Prozent umzuwandeln, wandle, wenn möglich, in einen Bruch mit dem Nenner 100 um.
$\frac{3}{5} = \frac{3 \cdot 20}{5 \cdot 20} = \frac{60}{100} = 60\%$
$\frac{12}{400} = \frac{3}{100} = 3\%$

1 Welcher Bruch gehört zu welcher Prozentangabe?

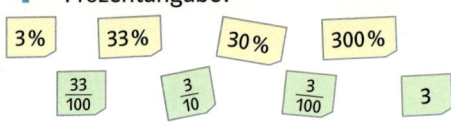

3%   33%   30%   300%

$\frac{33}{100}$ $\frac{3}{10}$ $\frac{3}{100}$ 3

2 Ordne jedem Bild die passende Prozentangabe und den richtigen Bruch zu.

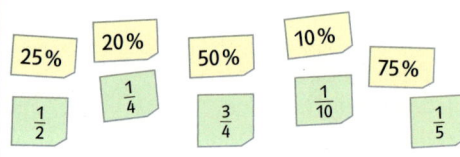

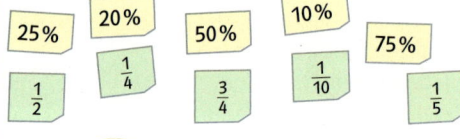

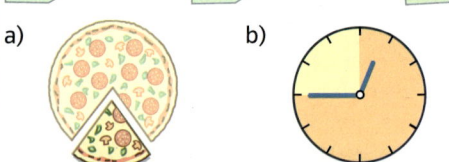

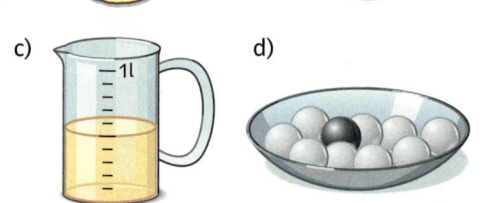

25%   20%   50%   10%   75%

$\frac{1}{2}$ $\frac{1}{4}$ $\frac{3}{4}$ $\frac{1}{10}$ $\frac{1}{5}$

a) b) c) d) e)

3 Zeichne ein Hunderterfeld (10 × 10 Kästchen) und färbe 10%, 35% und 52%.

4 a) Schreibe als Bruch.
8%; 20%; 45%; 90%; 100%
b) Wie viel Prozent sind das?
$\frac{2}{100}$; $\frac{2}{10}$; $\frac{1}{2}$; $\frac{1}{20}$; $\frac{10}{200}$

5 Wie viel Prozent sind gefärbt? Gib den Anteil auch als Bruch an.

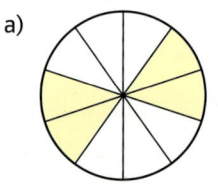

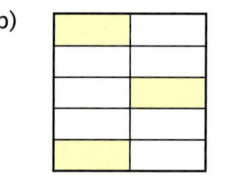

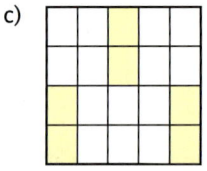

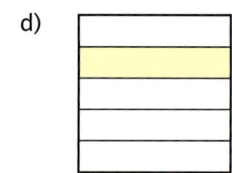

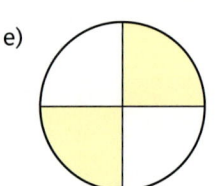

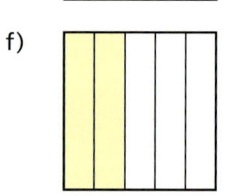

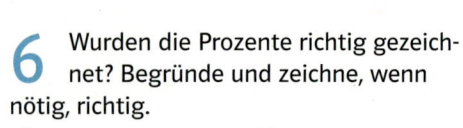

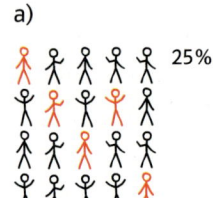

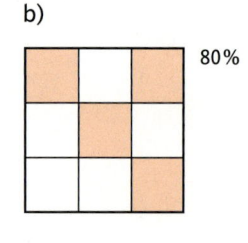

a) b) c) d) e) f)

6 Wurden die Prozente richtig gezeichnet? Begründe und zeichne, wenn nötig, richtig.

a) 25%   b) 80%

Brüche vergleichen

Du kannst zwei Brüche auf unterschiedliche Weisen miteinander vergleichen, z.B.

- Zeichne beide Brüche in einer **vergleichbaren Darstellung**.

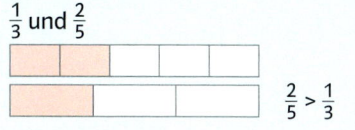

  $\frac{1}{3}$ und $\frac{2}{5}$

  $\frac{2}{5} > \frac{1}{3}$

- Haben beide Brüche den **gleichen Nenner**, ist der Bruch mit dem größeren Zähler der größere.

  $\frac{3}{7} < \frac{4}{7}$

- Haben beide Brüche den **gleichen Zähler**, ist der Bruch mit dem kleineren Nenner der größere.

  $\frac{2}{3} > \frac{2}{5}$

- **Vergleiche** die Brüche mit $\frac{1}{2}$ oder damit, was zu einem Ganzen fehlt.

  $\frac{2}{3}$ und $\frac{3}{4}$, $\frac{2}{3} = \frac{8}{12}$ und $\frac{3}{4} = \frac{9}{12}$ und $\frac{1}{2} = \frac{6}{12}$

  $\frac{3}{8} < \frac{2}{3}$, denn $\frac{3}{8}$ ist kleiner als $\frac{1}{2}$ und $\frac{2}{3}$ ist größer als $\frac{1}{2}$.

1 Zeichne zwei Streifen mit 20 Kästchen in dein Heft. Vergleiche $\frac{3}{4}$ und $\frac{7}{10}$ durch Einfärben der Bruchteile.

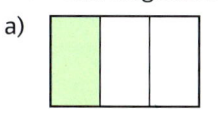

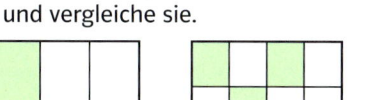

2 Zeichne ein Rechteck mit den Seitenlängen 5 cm und 2 cm in dein Heft. Trage die Brüche $\frac{1}{2}$ und $\frac{3}{5}$ ein und vergleiche sie.

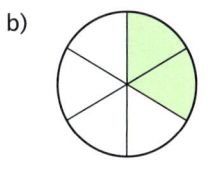

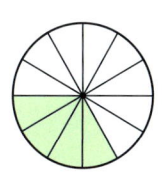

3 Vergleiche die Brüche. <, > oder =? Welche Strategie verwendest du?

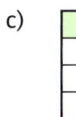

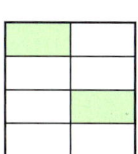

a) $\frac{3}{7} \square \frac{4}{7}$ b) $\frac{7}{12} \square \frac{5}{12}$

c) $\frac{4}{9} \square \frac{1}{3}$ d) $\frac{5}{9} \square \frac{5}{7}$

e) $\frac{6}{11} \square \frac{6}{13}$ f) $\frac{5}{15} \square \frac{2}{5}$

g) $\frac{12}{20} \square \frac{3}{5}$ h) $\frac{3}{4} \square \frac{7}{12}$

i) $\frac{6}{7} \square \frac{8}{9}$ j) $\frac{8}{17} \square \frac{7}{12}$

k) ● $\frac{12}{25} \square \frac{13}{24}$ l) ● $\frac{15}{28} \square \frac{11}{24}$

4 Benenne die gefärbten Bruchteile und vergleiche sie.

a)

b)

c)

5 Die Pizzas werden gerecht aufgeteilt. An welchem der Tische bekommst du mehr Pizza?

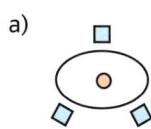

a) oder

b) oder

mathe live-Werkstatt

Zeichnen

Strecken zeichnen und messen

Zeichenwerkzeug benutzen
Mit einem Bleistift und einem Geodreieck oder Lineal kannst du gerade Linien zeichnen. Halte den Bleistift mit deiner Schreibhand. Achte darauf, dass
- er gespitzt ist,
- er so lang ist, dass du ihn gut halten kannst.

Mit der anderen Hand halte das Geodreieck oder Lineal so, dass es nicht verrutschen kann. Achte darauf, dass deine Finger nicht über das Lineal hinausragen.

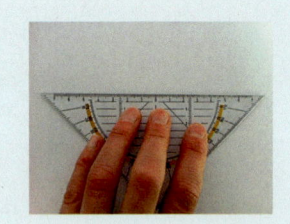

Strecken zeichnen
Zeichne die Strecke an der Kante entlang. Beginne bei 0 und ende bei der gewünschten Länge.
Beim Zeichnen von Strecken, die länger als 7 cm sind, setze das Geodreieck nochmal an oder addiere die fehlende Länge auf der anderen Seite neben der Null.

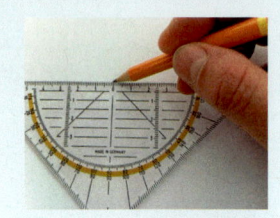

Strecken messen
Zum Messen einer Strecke lege die Kante deines Geodreiecks oder Lineals so auf die Strecke, dass die 0 genau auf dem Anfangspunkt der Strecke liegt. Dann lies auf der Mess-Skala die Länge am Endpunkt der Strecke ab.
Bei Strecken, die länger als 7 cm sind, addiere die Abstände bis zur 0.

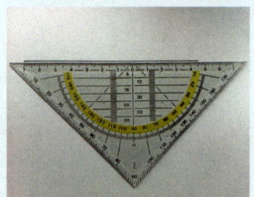

7 cm + 4,5 cm = 11,5 cm

Tipp
Manchmal ist es besser eine fehlerhafte Zeichnung neu zu zeichnen, statt zu radieren.

1 Falte ein Blatt Papier mehrfach. Zeichne mit Bleistift und Geodreieck gerade Linien entlang der Faltlinien.

2 a) Zeichne mit Bleistift und Geodreieck auf den Linien des Kästchenpapiers eine Strecke mit 5 (mit 10; mit 15) Kästchen Länge. Miss die Länge der Strecke.

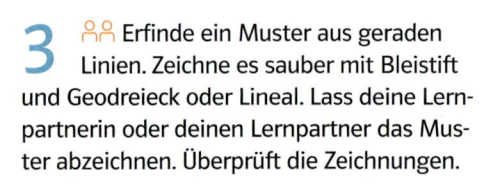

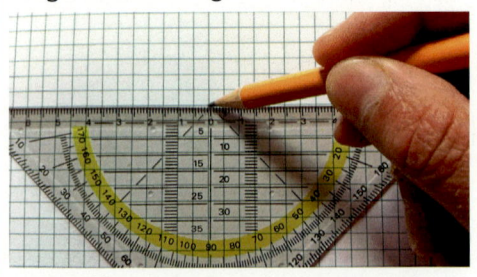

b) Zeichne ein Quadrat mit einer Seitenlänge von 2 cm (von 4 cm; von 3,5 cm).
c) Zeichne ein Rechteck mit einer Breite von 6 cm und mit einer Länge von 9 cm.

3 Erfinde ein Muster aus geraden Linien. Zeichne es sauber mit Bleistift und Geodreieck oder Lineal. Lass deine Lernpartnerin oder deinen Lernpartner das Muster abzeichnen. Überprüft die Zeichnungen.

4 Miss die Länge der Strecke und zeichne sie dann in dein Heft.
a) 
b) 
c) 
d)

228   mathe live-Werkstatt

Parallel und senkrecht

Parallelen zeichnen
Mit den Hilfslinien auf deinem Geodreieck kannst du Parallelen in Abständen von 0,5 cm; von 1 cm; von 1,5 cm; ... zeichnen.

Wenn du eine Parallele in einem anderen Abstand zeichnen möchtest, zeichne eine Senkrechte als Hilfslinie.
Miss den gewünschten Abstand darauf ab.
Dann zeichne die Parallele mit Hilfe der Mittellinie des Geodreiecks.

Senkrechte zeichnen
Um eine Senkrechte zu einer Linie zu zeichnen, lege die Mittellinie deines Geodreiecks auf die Linie.

1 Welche Geraden sind zueinander
a) senkrecht ⊥,
b) parallel ∥?

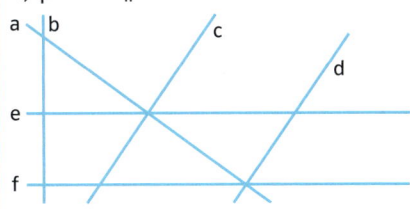

c) Wie kannst du dies überprüfen?

2 a) Zeichne eine Strecke von 5 cm Länge in dein Heft. Zeichne mit den Hilfslinien deines Geodreiecks parallele Linien in den Abständen 1 cm, 2 cm und 3 cm.
b) Zeichne eine Strecke von 10 cm Länge in dein Heft. Zeichne fünf Linien, die senkrecht auf deiner Strecke stehen.
c) 👥 Zeichne mehrere zueinander parallele und senkrechte Linien in dein Heft. Lass deine Lernpartnerin oder deinen Lernpartner mithilfe des Geodreiecks überprüfen, ob die Linien wirklich parallel bzw. senkrecht zueinander sind.

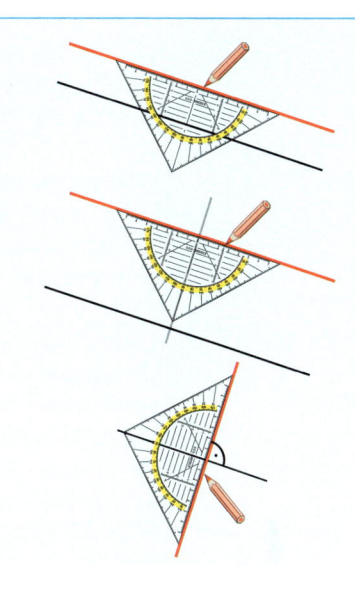

3 Übertrage die Gerade und die Punkte in dein Heft.

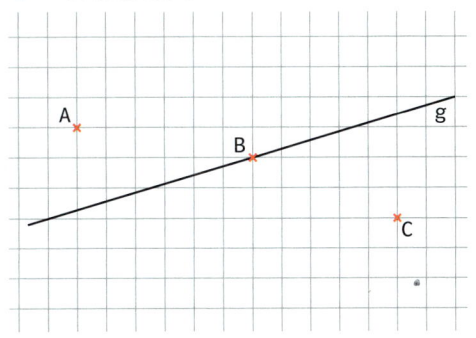

a) Zeichne durch die Punkte A, B und C jeweils eine Senkrechte zur Geraden.
b) Zeichne durch A und C Parallelen zur Geraden g.

4 Übertrage die Figur auf unliniertes Papier. Setze sie um acht weitere Strecken fort.

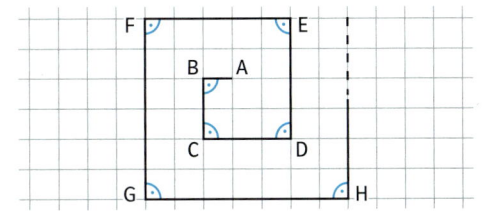

mathe live-Werkstatt

Übertragen einer Zeichnung im Kästchenraster

Wenn du eine Zeichnung im Kästchenraster in dein Heft übertragen möchtest, arbeite Schritt für Schritt.

1. Platz für Zeichnung
Wie groß ist die Originalzeichnung?
Betrachte → Abb. 1.
Plane genügend Platz für deine Zeichnung ein.

Abb. 1

2. Eckpunkte übertragen
Zeichne den ersten Eckpunkt (z. B. P).
Dann zähle in der Originalzeichnung, wie viele Kästchen du nach **rechts oder links** und wie viele **nach oben oder unten** zum nächsten Punkt gehen musst. (→ Abb. 2)
Übertrage nun Punkt für Punkt nach dem gleichen Verfahren. (→ Abb. 3)

Abb. 2   Abb. 3

3. Punkte verbinden
Zum Schluss verbinde die Punkte wie in der Originalzeichnung. (→ Abb. 4)

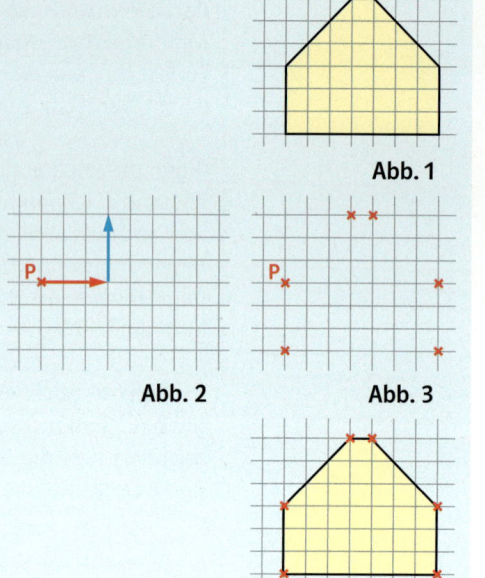

Abb. 4

1 Übertrage die Zeichnung in dein Heft.
a) b) c) d)

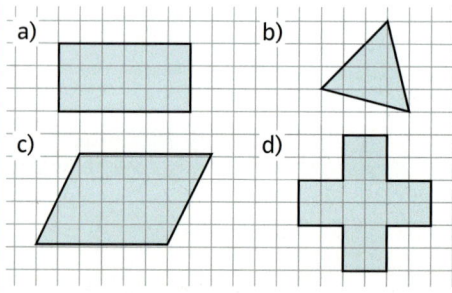

2 a) Welcher Fehler ist Jim beim Abzeichnen passiert?

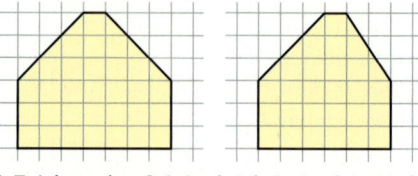

b) Zeichne das Original richtig in dein Heft.

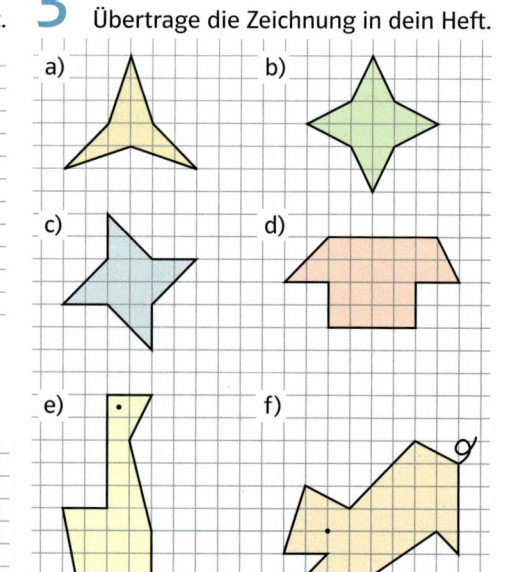

3 Übertrage die Zeichnung in dein Heft.
a) b) c) d) e) f)

230   mathe live-Werkstatt

Größen

Länge, Gewicht, Zeit

Die **Länge** einer Strecke wird angegeben in
Kilometer (km),   1 km = 1000 m
Meter (m),   1 m = 10 dm
Dezimeter (dm),   1 dm = 10 cm
Zentimeter (cm),   1 cm = 10 mm
Millimeter (mm).

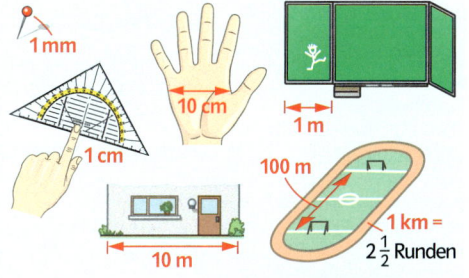

Das **Gewicht** eines Gegenstandes wird angegeben in
Tonne (t),   1 t = 1000 kg
Kilogramm (kg),   1 kg = 1000 g
Gramm (g),   1 g = 1000 mg
Milligramm (mg).

Zeit wird angegeben in
Tagen (d),   1 d = 24 h
Stunden (h),   1 h = 60 min
Minuten (min),   1 min = 60 s
Sekunden (s).
1 Jahr hat 365 Tage.
Ausnahme: 1 Schaltjahr hat 366 Tage.

Zum **Vergleichen von Größen** wandle die Größen, wenn nötig, in dieselbe Einheit um.

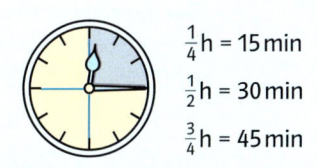

$\frac{1}{4}$ h = 15 min

$\frac{1}{2}$ h = 30 min

$\frac{3}{4}$ h = 45 min

25 m < 2,5 km,   denn   2,5 km = 2500 m
4,6 t > 460 kg,   denn   4,6 t = 4600 kg
2 d < 50 h,   denn   2 d = 48 h

1 Welche Einheit passt hier?
a) Entfernung zwischen deiner Schule und deinem Wohnhaus
b) Gewicht deiner Schultasche
c) Zeit für deinen Schulweg
d) Gewicht eines Schulbusses
e) Dicke eines Schulbuchs
f) Gewicht eines Sandkörnchens
g) Zimmerhöhe
h) Länge der Sommerferien

2 Wandle in die nächstgrößere Einheit um.
a) 30 mm; 300 dm; 3300 m
b) 4000 mg; 44 000 g; 400 000 ml
c) 24 h; 240 min; 2400 s

3 Wandle in die nächstkleinere Einheit um.
a) 7 cm; 70 dm; 77 km
b) 8 t; 88 kg; 8,8 g
c) 5 d; 5 h; 50 min

4 Wandle in die angegebene Einheit um.
a) 11 cm = ☐ mm;   11 000 m = ☐ dm
b) 2,2 t = ☐ kg;   220 mg = ☐ g
c) 3 h = ☐ min;   48 h = ☐ d

5 Die Zeitdauer wird oft als Bruchteil einer Stunde angegeben. Wandle um.

Beispiel $\frac{1}{4}$ h = 15 min

a) in min: $\frac{1}{2}$ h; $\frac{3}{4}$ h; $2\frac{1}{2}$ h; $5\frac{1}{4}$ h
b) in s: $\frac{1}{2}$ min; $\frac{1}{4}$ min; $2\frac{1}{2}$ min; $4\frac{1}{4}$ min

Daten

Tabellen

Tipp
Dezibel (dB) ist die Maßeinheit für den Schallpegel.
Weil ein Mensch Töne unterschiedlicher Frequenz verschieden laut empfindet, werden bei der Dezibel-A-Bewertung, kurz dB(A), Schallsignale während der Messung ähnlich wie im Ohr gefiltert.

Eine Tabelle lesen
Finde zuerst heraus, worum es in der Tabelle geht. Dabei helfen dir
- die Überschrift,
- die Beschriftung der Spalten und Zeilen.

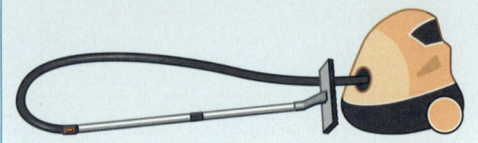

Überlege, welche Fragen du mit Hilfe der Tabelle beantworten kannst.

Finde Antworten auf deine Fragen, in dem du die Werte in den betreffenden Zeilen und Spalten anschaust.

Eine Tabelle erstellen
Überlege zuerst, worum es in deiner Tabelle gehen soll und finde eine passende Überschrift.

Was gehört in der Tabelle zusammen? Finde passende Beschriftungen und trage sie in die linke Spalte oder die oberste Zeile ein.
Schreibe wenn nötig die Einheiten in Klammern dahinter.
Fülle die Tabelle aus. Achte darauf, dass alles in der richtigen Zeile und Spalte steht.

Durchschnittliche Lautstärke von Geräuschen

Geräusch	Lautstärke in dB(A)
Flüstern	30
Düsenjäger	130
Pkw	80
normale Unterhaltung	50
Staubsauger	70
Diskothek	95

Aus der Tabelle kann die durchschnittliche Lautstärke von Geräuschen abgelesen werden. Du kannst z. B. fragen:
- Was ist am leisesten?
- Was ist das lauteste Geräusch?
- Wie laut ist ein Pkw?   usw.

Bei einer Umfrage in der Klasse 6 a stellte sich heraus: 12 Schülerinnen und Schüler finden Lärm im Unterricht störend, 7 Kindern ist der Lärm egal, 6 fühlen sich nur manchmal gestört. 15 beschweren sich, wenn es zu laut wird, 4 machen einfach mit und 6 sagen nichts.

Was denken die Schülerinnen und Schüler der 6a zum Lärm im Unterricht?

Aussage	Antworten
Ich finde Lärm störend.	12
Mir ist Lärm egal.	7
Manchmal stört mich Lärm.	☐
	☐

---

1 a) Worum geht es in dieser Tabelle?

Wie ist es zu deiner Entscheidung gekommen, einem Sportverein beizutreten?	
Aussage	Antworten (Anzahl)
Das habe ich mir alleine überlegt.	18
Meine Freunde haben mich gefragt.	15
Meine Eltern wollten das.	12
Meine Lehrer wollten das.	5

b) Welche Antwort wird am häufigsten genannt?
c) 👥 Stellt Fragen zur Tabelle und beantwortet sie gegenseitig.

2 200 Jugendliche wurden befragt, welche Sportart sie ausüben.
- 98 antworteten, dass sie eine Ballsportart machen,
- 34 laufen Inline-Skates,
- 56 gehen regelmäßig schwimmen,
- 52 turnen und
- 20 gaben Radfahren als Sportart an.

a) Erstelle eine Tabelle zu den Sportarten. Überlege dir dazu:
- Welche Überschrift passt?
- Was steht in den Zeilen und Spalten?

b) 👥 Stellt euch gegenseitig Fragen zur Tabelle und beantwortet sie.

Diagramme zeichnen

Tipp
Blockdiagramm

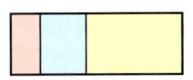

Säulendiagramm

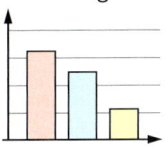

Balkendiagramm

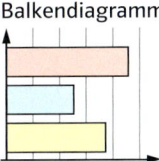

Mit einem Diagramm kannst du Daten übersichtlich darstelllen.

1. Überblick verschaffen
Ordne deine Daten und überlege, welche Größen einander zugeordnet werden sollen. Eine Tabelle hilft, die Übersicht zu bewahren.

2. Diagrammtyp auswählen
Wähle einen geeigneten Diagrammtyp, z. B.:
Ein **Blockdiagramm** zeigt gut die Anteile an einem Ganzen.
Ein **Säulendiagramm** oder ein **Balkendiagramm** sind gut zur Darstellung von Veränderungen oder zum Vergleich von Daten geeignet.

3. Diagramm zeichnen
Überlege dir vor dem Zeichnen, wie groß dein Diagramm werden soll. Wähle danach z. B. die Länge und die Einteilung der Achsen aus und beschrifte dein Diagramm.

Lukas hat eine Woche lang aufgeschrieben, wie lange er täglich für die Schule gelernt hat.

Wochentag	Mo	Di	Mi	Do	Fr
Zeitdauer (min)	120	75	60	80	25

Zur Veranschaulichung der Zeiten an den einzelnen Tagen eignet sich z. B. ein Säulendiagramm.

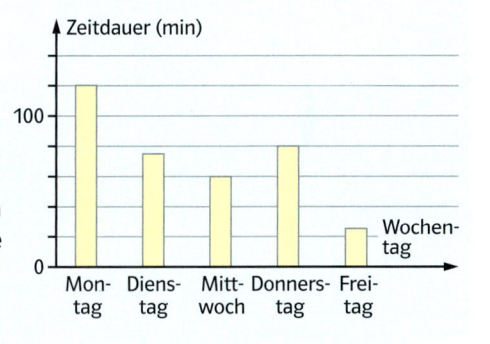

1
a) Welchen Diagrammtyp würdest du zur Darstellung wählen? Begründe.
- Anzahl deiner Schulstunden an den Tagen dieser Woche
- Verteilung der Noten in der letzten Mathematikarbeit
- Anzahl der Unterrichtsstunden in deinen einzelnen Schulfächern
- Zeit, die du an den einzelnen Tagen der Woche mit deinem Hobby verbringst

b) Zeichne passende Diagramme zu den Daten aus → Teilaufgabe a).

2 Zeichne ein passendes Diagramm zu den Lieblingsfächern der Klasse 6 b.

Lieblingsfach	Sport	Englisch	Mathe	Kunst	Andere
Anzahl	7	5	6	5	4

3 In der Tabelle siehst du die Noten der letzten Mathematikarbeit der Klassen 6 a und 6 b.

Klasse 6 a	1 2 2 2 2 2 3 3 3 3 3 3 3 3 3 4 4 4 4 5
Klasse 6 b	1 1 1 2 2 2 2 2 3 3 3 3 3 3 4 4 4 5 6

a) Im Diagramm sollten die Ergebnisse der Klasse 6 a dargestellt werden. Was stimmt bei diesem Diagramm nicht?

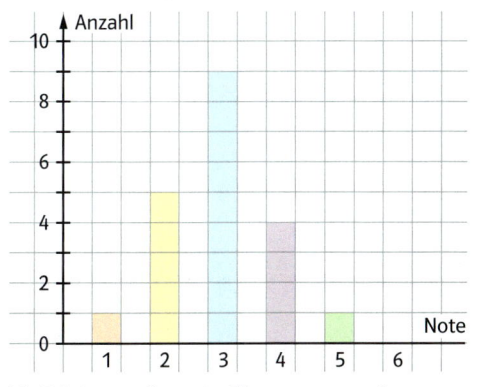

b) Zeichne selbst ein Diagramm zu den Ergebnissen der Klassen 6 a und 6 b.

mathe live-Werkstatt

Kennwerte

Um Daten zu beschreiben und auszuwerten gibt es verschiedene Kennwerte:

In einer **Urliste** sind die Daten unsortiert.
In einer **Rangliste** werden die Daten der Größe nach geordnet.

Der kleinste Wert der Rangliste heißt **Minimum**, der größte Wert heißt **Maximum**.

Die Differenz zwischen dem größten und dem kleinsten Wert ist die **Spannweite**.

Der **Zentralwert** teilt die Rangliste in zwei Hälften mit gleich vielen Werten. Er steht in der Mitte der Rangliste.

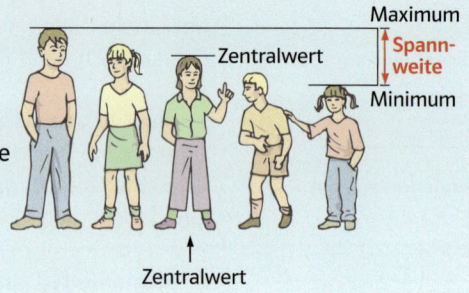

Tipp
Der Zentralwert wird auch Median genannt.

Rangliste

Name	Größe (cm)
Ben	135
Philip	140
Marc	145
Josha	147
Leon	150
David	160

Ist die Anzahl der Werte gerade, berechne die Mitte zwischen den beiden mittleren Werten.
(145 + 147) : 2 = 146

---

1 Das Diagramm zeigt, wie viel Millionen Menschen in Europa eine bestimmte Sprache sprechen.
a) Lies die Werte für die einzelnen Sprachen so genau wie möglich ab und erstelle eine Rangliste.

Menschen, die in Europa diese Sprache sprechen

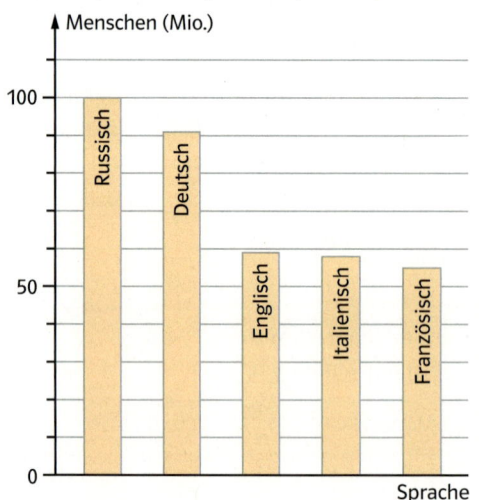

(Balkendiagramm: Russisch, Deutsch, Englisch, Italienisch, Französisch)

b) Bestimme die Kennwerte. Was sagen die Kennwerte aus?

2 Jana und ihre Freundinnen haben ihre Körpergrößen gemessen:
157 cm; 156 cm; 157 cm; 154 cm; 158 cm; 162 cm; 155 cm
Erstelle eine Rangliste und bestimme dann
a) den größten und den kleinsten Wert,
b) die Spannweite,
c) den Zentralwert.
d) Nun kommt noch Sara dazu. Sie ist 165 cm groß. Welche Werte bleiben gleich und welche Werte ändern sich?

3 Zwei Sportgruppen haben ihre Werte im Weitsprung gemessen.

Gruppe A	
2,88 m	3,25 m
3,19 m	2,97 m
2,66 m	3,05 m

Gruppe B	
3,05 m	2,62 m
2,97 m	2,88 m
3,21 m	3,17 m

Gib für jede Gruppe die Spannweite und den Zentralwert an. Begründe, welche Gruppe die bessere ist.

Methodische Werkstatt

💡 Erfolgreich lernen

Das Lernen und das Üben zu Hause sind wichtig zum Einprägen des Schulstoffes. Schnell merkst du, was du schon selbstständig und gut kannst und woran du noch arbeiten musst. Hier einige Tipps:

1. Damit du den Überblick behältst,
schreibe immer auf, was du in welcher Reihenfolge bearbeiten möchtest.
Was brauchst du für den nächsten Tag? Wofür hast du noch länger Zeit? Berücksichtige bei deiner Planung auch andere Termine, wie das wöchentliche Sporttraining, den Musikkurs oder eine Geburtstagsparty.

2. Damit du dich konzentrieren kannst,
räume deinen Arbeitsplatz immer auf. Halte alle benötigten Materialien, wie Schreibzeug, Bücher und Hefte bereit. Sorge auch für eine ruhige Lernatmosphäre ohne Musik oder andere Ablenkung im Hintergrund.

3. Damit du alles in Ruhe und ohne Druck schaffst,
lerne möglichst immer zu den gleichen Zeiten. Danach genieße in Ruhe deine Freizeit. Beginne mit dem, was du einfach findest oder mit dem, was dir Spaß macht.

4. Damit es ordentlich und übersichtlich aussieht,
gestalte Hefte und Ordner so, dass du alles gut lesen kannst. Schreibe zu jedem Eintrag ein Datum. Verwende ordentliches Scheibmaterial: einen gespitzten Bleistift, ein Geodreieck oder Lineal ohne Macken, einen Füller, der nicht kleckst, usw.
Schreibe gut lesbar und übersichtlich.

5. Damit du weißt, was du schon kannst,
kontrolliere, was du erarbeitet hast und ziehe Rückschlüsse daraus. Das hilft dir einzuschätzen, was du schon gut kannst und woran du noch arbeiten musst.
Nutze diese Chance und arbeite – wenn nötig – Schulstoff auf.

6. Was tun, wenn es nicht weitergeht?
Gehe nochmal in Ruhe alles durch. Manchmal hilft es auch schon, eine Aufgabe oder ein Problem mit eigenen Worten zu formulieren, um sie besser zu verstehen. Du kannst auch nochmal im Buch nachlesen. Wenn du trotzdem nicht weiterkommst, frage jemanden.

Informationen suchen

Wieso, weshalb, warum? Willst du etwas wissen?
Dann helfen dir die folgenden Tipps.

1. Vorüberlegungen anstellen
Überlege:
- Was weißt du bereits und wozu benötigst du noch Informationen?
- Wo möchtest du suchen? In der Bücherei, im Internet, Befragung von Experten, usw.?

2. Informationen suchen
- **Schülerbuch oder Formelsammlung**
  Im **Stichwortverzeichnis** auf den hinteren Seiten eines Buches kannst du gezielt nach Begriffen suchen und die Informationen dazu auf der angegebenen Seite finden. Wenn du nicht direkt etwas findest, kannst du auch im *Verzeichnis der Bücherei oder im Internet* Hinweise auf ein Buch oder einen Artikel zum Thema finden.

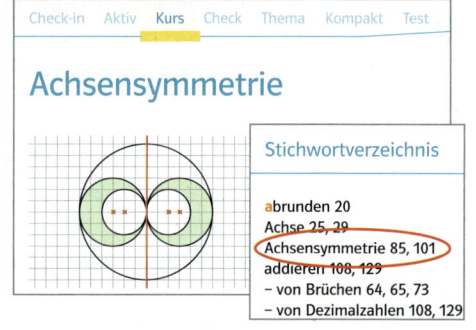

- **Internet (Suchmaschinen, Internet-Foren, ...)**
  Finde Informationen mit einer *Suchmaschine* im Internet. Gib passende Stichworte ein, z. B. „Achsensymmetrie". Bringt deine Suche nicht genug passende Ergebnisse, verfeinere sie: Verwende ein weiteres Stichwort, das es genauer macht und setze ein + davor, z. B. statt „Achsensymmetrie" schreibe „Achsensymmetrie + zeichnen". Erhältst du immer noch zu viele unpassende Ergebnisse, können unpassende Stichworte mit einem – davor ausgeschlossen werden, z. B. „Achsensymmetrie + zeichnen – Funktionen".

- **Mitschriften im Schulheft oder auf Arbeitsblättern**
  Vielleicht erinnerst du dich daran, dass du schon etwas zu deinem Thema im Unterricht gelernt und aufgeschrieben hast oder es gab ein Arbeitsblatt zum Thema.

- **Experten befragen**
  Kennst du jemand, der sich mit dem Thema gut auskennt? Das kann z. B. eine Freundin oder ein Freund, deine Eltern oder Großeltern, ein Nachbar oder auch deine Lehrerin sein. Verabrede dich zu einem Gespräch. Überlege vorher, was du fragen willst und was dir wichtig ist. Schreibe dir während des Gesprächs auf, was du dir merken möchtest und was du interessant findest.

3. Informationen sichten und ordnen
Sortiere alles aus, was doppelt bzw. ähnlich ist oder nicht wirklich zum Thema passt. Überprüfe: Was ist brauchbar? Stimmen die Informationen auch wirklich? Hast du genug Informationen oder fehlt dir noch etwas? Ordne, was zusammengehört.

Mindmap

Eine Mindmap hilft dir dabei, deine Gedanken und Ideen zu einem Thema übersichtlich darzustellen. Dazu werden die gesammelten Begriffe übersichtlich um das Thema herum in Hauptästen und Nebenästen aufgeschrieben.

Beim Erstellen einer Mindmap gehe so vor:
1. Vorbereitung: Schreibe alles auf, was dir zu dem Thema einfällt.
   Vielleicht hilft dir auch ein Blick ins Mathematikbuch.
2. Dann nimm ein leeres Din A4-Blatt (im Querformat) und notiere dein Thema in der Mitte.
3. Schreibe die wichtigsten Begriffe gleichmäßig um dein Thema herum.
   Zeichne dazu die Hauptäste.
4. Von den Hauptästen aus zeichne Nebenäste und notiere dort Unterbegriffe zu den Begriffen der Hauptäste.

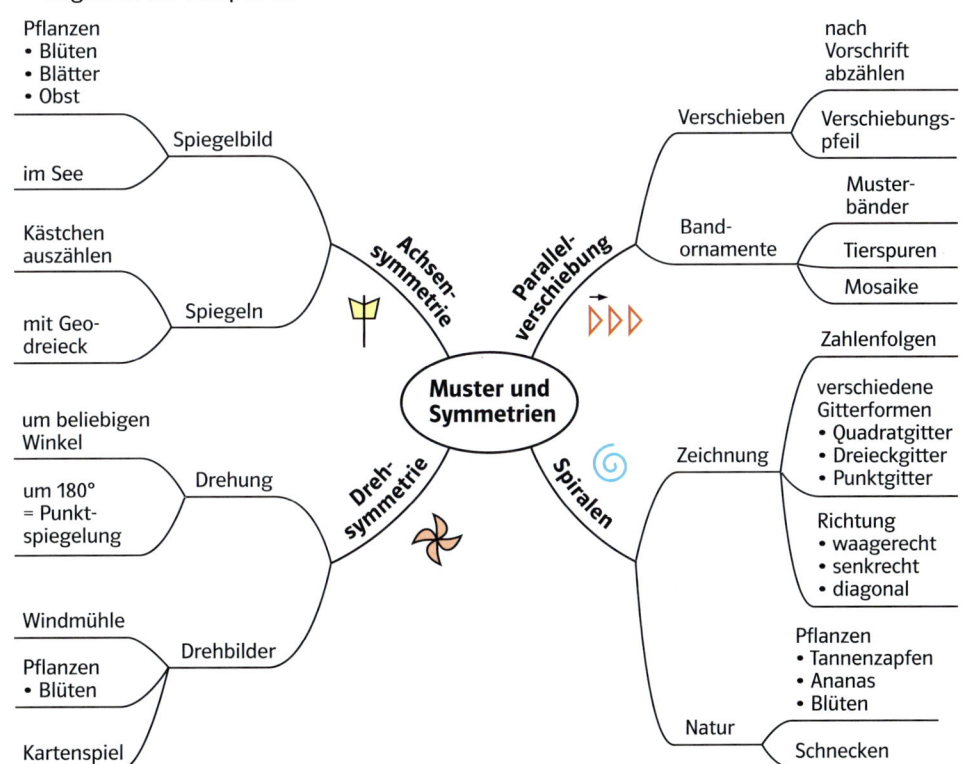

Thema: Muster und Symmetrien

- **Achsensymmetrie**
  - Spiegelbild
    - Pflanzen
      - Blüten
      - Blätter
      - Obst
    - im See
  - Spiegeln
    - Kästchen auszählen
    - mit Geodreieck

- **Parallelverschiebung**
  - Verschieben
    - nach Vorschrift abzählen
    - Verschiebungspfeil
  - Bandornamente
    - Musterbänder
    - Tierspuren
    - Mosaike

- **Spiralen**
  - Zeichnung
    - Zahlenfolgen
    - verschiedene Gitterformen
      - Quadratgitter
      - Dreieckgitter
      - Punktgitter
    - Richtung
      - waagerecht
      - senkrecht
      - diagonal
  - Natur
    - Pflanzen
      - Tannenzapfen
      - Ananas
      - Blüten
    - Schnecken

- **Drehsymmetrie**
  - Drehung
    - um beliebigen Winkel
    - um 180° = Punktspiegelung
  - Drehbilder
    - Windmühle
    - Pflanzen
      - Blüten
    - Kartenspiel

Beachte: Damit die Mindmap übersichtlich bleibt,
- lege möglichst nicht mehr als sechs Hauptäste an,
- zeichne auch erklärende Bilder zu deinen Begriffen,
- benutze farbige Stifte für Verzweigungen, die dir besonders wichtig sind.

Tipp
Diese Methode nennt man auch **Placemat**.

Tipp
Das Zeichen 🧑‍🤝‍🧑 steht für Gruppenarbeit.

💬 Platzdeckchen

Diese Methode ist besonders gut geeignet, um sich in der Gruppe auszutauschen. Ihr braucht ein großes Blatt Papier, auf dem für jeden ein Feld zum Schreiben und in der Mitte ein Feld für die gemeinsame Arbeit eingezeichnet wird.

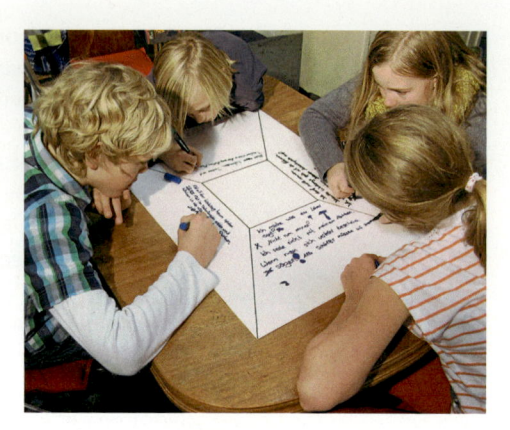

für 4 Gruppenmitglieder

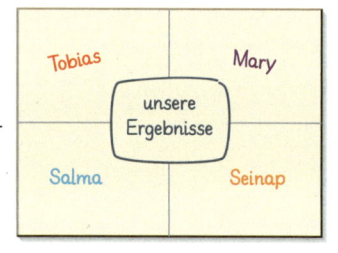

für 3 Gruppenmitglieder

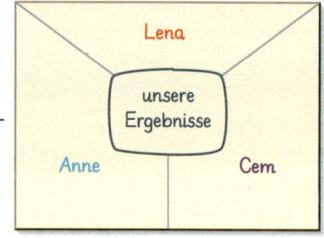

Geht folgendermaßen vor:

1. Setzt euch um das Blatt herum. Jeder schreibt seine eigenen Ideen in sein Feld.

2. Dreht nach einer vereinbarten Zeit das Blatt, bis ihr das nächste Feld vor euch habt.
   Lest euch durch, was eure Sitznachbarin oder euer Sitznachbar geschrieben hat.
   Schreibt – ohne zu reden – eure Gedanken dazu.
   Formuliert freundlich, aber ehrlich, z. B.

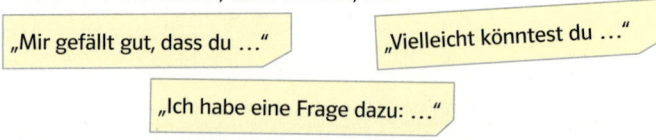

   „Mir gefällt gut, dass du …"   „Vielleicht könntest du …"

   „Ich habe eine Frage dazu: …"

   Dann dreht das Blatt wieder ein Feld weiter und kommentiert wieder. Macht das solange, bis ihr wieder euer Feld vor euch liegen habt.

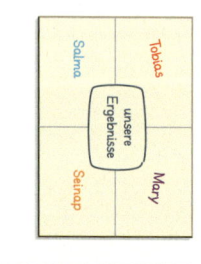

3. a) Lest euch durch, was die anderen zu euren Ideen geschrieben haben. Fragt, wenn nötig, nach.
   b) 🧑‍🤝‍🧑 Dann erarbeitet ein gemeinsames Ergebnis und schreibt euer Ergebnis in das Feld in der Mitte.

→ Informationen suchen,
Seite 236

Präsentation

Ob ein Vortrag interessant ist, hängt nicht nur vom Inhalt ab. Eine gute Gestaltung ist genauso wichtig wie eine passende Sprache und das richtige Auftreten. Hier einige Tipps:

Vorüberlegungen
- Um welches **Thema** geht es?
  Was weißt du schon über das Thema?
  Welche Informationen brauchst du noch?
  Wie kannst du sie beschaffen?
- Was wissen deine **Zuhörerinnen und Zuhörer** zu diesem Thema? Je weniger sie wissen, desto mehr musst du erklären und desto verständlicher sollte deine Präsentation sein.
- Wie viel **Zeit** hast du?
  Wie viel Zeit brauchst du für die Vorbereitung?
  Wie lange soll der Vortrag dauern?

Gestaltung
- Überlege, wie du **Interesse wecken** kannst, z. B. durch eine interessante Geschichte oder Beispiele aus dem Alltag. Beziehe deine Zuhörerinnen und Zuhörer so oft wie möglich ein.
- Der **Aufbau deiner Präsentation** sollte so sein, dass deine Zuhörerinnen und Zuhörer während des ganzen Vortrags den roten Faden erkennen.
  Erkläre Neues verständlich. Greife auf Bekanntes zurück und mache es nicht zu kompliziert. Verwende auch Bilder und Darstellungen.
- Überlege genau, welche **Medien** du zu welchem Zeitpunkt einsetzt. Gestalte Tafelbilder, Folien und Schaubilder übersichtlich und gut lesbar. Achte auf korrekte Rechtschreibung.

Übe deinen Vortrag vor Freundinnen und Freunden oder der Familie.
Denn: Übung und eine gute Vorbereitung helfen gegen Unsicherheit und Nervosität.

Präsentation
- Beginne mit der **Begrüßung** deiner Zuhörerinnen und Zuhörer.
  Nenne dein Thema und das Ziel deines Vortrags.
  Erkläre, warum es ein wichtiges Thema ist.
  Erläutere kurz, wie du **vorgehen** möchtest.
- **Sprich** klar und deutlich. Sprich nicht zu schnell.
  Sieh deine Zuhörerinnen und Zuhörer an.
  Biete an, Fragen zu beantworten. Bleibe auch bei Fragen, die du nicht beantworten kannst, ruhig. Biete an, dich zu erkundigen und sie beim nächsten Treffen zu beantworten.
- Fasse zum **Schluss** die wichtigsten Punkte noch einmal zusammen und **bedanke** dich fürs Zuhören.

Tipp
Der **Check Kann ich's** am Ende jedes Kapitels hilft dir bei deiner Selbsteinschätzung.

Selbsteinschätzung

Du bist Experte für dein eigenes Lernen. Wenn du deine eigenen Stärken und Schwächen kennst, weißt du, worauf du aufbauen und woran du noch arbeiten kannst. Deshalb überlege regelmäßig:
- Was habe ich gelernt?
- Was war interessant für mich?
- Was habe ich noch nicht verstanden?
- Woran werde ich weiterarbeiten?
- Wie soll meine Weiterarbeit konkret aussehen?

Beachte: Nimm dir am Ende jeder Woche 10 Minuten Zeit. Schreibe auf, was dir in dieser Woche wichtig war und woran du als nächstes und bis wann arbeiten willst.

Feedback

Ein Feedback ist eine Rückmeldung nach einer Beobachtung, z. B. nach einem Referat. Es hilft dir dabei, zu erkennen, wie dein Verhalten auf andere wirkt.
Bei einem guten Feedback sollten bestimmte Regeln eingehalten werden:

Wenn du ein Feedback gibst,
- beschreibe nur, was du beobachtet hast und wie das Verhalten des anderen auf dich wirkt.
- Sei fair, egal, ob du dich mit dem anderen gut verstehst oder nicht.
Formuliere in der Ich-Form, z. B.

„Ich habe beobachtet, dass …"   „Ich denke, dass …"   „Mir kommt es vor, als ob …"

Formuliere freundlich, aber ehrlich, z. B.

„Ich finde gut, dass du …"   „Gut gelungen ist dir …"   aber auch   „Ich persönlich würde …"

Wenn du ein Feedback bekommst,
- höre aufmerksam zu und lasse den anderen ausreden.
- Wenn du etwas nicht versteht, frage nach.
- Verteidige oder rechtfertige dich nicht.

Zum Schluss bedanke dich für das Feedback. Es soll ja eine Hilfe für dich sein. Es zeigt dir, wie andere dich sehen und was sie denken. Du selbst entscheidest, was du daraus machst.

Beachte: Wenn du Rückmeldungen zu einem bestimmten Punkt haben möchtest, formuliere konkrete Fragen oder Beobachtungsaufträge, z. B.

„Verwende ich die mathematischen Begriffe richtig?"   „Verstehst du meine Argumentation?"

„Kannst du mir Tipps für die Weiterarbeit geben?"

11 Querbeet – Smartphone

„Mathematik ist nicht alles, aber ohne Mathematik ist alles nichts."
Ohne Mathematik würde beispielsweise das Smartphone nicht funktionieren. Deine erworbenen Mathematik-Kenntnisse und -Fertigkeiten kannst du anhand der folgenden Aufgaben überprüfen. Du wirst sehen, wie viel Zahlen und Mathematik rund um das Smartphone versteckt sind.

In diesem Kapitel findet ihr

- eine Auswahl an Aufgaben, d.h. ihr müsst nicht alles auf einmal lösen,
- Aufgaben zum alleine Lösen. Ihr könnt auch die Aufgabenbereiche innerhalb einer Gruppe aufteilen und dann eure Lösungen gegenseitig vorstellen.

Abb. 1

Abb. 2

1 a) Nelly hat in 9 Wochen Geburtstag. Sie wünscht sich ein Smartphone und schaut sich die aktuellen Prospekte der Elektronikmärkte in ihrer Umgebung an. Sie überlegt, welches Smartphone sie sich wünschen kann:

„57 € habe ich gespart. Ich könnte mir Geld zum Geburtstag wünschen: Oma Müller schenkt mir bestimmt 50 €, Oma und Opa König auch. Von meinen Eltern bekomme ich vielleicht 100 €. Wenn ich sparsam bin, kann ich die Hälfte meines Taschengeldes von 5 € pro Woche sparen. Wie teuer kann das Smartphone dann sein?"

b) Nelly informiert sich, welche zusätzlichen Kosten auf sie zukommen. Beliebt sind Prepaid-Tarife, sie haben keine monatliche Grundgebühr. Die Kosten können besser kontrolliert werden, weil nur das Guthaben verbraucht werden kann.
Es gibt viele verschiedene Tarife:

Anbieter	Einmal-gebühr	Guthaben	Preis je min o. SMS
1	9,95 €	5,00 €	0,06 €
2	4,95 €	30,00 €	0,08 €
3	4,90 €	25,00 €	0,09 €

- Gib Nelly einen Tipp. Welchen Tarif würdest du wählen? Begründe.
- Berechne auch die Gesamtkosten für 600 Minuten oder 600 SMS.

c) ● Deine Eltern schenken dir ein Guthaben von 50 €. Für wie viele SMS oder Minuten bei den Anbietern aus der Tabelle von → Teilaufgabe b) reicht es?

→ Lösungen zum Querbeet, Seite 272

Abb. 3

Abb. 4

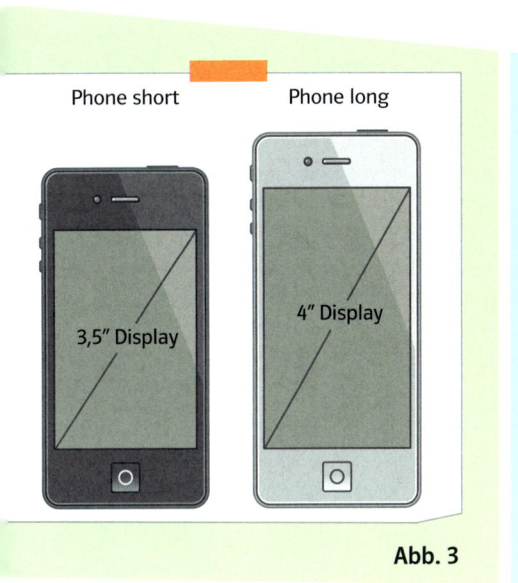

2 Einige Anbieter bieten auch sogenannte Flatrates an. Das bedeutet, dass man nicht pro Einheit oder SMS bezahlt, sondern einen bestimmten Betrag im Monat bezahlt.

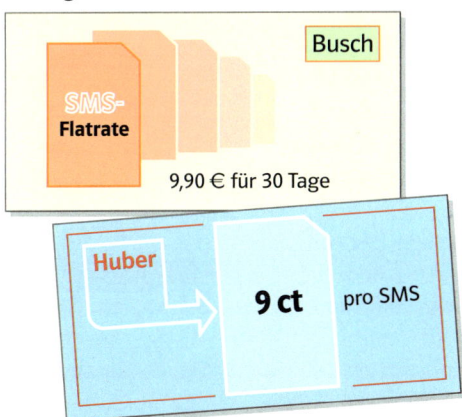

Busch SMS-Flatrate 9,90 € für 30 Tage

Huber 9 ct pro SMS

a) Ab welcher Anzahl von SMS ist die Flatrate bei Anbieter Busch günstiger als die Bezahlung pro SMS bei Anbieter Huber?
b) Wie viele SMS kannst du bei Anbieter Huber versenden, wenn du 6 € Guthaben hast?

3 Die Größe des Displays bei einem Smartphone wird immer in Zoll, kurz " angegeben, 1" = 1 Zoll = 2,54 cm. Dabei wird immer die Diagonale des Displays angegeben (→ Abb. 3).
a) Wie lang sind die Diagonalen in cm (in mm)?
b) Ein Smartphone-Display wird mit 2 Zoll angegeben. Wie könnte es aussehen? Zeichne das Display in dein Heft.

4 Olivia möchte eine Stoffhülle für ihr Smartphone nähen (→ Abb. 4). Dazu verwendet sie einen Stoffrest. Ihr Smartphone ist 13,7 cm lang, 7 cm breit und 8 mm dick. Olivia überlegt: Für eine einfache Hülle brauche ich zwei Rechtecke aus Stoff. Die Rechtecke nähe ich an den Längsseiten und an der unteren Seite zusammen. Vor dem Zuschneiden der Rechtecke muss ich die Dicke des Smartphones zur Breite und die halbe Dicke zur Länge addieren. Außerdem muss ich beachten, dass die Nähte 0,5 cm breit sind.
Wie lang und wie breit muss der Stoffrest mindestens sein, damit Olivia daraus eine Hülle für ihr Smartphone nähen kann? Skizziere.

Querbeet – Smartphone

1345; 8888; 2131; 3333; 2520; 8088; 1000; 7263; 2510; 1796

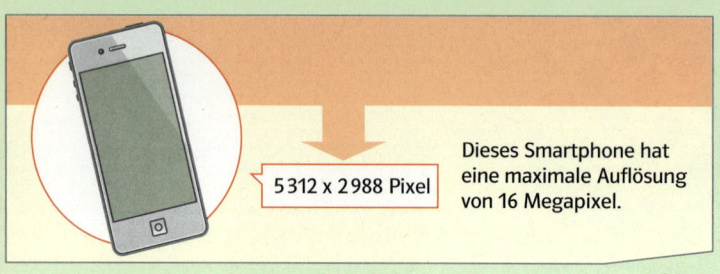

Abb. 1

5 312 x 2 988 Pixel

Dieses Smartphone hat eine maximale Auflösung von 16 Megapixel.

Abb. 2

5 Jedes Smartphone kann mit einer PIN vor ungewollten Zugriffen geschützt werden.
a) Wie viele Möglichkeiten gibt es für eine vierstellige PIN?
b) Für die Eingabe der PIN benötigt man ca. 3 Sekunden. Wie viele Stunden bräuchte man um alle PINs einzugeben? Wie viele Minuten, Stunden und Tage sind das?
c) Wie groß ist die Chance, dass man gleich beim ersten Mal die richtige PIN eingibt?

6 Mike soll den vierstellige PIN von Rominas Smartphone erraten: „Ich gebe dir eine Liste mit PINs, aber nur eine davon ist richtig." (→ Abb. 1)
a) Mike meint: „Das reicht nicht, ich habe ja nur drei Versuche". Romina antwortet: „Okay, dann noch ein Tipp. Meine PIN ist durch 3 teilbar." Welche der angegebenen PINs sind jetzt nicht mehr möglich?
b) Mike überlegt: „Gib mir noch einen Tipp." Romina überlegt: „Gut, meine PIN ist gerade und lässt sich durch 5 teilen." Welche der PINs sind noch möglich?
c) Finde weitere drei mögliche PINs, wenn du Rominas Antworten aus den → Teilaufgaben a) und b) berücksichtigst.

7 Smartphones haben einen Speicher eingebaut um Daten wie Videos, Fotos, Musik und Apps speichern zu können. Die Speichergröße wird immer in Gigabyte angegeben.
Betrachte die Anzeigen.
1)
Speicher ingesamt 10 GB
2)
Speicher insgesamt 16 GB
3)
Speicher insgesamt 12 GB

Wie viel Gigabyte sind belegt und wie viel noch frei (ungefärbt)?

8 Die Leistungsfähigkeit von Fotolinsen in Smartphones wird in Megapixel angegeben. In → Abb. 2 findest du einen Werbeprospekt und einen Zeitungsausschnitt. Überprüfe die beiden Angaben und vergleiche sie.

Jahr	Smartphone- und Handynutzer in Millionen
2000	48,25
2001	56,13
2002	59,13
2003	64,84
2004	☐
2005	79,27
2006	85,65

Jahr	Smartphone- und Handynutzer in Millionen
2007	97,15
2008	107,25
2009	108,26
2010	108,85
2011	114,13
2012	113,16
2013	115,23

Quelle: Bundesnetzagentur 2013

Abb. 4

Abb. 5

9 Die Zahl der Handys und Smartphones hat bis zum Jahr 2010 immer weiter zugenommen. Die Tabelle in → Abb. 4 zeigt die Anzahl der Smartphone- und Handy-Nutzerinnen und -Nutzer in Deutschland.
a) Wie viele Nutzerinnen und Nutzer gab es in den Jahren 2002, 2007 und 2013 (gerundet auf ganze Millionen)?
b) ☼ Ein Wert fehlt in der Tabelle. Welcher Wert könnte hier passen? Begründe.
c) 🖳 Stelle die Zunahme bzw. Abnahme der Nutzerinnen und Nutzer in einem Säulendiagramm dar. Du kannst auch ein Tabellenkalkulationsprogramm verwenden.
d) Beschreibe. Wie und warum ändern sich die Längen der Säulen im Laufe der Jahre?
e) In welchem Jahr gab es die meisten neuen Smartphone- und Handynutzer? Nutze dafür die Tabelle oder das Säulendiagramm aus → Teilaufgabe c).

10 In Deutschland gab es 2013 etwa 115,23 Millionen Smartphones oder Handys. Eine unvorstellbar große Zahl.
a) Wenn Smartphones im Durchschnitt 6 cm breit sind, wie lang wäre dann die Strecke, wenn man alle Smartphones hintereinander legen würde in Kilometern?
Welche Länder könnte diese „Smartphonestrecke" von deiner Schule aus erreichen? Nutze dazu einen Atlas oder das Internet.
b) Moderne Smartphones wiegen zurzeit durchschnittlich 140 g, d.h. das arithmetische Mittel des Gewichts ist 140 g.
Wie schwer sind alle Smartphones in Deutschland zusammen?
c) Verwende die Daten aus → Teilaufgabe b). In Deutschland darf ein Lkw höchstens 40 t Last transportieren. Wie viele Lkws müssten zum Transport aller Smartphones in Deutschland fahren, wenn alle Smartphones gleichzeitig transportiert werden?
d) ● Deutschlands schwerster Kürbis wog 793,5 kg, ein schweizer Züchter hat es im Jahr sogar auf 1056 kg gebracht. Wie viele Smartphones wiegen genauso viel?

Lösungen

1 Messen – aber genau!?

Check-in, Seite 9

1 a) Individuelle Lösungen, z. B. Din-A4-Heft 21,0 cm × 29,7 cm oder Din-A5-Heft 14,8 cm × 21,0 cm.
b) Beide Strecken sind 2,5 cm lang.
c) Beide Punkte haben einen Durchmesser von 7 mm.
Tipp: Achte bei Teilaufgabe a) darauf, dass du parallel zum Heftrand oder am Heftrand misst.

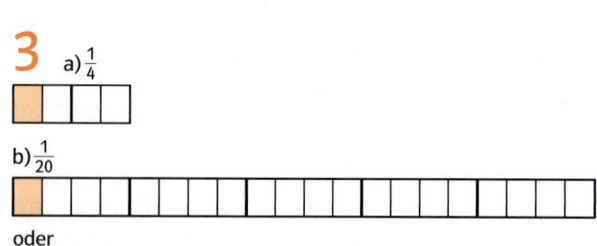

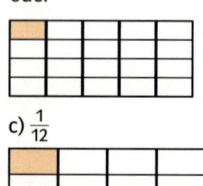

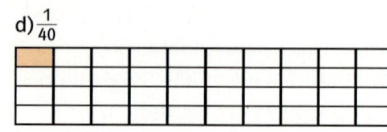

2 a) $\frac{1}{10}$ entspricht 1,5 cm.

0 cm — 15 cm

b) Beispiele für Faltungen sind:

3 a) $\frac{1}{4}$

b) $\frac{1}{20}$

oder

c) $\frac{1}{12}$

d) $\frac{1}{40}$

Tipp: Zeichnungen sind hilfreich.

4 a) 5713; 14504; 120546
b) 493; 18; 8035; 8130; 62350
Tipp: 18 E = 1 Z, 8 E

5 a) Richtig. Denn die Tausender müssen bei der größten Zahl die höchste Ziffer haben, die 9; die Hunderter die zweitgrößte Zahl, die 7.
b) Falsch. Denn die Null belegt eine Stelle. Nur wenn sie an der Tausenderstelle steht, kann man sie dort weglassen.
c) Richtig, nur wenn sie an der Tausenderstelle steht, kann man sie dort weglassen.
d) Falsch. Die kleinste Zahl, die man mit den Kärtchen bilden kann, ist 379. 379 + 1 = 380. Es ändern sich also nur zwei Ziffern.
e) Falsch. Es sind nur 3 Hunderter. Man könnte z. B. schreiben 7T, 39 Z oder 7T, 3 H, 9 Z, 0 E.
f) Richtig. 73 H sind 7T und 3 H. 7390 sind 7T, 3 H, 9 Z, 0 E.

6 a) 1) A = 50; B = 175; C = 490;
2) D = 400; E = 2250; F = 4400
b)

Check, Seite 27

1 a) 1) A = 2,8; B = 3,75;
2) C = 6,03; D = 6,085; E = 6,12
3) F = 2,09; G = 2,16; H = 2,25; I = 2,34
b)

2 a) Die Ziffer 8 steht an der Stelle der Hundertstel.
b) Emmas Fehler: Links vom Komma stehen Einer, links von den Einern Zehner; aber rechts vom Komma stehen gleich Zehntel.
Tipp: Es gibt keine „Eintel".
c)

Z	E	z	h	t	
	5	2	3	4	5,234
	0	2	6		0,26
2	0	0	8		20,08

Tipp: Füge Nullen ein, wenn nötig.

3 a) 0,32 < 0,4862 < 0,53 = 0,530 < 0,65 < 0,7
b) z. B: Mit der kleinsten Zahl beginnen, alle Zahlen haben links vor dem Komma 0 stehen, zuerst werden die Zehntel verglichen, dann die Hundertstel.
Tipp: Eine Stellenwerttafel kann helfen.

4 a) $\frac{1}{4} = 25\%$; $\frac{1}{2} = 50\%$; $\frac{1}{5} = 20\%$; $\frac{86}{100} = 86\%$
b) 0,75; 0,4; 0,3; 0,125
Tipp: Du kannst dir den Zahlenstrahl zwischen 0 und 1 vorstellen oder auf 100 im Nenner erweitern, denn $\frac{1}{100} = 1\%$.

5 a)

Z	E	z	h	h	
m	dm	cm	mm		
	0	4	6		0,46 m
5	3	2	1		5,321 m
	1	2			1,2 m

b)

Z	E	z	h	h	
l	dl	cl	ml		
	0	0	0	7	0,007 l
	0	0	2	0	0,020 l
	0	3	3		0,33 l

c)

Z	E	z	h	h	
	(Sekunde)				
	0	0	3		0,03 s
	0	0	0	6	0,006 s
	1	2			1,2 s
3	0				30 s

Tipp: Achte bei den → Teilaufgaben a) und b) auf die Maßeinheiten. Schreibe die Einer in die Spalte mit der Maßeinheit, die angegeben ist.

6 0,918 m ist ungefähr 0,92 m, d.h. 92 cm.
Bei Stoff darf nicht mathematisch abgerundet werden – also 0,918 ist etwa 0,9 – weil sonst der Stoff nicht reicht.
Tipp: Überlegt zuerst, ob das mathematische Runden sinnvoll ist.

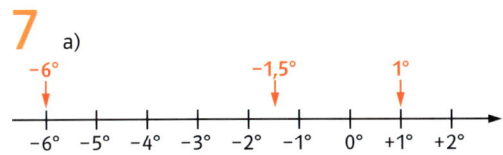

7 a)

[Zahlenstrahl mit -6°, -1,5°, 1°]

b) 4. Januar: −12 °C + 18 °C = + 6 °C
5. Januar: −12 °C + 18 °C = + 6 °C
24. Januar: −12 °C + 3 °C = − 9 °C
25. Januar: −12 °C
Tipp: Ein Zahlenstrahl hilft dir dabei.

8 a) A(−3|3); B(−1|1); C(−2|−3); D(2|−3); E(1|1); F(2|4); G(0|2)
b) C(3|−1)

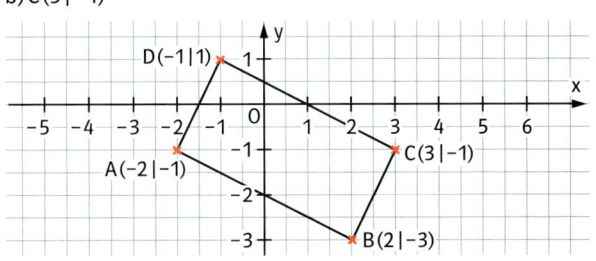

[Koordinatensystem mit Punkten A(−2|−1), B(2|−3), C(3|−1), D(−1|1)]

Tipp: Du kannst die positiven Zahlen mit und ohne Vorzeichen angeben.

Test einfach, Seite 30

1 oberer Zahlenstrahl: 0,8; 1,25;
unterer Zahlenstrahl: 3,13
Tipp: Achte auf die Angaben am Zahlenstrahl. Daran kannst du erkennen, was ein Teilstrich auf dem Zahlenstrahl bedeutet.
→ Seite 12; Seite 13, Aufgabe 4

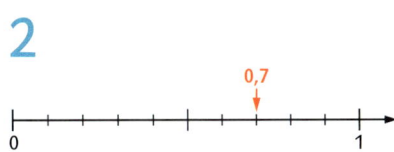

2 [Zahlenstrahl von 0 bis 1 mit 0,7 markiert]
Tipp: Überlege für deinen Zahlenstrahl, zwischen welchen ganzen Zahlen 0,7 liegt.
→ Seite 13, Aufgaben 6 und 10

3 a) 1,201
b) 20 Zehntel
Tipp: Trage die Angaben in eine Stellenwerttafel ein.
→ Seite 14, Aufgaben 15 und 17

4 Die größte Zahl ist 0,9 l, die kleinste Zahl ist 0,28 l.
Begründung: Alle Zahlen liegen zwischen 0 l und 1 l. Die Zahl 0,9 hat mit 9 die meisten Zehntel, 0,28 mit 2 Zehntel die wenigsten.
Oder: 0,28 liegt am weitesten links auf dem Zahlenstrahl und 0,9 am weitesten rechts.
Tipp: Zeichne die Zahlen in eine Messskala ein oder trage sie in eine Stellenwerttafel ein.
→ Seite 18, Aufgabe 45; Seite 19, Aufgabe 54

5 $\frac{20}{100} = \frac{1}{5} = 0{,}2 = 20\%$
Tipp: $\frac{1}{100} = 0{,}01 = 1\%$
→ Seite 18, Aufgaben 43 und 44

Lösungen 247

Lösungen

6 Der Uhu wiegt etwa 3,2 kg und der Waldkauz 0,5 kg.
→ Seite 20, Aufgaben 57 bis 59

7 3 °C − 6 °C = −3 °C

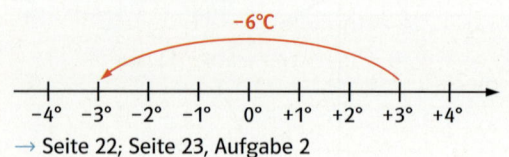

→ Seite 22; Seite 23, Aufgabe 2

Test mittel, Seite 30

1 oberer Zahlenstrahl: 0,75; 1,05;
unterer Zahlenstrahl: 1,8
Tipp: Achte auf die Angaben am Zahlenstrahl. Daran kannst du erkennen, was ein Teilstrich auf dem Zahlenstrahl bedeutet.
→ Seite 12; Seite 13, Aufgabe 4

2

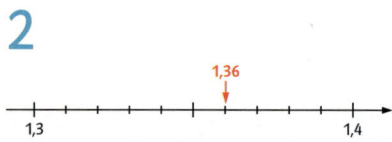

Tipp: Die letzte Stelle der Zahl, die du einzeichnen sollst, sind Hundertstel. Zwischen welchen Zehntel-Angaben liegen sie? Die Einer-Angabe bleibt im gewählten Zahlenstrahl-Ausschnitt fest.
→ Seite 13, Aufgaben 6 und 10

3 a) 1,8
b) Siegerzeit: 53,47 s
Tipp: Trage die Angaben in eine Stellenwerttafel ein.
→ Seite 14, Aufgabe 17; Seite 17, Aufgabe 39

4 $\frac{1}{4}$ l = 0,25 l; 0,085 l < 0,238 l < 0,25 l < 0,6 l < 0,74 l
Alle Zahlen liegen zwischen 0 l und 1 l. Um herauszufinden, in welcher Reihenfolge die Zahlen angeordnet werden müssen, vergleicht man zunächst die Zehntel und ordnet entsprechend. Bei gleicher Zehntel-Anzahl werden die Hundertstel verglichen und die Zahlen entsprechend geordnet. Man kann die Zahlen auch am Zahlenstrahl anordnen und dann vergleichen.
Tipp: Zeichne die Zahlen in eine Messskala oder trage sie in eine Stellenwerttafel ein.
→ Seite 18, Aufgabe 45; Seite 19, Aufgabe 54

5 $\frac{2}{5}$ = $\frac{40}{100}$ = 0,4; 36 % = $\frac{36}{100}$ = 0,36

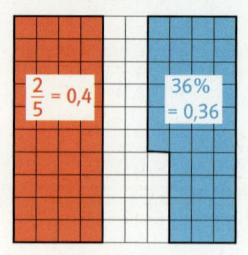

Tipp: $\frac{1}{100}$ = 0,01 = 1 %
→ Seite 18, Aufgaben 43 und 44

6 Die erste Angabe ist auf Zehntel gerundet, also auf 100 g genau. Das Gewicht könnte zwischen 0,05 kg (= 50 g) und knapp unter 0,15 kg (= 150 g) liegen. Die zweite Angabe ist auf Hundertstel gerundet, also auf 10 g genau.
Das Gewicht könnte zwischen 0,095 kg (= 95 g) und etwas unter 0,105 kg (= 105 g) liegen.
Tipp: Hier gibt die 0 an, wie genau gerundet wurde.
→ Seite 20, Aufgabe 61

7 − 29 °C + 25 °C = − 4 °C
→ Seite 22; Seite 23, Aufgabe 2

Test schwieriger, Seite 30

1 oberer Zahlenstrahl: 4,605; 4,64;
unterer Zahlenstrahl: 1,18
Tipp: Achte auf die Angaben am Zahlenstrahl. Daran kannst du erkennen, was ein Teilstrich auf dem Zahlenstrahl bedeutet.
→ Seite 12; Seite 13, Aufgabe 4

2

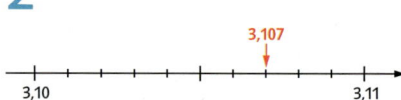

Tipp: Die letzte Stelle der Zahl, die du einzeichnen sollst, sind Hundertstel. Zwischen welchen Zehntel-Angaben liegen sie? Die Einer-Angabe bleibt im gewählten Zahlenstrahl-Ausschnitt fest.
→ Seite 13, Aufgaben 6 und 10

3 a) 3,216
b) 300 Tausendstel
Tipp: Trage die Angaben in eine Stellenwerttafel ein.
→ Seite 14, Aufgaben 15 und 17

4 a) 33 dl = 3,3 l; 40 ml = 0,04 l
0,04 l < 0,4 l < 3,3 l
b) $\frac{3}{5}$ l = 0,6 l
0,6 l < 0,68 l
Tipp: Die Angaben müssen erst in eine gleiche Einheit umgewandelt werden. Die Reihenfolge der Zahlen erhält man, indem man zunächst die Einer, dann die Zehntel vergleicht.
Tipp: Zeichne die Zahlen in einen Zahlenstrahl oder in eine Messskala ein oder trage sie in eine Stellenwerttafel ein.
→ Seite 18, Aufgabe 45; Seite 19, Aufgabe 54

5 a) $\frac{4}{20} = \frac{20}{100} = 0{,}2 = 20\,\%$
$\frac{1}{8} = \frac{125}{1000} = 0{,}125 = 12{,}5\,\%$
Tipp: Überlegung dazu: $\frac{1}{8}$ ist die Hälfte von $\frac{1}{4}$ = 0,25.
b) Mögliche Antwort: Dezimalzahlen kann man leichter vergleichen als Brüche. Man kann Dezimalzahlen auch einfacher miteinander addieren oder voneinander subtrahieren.
Tipp: $\frac{1}{100}$ = 0,01 = 1 %
→ Seite 18, Aufgaben 43 und 44

6 Mögliche Antwort: Angabe der Körpergröße in Meter, Zeiten bei 100-m-Lauf, die elektronisch gestoppt werden, usw.
→ Seite 20, Kompetenzkasten unten, Aufgaben 60 und 61

7 + 30,6 °C − 100,6 °C = − 70 °C
Im Winter wurde es − 70 °C kalt.
→ Seite 23; Seite 24, Aufgaben 2 und 3

2 Karte und Kompass – Orientierung

Check-in, Seite 33

1 a) Die eingefärbten Kreisteile sind
1) $\frac{1}{2}$; 2) $\frac{1}{4}$; 3) $\frac{3}{4}$; 4) $\frac{2}{5}$.
b) z. B.:

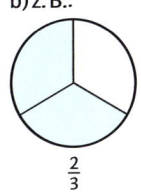

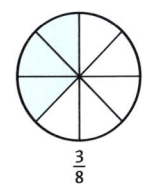

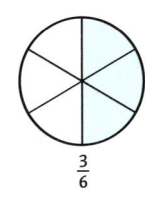

$\frac{2}{3}$ $\frac{3}{8}$ $\frac{3}{6}$

2 a) Für die Geraden gilt: a ∥ b und d ∥ e; c ⊥ d, c ⊥ e, g ⊥ a und g ⊥ b.
b) z. B.:

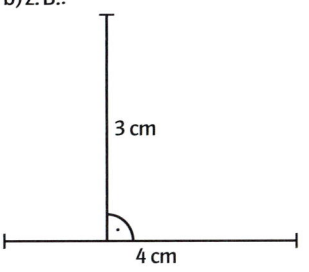

3 cm
4 cm

3 a) 60 + 30 + 55 = 145
b) 117 + 17 + 81 = 215
c) 24 + 22 + 53 + 12 = 111

4 a) A(3|3); B(5|3); C(6|5); D(5|7); E(3|7); F(2|5)
b)

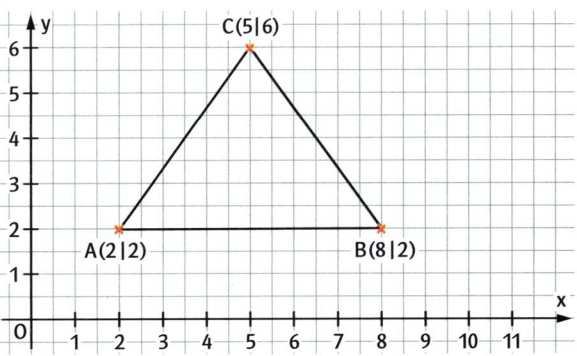

C(5|6)
A(2|2)   B(8|2)

5 a) Deine Grafik soll aussehen wie die im Schülerbuch.

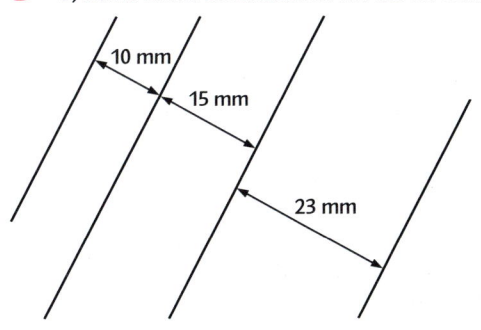

10 mm
15 mm
23 mm

Lösungen

b) (1) z.B.
7 cm + 5 cm = 12 cm

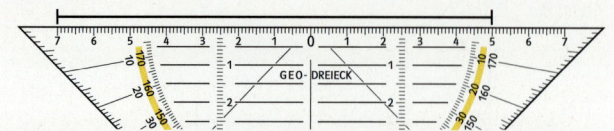

Mögliche Antwort: Da die Skala des Lineals auf dem Geodreieck symmetrisch von der Null in der Mitte 7 cm nach links und 7 cm nach rechts verläuft, zeichne ich meine Strecke von links 7 cm über die Null hinweg bis zu 5 cm rechts von der Null.
(2) z.B.

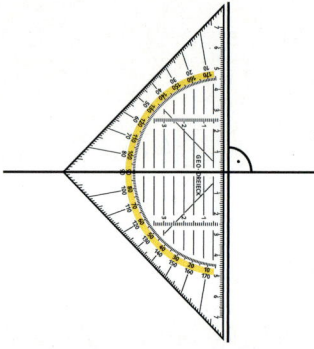

Ich zeichne mit dem Lineal des Geodreiecks eine Strecke. Dann drehe ich das Geodreieck so, dass die Verbindungslinie vom Nullpunkt des Lineals zum 90°-Zeichen auf meiner Strecke liegt und zeichne dann eine zweite Strecke.

Check, Seite 49

1 a) 1) halbe Drehung um 180° nach links
2) achtel Drehung um 45° nach rechts
b) z.B.

2 a) α = 45°, spitzer Winkel
b) β = 90°, rechter Winkle
c) γ = 135°, stumpfer Winkel
d) δ = 315°, überstumpfer Winkel

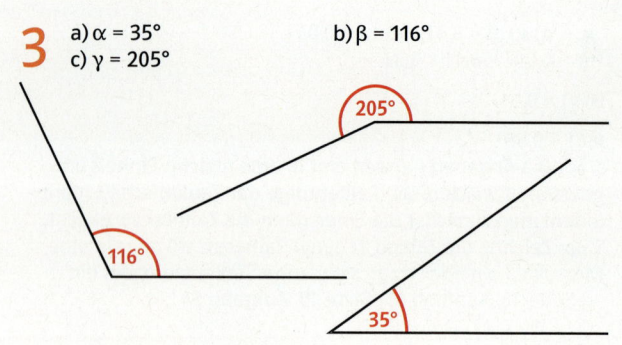

3 a) α = 35° b) β = 116°
c) γ = 205°

4 a) 1) 180° − 66° = 114°
2) 180° − 38° = 142°
b) α = 135°; β = 180° − 135°= 45°; γ = α = 135°; δ = β = 45°

5 a) Die Punkte haben die Koordinaten B(1|4); C(2|1,5); D(5|2,5).
b) Strecke $\overline{AB}$ = 4,1 cm; Kurs 15°;
Strecke $\overline{AC}$ = 2,5 cm; Kurs 56°;
Strecke $\overline{AD}$ = 5,6 cm; Kurs 64°.
Tipp: Das sind die Ergebnisse, wenn das Koordinatensystem ins Heft übertragen wird. Misst man im Schülerbuch mit dem kleineren Karoraster, so sind die Strecken kürzer, die Winkel bleiben gleich: Strecke $\overline{AB}$ = 3,3 cm; Strecke $\overline{AC}$ = 2,0 cm; Strecke $\overline{AD}$ = 4,5 cm.

Test einfach, Seite 52

1 a) $\frac{1}{4}$ Linksdrehung
b) $\frac{1}{2}$ Rechtsdrehung
→ Seite 36, Aufgabe 1; Seite 37, Aufgabe 2

2 Alle Winkel sind spitz.

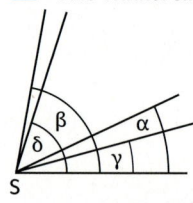

Tipp: Beim Zeichnen von Winkeln gibt es zwei Möglichkeiten.
→ Seite 39, Aufgabe 4; Seite 41, Aufgabe 4

3 α = 90°; β = δ = 71,5°; γ = 127°
Tipp: Überprüfe deine Messung, indem du die Winkelsumme im Viereck bildest, sie beträgt 360°.
→ Seite 41, Aufgaben 5 bis 8

4

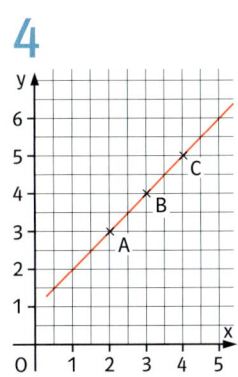

Ja, alle Punkte liegen auf einer Gerade.
Tipp: Die erste Koordinate gibt immer den Abstand auf der Rechtsachse, die zweite Koordinate gibt immer den Abstand auf der Hochachse an.
→ Seite 45, Aufgabe 1 a)

5

Entfernung im Heft: 7,1 cm
Kursrichtung: 51°
Tipp: Die Kursrichtung wird immer als rechtsdrehende Abweichung von der Hochachse (N ≙ 0°) angegeben.
→ Seite 45, Aufgaben 1 b) und 2

Test mittel, Seite 52

1
a) $\frac{1}{2}$ Rechtsdrehung
b) $\frac{3}{4}$ Linksdrehung

Tipp: Drehe den Kreis gedanklich so, dass der Pfeil oben beginnt.
→ Seite 36, Aufgabe 1; Seite 37, Aufgabe 2

2

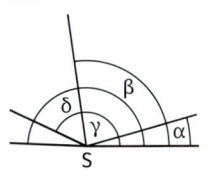

α ist ein spitzer Winkel, alle anderen sind stumpf.
Tipp: Beim Zeichnen von Winkeln gibt es zwei Möglichkeiten.
→ Seite 39, Aufgabe 4; Seite 41, Aufgabe 4

3
α = 106°; β = 57°; γ = 109°; δ = 88°
Tipp: Überprüfe deine Messung, indem du die Winkelsumme im Viereck bildest, sie beträgt 360°.
→ Seite 41, Aufgaben 5 bis 8

4

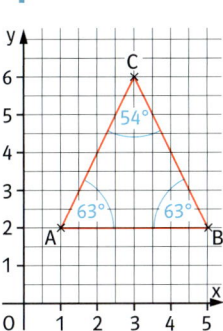

Tipp: Die Winkelsumme im Dreieck beträgt 180°.
→ Seite 45, Aufgabe 2

5

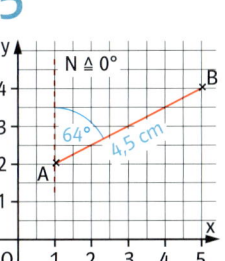

Tipp: Zeichne durch den Punkt A eine Hilfslinie parallel zur Hochachse ein.
→ Seite 46, Aufgaben 4 und 5

Test schwieriger, Seite 52

1

	von	drehe dich um	nach	das sind die Grad
a)	Osten	$\frac{1}{4}$ Drehung	links	90°
b)	Süden	$\frac{3}{4}$ Drehung	rechts	270°
c)	Norden	$\frac{3}{8}$ Drehung	links	135°

Lösungen

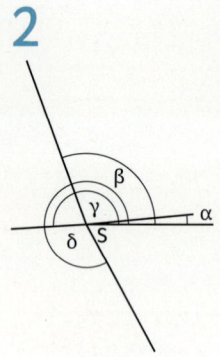

2

α ist ein spitzer Winkel, β ist ein stumpfer Winkel und γ und δ sind überstumpf.
Tipp: Beim Zeichnen von Winkeln gibt es zwei Möglichkeiten.
→ Seite 39, Aufgabe 4; Seite 41, Aufgabe 4

3
α = 53°; β = 82°; γ = 34°; δ = 27°; ε = 37°
Tipp: Je größer du die Figur zeichnest, umso genauer kannst du die Winkel messen.
→ Seite 40, Aufgaben 1 und 3; Seite 41, Aufgaben 4 bis 7

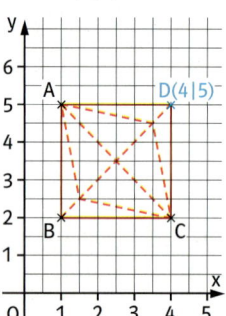

4
D(4|5)

Im Rechteck ist der Winkel ∢ADC = 90°.
Wandert D auf der Diagonalen $\overline{BD}$ in Richtung B, wird der Winkel ∢ADC größer. Liegt D auf der Strecke $\overline{AC}$, ist der Winkel 180°. Wandert D weiter, wird der Winkel ∢ADC noch größer, bis er schließlich 270° erreicht.
Tipp: Die Drehrichtung ist eine Linksdrehung vom Schenkel AD zum Schenkel DC.

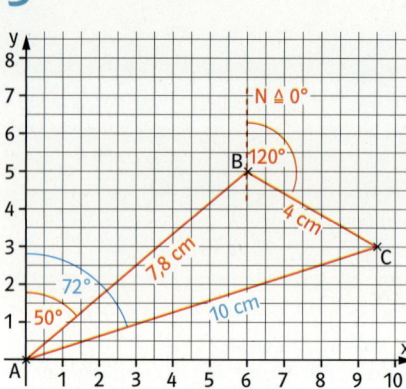

5

Tipp: Zeichne durch den Punkt B eine Hilfslinie parallel zur Hochachse und trage dort 120° ab.
→ Seite 46, Aufgaben 4 und 5

3 Gewinnen und Verlieren

Check-in, Seite 55

1
a) 5 · 7 = 35; 9 · 8 = 72; 4 · 12 = 48; 5 · 16 = 80
b) 42 : 7 = 6; 54 : 6 = 9; 48 : 4 = 12; 360 : 90 = 4
c) 45 + 12 = 57; 87 + 30 = 117; 79 + 56 = 135
d) 82 − 9 = 73; 135 − 70 = 65; 156 − 62 = 94

2
a) 2,5 m = 250 cm;   45 cm = 0,45 m;
   3,2 km = 3200 m;   750 m = 0,75 km;
   340 mm = 34 cm;   7,5 cm = 75 mm
b) 1200 g = 1,2 kg;   2,5 kg = 2500 g;
   4,8 t = 4800 kg;   800 kg = 0,8 t
c) 3 h = 180 min;   180 min = 3 h;
   30 min = 0,5 h;   1,5 min = 90 s;
   3 Tage = 72 h;   1,5 Tage = 36 h

3
a) $\frac{4}{20} = \frac{1}{5}$ b) $\frac{2}{5}$
c) $\frac{3}{8}$ d) $\frac{5}{15} = \frac{1}{3}$
e) $\frac{2}{8} = \frac{1}{4}$ f) $\frac{2}{6} = \frac{1}{3}$
g) $\frac{3}{10}$ h) $\frac{4}{7}$
i) $\frac{3}{9} = \frac{1}{3}$ j) $\frac{3}{11}$

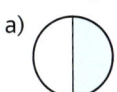

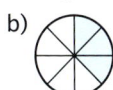

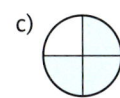

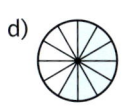

4 Mögliche Lösungen sind:

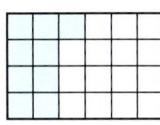

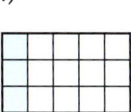

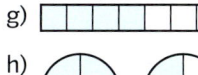

a) b) c) d) e) f) g) h)

5
a)
30 %
13 %
25 %

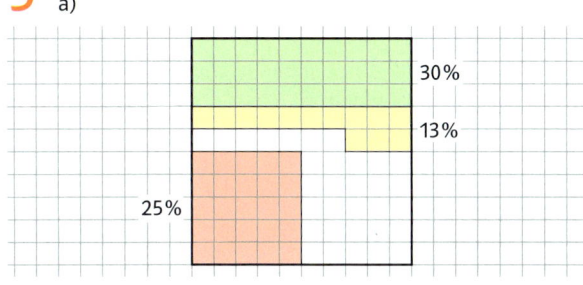

b) $\frac{1}{4} = \frac{25}{100} = 25\%$; $\frac{3}{10} = \frac{30}{100} = 30\%$; $\frac{13}{100} = 13\%$

c)

Prozentangabe	25 %	50 %	75 %	10 %	20 %	29 %
Bruch	$\frac{1}{4}$	$\frac{1}{2}$	$\frac{3}{4}$	$\frac{1}{10}$	$\frac{1}{5}$	$\frac{29}{100}$

6
a) Mögliche Lösungen sind:

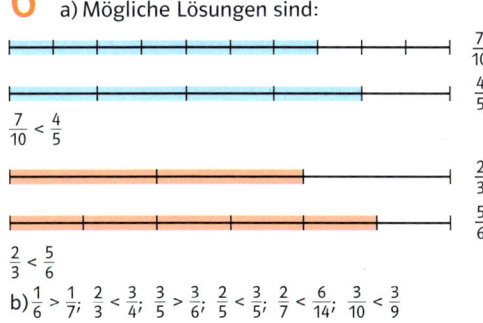

$\frac{7}{10}$
$\frac{4}{5}$
$\frac{7}{10} < \frac{4}{5}$
$\frac{2}{3}$
$\frac{5}{6}$
$\frac{2}{3} < \frac{5}{6}$

b) $\frac{1}{6} > \frac{1}{7}$; $\frac{2}{3} < \frac{3}{4}$; $\frac{3}{5} > \frac{3}{6}$; $\frac{2}{5} < \frac{3}{5}$; $\frac{2}{7} < \frac{6}{14}$; $\frac{3}{10} < \frac{3}{9}$

c)
- Haben Brüche den gleichen Zähler, so ist der Bruch mit dem kleineren Nenner größer.
- Haben Brüche den gleichen Nenner, so ist der Bruch mit dem kleineren Zähler kleiner.

Check, Seite 71

1
a) $\frac{1}{2}$h = 30 min; $\frac{1}{4}$h = 15 min; $\frac{1}{3}$h = 20 min; $\frac{1}{6}$h = 10 min; $\frac{3}{4}$h = 45 min; $\frac{5}{6}$h = 50 min; $\frac{1}{12}$h = 5 min; $\frac{7}{60}$h = 7 min

b) 240 : 3 = 80 Ein Drittel von 240 Losen sind 80 Gewinnlose.

2
a) $\frac{3}{5} = \frac{9}{15}$ ($\frac{3}{5} = \frac{12}{20}$); $\frac{2}{7} = \frac{6}{21}$ ($\frac{2}{7} = \frac{8}{28}$); $\frac{5}{6} = \frac{15}{18}$ ($\frac{5}{6} = \frac{20}{24}$); $\frac{3}{4} = \frac{9}{12}$ ($\frac{3}{4} = \frac{12}{16}$)

b) $\frac{12}{15} = \frac{4}{5}$; $\frac{9}{30} = \frac{3}{10}$; $\frac{4}{18} = \frac{2}{9}$; $\frac{24}{40} = \frac{3}{5}$; $\frac{12}{72} = \frac{1}{6}$

3
a) $\frac{1}{6} = \frac{2}{12} < \frac{1}{3} = \frac{4}{12} < \frac{1}{2} = \frac{6}{12} < \frac{7}{12} < \frac{2}{3} = \frac{8}{12} < \frac{3}{4} = \frac{9}{12} < \frac{5}{6} = \frac{10}{12}$

b) $\frac{1}{2} = \frac{3}{6} < \frac{2}{3} = \frac{4}{6}$; $\frac{1}{4} = \frac{5}{20} < \frac{3}{5} = \frac{12}{20}$; $\frac{3}{4} = \frac{15}{20} > \frac{3}{5} = \frac{12}{20}$;
$\frac{2}{7} < \frac{2}{5}$ (gleiche Zähler); $\frac{3}{10} < \frac{4}{5} = \frac{8}{10}$

Tipp: Es gibt verschiedene Möglichkeiten, Brüche zu vergleichen, z. B. suche einen Nenner, der durch alle anderen Nenner ohne Rest teilbar ist.

4
a) $\frac{3}{4} - \frac{1}{4} = \frac{2}{4} = \frac{1}{2}$; $\frac{3}{10} + \frac{5}{10} = \frac{8}{10} = \frac{4}{5}$

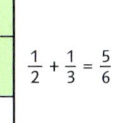

b) 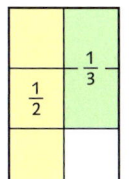
$\frac{1}{2}$ $\frac{1}{3}$ $\frac{1}{2} + \frac{1}{3} = \frac{5}{6}$
$\frac{2}{5}$ $\frac{1}{4}$ $\frac{2}{5} + \frac{1}{4} = \frac{13}{20}$

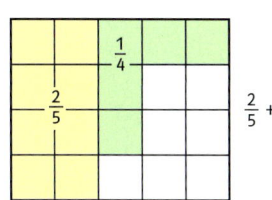

c) $\frac{3}{4} + \frac{1}{6} = \frac{9}{12} + \frac{2}{12} = \frac{11}{12}$; $\frac{4}{7} - \frac{1}{5} = \frac{20}{35} - \frac{7}{35} = \frac{13}{35}$; $\frac{3}{4} + \frac{1}{8} = \frac{6}{8} + \frac{1}{8} = \frac{7}{8}$

5
a) Beide Brüche können in ein Rechteck mit 4 · 5 = 20 Unterteilungen gezeichnet werden.

$\frac{3}{4} = \frac{15}{20}$ $\frac{4}{5} = \frac{16}{20}$

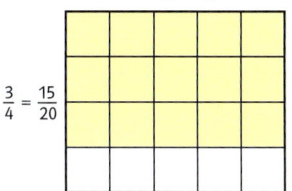

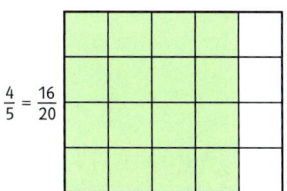

In der Grafik erkennt man deutlich, dass Charlotte Unrecht hat.

b) Die Gewinnchance ist jeweils 2 von 7.
Die Gewinnchance ist bei 90 Gewinnen mit 240 Nieten:
90 von 330 = 9 von 33 = 3 von 11, also nicht gleich.

6
a) Der links abgebildete „Würfel" hat eine schwere Seite, die häufiger nach unten fällt. Daher sind die Ergebnisse der einzelnen Seiten nicht gleich wahrscheinlich.

b) Verschiedene Färbungen sind möglich, genau zwei Seiten des Würfels müssen rot gefärbt werden.

Tipp: Es ist egal, ob die roten Seiten nebeneinander oder gegenüber liegen.

7
a) Die Wahrscheinlichkeit eine 6 zu würfeln ist $\frac{1}{12}$.

b) Die Wahrscheinlichkeit eine zweistellige Zahl zu würfeln ist die Wahrscheinlichkeit eine 10, eine 11 oder eine 12 zu würfeln, also $\frac{3}{12} = \frac{1}{4}$.

c) Die Wahrscheinlichkeit eine ungerade Zahl zu würfeln ist die Wahrscheinlichkeit, eine 1, eine 3, eine 5, eine 7, eine 9 oder eine 11 zu würfeln, also $\frac{6}{12} = \frac{1}{2}$.

Lösungen

Test einfach, Seite 74

1 a) $\frac{1}{4}$ von 600 € = 150 €;
b) $\frac{2}{5}$ von 200 € = 80 €;
c) $\frac{1}{3}$ von 120 € = 40 €

Tipp: Du kannst auch schrittweise rechnen. Z. B. bei Teilaufgabe b) 200 € : 5 = 40 €; 40 € · 2 = 80 €.
→ Seite 58, Aufgabe 5

2 a) $\frac{3 \cdot 4}{5 \cdot 4} = \frac{12}{20}$; $\frac{2 \cdot 4}{9 \cdot 4} = \frac{8}{36}$; $\frac{7 \cdot 4}{8 \cdot 4} = \frac{28}{32}$; $\frac{4 \cdot 4}{3 \cdot 4} = \frac{16}{12}$
b) $\frac{9 : 3}{12 : 3} = \frac{3}{4}$; $\frac{3 : 3}{15 : 3} = \frac{1}{5}$; $\frac{6 : 2}{10 : 2} = \frac{3}{5}$; $\frac{14 : 2}{20 : 2} = \frac{7}{10}$

Tipp: Beim Erweitern Zähler und Nenner mit der gleichen Zahl multiplizieren, beim Kürzen durch die gleiche Zahl dividieren.
→ Seite 61; Seite 62, Aufgaben 6 bis 8

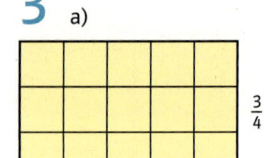

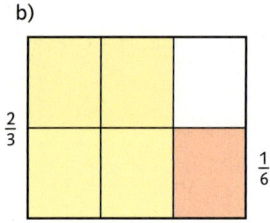

3 a) $\frac{3}{4}$; $\frac{1}{5}$ b) $\frac{2}{3}$; $\frac{1}{6}$

Tipp: Die Anzahl des Kästchen muss durch beide Nenner ohne Rest teilbar sein.
→ Seite 64, Aufgabe 1

4 a) $\frac{7}{10} + \frac{1}{2} = \frac{7}{10} + \frac{5}{10} = \frac{12}{10} = \frac{6}{5}$
b) $\frac{5}{8} - \frac{1}{3} = \frac{15}{24} - \frac{8}{24} = \frac{7}{24}$
c) $\frac{5}{6} - \frac{5}{8} = \frac{20}{24} - \frac{15}{24} = \frac{5}{24}$
d) $\frac{3}{4} + \frac{1}{7} = \frac{21}{28} + \frac{4}{28} = \frac{25}{28}$

Tipp: Suche zuerst den gemeinsamen Nenner.
→ Seite 65, Aufgaben 9 bis 11

5 a) Die Wahrscheinlichkeit beträgt $\frac{3}{24} = \frac{1}{8}$.
b) Die Wahrscheinlichkeit beträgt $\frac{8}{24} = \frac{1}{3}$.

Tipp: Wahrscheinlichkeiten werden als gekürzte Brüche angegeben.
→ Seite 68; Seite 69, Aufgabe 5

Test mittel, Seite 74

1 a) $\frac{3}{7}$ von 231 km = 99 km
b) $\frac{3}{8}$ von 368 kg = 138 kg
c) $\frac{5}{6}$ von 288 km = 240 km

Tipp: Du kannst auch schrittweise rechnen. Z. B. bei Teilaufgabe a) 231 km : 7 = 33 km; 33 km · 3 = 99 km.
→ Seite 58, Aufgabe 5

2 $\frac{3}{4} = \frac{15}{20}$; $\frac{4}{7} = \frac{12}{21}$; $\frac{4}{20} = \frac{1}{5}$
$\frac{5}{25} = \frac{1}{5}$; $\frac{2}{3} = \frac{8}{12}$; $\frac{3}{8} = \frac{9}{24}$

Tipp: Suche zuerst die Zahl, mit der du erweiterst bzw. kürzt.
→ Seite 61; Seite 62, Aufgabe 8

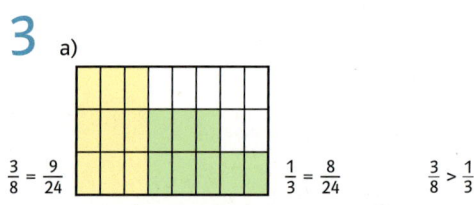

3 a) $\frac{3}{8} = \frac{9}{24}$ $\frac{1}{3} = \frac{8}{24}$ $\frac{3}{8} > \frac{1}{3}$

b) Der Bruch $\frac{4}{9}$ ist größer als der Bruch $\frac{3}{10}$.

Tipp: Es sind unterschiedliche Begründungen möglich. Auch eine Zeichnung hilft die Brüche zu vergleichen.
→ Seite 64, Aufgabe 1

4 a) $\frac{9}{10} + \frac{4}{5} = \frac{9}{10} + \frac{8}{10} = \frac{17}{10} = 1\frac{7}{10}$
b) $\frac{3}{8} + \frac{3}{20} = \frac{15}{40} + \frac{6}{40} = \frac{21}{40}$
c) $\frac{7}{6} - \frac{7}{15} = \frac{35}{30} - \frac{14}{30} = \frac{21}{30} = \frac{7}{10}$
d) $\frac{5}{12} + \frac{1}{9} = \frac{15}{36} + \frac{4}{36} = \frac{19}{36}$

Tipp: Suche zuerst den gemeinsamen Nenner.
→ Seite 65, Aufgaben 9 bis 11

5 a) Wenn Rot eine zwei würfelt, kann Rot den gelben Spielstein rauswerfen. Die Chance dafür ist $\frac{1}{6}$.
b) Rot kommt mit 4, 5 und 6 ins Haus. Die Chance dafür ist $\frac{1}{2}$.

Tipp: Das Haus sind die kleinen roten Kreise. Wahrscheinlichkeiten werden als gekürzte Brüche angegeben.
→ Seite 68, Aufgabe 2

Test schwieriger, Seite 74

1

Lose	Anzahl Lose	Bruch
Hauptgewinne	20	$\frac{1}{16}$
Nieten	160	$\frac{1}{2}$
Kleingewinne	140	$\frac{7}{16}$
Lose insgesamt	320	$\frac{1}{1}$

Tipp: Eine Tabelle hilft die Ergebnisse übersichtlich darzustellen.
→ Seite 58, Aufgabe 5

2
a) $\frac{3}{4} = \frac{12}{16}$ oder $\frac{3}{4} = \frac{15}{20}$ oder $\frac{3}{5} = \frac{12}{20}$ b) $\frac{4}{5} = \frac{20}{25}$
c) $\frac{7}{10} = \frac{56}{80}$ oder $\frac{9}{10} = \frac{72}{80}$ d) $\frac{25}{40} = \frac{5}{8}$ oder $\frac{56}{40} = \frac{7}{5}$

Tipp: Je nachdem welche Zahl geändert wird, sind unterschiedliche Lösungen möglich.
→ Seite 61; Seite 62, Aufgabe 8

3
a) Z. B. auf gleichen Zähler erweitern:
$\frac{4 \cdot 5}{9 \cdot 5} = \frac{20}{45}$; $\frac{10 \cdot 2}{21 \cdot 2} = \frac{20}{42}$; der Bruch $\frac{10}{21}$ ist größer als der Bruch $\frac{4}{9}$.

b) Z. B. auf gleiche Nenner erweitern:
$\frac{3 \cdot 8}{5 \cdot 8} = \frac{24}{40}$; $\frac{5 \cdot 5}{8 \cdot 5} = \frac{25}{40}$; $\frac{3}{5}$ ist kleiner als $\frac{5}{8}$.

Tipp: Es sind unterschiedliche Begründungen möglich. Auch eine Zeichnung hilft, die Brüche zu vergleichen.
→ Seite 62, Aufgabe 13

4
a) $4 - \frac{3}{7} = \frac{28}{7} - \frac{3}{7} = \frac{25}{7} = 3\frac{4}{7}$
b) $\frac{1}{2} + \frac{5}{9} = \frac{9}{18} + \frac{10}{18} = \frac{19}{18} = 1\frac{1}{18}$
c) $\frac{5}{6} - \frac{1}{8} - \frac{1}{3} = \frac{20}{24} - \frac{3}{24} - \frac{8}{24} = \frac{9}{24} = \frac{3}{8}$
d) $\frac{3}{5} + \frac{2}{8} + \frac{3}{10} = \frac{24}{40} + \frac{10}{40} + \frac{12}{40} = \frac{46}{40} = \frac{23}{20} = 1\frac{3}{20}$

Tipp: Suche zuerst den gemeinsamen Nenner.
→ Seite 65, Aufgaben 9 bis 11

5
Die geraden Zahlen sind 2, 4, 6, 8, 10 und 12; die durch 3 teilbaren Zahlen sind 3, 6, 9 und 12.
Die Wahrscheinlichkeit für eine der Zahlen 2, 3, 4, 6, 8, 9, 10 und 12 ist $\frac{8}{12} = \frac{2}{3}$.

Tipp: Wahrscheinlichkeiten werden als gekürzte Brüche angegeben.
→ Seite 68, Aufgabe 2

4 Mandalas und andere Kreismuster

Check-in, Seite 77

1
a)
|— 4,5 cm —|

b) Gina hat genau gezeichnet.
Maxi sollte seinen Zeichenstift gleichmäßig aufdrücken, damit die Linie überall gleich dick ist.
Lara sollte ihre Finger weit genug unter den Linealrand legen, damit beim Zeichnen keine Dellen entstehen.
Ben sollte mit Bleistift und nicht mit Füller zeichnen, dann verschmiert die frisch gezeichnete Linie nicht, wenn Ben mit dem Lineal darüber wischt.
Tom sollte auf der Linealskala von der 0 bis zur 3 messen, damit die Linie nicht zu lang wird.

2
a) Die Zeichnungen 1) und 2) sollen genau so aussehen wie im Schülerbuch.
b) Bei Figur 3) wurde eine falsche Höhe gezeichnet, statt 6 Kästchen nur 5 Kästchen. Bei Figur 4) wurde die untere Figur um ein Kästchen zu weit nach rechts gezeichnet.

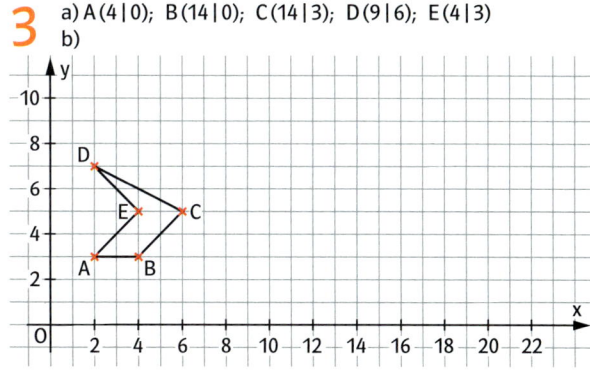

3
a) A(4|0); B(14|0); C(14|3); D(9|6); E(4|3)
b)

c) A Die Abstände auf der x-Achse sind nicht gleichmäßig, die 1 ist zu weit links eingezeichnet.
B Die Hochachse muss mit 0 beginnen.
C Der Punkt P heißt P(1|2).
D Richtig.

Lösungen

Check, Seite 97

1 a)

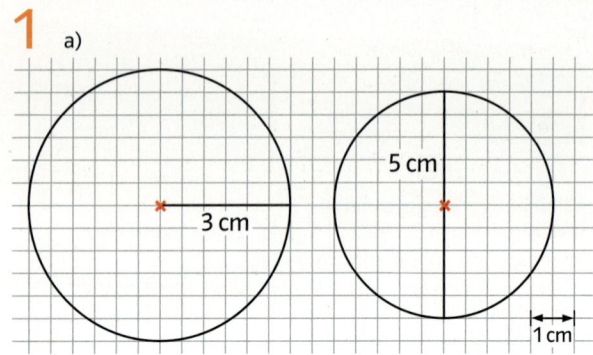

b) Die Zeichnung soll aussehen wie im Schülerbuch.
Tipp: Mit einem gespitzten und gut eingestellten Zirkel werden die Zeichnungen sauberer.

2 Symmetrieachsen haben die Grafiken aus den Teilaufgaben a) mit einer und d) mit unendlich vielen Spiegelachsen.

a) b) c) d)

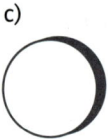

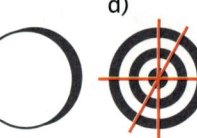

3
a) b) c)

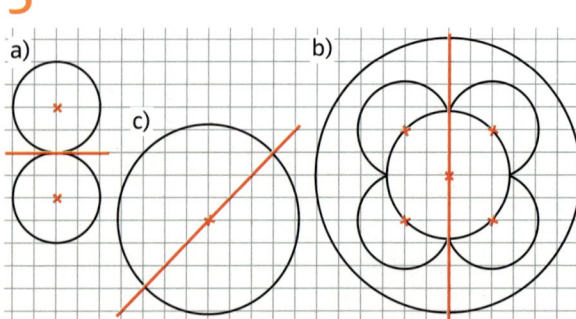

Tipp: Suche zuerst den Mittelpunkt des Kreises.

4 Punktsymmetrisch sind die Grafiken aus den Teilaufgaben d) und b), wenn die Hälften gleich gefärbt wären.

a) b) c) d)

5 a)

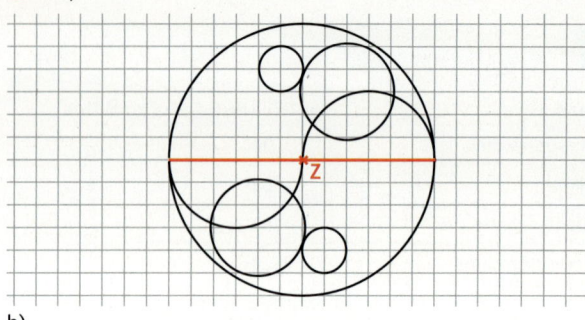

b)

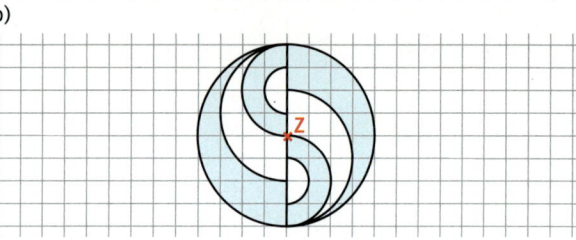

Der kleinste Halbkreis wurde an der Achse gespiegelt, er muss um vier Kästchen nach unten verschoben werden.

6 Drehsymmetrisch sind die Grafiken aus den Teilaufgaben b) mit einem Drehwinkel von 120° und d), wenn die Hälften gleich gefärbt wären.

a) b) c) d)

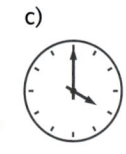

7 a) Die Drehwinkel sind (1) 360° : 3 = 120°; (2) 360° : 4 = 90°; (3) 360° : 5 = 72°; (4) 360° : 6 = 60°.

(1) (2) (3) (4)

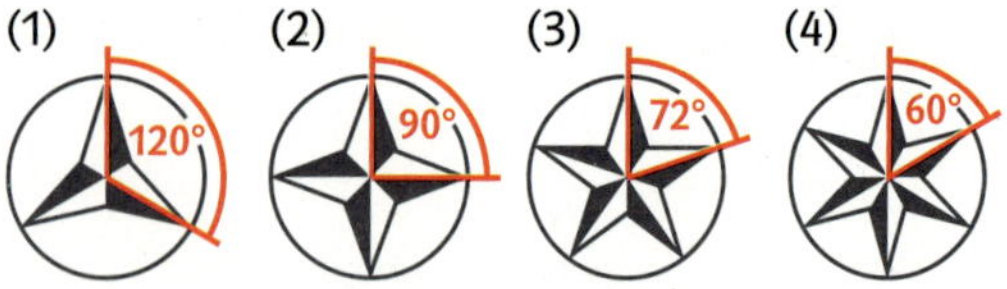

b)
(1) (2)

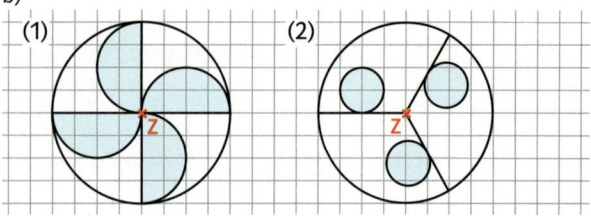

Test einfach, Seite 102

1 Die Grafik soll aussehen wie die Grafik im Schülerbuch.
Tipp: Bestimme zuerst die Lage der Mittelpunkte und die Radien der Kreise und zeichne dann.
→ Seite 80; Seite 81, Kompetenzkasten und Aufgabe 8

2

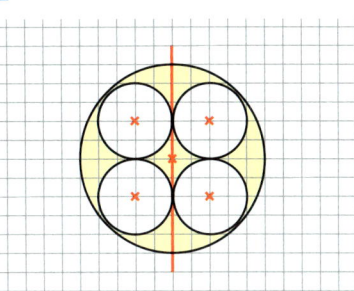

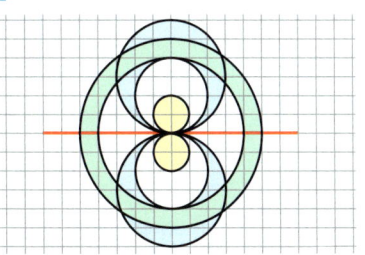

Tipp: Bestimme zuerst die Lage der Mittelpunkte und die Radien der Kreise des vorgegebenen Teiles des Kreisbildes. Dann zeichne das Spiegelbild.
→ Seite 86; Seite 87, Aufgabe 2

3

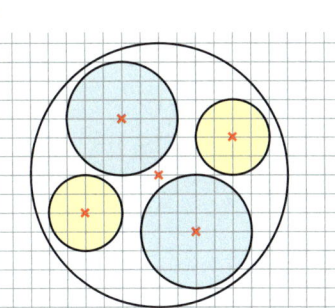

Tipp: Die Mittelpunkte der punktgespiegelten Kreise und der Symmetriepunkt müssen auf einer Geraden liegen.
→ Seite 91, Kompetenzkasten und Aufgabe 1

4

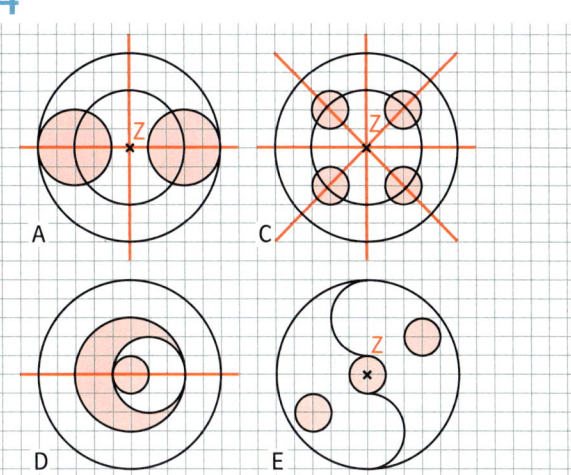

A   C

D   E

a) Achsensymmetrisch sind die Figuren A, C und D.
b) Punktsymmetrisch sind die Figuren A, C und E.
Tipp: Mit einem Spiegel oder Geodreieck kannst du ausprobieren, wo die Symmetrieachsen liegen könnten.
→ Seite 85, Aufgabe 1; Seite 90, Aufgabe 2

Test mittel, Seite 102

1 Die Grafik soll aussehen wie die Grafik im Schülerbuch.
Tipp: Bestimme zuerst die Lage der Mittelpunkte und die Radien der Kreise und zeichne dann. Gehe vor wie auf Seite 68 und 69 beschrieben.
→ Seite 80; Seite 81, Kompetenzkasten und Aufgabe 9

2

Tipp: Bestimme zuerst die Lage der Mittelpunkte und die Radien der Kreise des vorgegebenen Teiles des Kreisbildes. Dann zeichne das Spiegelbild.
→ Seite 88, Aufgabe 7

Lösungen

3

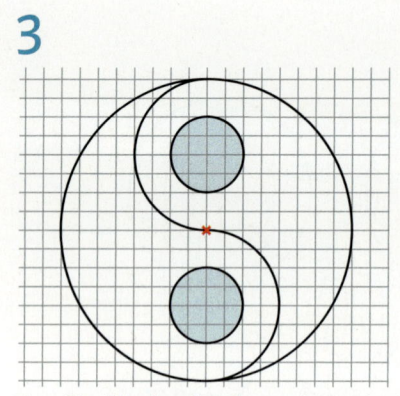

Tipp: Die Mittelpunkte der punktgespiegelten Kreise bzw. Halbkreise und der Symmetriepunkt müssen auf einer Geraden liegen.
→ Seite 90; Seite 91, Aufgabe 2

4 a) Figur A ist achsensymmetrisch und hat zwei Symmetrieachsen, Figur C ist achsensymmetrisch und hat vier Symmetrieachsen, Figur D hat eine Symmetrieachse.
b) Die Figuren A, C und E sind drehsymmetrisch.
Tipp: Siehe auch Lösung von Aufgabe 4 einfach. Mit einem Spiegel oder Geodreieck kannst du ausprobieren, wo die Symmetrieachsen liegen könnten.
→ Seite 85, Aufgabe 2; Seite 90, Aufgabe 2

Test schwieriger, Seite 102

1 Die Grafik soll aussehen wie die Grafik im Schülerbuch.
Tipp: Bestimme zuerst die Lage der Mittelpunkte und die Radien der Kreise. Sieh dir dann genau an, welcher Teil der Kreislinie gezeichnet werden muss.
→ Seite 83, Aufgabe 13

2

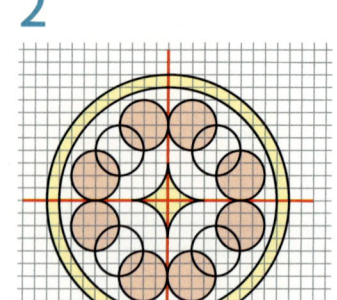

Tipp: Bestimme zuerst die Lage der Mittelpunkte und die Radien der Kreise des vorgegebenen Teiles des Kreisbildes. Dann zeichne das an der einen Symmetrieachse gespiegelte Bild. Danach spiegele an der zweiten Symmetrieachse.
→ Seite 88, Aufgabe 9

3

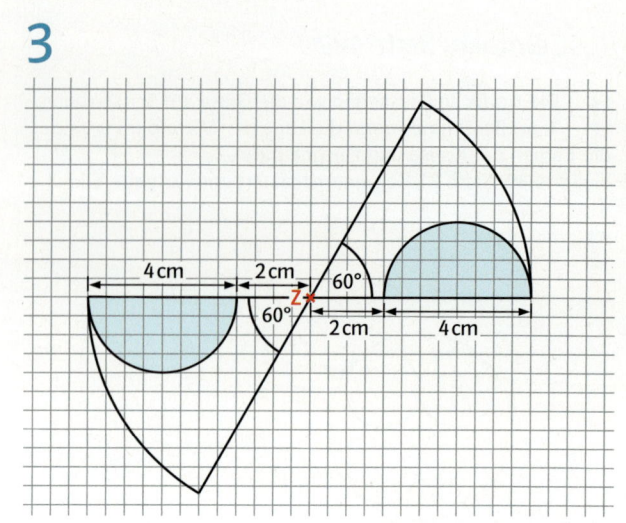

Tipp: Bestimme vor dem Zeichnen zuerst die Lage der Mittelpunkte und die Radien der Kreise des vorgegebenen Teiles des Kreisbildes. Die Mittelpunkte der punktgespiegelten Halbkreise und der Symmetriepunkt müssen dann auf einer Geraden liegen.
→ Seite 95, Aufgabe 6

4 a) Die Figuren A, C und D sind achsensymmetrisch, die Figuren A, C und E sind punktsymmetrisch. Also sind die Figuren A und C sowohl achsen- als auch punktsymmetrisch.
b) Individuelle Lösung. Z. B.

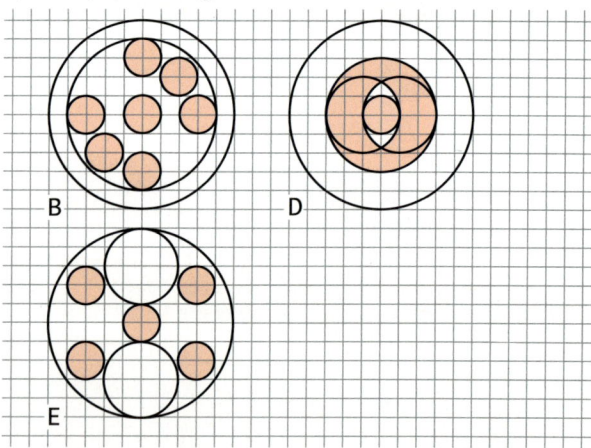

Tipp: Siehe auch Lösung von Aufgabe 4 einfach. Überlege zuerst, ob bereits eine der Symmetrien vorliegt und ergänze dann die andere. Wenn keine vorliegt, zeichne zuerst so, dass die Figur punktsymmetrisch ist, dann ergänze die Achsensymmetrie.
→ Seite 90, Aufgabe 2; Seite 92, Aufgabe 3

5 Rund um den Sport

Check-in, Seite 105

1

Z	E	z	h	Zahl
	3	2	4	3,24
1	0	0	5	10,05
		2+2	5	0,45

2 a)

```
  1 2 3 3          7 6 8 4
+   5 6 1        +   3 9 7
                     1 1 1
  1 7 9 4          8 0 8 1
```

b)
Links wurde ein Übertrag vergessen.

Rechts waren die Zahlen nicht stellengerecht untereinander geschrieben.

Richtig ist:

```
  1 0 2 3 5        9 7 2 3 0
-     6 2 1      -   4 8 3 2
      1 1            1 1 1
    9 6 1 4        9 2 3 9 8
```

Bei der unteren Rechnung wurden die Überträge zur oberen Zahl addiert.
Richtig ist:

```
  3 2 4 5
- 1 4 3 6
    1   1
  1 8 0 9
```

3 a)

```
2 4 6 · 2 3       3 5 5 · 1 0 3 3
  4 9 2             3 5 5
    7 3 8             0 0 0
    1                 1 0 6 5
  5 6 5 8             1 0 6 5
                          1
                    3 6 6 7 1 5
```

b) Die Zwischenergebnisse wurden nicht stellengerecht notiert.

```
5 4 3 · 2 1
1 0 8 6
    5 4 3
    1 1
1 1 4 0 3
```

4 a)

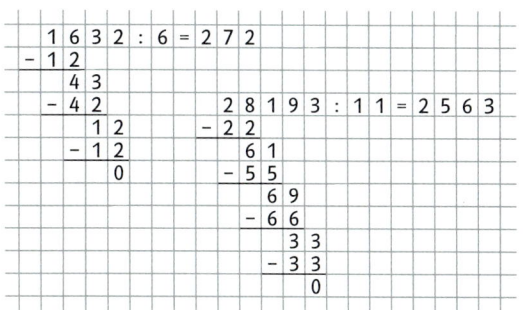

```
1 6 3 2 : 6 = 2 7 2
-1 2
    4 3
  - 4 2                2 8 1 9 3 : 1 1 = 2 5 6 3
      1 2            - 2 2
    - 1 2                6 1
        0              - 5 5
                           6 9
                         - 6 6
                             3 3
                           - 3 3
                               0
```

b) Bei der ersten Rechnung wurde die Null vergessen.
Bei der zweiten Rechnung wurde nicht zu Ende gerechnet, die 9 muss auch noch berücksichtigt werden.

```
2 9 0 4 : 4 = 7 2 6
-2 8
    1 0              5 1 9 : 3 = 1 7 3
  -   8            - 3
      2 4            2 1
    - 2 4          - 2 1
        0              0 9
                     -   9
                         0
```

5 a) 1800; 2400; 110 000
b) 300; 30; 300

6 a) Subtraktion: 6000 kg − 120 kg = 5880 kg; Das Elefantenbaby nimmt im Laufe seines Lebens 5880 kg zu.
b) Division: 6000 kg : 120 kg = 50; 50 Elefantenbabys sind so schwer wie ein ausgewachsener Elefant.
c) Multiplikation: 14 l · 7 = 98 l; 14 l · 30 = 420 l;
In der Woche fließen 98 Liter ungenutzt durch den Wasserhahn, im Monat sind es 420 Liter.
d) Division: 260 : 4 = 65
Es sollten 65 g Eiweiß verzehrt werden.

7 a) 27 cm = 0,27 m = 270 mm
b) 1,82 m = 18,2 dm = 1820 mm
c) 0,6 mm = 0,06 cm = 0,0006 m

Check, Seite 127

1 a)
```
  2 1, 3 5 0
+  1, 9 4 4
       1
  2 3, 2 9 4
```

b)
```
   0, 7 3 8
+  6, 6 0 0
       1
   7, 3 3 8
```

c)
```
  3, 9 1 1
- 2, 1 4 0
        1
  1, 7 7 1
```

d)
```
  1 5, 0 0 0
-  4, 4 3 8
      1 1 1
  1 0, 5 6 2
```

Lösungen

2
a)
```
  1 2,3 · 4,1
      4 9 2
  +   1 2 3
        1
    5 0,4 3
```

b)
```
  8,2 4 1 · 0,6 6
      0 0 0 0
      4 9 4 4 6
  +   4 9 4 4 6
        1 1   1
    5,4 3 9 0 6
```

3
a)
```
  2 5,8 : 3 = 8,6
 −2 4
    1 8
   −1 8
      0
```

b) 25,8 : 0,3 = 258 : 3 = 86
c) 25,8 : 0,03 = 2580 : 3 = 860
d)
```
  9 : 1 2 = 0,7 5
  9 0
 −8 4
    6 0
   −6 0
      0
```
e) 0,9 : 12 = 0,075

4
a) z. B.
• 33,7 · 2,2 = 74,14
• 33,7 · 0,8 = 26,96

b) z. B.
• 21,24 : 4 = 5,31
• 21,24 : 0,8 = 26,55

c) 1,9 · 75,3,   Überschlag: 2 · 75 = 150
46,89 : 5,2   Überschlag: 45 : 5 = 9

Tipp: Bei den Teilaufgaben a) und b) sollte zunächst mit einem Überschlag ausprobiert werden, wie groß die Zahlen ungefähr sind.

5
a) 34,80 · 10 = 348
b) 34,80 · 0,1 = 3,48
c) 34,80 : 10 = 3,48
d) 34,80 : 0,1 = 348
e) 34,80 · 0,001 = 0,0348

6
a) $0,3 = \frac{3}{10}$; $0,03 = \frac{3}{100}$; $0,33 = \frac{33}{100}$
b) $\frac{4}{5} = 0,8$; $\frac{3}{8} = 0,375$; $\frac{5}{9} = 0,\overline{5}$

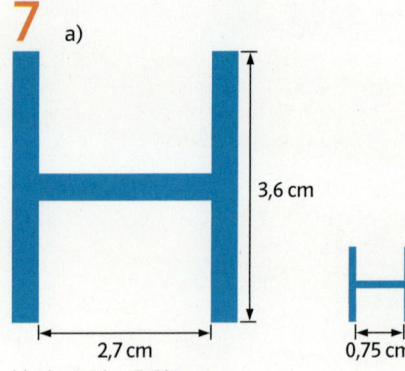

7
a) (H-Figuren mit Maßen: 3,6 cm hoch, 2,7 cm breit; kleine Figur: 1 cm hoch, 0,75 cm breit)

b) 1 l : 0,2 l = 5 Gläser
c) Bei der Teilaufgabe a) muss man etwas vergrößern (1,8-fach) bzw. verkleinern (0,5-fach). Das sind die Faktoren, die man mit den vorgegebenen Maßen multipliziert. Bei Teilaufgabe b) wird ein Liter in 0,2 l-Gläser aufgeteilt, also teilt man 1 : 0,2.

8
a) Die gesuchte Zahl ist eine beliebige Zahl kleiner als 1, z. B. 0,9. 92 · 0,9 = 82,8
b) Die gesuchte Zahl ist eine beliebige Zahl, die größer als 1 ist, z. B. 2. 92 : 2 = 46
c) Mögliche Antworten sind:
• Tobi verdient beim Austragen von Zeitungen 10,50 € pro Stunde. Er braucht pro Tag aber nur eine dreiviertel Stunde. Wie viel Euro verdient er am Tag?
• Im Hauswirtschaftsunterricht wird das Hackfleisch aufgeteilt. Frau Müller hat 3,2 kg gekauft und pro Gruppe benötigt man 0,4 kg. Wie viel Gruppen können gebildet werden?

Test einfach, Seite 130

1
a) Die Gesamtzeit beträgt 88,35 s.
Tipp: Es ist wichtig, die entsprechenden Stellen zu addieren bzw. zu subtrahieren und die Zehnerübergänge zu beachten.
b) Beim schriftlichen Addieren und Subtrahieren setze Komma unter Komma!
→ Seite 108; Seite 109, Aufgabe 10

2
a) 280,1   b) 2801
c) 2,801   d) 0,2801
e) 2,801   f) 280,1

Tipp: Bei der Multiplikation mit oder Division durch Zehnerpotenzen bzw. 0,1; 0,01 usw. verändert sich die Ziffernfolge nicht, nur das Komma wird entsprechend verschoben. Überlege zunächst immer, ob das Ergebnis kleiner oder größer als die Ausgangszahl werden muss.
→ Seite 121, Aufgaben 8 und 9

3
2,54 cm · 31 = 78,74 cm
Der Taillenumfang beträgt 78,74 cm.
→ Seite 112; Seite 113, Aufgabe 5

4 a) 26,68 b) 5,376
c) 3,24 d) 78,3
Tipp: Schätze das Ergebnis. Bei Teilaufgabe d) kannst du entweder vor dem Schätzen das Komma bei beiden Zahlen um eine Stelle nach rechts verschieben oder dir überlegen, dass 0,4 ≈ 0,5 ist und die Division durch 0,5 das Ergebnis verdoppelt.
→ Seite 114, Aufgabe 15; Seite 121, Aufgabe 7

5 4,2 kJ · 22 = 92,4 kJ ≈ 92 kJ
100 g Tomaten haben etwa 92 kJ.
→ Seite 111; Seite 116, Aufgabe 16

6 0,495 kg : 9 = 0,055 kg = 55 g
Ein Tennisball wiegt 55 g.
→ Seite 117; Seite 118, Aufgabe 12

7 $\frac{4}{10}$ = 4 : 10 = 0,4
Die Trefferquote von Hanna beträgt 0,4.
→ Seite 125

Test mittel, Seite 130

1 a) Insgesamt sprang er 5,60 m weit.
Tipp: Es ist wichtig, die entsprechenden Stellen zu addieren bzw. zu subtrahieren und die Zehnerübergänge zu beachten.
b) Beim schriftlichen Addieren und Subtrahieren setze Komma unter Komma!
→ Seite 108; Seite 109, Aufgabe 10

2 a) 0,5 b) 2380
c) 0,63 d) 3,26
e) 0,2801 f) 920
Tipp: Bei der Multiplikation mit oder Division durch Zehnerpotenzen oder 0,1; 0,01 usw. verändert sich die Ziffernfolge nicht, nur das Komma wird entsprechend verschoben. Überlege zunächst immer, ob das Ergebnis kleiner oder größer als die Ausgangszahl werden muss.
→ Seite 121, Aufgaben 8 und 9

3 91,44 cm · 25 = 2286,00 cm = 22,86 m
Er hat 22,86 m weit geworfen.
→ Seite 114, Aufgaben 10, 11 und 13

4 a) 3,395 b) 1237,449
c) 7,6 d) 63,57
Tipp: Schätze das Ergebnis. Bei Teilaufgabe d) kannst du entweder vor dem Schätzen das Komma bei beiden Zahlen um zwei Stellen nach rechts verschieben oder dir überlegen, dass 0,28 ≈ 0,3 ist und die Division durch 0,3 das Ergebnis ungefähr dreimal so groß werden lässt.
→ Seite 114, Aufgabe 15; Seite 121, Aufgabe 7

5 Die Zahl muss zwischen 0 und 1 liegen.
→ Seite 111, Aufgabe 4; Seite 113, Aufgabe 8

6 110 m : 2,20 m = 1100 : 22 = 50
Es passen 50 Stücke nebeneinander.
→ Seite 120; Seite 122, Aufgabe 14

7 Die Trefferquote von Leonie beträgt $\frac{6}{12}$ = 0,5.
Die Trefferquote von Finn beträgt $\frac{4}{9}$ = 4 : 9 = 0,$\overline{4}$.
0,5 > 0,$\overline{4}$, d. h. Leonies Trefferquote ist höher.
→ Seite 125, Aufgabe 2

Test schwieriger, Seite 130

1 a) Leas Gesamtpunktzahl beträgt 35,437.
Tipp: Es ist wichtig, die entsprechenden Stellen zu addieren bzw. zu subtrahieren und die Zehnerübergänge zu beachten.
b) Beim schriftlichen Addieren und Subtrahieren setze Komma unter Komma!
→ Seite 108; Seite 109, Aufgabe 12

2 a) 10 b) 100
c) 0,1 d) 0,001
Tipp: Bei der Multiplikation mit oder Division durch Zehnerpotenzen oder 0,1; 0,01 usw. verändert sich die Ziffernfolge nicht, nur das Komma wird entsprechend verschoben. Überlege zunächst immer, durch welche Zahl das Ergebnis der Division kleiner oder größer als die Ausgangszahl wird.
→ Seite 121, Aufgaben 8 und 9

3 5 Fuß: 30,48 cm · 5 = 152,4 cm = 1,524 m;
9 inch: 2,54 cm · 9 = 22,86 cm = 0,2286 m;
1,524 m + 0,2286 m = 1,7526 m ≈ 1,75 m
Die Spielerin ist ca. 1,75 m groß.
→ Seite 114, Aufgabe 10

4 a) Die Zahl liegt zwischen 1,28 und 1,69 bzw. zwischen 0,64 und 0,84.
b) Die Zahlen liegen zwischen 4 und 5,9 und zwischen 0,59 und 0,51.
Tipp: Überlege zunächst, welche Zahlen bei der Multiplikation bzw. Division das Ergebnis größer oder kleiner als die Ausgangszahl werden lassen. Merke dir: mal 0,5 ist halbiert, geteilt durch 0,5 ist verdoppelt.
→ Seite 114, Aufgabe 16; Seite 121, Aufgabe 9

5 Beispiele sind:
• Lukas braucht beim Sitzen mit wenig Bewegung 370 kJ pro Stunde, beim Schlafen das 0,63-Fache. Wie viel Energie braucht er beim Schlafen?
• Ein Tor von 2,44 m Höhe wird bei einem Spielzeug in 0,05-facher Größe gebaut. Wie groß ist das Spielzeugtor?
• 1 kg Tomaten kosten 2,39 €. Wie viel Euro kosten 0,234 kg?
Tipp: Du brauchst Situationen, in denen man nicht ein Vielfaches, sondern nur einen Teil der Ausgangseinheit benötigt.
→ Seite 111; Seite 113, Aufgabe 8; Seite 116, Aufgabe 19 c)

Lösungen

6 3,6 m : 0,08 m = 360 : 8 = 45
Der Spitzmaulfrosch kann das 45-Fache seiner Körpergröße springen.
Tipp: Verschiebe zuerst das Komma bei beiden Zahlen gleich weit nach rechts.
→ Seite 120; Seite 122, Aufgaben 11 und 12

7 5 : 11 = 0,$\overline{45}$
Bei der vierten Division ergibt sich wieder der Rest 5, so ist wieder die Situation wie vor der zweiten Division (50 : 11) erreicht – also wiederholt sich das Ergebnis 45 immer wieder.
→ Seite 128, Aufgabe 2

6 Wie wir wohnen

Check-in, Seite 133

1 a) Die Strecke ist 5 cm lang.
b) Die Breite beträgt 20,0 cm; die Länge 26,5 cm und die Höhe 1,5 cm.
c) individuelle Lösung

2 a) Lea geht jeden morgen 1,2 km zur Schule. Vom Haupteingang bis zu ihrer Klassentür sind es genau 50 m. Ihr Schultisch ist 80 cm hoch. Die Mine ihrer neuen Filzstifte ist 2 mm breit.
b) 7 cm = 70 mm   7 dm 7 cm = 77 cm
70 dm = 7 m   7 m 7 cm = 7,07 m
7777 m = 7,777 km   7 km 7 m = 7,007 m
7,77 m = 777 cm   7 cm 77 mm = 147 mm
b) 987 cm = 9,87 m   richtig
richtig   5,550 km = 5550 m

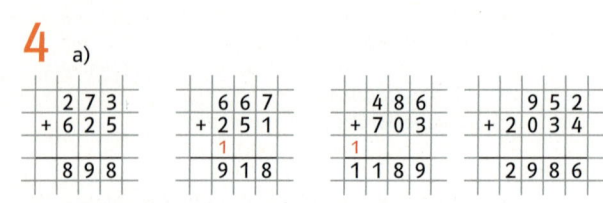

3 a) 15 + 30 = 45   20 · 6 = 120
18 + 21 – 2 = 37   18 + 7 · 1 = 25
b) 7 + 20 = 27   18 + 20 + 5 = 43
3 · 100 = 300   100 · 4 · 6 = 2400
c) 4 · (8 + 3) = 4 · 8 + 4 · 3
(12 + 8) · 5 = 12 · 5 + 8 · 5

4 a)
```
  273      667      486        952
+ 625    + 251    + 703     + 2034
-----    -----    -----     ------
  898      918     1189       2986
```
b)
```
 65666
+ 4434
------
 70100
```
c)
```
  2356
+  459
------
  2815
```

5 a)
```
  769     278     652     3054
- 251   - 194   - 502   -  932
-----   -----   -----   ------
  518      84     150     2122
```
b)
```
 54555
-  6345
------
 48210
```
c)
```
  415
- 387
-----
   28
```

6 a)
```
 534 · 28      205 · 673      963 · 101
   1068          1230            963
 + 4272          1435              0
 ------        +  615          +  963
  14952        -------         ------
               137965           97263
```
b) Die Zahlen stehen nicht stellengerecht untereinander.
637 · 54 = 34 398

7 a) 588 : 7 = 84
3400 : 8 = 425
4902 : 6 = 817
b) Die Null wurde übersehen. 3608 : 8 = 451.

8 a) 888,97   111,52
489,98   335,94
342,733   233,206
b) 1573,3315
8,239062
6,14
51,23

Check, Seite 159

1 a)

Maßstab	1:100	1:2000	1:10 000	3:1
Länge im Plan	1 cm	1,5 cm	2 cm	6 cm
Länge in Wirklichkeit	1 m	30 m	200 m	2 cm

b)
- Das ist falsch. Bei einem Maßstab von 1:4 wird ein Gegenstand um Faktor 4 verkleinert abgebildet.
- Das ist falsch. Bei einem Maßstab von 1:1000 wird eine Strecke von 50 m genau 5 cm lang gezeichnet.

2

a)

Länge	12 cm = 1,2 dm	7 m	50 cm = 0,5 m	80 m
Breite	5 dm	8 m	8 m	25 m
Flächen-inhalt	6 dm²	56 m²	4 m²	2000 m² = 20 a

b) 1) $2\,cm \cdot (1\,cm + 2\,cm + 1\,cm) + 1\,cm \cdot 2\,cm$
$= 8\,cm^2 + 2\,cm^2 = 10\,cm^2$
2) $3\,cm \cdot 3\,cm - (3\,cm - 1\,cm - 1\,cm) \cdot 2\,cm$
$= 9\,cm^2 - 2\,cm^2 = 7\,cm^2$

3

a) Linus wohnt in Berlin, einer Stadt mit einer Fläche von ungefähr 890 km². Sein Zimmer hat eine Fläche von 15 m². Der Fußballplatz, auf dem Linus jede Woche trainiert, hat eine Fläche von ca. 1 a. Das Foto von seiner Mannschaft ist ungefähr 1 dm² groß.
b) richtig
7,8 a = 780 m²
4560 dm² = 45,6 m²
99,90 km² = 9990 ha

4

a) 1) $2\,cm + 1\,cm + 1\,cm + 2\,cm + 1\,cm + 1\,cm + 2\,cm + 4\,cm = 14\,cm$
2) $1\,cm + 3\,cm + 3\,cm + 3\,cm + 1\,cm + 2\,cm + 1\,cm + 2\,cm = 16\,cm$

b)

Länge	15 cm	20 m	75 cm	2620 m
Breite	2 dm	9 m	25 cm	880 m
Umfang	70 cm = 7 dm	58 m	2 m	7 km

5

	a)	b)	c)	d)
Länge	7 cm	12 mm = 1,2 cm	4 m	50 cm = 5 dm
Breite	6 cm	4 cm	4 m	10 cm = 1 dm
Höhe	3 cm	2 cm	5 m	1,6 dm
Rauminhalt	126 cm³	9,6 cm³	80 m³	8 l = 8 dm³

6

a) Konservendose: 450 cm³, Mülltonne: 240 l, Hubraum eines Pkws: 1,6 m³
b) 7 dm³ = 7000 cm³
7 m³ = 7 000 000 cm³
77 mm³ = 0,077 cm³
77 000 cm³ = 0,077 m³
70 dm³ = 0,07 m³
7000 mm³ = 0,000 007 m³
7,7 l = 7700 ml
777 cm³ = 777 ml
7 dm³ = 7000 ml

7

a) $2 \cdot (3,5\,cm \cdot 3\,cm + 3,5\,cm \cdot 3\,cm + 3\,cm \cdot 3\,cm)$
$= 2 \cdot (10,5\,cm^2 + 10,5\,cm^2 + 9\,cm^2) = 2 \cdot 30\,cm^2 = 60\,cm^2$

b) 3 mm = 0,3 cm
$2 \cdot (4\,cm \cdot 3,2\,cm + 3,2\,cm \cdot 0,3\,cm + 4\,cm \cdot 0,3\,cm)$
$= 2 \cdot (12,8\,cm^2 + 0,96\,cm^2 + 1,2\,cm^2) = 2 \cdot 14,96\,cm^2$
$= 29,92\,cm^2$
c) 9 mm = 0,9 cm; 1 dm = 10 cm
$2 \cdot (1,1\,cm \cdot 10\,cm + 1,1\,cm \cdot 0,9\,cm + 0,9\,cm \cdot 10\,cm)$
$= 2 \cdot (11\,cm + 0,99\,cm + 9\,cm)$
$= 2 \cdot 20,99\,cm^2 = 41,98\,cm^2$

Test einfach, Seite 164

1 $1\,cm \cdot 100 = 100\,cm = 1\,m$
In Wirklichkeit ist die Strecke 1 m lang.
→ Seite 136; Seite 138, Aufgabe 11

2 $6,63\,m \cdot 4,00\,m = 26,52\,m^2$
Es werden etwa 27 m² Teppichboden benötigt.
Tipp: Der Flächeninhalt des Hobbyraums kann berechnet werden, indem man Länge und Breite multipliziert.
→ Seite 144, Aufgabe 3; Seite 145, Aufgabe 8

3 $2 \cdot 4,00\,m + 2 \cdot 2,88\,m = 13,76\,m$
Tipp: An der Decke muss man die Türöffnung nicht berücksichtigen. Die Summe aller 4 Seitenlängen wird gebildet.
→ Seite 148, Aufgabe 9

4 Wände: $13,76\,m \cdot 2,50\,m = 34,40\,m^2$
Decke: $2,88\,m \cdot 4,00\,m = 11,52\,m^2$
insgesamt: $34,40\,m^2 + 11,52\,m^2 = 45,92\,m^2$
Die gestrichene Fläche ist 45,92 m² groß.
Tipp: Man kann sich die Rechnung erleichtern, indem man den Umfang mit der Deckenhöhe multipliziert und somit die Summe aller vier Wandflächen eines Raumes sofort berechnet. Dann wird nur noch die Deckenfläche addiert.
→ Seite 146, Aufgabe 16

5 $1\,dm^3 = 1\,l$
$10\,dm \cdot 12\,dm \cdot 15\,dm = 1800\,dm^3$
Das Tauchbecken fasst 1800 l.
Tipp: Rechne die Liter in dm³ um. Um den Rauminhalt zu berechnen müssen Länge, Breite und Höhe multipliziert werden.
→ Seite 151, Aufgabe 2; Seite 154

Test mittel, Seite 164

1 $2\,cm : 3\,m = 2\,cm : 300\,cm = 1 : 150$
Die Raumhöhe wurde im Maßstab 1:150 angeben.

2 $6,63\,m \cdot 4,00\,m = 26,52\,m^2$
$1,42\,m \cdot 2,91\,m \approx 4,13\,m^2$
insgesamt: $26,52\,m^2 + 4,13\,m^2 = 30,65\,m^2$
Das Wohn-/Esszimmer ist etwa 30,65 m² groß.
Tipp: Der Grundriss des Wohn-/Esszimmers kann aus zwei Rechtecken gebildet werden.
→ Seite 146, Aufgaben 19, 21 und 22

Lösungen

3 4,00 m + (6,63 m − 4,25 m) + 5,42 m + (2,91 m − 0,80 m)
+ 1,42 m + (3,72 m − 0,80 m) = 18,25 m
Es werden 18,25 m Fußbodenleisten benötigt.
Tipp: Wenn dir eine Maßangabe fehlt, suche passende Angaben an den parallelen Seiten. Denke auch daran, Türbreiten zu subtrahieren.
→ Seite 148, Aufgabe 4

4 Die Wandbreite entspricht der Fußbodenleiste, siehe
→ Aufgabe 3:
18,25 m · 2,50 m = 45,62 m²
(4,25 m + 0,8 m + 0,8 m) · 1 m = 5,85 m²
insgesamt: 45,62 m² + 5,85 m² = 51,47 m²
Decke (→ Aufgabe 2): 30,65 m²
Gesamtfläche: 51,47 m² + 30,65 m² = 82,12 m²
Tipp: Man kann sich die Rechnung erleichtern, indem man die Längen der Fußbodenleisten mit der Deckenhöhe multipliziert und somit die Summe aller 4 Wandflächen ohne Fenster und Türen sofort berechnet. Dann wird nur die Fläche oberhalb der Fenster und Türen addiert.
→ Seite 146, Aufgabe 16

5 1 dm³ = 1 l
5 · 50 l = 250 l = 250 dm³
Aquarium: 11,5 dm · 4,5 dm · 6 dm = 310,5 dm³
250 dm³ < 310,5 dm³
Die fünf 50-l-Behälter passen in das Aquarium.
Tipp: Berechne zunächst, wie viel Liter Wasser die fünf Behälter zusammen beinhalten. Vergleiche dann mit dem Volumen des Aquariums.
→ Seite 151, Aufgabe 2; Seite 154

Test schwieriger, Seite 164

1 1,75 cm : 3,50 m = 1,75 cm : 350 cm = 1 : 200
Das Dachzimmer wurde im Maßstab 1 : 200 gezeichnet.

2 Kind I: 4 m · 2,88 m = 11,52 m²
Kind II: 2,51 m · 3,87 m ≈ 9,71 m²
1,75 m · 0,45 m ≈ 0,79 m²
insgesamt: 9,71 m² + 0,79 m² = 10,50 m²
10,50 m² < 11,52 m²
Das Kinderzimmer I ist etwas größer.
Tipp: Beachte, dass Kinderzimmer II eine zusammengesetzte Fläche hat.
→ Seite 146, Aufgaben 19, 21 und 22

3 Kind I: 2 · 4,00 m + (2,88 − 1,50) m + (2,88 − 0,80) m
= 11,46 m
Kind II: 2,51 m + 3,87 m + (2,96 − 1,50) m + (3,87 − 0,80) m
+ 0,45 m = 11,36 m
11,46 m + 11,36 m = 22,82 m
Es werden insgesamt 22,82 m Fußleisten benötigt.
Tipp: Wenn eine Maßangabe fehlt, suche passende Angaben an den parallelen Seiten. Denke auch daran, Türbreiten zu subtrahieren.
→ Seite 148, Aufgabe 9

4 Wände (→ Aufgabe 3):
22,82 m · 2,50 m = 57,05 m²
(2 · 1,50 m + 2 · 0,80 m) · 0,50 m = 2,30 m²
insgesamt: 57,05 m² + 2,30 m² = 59,35 m²
Decke (→ Aufgabe 2):
11,52 m² + 10,5 m² = 22,02 m²
Gesamtfläche: 59,35 m² + 22,02 m² = 81,37 m²
Ein Eimer reicht für 50 m², also werden 2 Eimer Farbe benötigt.
Tipp: Man kann sich die Rechnung erleichtern, indem man den Umfang mit der Deckenhöhe multipliziert und somit die Summe aller 4 Wandflächen eines Raumes sofort berechnet. Achte auf Fenster und Türen. Dann wird nur noch die Deckenfläche addiert.
→ Seite 146, Aufgaben 20 und 22

5 1 dm³ = 1 l
1. Aquarium: 8 dm · 3,6 dm · 3,5 dm = 100,8 dm³
2. Aquarium: 10 dm · 3,6 dm · 4,2 dm = 151,2 dm³
Das erste Aquarium fasst 100,8 l, das zweite 151,2 l Wasser.
Tipp: Subtrahiere vor der Rauminhaltsberechnung von der Höhe 3 cm und berechne erst dann.
→ Seite 151; Seite 152, Aufgabe 7

7 Schule und Freizeit

Check-in, Seite 167

1 a) Es gibt viele verschiedene Möglichkeiten, die Brüche zu zeichnen, z. B.

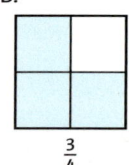

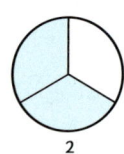

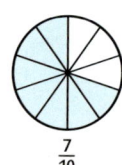

$\frac{1}{2}$ $\frac{3}{4}$ $\frac{2}{3}$ $\frac{7}{10}$

Tipp: Teile das Ganze immer in gleich große Teile.
b) $\frac{1}{2} = \frac{50}{100} = 50\%$; $\frac{3}{4} = \frac{75}{100} = 75\%$;
$\frac{2}{3} = \frac{66,7}{100} = 66,7\%$; $\frac{7}{10} = \frac{70}{100} = 70\%$
Tipp: Wandle zuerst in Hundertstel-Brüche um.
c) Falsch: Das Rechteck ist in unterschiedlich große Teile geteilt. Um 1 Drittel zu erhalten, müssen alle drei Teile gleich groß sein.
Richtig: Der Kreis ist in drei gleich große Teile geteilt und ein Teil ist gefärbt.

2 a) 1) 0,07 < 0,69 < 0,7 < 0,71 < 0,9 < 0,96
2) 0,089 < 0,809 < 0,89 < 8,09 < 8,9
b) 13,2; 1,054; 1,6; 1,81
5,31; 5310; 5,31; 5310

3 a) 141 cm < 144 cm < 146 cm
Noah trägt Kleidergröße 146.
Die Kleidergröße 152 wird für eine Körpergröße von 147 cm bis 152 cm empfohlen.

b)

Name	Körpergröße	Hüftumfang	Kleidergröße
Nele	145 cm	75 cm	146
Laura	132 cm	69 cm	134
Alina	142 cm	74 cm	146
Lilly	145 cm	79 cm	152

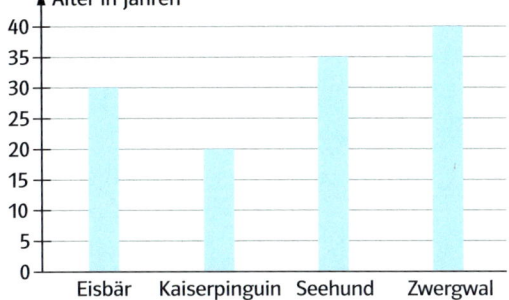

4
a) Alter in Jahren (Balkendiagramm: Eisbär 30, Kaiserpinguin 20, Seehund 35, Zwergwal 40)

b) Geschwindigkeit beim Schwimmen (km/h): Zwergwal ca. 27, Seehund ca. 35, Kaiserpinguin ca. 8, Eisbär ca. 10

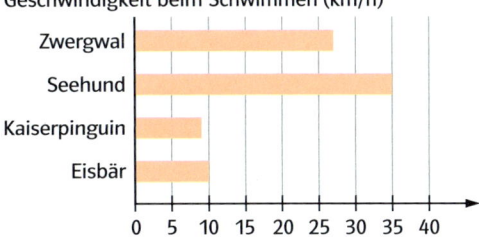

5
a)
189 mg	1. Schwarze Johannisbeere
121 mg	2. Kiwi
82 mg	3. Papaya
65 mg	4. Erdbeere
53 mg	5. Zitrone
50 mg	6. Orange
36 mg	7. Rote Johannisbeere

Das meiste Vitamin C enthalten schwarze Johannisbeeren.
b) Die Orange ist erst auf Platz 6.

6
a)
Kinderjoghurts		normale Joghurts	
Minimum	14 g	Minimum	9 g
Maximum	20 g	Maximum	18 g
Spannweite	6 g	Spannweite	9 g
Zentralwert	15 g	Zentralwert	11 g

b) Beim Zuckergehalt sind Minimum, Maximum und Zentralwert bei den Kinderjogurts höher als bei normalen Jogurts. Das bedeutet, dass sie insgesamt mehr Zucker enthalten als normale Jogurts. Das ist nicht gesund. Vom Kauf ist eher abzuraten.

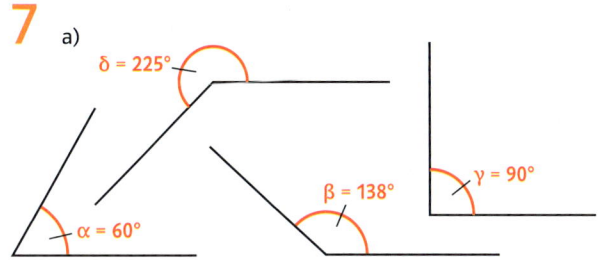

7
a) $\delta = 225°$, $\beta = 138°$, $\gamma = 90°$, $\alpha = 60°$

Tipp: Lass die Größe deiner Winkel von einer Mitschülerin oder einem Mitschüler nachmessen.

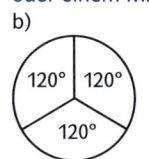

b) Kreis mit drei Sektoren je 120°

Check, Seite 181

1
Welcher Anteil isst	Chips …	Kaubonbons …
mehrmals pro Woche	$\frac{1}{3}$	$\frac{1}{4}$
1-mal bis 4-mal im Monat	$\frac{1}{3}$	$\frac{1}{4}$
selten oder nie	$\frac{1}{3}$	$\frac{1}{2}$

2
$360° : 90 = 4°$

Anzahl der Menschen, die Schokolade essen	von 90 Menschen	Größe der Kreisausschnitte
mehrmals pro Woche	21	$21 \cdot 4° = 84°$
1-mal bis 4-mal im Monat	51	$51 \cdot 4° = 204°$
selten oder nie	18	$18 \cdot 4° = 72°$

Kreisdiagramm: selten oder nie 18, mehrmals in der Woche 21, 1-4-mal im Monat 51

Lösungen

3 Da es hier um den direkten Vergleich der verbrauchten Schokolade geht, ist ein Balken- oder Säulendiagramm besonders geeignet.

Schokoladenverbrauch pro Person in kg

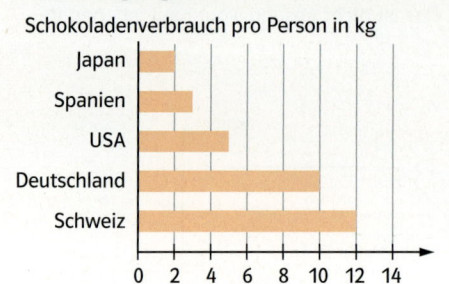

Japan	▬
Spanien	▬▬
USA	▬▬▬
Deutschland	▬▬▬▬▬▬▬▬▬
Schweiz	▬▬▬▬▬▬▬▬▬▬▬

0 2 4 6 8 10 12 14

4 a) Zucker insgesamt sind 460 g, Anzahl der Werte ist 10.
Arithmetisches Mittel: 460 g : 10 = 46 g
Eine 100 g Tafel Nuss-Schokolade enthält im Durchschnitt 46 g Zucker.
b) Sterne insgesamt: $107 \cdot 5 + 25 \cdot 4 + 10 \cdot 3 + 2 \cdot 2 + 1 \cdot 6 = 675$
Anzahl der Bewertungen: $107 + 25 + 10 + 2 + 6 = 150$
Arithmetisches Mittel: $675 : 150 = 4{,}5$
Der Film hat im Durchschnitt 4,5 Sterne bekommen.

5 A1 falsch; die meisten Menschen essen weniger oder mehr Schokolade im Jahr
A2 falsch; darüber kann man keine Aussage machen.
A3 richtig
A4 falsch; würde niemand mehr als 10 kg Schokolade essen, so würde auch niemand weniger als 10 kg Schokolade essen und alle Personen würden genau 10 kg Schokolade essen, das stimmt nicht.
A5 richtig

6 1) absolute Häufigkeit
2) relative Häufigkeit
3) absolute Häufigkeit: 83 Mio.
Relative Häufigkeit: 83 Mio. von 187 Mio.
Tipp: Die Absolute Häufigkeit gibt eine Anzahl an, die relative Häufigkeit einen Anteil.

7 Deutschland:
$\frac{38}{200} = \frac{19}{100} = 19\%$ oder $38 : 200 = 0{,}19 = 19\%$

Spanien:
$\frac{90}{250} = \frac{9}{25} = \frac{36}{100} = 36\%$ oder $90 : 250 = 0{,}36 = 36\%$

England:
$\frac{72}{240} = \frac{3}{10} = \frac{30}{100} = 30\%$ oder $72 : 240 = 0{,}3 = 30\%$

8 Länge der Abschnitte bei einer Streifenlänge von 10 cm:
Zucker 48 mm; Kakaomasse 12 mm; Kakaobutter 18 mm; Milchzucker 22 mm

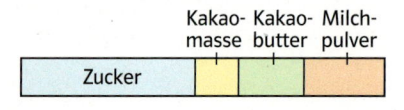

| | | Kakao-masse | Kakao-butter | Milch-pulver |
| Zucker | | | | |

Test einfach, Seite 186

1 Sophie hat genau gleich viele Aufgaben richtig, teilweise richtig und falsch. Das ist bei Diagramm C der Fall.
Von 30 Aufgaben sind
richtig $\frac{10}{30} = \frac{1}{3}$;
teilweise richtig $\frac{10}{30} = \frac{1}{3}$ und falsch $\frac{10}{30} = \frac{1}{3}$.
→ Seite 170, Aufgaben 1 und 2

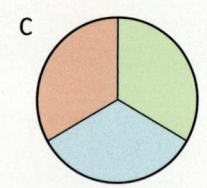

2

Wissen wird erworben durch	Anteil	Winkelgröße im Kreisdiagramm	Länge im Streifendiagramm
lesen	$\frac{1}{10}$	36°	1 cm
Austausch	$\frac{2}{10}$	72°	2 cm
Erfahrung	$\frac{7}{10}$	252°	7 cm
Summe	$\frac{10}{10}$	360°	10 cm

So lernen Menschen

Tipp: Im Kreisdiagramm:
$\frac{1}{10}$ entspricht 36°; $\frac{2}{10}$ entsprechen 72° usw.

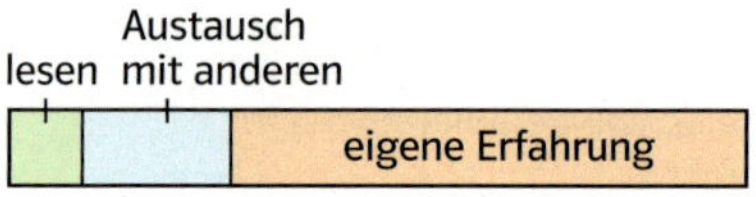

Tipp: $\frac{1}{10}$ entspricht 1 cm, $\frac{2}{10}$ entspricht 2 cm usw.
→ Seite 172, Aufgaben 1 und 2; Seite 179, Aufgaben 4 und 5

3 Die relative Häufigkeit der Vokabeln, an die Tim sich erinnern kann, ist
- nach 10 Minuten: $\frac{16}{20} = \frac{80}{100} = 80\%$,
- nach 20 Minuten: $\frac{11}{20} = \frac{55}{100} = 55\%$,
- nach 30 Minuten: $\frac{10}{20} = \frac{50}{100} = 50\%$

Tipp: Erweitere zunächst auf Hundertstel.
→ Seite 178, Aufgaben 1 und 2

4 a)

0	9				
1	0	1	4	6	8
2	0	2			

b) Summe aller Werte:
9 + 10 + 11 + 14 + 16 + 18 + 20 + 22 = 120
Anzahl der Werte: 8
Arithmetisches Mittel: 120 : 8 = 15
Tipp: Am „Stängel" stehen die Zehner, die „Blätter" sind die Einer.
→ Seite 174, Aufgaben 1 und 2; Seite 176, Aufgabe 2

Test mittel, Seite 186

1
Ronja hat die Hälfte aller Aufgaben richtig, und gleich viele Aufgaben teilweise richtig und falsch, daher sind diese beiden Anteile des Kreisdiagramms gleich groß, das ist nur bei Diagramm A der Fall.
Von 40 Aufgaben sind richtig $\frac{20}{40} = \frac{1}{2}$; teilweise richtig $\frac{10}{40} = \frac{1}{4}$ und falsch sind $\frac{10}{40} = \frac{1}{4}$.
→ Seite 170, Aufgaben 1 und 2

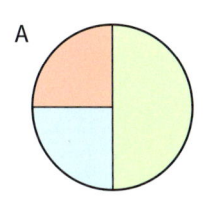

2

Beim Lernen hilft …	Anteil	Winkelgröße im Kreisdiagramm	Länge im Streifendiagramm
das Einfache zuerst	$\frac{1}{4}$	90°	2,5 cm
Pausen machen	$\frac{2}{5}$	144°	4,0 cm
Ablenkungen vermeiden	$\frac{7}{20}$	126°	3,5 cm
Summe	$\frac{20}{20}$	360°	10,0 cm

Was beim Lernen hilft

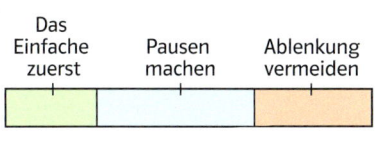

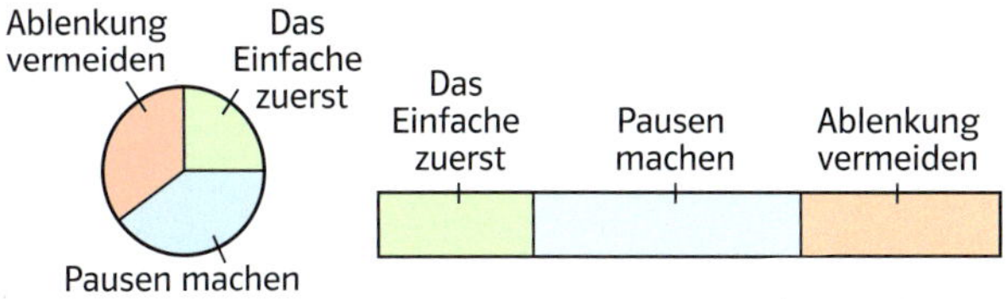

Tipp: Sie Summe hilft zu überprüfen, ob richtig gerechnet wurde.
→ Seite 172, Aufgaben 1 und 2; Seite 179, Kompetenzkasten, Aufgaben 4 und 5

3
Die relative Häufigkeit der Vokabeln, an die sich Tuana erinnern kann, ist
- nach 10 Minuten: $\frac{32}{40} = \frac{8}{10} = \frac{80}{100} = 80\,\%$,
- nach 30 Minuten: $\frac{20}{40} = \frac{1}{2} = \frac{50}{100} = 50\,\%$,
- nach 1 Tag: $\frac{12}{40} = \frac{3}{10} = \frac{30}{100} = 30\,\%$.

Tipp: Erweitere zunächst auf Hundertstel.
→ Seite 178, Aufgaben 1 bis 3

4 a)

0				
1	0	5	5	9
2	1	4	6	
3	0			

b) Summe aller Werte:
10 + 15 + 15 + 19 + 21 + 24 + 26 + 30 = 160
Anzahl der Werte: 8
Arithmetisches Mittel: 160 : 8 = 20
Tipp: Am „Stängel" stehen die Zehner, die „Blätter" sind die Einer.
→ Seite 174, Aufgaben 1 und 2; Seite 176, Aufgabe 2

Test schwieriger, Seite 186

1
Mirijam hat etwas mehr als die Hälfte der Aufgaben richtig. Teilweise richtig und falsch sind jeweils gleich viele Aufgaben. Von 50 Aufgaben sind richtig $\frac{30}{50} = \frac{3}{5}$; teilweise richtig $\frac{10}{50} = \frac{1}{5}$ und falsch $\frac{10}{50} = \frac{1}{5}$.
D.h. es ist Diagramm B.
Tipp: Vergleiche mit der Hälfte des Kreises.
→ Seite 170, Aufgaben 1 und 2

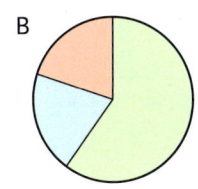

2

Ich lerne am liebsten …	Häufigkeit	Anteil	Winkelgröße im Kreisdiagramm	Länge im Streifendiagramm
allein	10	$\frac{10}{30} = \frac{1}{3}$	120°	3,3 cm
mit Freunden	9	$\frac{9}{30} = \frac{3}{10}$	108°	3,0 cm
in der Nachhilfe	6	$\frac{6}{30} = \frac{1}{5}$	72°	2,0 cm
mit Eltern	5	$\frac{5}{30} = \frac{1}{6}$	60°	1,7 cm
Summe	30	$\frac{30}{30}$	360°	10,0 cm

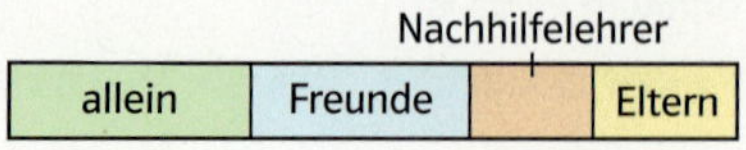

Lösungen

Ich lerne am liebsten

Tipp: Die Längen 3,$\bar{3}$ cm und 1,$\bar{6}$ cm werden auf mm gerundet.
→ Seite 172, Aufgaben 1 und 2; Seite 179, Kompetenzkasten, Aufgaben 4 und 5

3 Klara hat
- nach 20 Minuten $\frac{9}{20} = \frac{45}{100} = 45\%$ vergessen und $\frac{11}{20} = \frac{55}{100} = 55\%$ oder $100\% - 45\% = 55\%$ behalten,
- nach 60 Minuten insgesamt $\frac{12}{20} = \frac{60}{100} = 60\%$ vergessen und $\frac{8}{20} = \frac{54}{100} = 40\%$ oder $100\% - 60\% = 40\%$ behalten.

Tipp: Erweitere zunächst auf Hundertstel. Die Zeiten wurden addiert und die Anzahl der Vokabeln wurde addiert.
→ Seite 178, Aufgaben 1 bis 3

4 a) Datenvergleich:

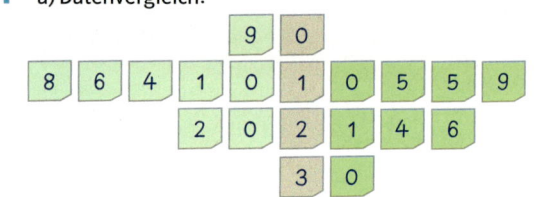

b) „Arbeiten ohne Pause"
Summe aller Werte: 120
Anzahl der Werte: 8
Arithmetisches Mittel: 120 : 8 = 15

„Arbeiten mit Pause"
Summe aller Werte: 160
Anzahl der Werte: 8
Arithmetisches Mittel: 160 : 8 = 20

Beim Arbeiten mit Pause lösen die Schülerinnen und Schüler im Durchschnitt 5 Aufgaben mehr richtig.
→ Seite 174, Aufgaben 1 und 2; Seite 176, Aufgabe 2

8 Essen und Trinken

Check-in, Seite 189

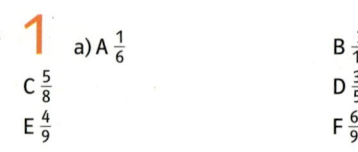

1 a) A $\frac{1}{6}$ B $\frac{3}{10}$
C $\frac{5}{8}$ D $\frac{3}{5}$
E $\frac{4}{9}$ F $\frac{6}{9}$

b) Zum Beispiel: $\frac{1}{3}$; $\frac{3}{4}$; $\frac{4}{10}$; $\frac{3}{8}$

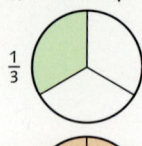

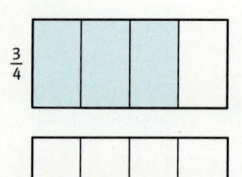

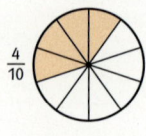

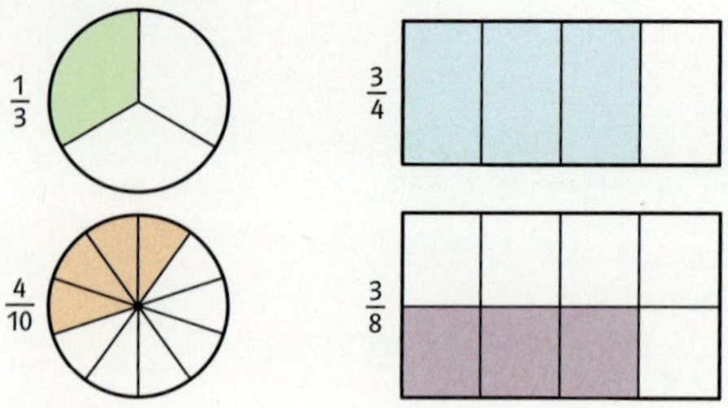

c) $3 : 6 = \frac{1}{2}$
Jedes Kind bekommt $\frac{1}{2}$ Tafel Schokolade.
$2 : 8 = \frac{1}{4}$
Jedes Kind bekommt $\frac{1}{4}$ Pizza.

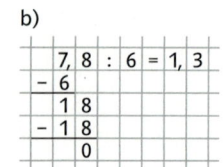

2 a) $\frac{2}{10} = \frac{1}{5}$; $\frac{4}{28} = \frac{1}{7}$; $\frac{15}{20} = \frac{3}{4}$; $\frac{21}{28} = \frac{3}{4}$; $\frac{30}{42} = \frac{5}{7}$; $\frac{26}{39} = \frac{2}{3}$
b) $\frac{1}{2} = \frac{24}{48}$; $\frac{1}{3} = \frac{16}{48}$; $\frac{5}{6} = \frac{40}{48}$; $\frac{3}{8} = \frac{18}{48}$; $\frac{11}{12} = \frac{44}{48}$; $\frac{7}{16} = \frac{21}{48}$; $\frac{17}{24} = \frac{34}{48}$
c) $\frac{7}{9} = \frac{49}{63}$; $\frac{30}{36} = \frac{5}{6}$; $\frac{12}{21} = \frac{48}{84}$; $\frac{33}{77} = \frac{3}{7}$; $\frac{4}{5} = \frac{12}{15}$; $\frac{4}{20} = \frac{1}{5}$

3 a) $\frac{5}{8} + \frac{2}{8} = \frac{7}{8}$ b) $\frac{1}{7} + \frac{2}{7} + \frac{3}{7} = \frac{6}{7}$
c) $\frac{8}{18} + \frac{3}{18} = \frac{11}{18}$ d) $\frac{8}{16} + \frac{4}{16} + \frac{2}{16} + \frac{1}{16} = \frac{15}{16}$

4 a) $\frac{1}{7} > \frac{1}{11}$; $\frac{5}{6} > \frac{5}{9}$; $\frac{4}{6} > \frac{2}{6}$; $\frac{9}{10} > \frac{7}{10}$; $\frac{7}{8} > \frac{1}{2}$; $\frac{4}{9} < \frac{7}{11}$
b) $\frac{1}{6} < \frac{2}{6} < \frac{1}{2} < \frac{5}{9} < \frac{5}{8}$

5 a)

$0{,}8 \cdot 7$
$5{,}6$

$1{,}8 \cdot 0{,}4$
00
72
$0{,}72$

$1{,}0\,6 \cdot 5$
$5{,}3\,0$

$0{,}8\,6 \cdot 7{,}2$
$60\,2$
$1\,7\,2$
$6{,}1\,9\,2$

b)

$7{,}8 : 6 = 1{,}3$
$-\,6$
$1\,8$
$-\,1\,8$
$\,0$

$0{,}9\,8 : 7 = 0{,}1\,4$
$-\,0$
$0\,9$
$-\,7$
$\,2\,8$
$-\,2\,8$
$\,\,0$

```
 8,6 4 : 3 = 2,8 8
-6
 2 6
-2 4
   2 4
  -2 4
     0
```

```
 3,4 5 : 5 = 0,6 9
-0
 3 4
-3 0
   4 5
  -4 5
     0
```

c) $5 \cdot 0{,}35 = 1{,}75$
Klara bezahlt 1,75 € für 5 Schnellhefter.
$4 \cdot 0{,}29 = 1{,}16$
Kira bezahlt 1,16 € für 4 Hefte.
$3 \cdot 0{,}79 = 2{,}37$
Kevin bezahlt 2,37 € für 3 Textmarker.
$1{,}59 : 3 = 0{,}53$
Jedes Kind bezahlt 0,53 € für einen Bleistift.

Check, Seite 199

1 a) $4 \cdot \frac{1}{7} = \frac{4 \cdot 1}{7} = \frac{4}{7}$
$3 \cdot \frac{2}{9} = \frac{3 \cdot 2}{9} = \frac{6}{9} \left(= \frac{2}{3}\right)$
b) $5 \cdot \frac{1}{9} = \frac{5 \cdot 1}{9} = \frac{5}{9}$
$6 \cdot \frac{2}{13} = \frac{6 \cdot 2}{13} = \frac{12}{13}$
$3 \cdot \frac{2}{7} = \frac{3 \cdot 2}{7} = \frac{6}{7}$
$7 \cdot \frac{3}{100} = \frac{7 \cdot 3}{100} = \frac{21}{100}$
c) Simon benötigt
$\frac{2}{8}$ l $= \frac{1}{4}$ l Ananassaft
$\frac{2}{4}$ l $= \frac{1}{2}$ l Kirschsaft
$\frac{6}{8}$ l $= \frac{3}{4}$ l Orangensaft

2 a) A $\frac{1}{4} \cdot \frac{2}{3}$ B $\frac{3}{5} \cdot \frac{4}{6}$
b)

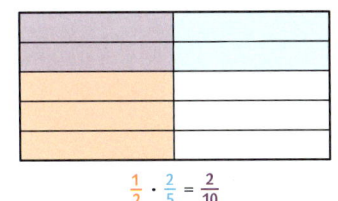

$\frac{1}{2} \cdot \frac{2}{5} = \frac{2}{10}$

$\frac{2}{6} \cdot \frac{3}{4} = \frac{6}{24}$

3 a) $\frac{1}{6} \cdot \frac{1}{4} = \frac{1 \cdot 1}{6 \cdot 4} = \frac{1}{24}$
$\frac{1}{2} \cdot \frac{1}{12} = \frac{1 \cdot 1}{2 \cdot 12} = \frac{1}{24}$
$\frac{2}{3} \cdot \frac{1}{5} = \frac{2 \cdot 1}{3 \cdot 5} = \frac{2}{15}$
$\frac{1}{3} \cdot \frac{2}{5} = \frac{1 \cdot 2}{3 \cdot 5} = \frac{2}{15}$
$\frac{2}{7} \cdot \frac{3}{4} = \frac{2 \cdot 3}{7 \cdot 4} = \frac{6}{28} \left(= \frac{3}{14}\right)$
$\frac{2}{9} \cdot \frac{4}{5} = \frac{2 \cdot 4}{9 \cdot 5} = \frac{8}{45}$
b) Lukas Anteil der Pizza ist $\frac{2}{3}$.
$\frac{3}{4} \cdot \frac{2}{3} = \frac{3 \cdot 2}{4 \cdot 3} = \frac{6}{12} \left(= \frac{1}{2}\right)$
Lukas hat die Hälfte der Pizza gegessen.

4 a) $\frac{1}{5} : 4 = \frac{1}{5} \cdot \frac{1}{4} = \frac{1}{20}$
$\frac{3}{5} : 4 = \frac{3}{5} \cdot \frac{1}{4} = \frac{3}{20}$
$\frac{2}{3} : 6 = \frac{2}{3} \cdot \frac{1}{6} = \frac{2}{18} \left(= \frac{1}{9}\right)$
$\frac{2}{3} : 8 = \frac{2}{3} \cdot \frac{1}{8} = \frac{2}{24} \left(= \frac{1}{12}\right)$
$\frac{4}{7} : 5 = \frac{4}{7} \cdot \frac{1}{5} = \frac{4}{35}$
$\frac{2}{7} : 10 = \frac{2}{7} \cdot \frac{1}{10} = \frac{2}{70} \left(= \frac{1}{35}\right)$
b) $\frac{5}{6} : 4 = \frac{5}{6} \cdot \frac{1}{4} = \frac{5}{24}$
Jede der 4 Personen bekommt $\frac{5}{24}$ der Tafel Schokolade.
$\frac{5}{6} : 5 = \frac{1}{6}$
Jede der 5 Personen bekommt $\frac{1}{6}$ der Tafel Schokolade.

5 a) $\frac{5}{9} : \frac{1}{9} = 5$ $\frac{12}{7} : \frac{3}{7} = 4$
b) $\frac{1}{4} : \frac{3}{4} = \frac{1}{3}$ $\frac{4}{11} : \frac{8}{11} = \frac{4}{8} \left(= \frac{1}{2}\right)$
c) $\frac{3}{5} : \frac{3}{10} = 2$ $\frac{3}{6} : \frac{2}{4} = 1$

6 a) proportional, wenn der Sportler pro Sekunde die gleiche Anzahl Kalorien verbrennt
b) nicht proportional (Ein Mensch wächst nicht sein ganzes Leben lang.)
c) proportional, wenn alle Kaugummis gleich viel kosten
d) nicht proportional (Wenn der Radfahrer mit doppelter Geschwindigkeit fährt, benötigt er nur die Hälfte der Zeit bis zum Ziel.)

7 a) Zum Beispiel:

Marmelade in g	Früchte in g
100	60
50	30
450	270

:2 (100 → 50) :2
·9 (50 → 450) ·9

Für ein 450-g-Glas Marmelade braucht man 270 g Früchte.

Lösungen

b) Zum Beispiel:

Fruchtaufstrich in g	Früchte in g
125	100
25	20
450	360

:5 ↓ ·18 (links); :5 ↓ ·18 (rechts)

Für ein 450-g-Glas Fruchtaufstrich braucht man 360 g Früchte.

c) Zum Beispiel:

Pflaumenmus in g	Pflaumen in g
250	350
50	70
450	630

:5 ↓ ·9

Für ein 450-g-Glas Pflaumenmus braucht man 630 g Pflaumen.

d) 4,2 kg = 4200 g
Zum Beispiel:

Pflaumenmarmelade in g	Pflaumen in g
100	60
7000	4200

·70

Pflaumenaufstrich in g	Pflaumen in g
125	100
5250	4200

·42

Pflaumenmus in g	Pflaumen in g
250	350
500	700
3000	4200

·2 ↓ ·6

Aus 4,2 kg Pflaumen kann man 7000 g (7 kg) Marmelade, 5250 g (5,25 kg) Aufstrich oder 3000 g (3 kg) Mus herstellen.

Test einfach, Seite 202

1 a) $4 \cdot \frac{1}{6} = \frac{4 \cdot 1}{6} = \frac{4}{6}$
b) $3 \cdot \frac{2}{9} = \frac{3 \cdot 2}{9} = \frac{6}{9}$

Tipp: Stelle zur Überprüfung auch das Ergebnis zeichnerisch dar.
→ Seite 191, Aufgaben 1 und 2

2 $\frac{4}{7} \cdot \frac{3}{4} = \frac{12}{28}$

Tipp: Überlege zuerst, welche Bruchteile durch die verschiedenen Farben dargestellt sind.
→ Seite 192, Aufgabe 1

3 a) $\frac{1}{2} \cdot \frac{1}{3} = \frac{1 \cdot 1}{2 \cdot 3} = \frac{1}{6}$
b) $\frac{1}{4} \cdot \frac{3}{5} = \frac{1 \cdot 3}{4 \cdot 5} = \frac{3}{20}$
c) $\frac{3}{4} \cdot \frac{3}{4} = \frac{3 \cdot 3}{4 \cdot 4} = \frac{9}{16}$

Tipp: Um zwei Brüche miteinander zu multiplizieren, multipliziere Zähler mit Zähler und Nenner mit Nenner.
→ Seite 192, Aufgabe 6

4 a) $\frac{1}{7} : 2 = \frac{1}{7} \cdot \frac{1}{2} = \frac{1}{14}$ $\frac{5}{6} : 5 = \frac{1}{6}$
b) $\frac{3}{7} : \frac{1}{7} = 3$ $\frac{4}{5} : \frac{2}{5} = 2$
c) $\frac{2}{3} : \frac{2}{6} = 2$ $\frac{5}{8} : \frac{3}{4} = \frac{5}{6}$

Tipp: Hier gibt es verschiedene Lösungswege. Wähle den Lösungsweg, der für dich am einfachsten ist.
→ Seite 193, Aufgaben 3 und 4; Seite 194, Aufgabe 10

5 a) $3 \cdot 0{,}25 = 0{,}75$ 3 Kiwis 0,75 €
b) $1{,}65 : 3 = 0{,}55$ 1 Zitrone 0,55 €
→ Seite 197, Aufgabe 5

6

Kartoffeln in g	Anzahl Portionen
500	2
250	1
750	3

:2 ↓ ·3

750 g Kartoffeln ergeben 3 Portionen.
Tipp: Rechne übersichtlich und schrittweise in einer Tabelle. Notiere deine Rechenschritte mit Pfeilen.
→ Seite 197, Aufgaben 5 bis 7

Test mittel, Seite 202

1 a) $4 \cdot \frac{1}{5} = \frac{4 \cdot 1}{5} = \frac{4}{5}$ b) $3 \cdot \frac{2}{10} = \frac{3 \cdot 2}{10} = \frac{6}{10} \left(= \frac{3}{5}\right)$

Tipp: Als Hilfe kannst du die Aufgabe zeichnerisch darstellen.
→ Seite 191, Aufgabe 4

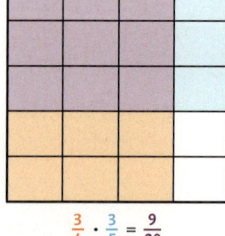

2

$\frac{3}{4} \cdot \frac{3}{5} = \frac{9}{20}$

Tipp: Überlege zuerst, wie viele Kästchen du insgesamt im Rechteck brauchst.
→ Seite 192, Aufgabe 2

3 a) $\frac{1}{4} \cdot \frac{1}{3} = \frac{1 \cdot 1}{4 \cdot 3} = \frac{1}{12}$
b) $\frac{1}{5} \cdot \frac{3}{4} = \frac{1 \cdot 3}{5 \cdot 4} = \frac{3}{20}$
c) $\frac{3}{4} \cdot \frac{2}{3} = \frac{3 \cdot 2}{4 \cdot 3} = \frac{6}{12} \left(= \frac{1}{2}\right)$

Tipp: Um zwei Brüche miteinander zu multiplizieren, multipliziere Zähler mit Zähler und Nenner mit Nenner.
→ Seite 192, Aufgabe 6

4 a) $\frac{1}{9} : 4 = \frac{1}{9} \cdot \frac{1}{4} = \frac{1}{36}$ $\frac{10}{17} : 5 = \frac{2}{17}$
b) $\frac{4}{9} : \frac{1}{9} = 4$ $\frac{8}{9} : \frac{2}{9} = 4$
c) $\frac{1}{5} : \frac{1}{10} = 2$ $\frac{1}{3} : \frac{5}{9} = \frac{3}{5}$

Tipp: Hier gibt es verschiedene Lösungswege. Wähle den Lösungsweg, der für dich am einfachsten ist.
→ Seite 193, Aufgaben 3 und 4; Seite 194, Aufgabe 10

5 a) Die Zuordnung ist nicht proportional, denn die dreifache Anzahl Kiwis ist nicht dreifach so teuer.
b) Die Zuordnung ist proportional, denn die dreifache Anzahl Zitronen ist dreifach so teuer.

Tipp: Bei einer proportionalen Zuordnung gehört zum Vielfachen der einen Größe dasselbe Vielfache der anderen Größe.
→ Seite 197, Aufgabe 4

6

Hefe in g	Mehl in g
40	500
8	100
64	800

:5 und ·8

Für 800 g Mehl braucht man 64 g Hefe.
Tipp: Rechne übersichtlich und schrittweise in einer Tabelle. Notiere deine Rechenschritte mit Pfeilen.
→ Seite 197, Aufgaben 5 bis 7

Test schwieriger, Seite 202

1 a) $2 \cdot \frac{3}{7} = \frac{6}{7}$ b) $4 \cdot \frac{2}{9} = \frac{8}{9}$

Tipp: Beim Vervielfachen eines Bruchs wird die Zahl mit dem Zähler des Bruchs multipliziert, der Nenner bleibt unverändert.
→ Seite 191, Aufgabe 4

2 Zum Beispiel:

$\frac{2}{5} \cdot \frac{3}{4} = \frac{6}{20}$

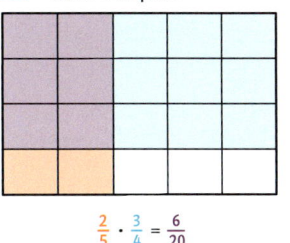

Tipp: Der Nenner des Ergebnisses zeigt dir, wie viele Kästchen du insgesamt im Rechteck brauchst. Der Zähler des Ergebnisses zeigt dir, wie viele der Kästchen für das Ergebnis gefärbt werden müssen. Ordne die Kästchen des Ergebnisses rechteckig an.
→ Seite 192, Aufgabe 3

3 a) $\frac{1}{3} \cdot \frac{4}{5} = \frac{4}{15}$
b) $\frac{2}{3} \cdot \frac{5}{7} = \frac{10}{21}$
c) $\frac{5}{9} \cdot \frac{7}{8} = \frac{35}{72}$

Tipp: Um zwei Brüche miteinander zu multiplizieren, multipliziere Zähler mit Zähler und Nenner mit Nenner.
→ Seite 192, Aufgabe 6

4 a) $\frac{3}{8} : 2 = \frac{3}{8} \cdot \frac{1}{2} = \frac{3}{16}$ $\frac{12}{13} : 6 = \frac{2}{13}$
b) $\frac{5}{11} : \frac{1}{11} = 5$ $\frac{12}{14} : \frac{4}{14} = 3$
c) $\frac{2}{5} : \frac{1}{10} = 4$ $\frac{1}{6} : \frac{3}{8} = \frac{8}{18} \left(= \frac{4}{9}\right)$

Tipp: Hier gibt es verschiedene Lösungswege. Wähle den Lösungsweg, der für dich am einfachsten ist.
→ Seite 193, Aufgaben 3 und 4; Seite 194, Aufgabe 10

5 a) 1 Kiwi 0,33 € oder 3 Kiwis 1,17 €
b) 1 Mango 75 ct oder 2 Mangos 1,58 €
→ Seite 197, Aufgaben 4 und 5

6 1 l = 1000 ml

Eis in ml	Himbeeren in g
750	450
250	150
1000	600

:3 und ·4

Für 1 l Eis benötigt man 600 g Himbeeren.
Tipp: Rechne übersichtlich und schrittweise in einer Tabelle. Notiere deine Rechenschritte mit Pfeilen.
→ Seite 197, Aufgaben 5 bis 7

Lösungen

11 Querbeet – Smartphone

Seite 242

1 a) Bis zum Geburtstag hat Nelly:
Gespartes: 57,00 €
Omi Müller: 50,00 €
Omi und Opa König: 50,00 €
Eltern: + 100,00 €
                                    1
                          257,00 €

Taschengeld pro Woche: 5,00 €
davon die Hälfte: 2,50 €
Taschengeld 9 Wochen: 9 · 2,50 € = 22,50 €

Maximal verfügbare Summe:
257,00 € + 22,50 € = 279,50 €
Das Smartphone kann maximal 279,50 € kosten.
b) Individuelle Lösung, z. B. mit einem Tabellenkalkulationsprogramm.

Einheiten	Kosten		
	Anbieter 1	Anbieter 2	Anbieter 3
50	7,95 €	−21,05 €	−15,60 €
100	10,95 €	−17,05 €	−11,10 €
200	16,95 €	−9,05 €	−2,10 €
300	22,95 €	−1,05 €	6,90 €
400	28,95 €	6,95 €	15,90 €
500	34,95 €	14,95 €	24,90 €
600	40,95 €	22,95 €	33,90 €
700	46,95 €	30,95 €	42,90 €
800	52,95 €	38,95 €	51,90 €
900	58,95 €	46,95 €	60,90 €
1000	64,95 €	54,95 €	69,90 €
1100	70,95 €	62,95 €	78,90 €
1200	76,95 €	70,95 €	87,90 €

Dort, wo negative Zahlen stehen, ist noch Guthaben auf der Prepaid-Karte.
Anbieter 2 ist bei „wenigen" Einheiten der günstigste.
Ab 1501 Einheiten ist Anbieter 1 am günstigsten.
c) Anbieter 1:
9,95 € − 5,00 € = 4,95 €,
50,00 € − 4,95 € = 45,05 € = 4505 Cent,
4505 Cent : 6 Cent = 750 Rest 5, also 750 Minuten

Anbieter 2:
30,00 € − 4,95 € = 25,05 €,
25,05 € + 50,00 € = 75,05 € = 7505 Cent
7505 Cent : 8 Cent = 938 Rest 1, also 938 Minuten

Anbieter 3:
25,00 € − 4,90 € = 20,10 €,
20,10 € + 50,00 € = 70,10 € = 7010 Cent
7010 Cent : 9 Cent = 778 Rest 8, also 778 Minuten

Seite 243

2 a) 9,90 € = 990 Cent, 990 Cent : 9 Cent = 110,
ab 111 SMS ist die Flatrate günstiger.
b) 6,00 € = 600 Cent, 600 Cent : 9 Cent = 66 Rest 6,
66 : 30 Tage = 2 Rest 6,
Für 6 € kann man 66 SMS versenden, also 2 SMS pro Tag.

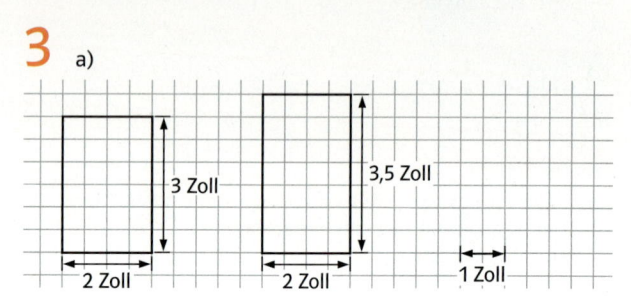

3 a)

Diagonale 3,5 Zoll
3,5 · 2,54 cm = 8,89 cm
= 88,9 mm

Diagonale 4,0 Zoll
4,0 · 2,54 cm = 10,16 cm
= 101,6 mm

Tipp: Wenn du pro Zoll 1 cm in der Zeichnung verwendest, kannst du die Maße gut abmessen.
b) 5,1 cm entspricht 2 Zoll.

Tipp: Wird die Diagonale zuerst gezeichnet, so ist es einfacher Lösungen zu finden.

4 Rechteck

— Nähte

Länge: 13,7 + 0,4 + 0,5 = 14,6
Breite: 0,5 + 7 + 0,8 + 0,5 = 8,8
Die Rechtecke müssen 14,6 cm (= 146 mm) lang und 8,8 cm (= 88 mm) breit sein.
Die Rechtecke können auf zwei Arten aus dem Stoffrest ausgeschnitten werden.

1. Möglichkeit:

Länge: 14,6 + 14,6 = 29,2
Breite: 8,8
Der Stoffrest muss mindestens 29,2 cm (= 292 mm) lang und 8,8 cm (= 88 mm) breit sein.

2. Möglichkeit:

Länge: 14,6
Breite: 8,8 + 8,8 = 17,6
Der Stoffrest muss mindestens 14,6 cm (= 146 mm) lang und 17,6 cm (= 176 mm) breit sein.

Seite 244

5 a) Von 0000 bis 9999 gibt es 10 000 verschiedene Zifferncodes.
b) 10 000 · 3 = 30 000, d.h. 30 000 s
30 000 : 60 = 500, d.h. 500 min
500 : 60 = 8 Rest 20, d.h. 8 h 20 min.
c) 1 zu 10 000, oder ein Zehntausendstel

6 a) 1345, 8888, 2131, 1000, 2510, 1796 sind nicht mehr möglich. Es bleiben die Zahlen: 3333, 2520, 8088 und 7263 übrig.
b) Gerade sind nur die Zahlen 2520 und 8088. Teilbar durch 5 ohne Rest ist nur die Zahl 2520.
c) individuelle Lösung
Tipp: Eine Zahl, die durch 2, 3 und 5 teilbar ist, ist durch 30 teilbar. Es können also nur Vielfache von 30 sein, da die Zahl vierstellig ist, sind mögliche Lösungen: 0030, 0330, 6240 und 9990.

7 1) 6 Kästchen, also 6 GB sind belegt,
4 Kästchen, also 4 GB sind frei.
2) Je 5 Kästchen, also die Hälfte sind belegt und frei, also 8 GB.
3) 8 Kästchen sind belegt, also 9,6 GB und
2 Kästchen, also ca. 2,4 GB sind frei.
Tipp: Jede Anzeige ist für einen anderen Speicher.

8

	5	3	1	2	·	2	9	8	8
			1	0	6	2	4		
			4	7	8	0	8		
				4	2	4	9	6	
+					4	2	4	9	6
				1	1	1	2	1	
	1	5	8	7	2	2	5	6	

Das Display hat 15 872 256 Pixel.

	1	6	0	0	0	0	0	0
−	1	5	8	7	2	2	5	6
		1	1	1	1	1	1	
			1	2	7	7	4	4

Es fehlen 127 744 Pixel, damit es 16 Megapixel sind. Hier rundet die Werbung also auf ganze Megapixel, da das dann mehr klingt.

Seite 245

9 a) 2002: 59,13 Mio. rund 59 Mio.
2007: 97,15 Mio. rund 97 Mio.
2013: 115,23 Mio. rund 115 Mio.
b) Da alle Werte in der Tabelle immer größer werden, ist der Wert aus dem Jahr 2004 vermutlich zwischen den Werten aus den Jahren 2003 und 2005.
Das arithmetische Mittel aus diesen Werten ist:
(64,84 Mio. + 79,27 Mio.) : 2 = 72,055 Mio.
Tipp: Den genauen Wert kann man nicht berechnen, da dazu weitere Informationen fehlen. Der Originalwert ist 71,32 Mio.
c)

Jahr	Nutzer in Mio.	Veränderung zum Vorjahr in Mio.
2000	48,25	
2001	56,13	7,88
2002	59,13	3,00
2003	64,84	5,71
2004	71,32	6,48
2005	79,27	7,95
2006	85,65	6,38
2007	97,15	11,50
2008	107,25	10,10
2009	108,26	1,01
2010	108,85	0,59
2011	114,13	5,28
2012	113,16	−0,97
2013	115,23	2,07

d) z. B. Die Säulen wachsen bis auf 2011 immer weiter an. 2012 geht die Zahl der Handynutzer und Handynutzerinnen etwas zurück, und steigt 2013 wieder weiter an. Der Unterschied zwischen benachbarten Säulen wird von Jahr zu Jahr geringer.
e) Die größte Veränderung gab es von 2006 auf 2007.

10 a) 115 230 000 · 6 cm = 691 380 000 cm
   = 6 913 800 m = 6913,8 km
Zum Beispiel:
Das ist ungefähr die Entfernung, d. h. die Luftlinie, von Berlin nach Winnipeg in Kanada.
Tipp: 100 cm = 1 m; 1000 m = 1 km
b)

1	1	5	2	3	0	0	0	0	·	1	4	0
	1	1	5	2	3	0	0	0	0			
		4	6	0	9	2	0	0	0	0		
		1										
	1	6	1	3	2	2	0	0	0	0		

16 132 200 000 g = 16 132 200 kg = 16 132,2 t
Alle Handys zusammen wiegen 16 132,2 t.
Tipp: 1000 g = 1 kg; 1000 kg = 1 t
Zum Vergleich: Die Kuppel vom Berliner Fernsehturm wiegt etwa 4600 t; der Beton-Schaft des Berliner Fernsehturms wiegt etwa 26 000 t.
c) 16 232,2 t : 40 t = 403,305
Es würden 404 Lkw benötigt, die 40 t transportieren können, um alle Handys in Deutschland zu transportieren.
d) 793,5 kg = 793 500 g
1056 kg = 1 056 000 g
793 500 : 140 ≈ 5667,86
1 056 000 : 140 ≈ 7542,86
5668 Smartphones wiegen so viel wie der schwerste deutsche Kürbis, 7543 so viel wie der schwerste aus der Schweiz.

Stichwortverzeichnis

abrunden 20
Achse 25, 29
Achsensymmetrie 85, 101
addieren 108, 129
– von Brüchen 64, 65, 73
– von Dezimalzahlen 108, 129
– schriftliches 108, 129, 218
Anteil 58, 73, 225
Ar 147
argumentieren 19, 149
arithmetisches Mittel 176, 185
Assoziativgesetz 222
aufrunden 20
Ausdauer 111
auswerten 184

Balkendiagramm 233
Bandornament 83
Betrag 22
Bilddiagramm 171
Blockdiagramm 233
Breite 151
Bruch 61, 64, 73, 224, 225, 226
– addieren 64, 65, 73
– benennen 224
– darstellen 225
– dividieren 193, 194, 201
– erkennen 224
– erweitern 61, 73
– gleichnamiger 62, 73
– gleichwertiger 61
– multiplizieren 192, 201
– umwandeln 125, 129
– kürzen 61
– subtrahieren 64, 65, 73
– vergleichen 62, 73, 227
– vervielfachen 191, 201

Celcius 23
Chance 68

Daten
– auswerten 184
– eingeben 183
– markieren 183
– sortieren 183
– vergleichen 176, 183
Deckfläche 157
Dezimalwaage 212
Dezimalzahl 12, 29
– addieren 108, 129
– darstellen 12, 18

– dividieren 117, 120, 123, 129
– multiplizieren 112, 129
– periodische 125, 128, 129
– runden 20
– subtrahieren 108, 129
– umwandeln 124
– vergleichen 18, 19, 29
Diagramm 170, 185
– auswählen 233
– Balken- 233
– Block- 233
– bearbeiten 183
– erstellen 183
– Kreis- 170, 185
– Säulen- 233
– Stängel-Blätter- 174, 175, 185
– Streifen- 179, 185
– zeichnen 172, 233
Distributivgesetz 206
Dividend 120
dividieren
– durch eine ganze Zahl 193, 201
– durch eine natürliche Zahl 117, 129
– mit einer Zehnerpotenz 123, 129
– schriftlich 117, 120, 129, 221
– von Brüchen 194, 201
– von Dezimalzahlen 117, 120, 123, 129
Division 121
Divisor 120
Drehrichtung 36, 51
Drehsymmetrie 93, 94, 101
Drehung 36, 51, 89, 90, 94
Durchmesser 80
Durchschnitt 176, 185

Eckpunkte
– übertragen 230
Elle 10, 15
Energiebedarf 111
Entfernung 50
Entfernungsangabe 45, 51
Ereignis
– günstiges 68, 73
– mögliches 68, 73
Erhebung
– statistische 185

Faktor 120
Feedback 240
Flächeneinheit 147
Flächeninhalt 142, 160, 161

– des Rechtecks 144, 163
– von zusammengesetzten Flächen 145
Flächen
– vergleichen 142, 143
Flaschendeckel 67
Flüssigkeit 16, 154
Foot 110
Football 110
Formel 183
Fragebogen 182
Fuß 15
Fußball 110

Gegenbeispiel 19
Geodreieck 40, 41, 51, 91, 228, 229
Gesichtsfeld 43
Gewicht 184, 231
Gewinnchance 56, 58, 63, 68, 73
gleichnamig 62, 73
Glückshaus 67
Grad 37, 40
Größe 231
Grundfläche 157
Grundriss 135, 140
Gummimaßband 11

Häufigkeit 170, 185
– absolute 178, 185
– relative 178, 185
– vergleichen 178
Hektar 147
Hektoliter 154
Herz-Tangram 205
Himmelsrichtung 34, 35
Hinweisschild 44
Hochwert 217
Höhe 151
Hunderterfeld 19, 29
Hundertstel 18, 29, 106, 107, 226

Inch 110

Kalorien 111
Kennwert 234
Kilojoule 111
Kirchenfenster 98
Klammer 222
Klecksbild 84
Komma 12, 108, 112, 117, 120, 123, 129
Kommazahl 12

Stichwortverzeichnis

Kompass 35, 36
Kontinent 160
Koordinaten 25, 45, 51, 217
Koordinatensystem 25, 45, 51, 217
– erweitertes 25, 29
Körper 152
Kreis 78, 79, 80, 101
– drehen 89
– mit dem Radius 80, 86
– spiegeln 86
Kreisausschnitt 94, 172
Kreisdiagramm 170, 172, 185
Kreisfläche 80
Kreismuster 94
Kreislinie 101
Kreisskala
– mit Gradeinteilung 37
Kreis-Tangram 205
Kubik 154
Kubikmillimeter 154
Kubikzentimeter 151, 154
kürzen 61, 73
Kursangabe 37

Lage
– von Punkten 45, 51
Länge 151, 231
Längenmaß 10
Laplace Versuch 68, 73
Linksdrehung 36, 37
Liter 16, 154
Losbude 56
Losfeld 57, 58, 63
Loskasten 56
Lösungsstrategie 206

magisches Ei 205
Mandalas 75, 82
Mantel 157
Maß 10
Maßeinheit 11, 110
Maßstab 136, 138, 163
maßstabsgerechte
– Verkleinerung 136
– Vergrößerung 136
Mathe-Lesezeichen 223
Maximum 234
messen
– von Flüssigkeiten 16
– von Längen 10, 15
– von Temperaturen 21
– von Winkeln 40, 51

– von Zeiten 17
– von Zimmergrößen 134
Meter 15
Milliliter 154
Mindmap 237
Minimum 234
Minuszeichen 22
Mittelpunkt 80, 86, 101
multiplizieren
– mit einer Zehnerpotenz 123, 129
– schriftliches 112, 129, 220
– von Brüchen 192, 201
– von Dezimalzahlen 112

Nachkommastelle 112
Nebenwinkel 42
Nenner 61, 224, 227
Netz
– eines Quaders 155
Norden 36

Oberfläche 155, 163
Oberflächeninhalt 155, 159, 163
Olympiade der Tiere 120
Orientierung 31

parallel 229
Pentominos 208, 209
Periode 125, 128, 129
Pfannkuchen 211
Pint 16
Platzdeckchen 238
Postpaket 162
Power 111
Präsentation 239
Produkt 120
proportionale Zuordnung 196, 201
Prozent 29, 226
Punkt
– im Karoraster 230
– im Koordinatensystem 217
– verbinden 230
Punktspiegelung 91, 101
Punktsymmetrie 90, 91, 101

Quader 151, 155, 163
Quadernetz 155
Quadratdezimeter 147
Quadratkilometer 147
Quadratmeter 147, 155
Quadratmillimeter 147
Quadratzentimeter 144, 147

Quote 125
Quotient 120

Radius 80, 101
Rangliste 234
Raumeinheit 151, 154, 163
Rauminhalt 151, 163
Reaktionszeit 106
Rechenblatt 183
Rechenregel 222
Rechenverfahren 222
Rechenvorteil 222
Rechnen
– mit Zehnerpotenzen 123, 129
Rechteck 144, 148, 155
Rechtsdrehung 36, 37
Rechtswert 217
Richtungsangabe 37, 45, 51
runden 19, 20

Säulendiagramm 233
schätzen 39, 50, 107
– von Gewichten 184
Schatzsuche 47
Scheitel 38, 51
Schenkel 38, 51
Scherenschnitt 84
Schlinge
– magische 210
Schnurtrick 210
schriftlich
– addieren 108, 218
– dividieren 117, 120, 221
– multiplizieren 112, 220
– subtrahieren 108, 219
Seiltrick 210
Selbsteinschätzung 240
senkrecht 229
Somawürfel 209
Spannweite 234
Spiegelachse 85, 86
Spiegelbild 86
spiegeln 86
Spirograph 92
Stängel-Blätter-Diagramm 174, 175, 185
stellengerecht 218, 219
Stellenwertsystem 216
Stellenwerttafel 14, 29, 216
Stoppuhr 17, 107
Strecke
– messen 228

– zeichnen 228
Streifendiagramm 179
Strichliste 169, 185
subtrahieren
– schriftliches 108, 129, 219
– von Brüchen 64, 65, 73
– von Dezimalzahlen 108, 129
Summe 116
Symmetrie
– Achsen- 85, 101
– Dreh- 93, 101
– Punkt- 90, 101
Symmetrieachse 85, 101
Symmetriepunkt 90, 91, 93, 101

Tabelle 57, 232
– erstellen 232
– lesen 232
Tabellenkalkulation 182, 183
Tagesablauf 168
Tangram 204, 205
Taschenrechner-Fußball 114, 115
Teilfläche 162
Temperatur 21, 24
Teppichboden 141
Textaufgabe 223
Themenmappe 135
Trefferquote 125

Überschlag 112, 117, 118, 129, 218, 219, 220, 221
Übertrag 218, 219, 220, 221
übertragen
– im Kästchenraster 230
Umfang 148, 163
umwandeln
– Bruch in Dezimalzahl 125, 129
– Dezimalzahl in einen Bruch 124
– von Flächeneinheiten 147
– von Gewicht 154
– von Längeneinheiten 231
– von Raumeinheiten 154
– von Zeit 154
Umzug 140, 151
Urmeter 15
Urliste 234

Vergrößerung 136
Verkleinerung 136
vergleichen
– einer Darstellung 227
– von Brüchen 62, 73, 227

– von Dezimalzahlen 18, 19, 29
– von Flächen 142, 143
– von Größen 231
– von Häufigkeiten 178
– von Zimmergrößen 140
Verpackung 153
Versorgungsleitung 44
Vertauschungsgesetz 222
Verteilungsgesetz 222
vervielfachen
– von Brüchen 191, 201
Vexier 211, 212
– afrikanisches Schnur- 211
Vogelperspektive 134
Volumen 151, 163

Wahrscheinlichkeit 68, 73
Weltbild des Ptolemäus 92
Wetterseite 34
Werkzeug
– Geodreieck 40, 41, 51, 91, 228, 229
– Tabellenkalkulationsprogramm 182, 183
– Zirkel 80, 81
wiegen 184
Windrose 35, 36
Winkel 38, 40, 51
– berechnen 42
– messen 40, 41
– zeichnen 40, 41
Winkelarten 38
– gestreckt 38
– rechter 38
– spitzer 38
– stumpfer 38
– überstumpfer 38
– voller 38
Winkelgröße 39
Winkelhalbierende 43
Winkelscheibe 39
wohnen 131, 134
Würfel 151

x-Koordinate 25

Yard 10, 15, 110
y-Koordinate 25

Zahl 214, 216
– ablesen 214
– eintragen 214
– negative 22, 29

– positive 22
– untereinander schreiben 218, 219
Zahlenstrahl 12, 29, 214
– zeichnen 214
Zähler 61, 224, 227
Zehnerpotenz 123, 129
Zeichenwerkzeug 228
zeichnen
– Kreise 80
– mit dem Zirkel 80
– von Kreisbildern 79, 82
– von Losfeldern 58
– von Winkeln 41
Zeit 231
Zeitleiste 160
Zeitspanne 60
Zelle 183
Zentralwert 234
zerlegen 222
Ziffer 216
Zirkel 80, 81
Zufallsversuch 67, 68
Zündholz-Problem 206, 207
Zuordnung 196, 201
– proportional 196, 201

Bildquellenverzeichnis

Covermotive: Corbis RF, Düsseldorf; Avenue Images GmbH (cultura/Lars Forsstedt), Hamburg; Thinkstock (iStock/karelnoppe), München
4.1 shutterstock.com (Aleksander Bolbot), New York, NY; **4.2** iStockphoto (RF/Marc Evans), Calgary, Alberta; **5.1** Corbis (Sherbien Dacalanio/Demotix), Berlin; **7.1** Corbis RF (Cameron), Berlin; **7.2** Avenue Images GmbH (Corbis RF), Hamburg; **10.1** gemeinfrei (Sebastian Wallroth), **10.3**; **10.4** Puscher, Regina, Bremen; **11.5** akg-images, Berlin; **11.6**; **11.7** Puscher, Regina, Bremen; **11.8** Klett-Archiv (Rüdiger Vernay), Stuttgart; **12.1**; **12.2**; **12.3**; **12.4** Klett-Archiv (Simianer und Blühdorn), Stuttgart; **12.5** Klett-Archiv (Nadine Yesil), Stuttgart; **13.1** Kreye, Eckardt, Bremen; **15.1** Picture-Alliance (maxppp/Bianchetti Stefano), Frankfurt; **15.2** Picture-Alliance (WILDLIFE/F.Teigler), Frankfurt; **16.1** Klett-Archiv (Regina Puscher), Stuttgart; **17.1** Thinkstock (Polka Dot Images), München; **19.1** Simianer & Blühdorn, Stuttgart-Fellbach; **20.1** Getty Images (E+/Imgorthand), München; **20.2** Simianer & Blühdorn, Stuttgart-Fellbach; **21.1** Fotolia.com (M. Schuppich), New York; **21.2** Puscher, Regina, Bremen; **22.1** Klett-Archiv (Michael Ludwig), Stuttgart; **23.1** Ullstein Bild GmbH (The Granger Collection), Berlin; **24.1** Picture-Alliance (dpa/DB Awi), Frankfurt; **28.1** iStockphoto (RF/Marc Evans), Calgary, Alberta; **28.2** Corbis (Holger Winkler/A.B.), Berlin; **28.3** Action Press GmbH (REX/Ken McKay), Hamburg; **31.1** Getty Images (National Geographic/John Burcham), München; **31.2** Fotolia.com (VisualStock), New York; **34.1** Getty Images (The Image Bank/John Stuart), München; **34.2** shutterstock.com (Aleksander Bolbot), New York, NY; **34.3** Hesse, Daniela, Mülheim a. d. Ruhr; **35.1**; **35.2** Hesse, Daniela, Mülheim a. d. Ruhr; **35.3** PantherMedia GmbH (Rilo), München; **38.1** iStockphoto (Niclas Hallgren), Calgary, Alberta; **38.2** Corbis (Owen Franken), Berlin; **39.1** shutterstock.com (romakoma), New York, NY; **42.1** Simianer & Blühdorn, Stuttgart-Fellbach; **42.2** iStockphoto (Armando Frazao), Calgary, Alberta; **43.1** Corbis (Heide Benser), Berlin; **43.2** dreamstime.com (Klosz007), Brentwood, TN; **43.3** Masterfile Deutschland GmbH (Matt Brasier), Düsseldorf; **43.4** Schmidt, Wolfram, Wuppertal; **44.1** Klett-Archiv (KOMAAMOK), Stuttgart; **44.2** Weidig, Ingo, Landau; **44.4** Schmidt, Wolfram, Wuppertal; **46.1** Kommunale Geodaten der Stadt Wuppertal (Amtliche Stadtkarte) © Ressort Vermessung, Katasteramt und Geodaten (Nr. S-06-2014); **46.2** iStockphoto (pamspix), Calgary, Alberta; **53.1** Getty Images (The Image Bank/West Rock), München; **53.2** Klett-Archiv (KOMA AMOK ®), Stuttgart; **58.1** Mauritius Images (Haag + Kropp), Mittenwald; **60.1** iStockphoto (RF/Suzanne Tucker), Calgary, Alberta; **63.1** shutterstock.com (Chris Green), New York, NY; **63.2** Mauritius Images (STOCK4B), Mittenwald; **64.1** Thinkstock (Hemera/Robert Byron), München; **66.1** iStockphoto (RF/Linda Bucklin), Calgary, Alberta; **67.1**; **67.2** Blühdorn GmbH, Fellbach; **68.2** akg-images (Science Photo Library), Berlin; **68.3** Blühdorn GmbH, Fellbach; **68.4** Koepsell, Andreas, Hannover; **69.1** Blühdorn GmbH, Fellbach; **71.1** Blühdorn GmbH, Fellbach; **71.2** Klett-Archiv (Simianer & Blühdorn), Stuttgart; **72.3** Blühdorn GmbH, Fellbach; **73.1** Blühdorn GmbH, Fellbach; **75.1** Getty Images (The Image Bank/Richard Ross), München; **75.2** Getty Images (The Image Bank), München; **78.1**; **78.2** Blühdorn GmbH, Fellbach; **78.3** Klett-Archiv (KOMAAMOK), Stuttgart; **78.4** Klett-Archiv (Simianer & Blühdorn), Stuttgart; **79.1** Getty Images (The Image Bank/Raimund Koch), München; **79.2** Avenue Images GmbH (Medio Images), Hamburg; **79.3** Avenue Images GmbH (Stockbyte), Hamburg; **79.4** Corbis (Bernd Kohlhas), Berlin; **79.5** Getty Images (The Image Bank/Chris Clinton), München; **79.6** iStockphoto (OlgaYakovenko), Calgary, Alberta; **79.7** iStockphoto (ggodby), Calgary, Alberta; **79.8** iStockphoto (Chaiwad), Calgary, Alberta; **79.9** Corbis (Sherbien Dacalanio/Demotix), Berlin; **80.1** YOUR PHOTO TODAY, Taufkirchen; **84.1**; **84.2** Klett-Archiv (KOMAAMOK), Stuttgart; **84.3** Klett-Archiv, Stuttgart; **89.1** Thinkstock (iStock/miklyxa13), München; **89.2** Getty Images (Johner Images/Johner), München; **89.3** Klett-Archiv (KOMAAMOK), Stuttgart; **89.4** Getty Images (National Geographic/Todd Gipstein), München; **89.5** Avenue Images GmbH (Image Source), Hamburg; **89.6** Getty Images (Photographer's Choice/Greg Pease), München; **89.7** Simianer & Blühdorn, Stuttgart-Fellbach; **90.1** shutterstock.com (Greif), New York, NY; **90.2** Volkswagen AG, Wolfsburg; **90.3** Renault Deutschland AG, Brühl; **90.4** PEUGEOT CITROËN DEUTSCHLAND GmbH, Köln; **90.5** Daimler AG, Stuttgart; **90.6** Adam Opel AG (GM Company.), Rüsselsheim; **90.7** BMW AG, München; **92.1** Picture-Alliance (akg-images), Frankfurt; **92.2** Klett-Archiv (KOMAAMOK), Stuttgart; **93.1** Getty Images (UpperCut Images/Pete Saloutos), München; **98.1** Corbis (Adam Woolfitt), Berlin; **98.2** Corbis (Chris Andrews, Chris Andrews Publications), Berlin; **98.3** Avenue Images GmbH (Corbis RF), Hamburg; **98.4** Corbis (Paul Almasy), Berlin; **98.5** Corbis (Elio Ciol), Berlin; **99.1** iStockphoto (JacquesKloppers), Calgary, Alberta; **99.2+3** Fotosearch Stock Photography (Photo Disc), Waukesha, WI; **100.1** dreamstime.com (Ariadna De Raadt), Brentwood, TN; **100.2** shutterstock.com (John Erickson), New York, NY; **103.1** Thinkstock (Fuse), München; **106.1** Getty Images (Pascal Le Segretain), München; **106.2** Picture-Alliance (ASA/D.P.P.I.), Frankfurt; **107.1** Blühdorn GmbH, Fellbach; **107.2** Fotolia.com (RF/Schmid), New York; **108.1** Schrade, Richard, Winterbach; **109.1** Picture-Alliance (dpa/Michael Hanschke), Frankfurt; **110.1** shutterstock.com (Debby Wong), New York, NY; **110.3** Getty Images (The Image Bank/Alistair Berg), München; **111.1** Getty Images (Photodisc/Sean Justice), München; **112.1** Getty Images (E+/David Safanda), München; **113.1** Picture-Alliance (dpa/Landov Ian Halperin), Frankfurt; **117.1** Getty Images (Bongarts/Henri Szwarc), München; **119.1** Getty Images (National Geographic/Norbert Rosing), München; **119.2** Corbis (Lothar Lenz), Berlin; **119.3** Getty Images (Photodisc/Bob Elsdale), München; **119.4** Corbis (Oswald Eckstein), Berlin; **119.5** Thinkstock (Fuse), München; **119.6** Getty Images (Photodisc/Michael Melford), München; **119.7** Avenue Images GmbH (Digital Vision), Hamburg; **120.1** Reinhard-Tierfoto, Heiligkreuzsteinach; **124.1** Interfoto (Sammlung Rauch), München; **125.1** iStockphoto (monkeybusinessimages), Calgary, Alberta; **131.1** Blühdorn GmbH, Fellbach; **131.2** Avenue Images GmbH (Photo Disc), Hamburg; **135.1** Getty Images (The Image Bank/Paul Thomas), München; **136.1** Astrid Lindgrens Värld, Vimmerby; **136.2** Getty Images (Photodisc/B2M Productions), München; **136.3**; **136.4** Anker Steinbaukasten GmbH (www.ankerstein.de), Rudolstadt; **136.5** iStockphoto (drmakkoy), Calgary, Alberta; **137.3** Alamy Images (Mike Danton), Abingdon, Oxon; **137.4** Alamy Images (Motoring Picture Library), Abingdon, Oxon; **137.1+2** iStockphoto (Irena Ivanova), Calgary, Alberta; **139.1** Documenta Archiv (Richard Kasiewicz), Kassel; **140.1** Avenue Images GmbH (Corbis RF), Hamburg; **141.1** Fotolia.com (Ragne Kabanova), New York; **142.1** Ullstein Bild GmbH (Eckel), Berlin; **148.1** Glow Images GmbH (ImageBROKER), München; **150.1** Getty Images (The Image Bank/Jamie Gril), München; **150.2** Avenue Images GmbH (Stockbyte), Hamburg; **151.1** Daimler AG, Stuttgart; **154.1** Mauritius Images (age), Mittenwald; **155.1** aqua design, Oliver Knott, Graben-Neudorf; **157.1** Kliemann, Sabine, Krefeld; **157.2** Blühdorn GmbH, Fellbach; **160.2** laif (Ronald Frommann), Köln; **160.3** laif (Alain Le Bot/Gamma), Köln; **161.5** Glow Images GmbH (ImageBROKER RM), München; **162.2** Blühdorn GmbH, Fellbach; **165.1** Getty Images (E+/Grady Reese), München; **165.2** Blühdorn GmbH, Fellbach; **168.1**; **168.2**; **168.3**; **168.4** Weller, Maike, Leinfelden-Echterdingen; **168.5** Avenue Images GmbH (IT Stock Free

RF), Hamburg; **169.1** Hesse, Daniela, Mülheim a. d. Ruhr; **171.1** Klett-Archiv (Weccard), Stuttgart; **173.1** shutterstock.com (Cora Mueller), New York, NY; **173.2** Corbis (Philip James Corwin), Berlin; **174.1** Hesse, Daniela, Mülheim a. d. Ruhr; **175.1** Hesse, Daniela, Mülheim a. d. Ruhr; **175.2** Blühdorn GmbH, Fellbach; **176.1** Hesse, Daniela, Mülheim a. d. Ruhr; **176.2** Getty Images (The Image Bank/Loungepark), München; **177.1** JupiterImages photos.com, Tucson, AZ; **177.2** laif (Ronald Frommann), Köln; **178.1** Getty Images (PhotoAlto/Odilon Dimier), München; **181.1** Fotolia.com (Osterland), New York; **182.2** Getty Images (E+/Sadeugra), München; **184.2** PantherMedia GmbH (Kzenon), München; **187.1** shutterstock.com (Andrey Armyagov), New York, NY; **187.2** shutterstock.com (Torwaiphoto), New York, NY; **190.1**; **190.2** Hentschel, Torsten, Mülheim a. d. Ruhr; **191.1** shutterstock.com (Catalin Petolea), New York, NY; **192.1** Hentschel, Torsten, Mülheim a. d. Ruhr; **192.1b** Fotolia.com (scenery1), New York; **193.1** Hentschel, Torsten, Mülheim a. d. Ruhr; **193.2** shutterstock.com (Tommy Alven), New York, NY; **194.1** Fotolia.com (Doris Heinrichs), New York; **195.1** Hentschel, Torsten, Mülheim a. d. Ruhr; **195.2** shutterstock.com (Ingvald Kaldhussater), New York, NY; **195.3** Hesse, Daniela, Mülheim a. d. Ruhr; **195.4** shutterstock.com (wsf-s), New York, NY; **196.1** Fotolia.com (guitou60), New York; **196.2** Fotolia.com (Otto Durst), New York; **197.1** shutterstock.com (Charlotte Lake), New York, NY; **199.1** Fotolia.com (Boris Ryzhkov), New York; **200.1** Fotolia.com (philipus), New York; **200.2** shutterstock.com (Mag Mac), New York, NY; **203.1** Klett-Archiv (Moro Cira), Stuttgart; **203.2** Kliemann, Sabine, Krefeld; **204.2** Klett-Archiv (Simianer&Blühdorn), Stuttgart; **207.1** Klett-Archiv (Moro Cira), Stuttgart; **208.1**; **208.3** Klett-Archiv (Moro Cira), Stuttgart; **209.5**; **209.6** Blühdorn GmbH, Fellbach; **210.1** Klett-Archiv (KOMAAMOK), Stuttgart; **210.2** Klett-Archiv (Sabine Kliemann), Stuttgart; **210.3** Klett-Archiv (Moro Cira), Stuttgart; **211.4** Bildwerkstatt Till Traub, Leonberg; **211.5**; **211.6**; **211.7** Klett-Archiv (Sabine Kliemann), Stuttgart; **212.1**; **212.2**; **212.3** Klett-Archiv (Moro Cira), Stuttgart; **213.1** Fotolia.com (photophonie), New York; **228.1**; **228.2**; **228.3**; **228.4** Kliemann, Sabine, Krefeld; **235.1** Blühdorn GmbH, Fellbach; **238.1** Klett-Archiv (Iris Stephan), Stuttgart; **239.1** Klett-Archiv (Weccard), Stuttgart; **240.1** Thinkstock (iStock/Jacek Chabraszewski), München; **241.1** Fotolia.com (Syda Productions), New York; **242.1** Getty Images (Stone/Jeffrey Coolidge), München; **242.2** Getty Images (Mint Images/Tim Robbins), München; **243.4** Bildwerkstatt Till Traub, Leonberg; **244.3** Getty Images (Photographer's Choice/Peter Dazeley), München; **245.5** www.proplanta.de, Stuttgart - Hohenheim

Sollte es in einem Einzelfall nicht gelungen sein, den korrekten Rechteinhaber ausfindig zu machen, so werden berechtigte Ansprüche selbstverständlich im Rahmen der üblichen Regelungen abgegolten.